高等职业教育系列教材

机械设计基础

张平亮　编著

机械工业出版社

本教材根据教育部批准的高等工业学校《机械基础课程教学基本要求》机械类、近机械类专业的要求，结合人才市场对高等职业教育的要求和高等职业院校在校学生的实际情况，立足于生产一线的需要和动手能力的提高，集机械设计理论知识、实训（包括测绘和拆装）、课程设计于一体（限于篇幅，实训和课设部分详见配套的电子资源部分），形成新的教材体系和一体化的教学模式。全书共分 12 章，包括机械设计基础概论、常用机构、带传动和链传动、齿轮传动、蜗杆传动、轮系及减速器、螺纹联接及螺旋传动、轴的设计及轴毂联接、轴承、联轴器和离合器、弹簧、机械的平衡与调速。

本教材既可作为高职高专、职工大学、业余大学、电视大学等机械类、近机械类专业"机械设计基础"课程的基本教材，又可作为高等院校教材或教学参考书，还可作为企业员工职业技能的培训参考教程和有关工程技术人员参考。

本书配有电子课件、实训、课程设计和职业技能考核模拟试题，需要的教师可登录 www.cmpedu.com 进行免费注册，审核通过后即可下载；或者联系编辑索取（QQ：1239258369，电话：010-88379739）。

图书在版编目（CIP）数据

机械设计基础/张平亮编著. —北京：机械工业出版社，2019.4
（2024.8重印）

高等职业教育系列教材

ISBN 978-7-111-62306-9

Ⅰ.①机⋯ Ⅱ.①张⋯ Ⅲ.①机械设计-高等职业教育-教材
Ⅳ.①TH122

中国版本图书馆 CIP 数据核字（2019）第 052116 号

机械工业出版社（北京市百万庄大街22号　邮政编码100037）
策划编辑：李文轶　责任编辑：李文轶
责任校对：李　杉　责任印制：常天培
北京机工印刷厂有限公司印刷
2024 年 8 月第 1 版第 5 次印刷
184mm×260mm·17 印张·417 千字
标准书号：ISBN 978-7-111-62306-9
定价：49.90 元

电话服务　　　　　　　　　网络服务
客服电话：010-88361066　机 工 官 网：www.cmpbook.com
　　　　　010-88379833　机 工 官 博：weibo.com/cmp1952
　　　　　010-68326294　金 书 网：www.golden-book.com
封底无防伪标均为盗版　机工教育服务网：www.cmpedu.com

前言

　　本教材是为适应现代科学技术迅速发展形势下机械制造大类和自动化大类相关专业对现代机械设计的需要编写而成的，基于岗位的需求，内容呈现综合性和模块化，体现应用性。

　　本教材是机械工业出版社组织出版的"高等职业教育系列教材"之一，其特点如下：

　　1. 本教材集机械设计理论知识、实训（包括测绘和拆装）、课程设计于一体（为节约篇幅，实训和课程设计部分的内容详见本书配套的电子资源部分）。打破了原有的分段式体系，结合高等职业教育特色，以综合性和模块化组织教学内容，形成新的教材体系和一体化的教学模式。

　　2. 本教材应用面广。考虑到目前高等职业教育生源的多元化、立足于生产一线的需要和动手能力的提高，按照"必需、实用、够用"的原则，力求做到"简明、易懂、适度、能用"的要求。在教学体系与内容上进行了系统改革，从整个机械系统着眼；在内容取舍上，注意先进性与实用性，以及知识面广阔性的同时，适度降低重心，不强调理论分析，淡化公式推导，注重工程应用；在内容编排上，遵从由浅入深的认识规律；以实际生产机器应用导入出发，引出问题，激发学生的求知欲望，调动学生的学习积极性，拓展学生的思路，让学生了解更多的机械设计理论和技术。

　　3. 在内容安排上，采取突出重点、兼顾知识面的原则，着重培养学生的创新设计能力，不但向学生介绍机械设计的基本原理与方法，而且注意对问题的共性与特性的分析，将设计内容和设计方法有机地融合；通过对典型零件和常用传动机构的剖析及其设计计算实例（配有设计图样），便于学生掌握本课程的核心内容，从而使学生既能得到设计计算和设计图样的训练，又能培养创新意识和提高工程设计的能力。

　　4. 本教材每章开头提出知识学习目标和技能训练目标，以明确学习每章所应该达到的要求，每章结尾有总结与复习。适量增加生产现场可能遇到的使用和维护方面的知识，如带传动、链传动、蜗杆传动、轴、轴承等的使用与维护。

　　5. 本教材附有例题、同步练习与测试，以帮助学生掌握和巩固教学内容；同时紧密结合机械专业考工和考证的要求，附有职业技能考核模拟试题（见本书配套的电子资源），可作为职业资格考试复习用书。实训部分见本书配套的电子资源，包括测绘和拆装内容，以便对学生进行技能训练。

　　6. 课程设计部分见本书配套的电子资源，注重培养学生以工程能力为基础的综合能力，注重培养学生设计思想、设计方法和创造性思维能力。结合工程实际情况，对一些常用设计数据进行必要的简化和修正，目的在于既方便教学，又鼓励学生在课程设计过程中尽可能地使用机械设计手册，便于全面熟悉和掌握机械设计标准和规范。

　　由于各校教学安排不同，教师可根据实际情况，调整教学内容顺序。

　　本书配有电子课件、实训、课程设计和职业技能考核模拟试题，需要的教师可登录

www.cmpedu.com 进行免费注册，审核通过后即可下载；或者联系编辑索取（QQ：1239258369，电话：010-88379739）。

　　本教材在编写过程中，参考了一些研究成果和文献资料、书籍，在此谨向相关作者表示深切的谢意。同时得到学校教师们的大力支持，他们提出了许多宝贵的意见和建议。在此谨向他们表示真挚的谢意！由于编者水平有限，错漏在所难免，恳请读者给予批评、指正。

作　者

目录

第1章

机械设计基础概论

知识学习目标：

- 了解现代机器的基本组成部分及它们的功能；
- 了解机械设计的一般程序；
- 熟悉机械零件的主要设计准则和常规设计方法；
- 熟悉机械零件设计的一般步骤；
- 掌握本课程的地位、学习方法和学习任务。

技能训练目标：

能够读懂机械传动系统图。

【应用导入例】 BH6070 牛头刨床

如图 1-1 所示，BH6070 牛头刨床是用于单件小批生产中刨削中小型工件上的平面和成

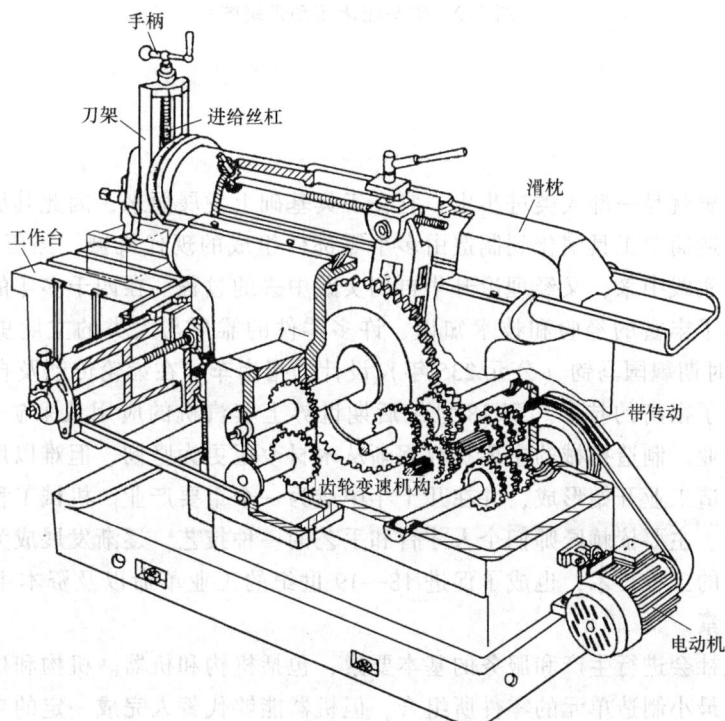

图 1-1　BH6070 牛头刨床外形图

形面的机床，对加工狭长零件的平面、T形槽、燕尾槽等生产率更高。

如图 1-2 所示，牛头刨床的主运动为电动机—变速机构—连杆机构—滑枕往复运动；牛头刨床的进给运动为电动机—变速机构—棘轮机构—工作台横向进给运动。中小型牛头刨床的主运动大多采用曲柄摇杆机构传动，故滑枕的移动速度是不均匀的。大型牛头刨床多采用液压传动，滑枕基本上是匀速运动。滑枕的返回行程速度大于工作行程速度。机床的滑枕采用扭转弹簧内固定导向结构，操作者能在滑枕运动过程中调节刀具到任意位置。进给与工作台快移机构采用全封闭的棘轮机构，能在加工过程中不停机来改变进给量，并设有片式过载保险机构。变速采用齿轮变速机构，能按所选速度做任意方向回转。

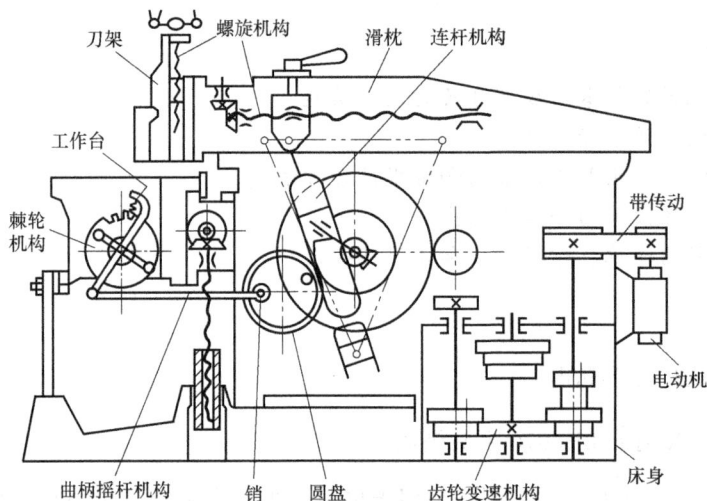

图 1-2 牛头刨床传动系统图

1.1 绪论

机械的发展史就是一部人类进步史。它在工具基础上发展而来，因此其历史可以追溯到石器时代，从制造简单工具演化到制造由多个零部件组成的现代机械，经历了漫长的过程。机械的发展是从实践中来，又经理论升华再到实践中去的过程。在四千多年的实践中，中国机械的发展积累了丰富的经验和技术知识，许多零件的雏形与人类的文明史一样长。如图 1-3 所示为三国时期魏国马钧（公元 235 年）设计的指南车，在齿轮传动及自动离合器的设计和制造上具有了很高的技术。到 18 世纪后期世界上蒸汽机的应用从采矿业推广到纺织、轻工、冶金等行业。制造机械的主要材料逐渐从木材改用更为坚韧、但难以用手工加工的金属，这时机械制造工业开始形成，并在几十年中成为一个重要产业。机械工程通过不断扩大的实践，从分散、主要依赖匠师们个人才智和手艺的一种技艺，逐渐发展成为一门有理论指导、系统和独立的工程技术，也成了促进 18—19 世纪的工业革命以及资本主义机械化大生产的主要技术因素。

机械是现代社会进行生产和服务的基本要素，包括机构和机器。机构和机器均为具有确定运动的机构或最小制造单元的零件所组合，但机器能够代替人完成一定的功能，或者实现能量形式的转化。为了适应生活和生产上的需要，必须创造出各种各样的机械以代替或减轻

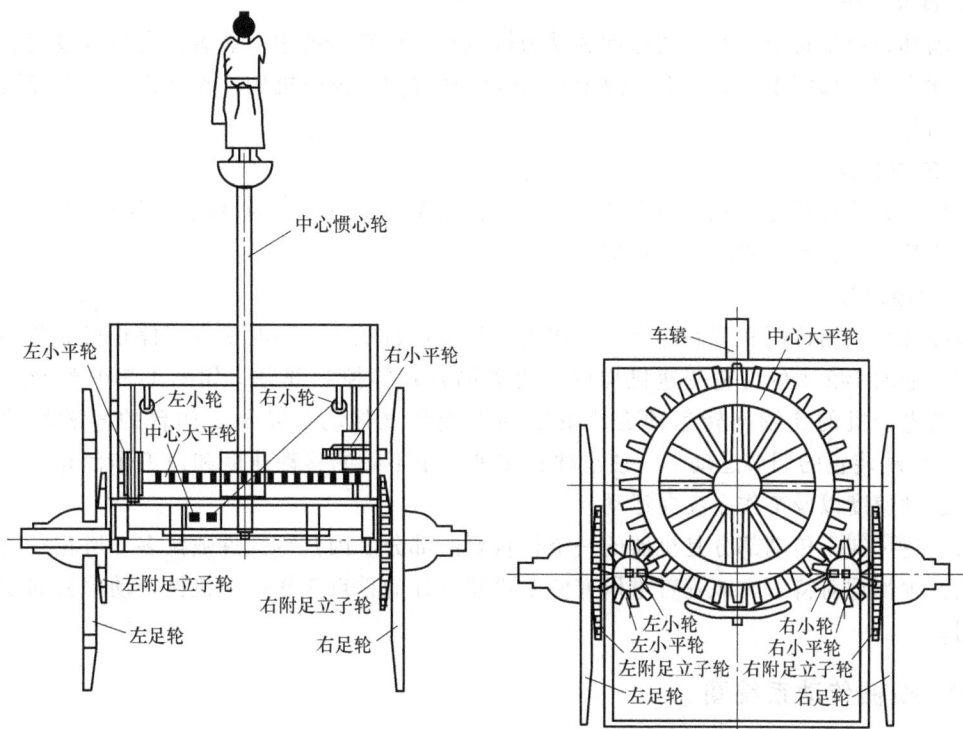

图 1-3 马钧设计的指南车齿轮机械结构图

人的劳动，改善劳动条件，提高生产率和产品质量，帮助人们创造更多的社会财富。随着科技的发展，人们不断地设计出各种新机械，机械的发展是衡量一个国家工业水平的重要标志之一。

机械已广泛应用于现代产业和工程领域，并形成了机械产品的行业特色。例如交通运输业需要各种车辆、船舶、飞机等；各种商品的计量、包装、储存、装卸需要相应的工作机械；人们的日常生活应用的各种机械，如汽车、自行车、缝纫机、钟表、照相机、洗衣机、电冰箱、空调机、吸尘器等。而21世纪的领头学科——生物技术、纳米技术和信息技术的发展，也无不依赖于更加先进、高效和准确的机械装备。

1.1.1 机器的组成

为了减轻人类生产实践中的劳动强度、改善劳动条件、提高劳动效率，创造并发展了繁多的机器，如汽车、内燃机、电动机、洗衣机及金属切削机床等。它们的构造、用途和功能各不相同，但在机械的职能和结构的组成方面，却有着共同的特点。一部机器主要由以下4部分组成，如图1-4所示。

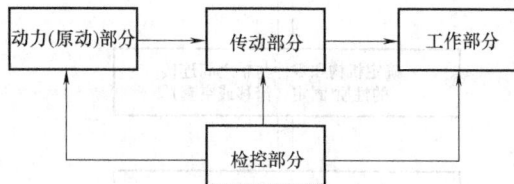

图 1-4 机器的组成

1. 动力（原动）部分

动力部分是机器的动力来源，其作用是将其他形式的能量转变为机械能，以驱动机器运动并做功。如图1-1所示的牛头刨床，电动机是其动力部分。

2. 传动部分

传动部分就是将原动部分的运动和动力输送到工作部分的中间装置，它可以改变运动和转变运动形式。如图 1-2 所示牛头刨床中的带传动机构、齿轮机构、连杆机构、螺旋机构和棘轮机构等。

3. 工作部分

工作部分是直接完成机器预定功能的部分，如图 1-1 中所示的滑枕、刀架和工作台。因其直接代替人的劳动，故又称执行部分。

4. 检控部分

检控部分包括检测和控制部分，其作用是显示运行状况，随时实现或停止机器各种预期的功能，如图 1-2 中的齿轮变速机构以及机器的开停等控制部分；如图 1-2 中改变运动形式——把电动机的连续回转运动变成滑枕的直线往复移动，以及工作台的间歇移动；如图 1-2 中传动装置的调节运动——使滑枕有多种大小不等的移动速度和使工作台有多种间歇进给的运动速度以及工作台反向运动。

由上述可知，传动部分是机器的一个很重要的部分。因其零部件数量多、所花费的劳动量最大，须慎重对待。本课程着重研究整个机器设计的重点工作——机械传动部分的设计及其应用。

1.1.2 机械传动系统图

机械传动系统是通过常用机构和零件，将机器的原动机和工作机构连接起来的传动装置，以表达机器内部的机械传动规律。用一些规定的图形符号表达各机械传动装置的综合简图，称为机械传动系统图。识读机械传动系统图的方法与步骤如图 1-5 所示。

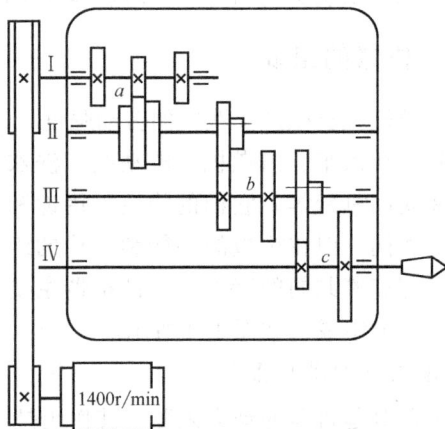

如图 1-6 所示为车床主运动机械传动系统图，根据机器的工作要求找出传动系统的两端的主动件（电动机）和从动件（主轴），主动件和从动件之间的传动装置有 V 带传动机构、三联齿轮（为滑动连接，能沿轴Ⅱ轴线做轴向移动）、双联齿轮传动，共 5 根轴。整个机械传动顺序是：电动机的动力经 V 带传动到轴Ⅰ，通过轴Ⅰ上 3 个固定齿轮分别与三联齿轮啮合，将动力传到轴Ⅱ，使其得到 3 种转速，再经两组双联齿轮分别与轴上固定齿轮啮合，

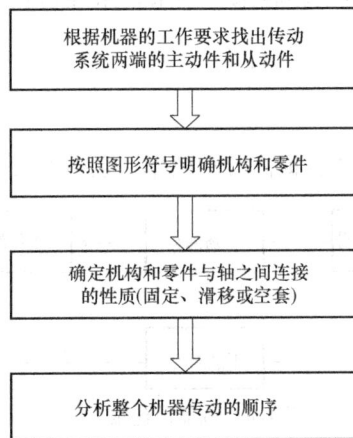

图 1-5 识读机械传动系统图的方法与步骤   图 1-6 车床主运动机械传动系统图

将动力传到轴Ⅲ和轴Ⅳ，使主轴产生转动，并得到12种转速。

1.2　机械设计基本要求和一般程序

1.2.1　机械系统的设计顺序

1. 明确任务阶段

机械设计任务通常是为实现生产要求的某种功能而提出的，一般是按任务书的形式下达，由主管单位、用户提出。其主要内容有：按机器的用途、设计机械的要求确定功能范围、各项技术性能指标、主要参数、工作环境条件、特殊要求、每年产量、预期成本、完成期限、承制单位等内容。

2. 方案设计阶段

确定产品的工作原理和主体部分的结构方案，并经多个可行方案分析，综合评价确定最优的方案。

3. 技术设计阶段

在既定设计方案的基础上，完成机械产品的总体设计、结构设计、零件设计和技术文件制订。

（1）总体设计阶段　根据机器的工作原理绘制机器的机构运动简图，然后再考虑各个机构主要零件的大体位置，最后拟订机器的总体布置，分析比较各种可能的传动方案。

（2）结构设计阶段　考虑和确定各种零部件的相对位置和连接方法，确定机器的总体尺寸、各个零部件的相对位置及配合关系，从而把机构运动简图变成具体的装配图（或结构图）。

（3）零件设计阶段　确定每个零件的结构、具体形状、全部尺寸等，即把机器的所有零件（标准件除外）拆分出来，绘制成零件图。

（4）技术文件制订阶段　完成装配图和所有零件图后，必须完成一系列的技术文件，如各种明细栏、系统图、设计说明书和使用说明书。

4. 试制阶段

经过试制、安装及调试制造出的样机，进行试运行后，将试验过程中出现的问题反馈给设计人员，经修改和完善，最后通过设计定型。

1.2.2　机械零件设计的基本准则及一般步骤

1. 设计机械零件的基本准则

在预定寿命期限内不失效——设计准则　机械零件因丧失预定功能或预定功能指标降低而不能正常工作的现象称为机械零件的失效。机械零件的主要失效形式有断裂、表面破坏（腐蚀、磨损和接触疲劳等）、过量残余变形和正常工作条件的破坏。要避免这些失效，设计中需要考虑以下几个问题：

1）强度要求。零件在工作时，在额定的工作条件下，既不发生任何形式的整体断裂破坏，也不产生表面接触疲劳或塑性变形等失效而丧失工作能力，能保证机器的正常运转和工作，所以设计零件时必须满足强度要求，即零件中危险截面处的最大应力（σ、τ）应小于

或等于其许用应力（$[\sigma]$、$[\tau]$）。其设计准则是

$$\sigma \leqslant [\sigma] \text{或} \tau \leqslant [\tau] \tag{1-1}$$

2）刚度要求。刚度是指零件受载荷后抵抗弹性变形的能力。例如机床主轴、高速蜗杆轴等，刚度不足会产生过大的弹性变形，影响机器的正常工作。针对弹性变形的两种情况（弯曲和扭转），零件受载荷后最大弹性变形量——挠度、转角和扭角（y、θ、φ）应小于或等于其许用的挠度、转角和扭角（$[y]$、$[\theta]$、$[\varphi]$）。设计时应满足的刚度条件为

$$y \leqslant [y] \text{或} \theta \leqslant [\theta] \text{、} \varphi \leqslant [\varphi] \tag{1-2}$$

3）寿命要求。寿命要求就是要求零件在预定的工作期间保持正常工作而不致报废。主要是针对那些在变应力下工作和工作时受到磨损或腐蚀的零件提出的。

4）振动性和噪声要求。确保机器在工作时不发生过大振动和噪声，以保证机器的正常工作。

5）工艺性要求。在一定生产条件下，零件的结构工艺性就是从毛坯制造、机械加工过程及装配等生产的全过程、机器的生产批量及当前企业的生产水平和条件加以综合考虑，以达到能方便、经济地生产出来，并便于装配成机器。

6）经济性要求。零件的经济性要求就是要用最低的成本和最少的工时制造出满足技术要求的零件。例如：设计零件时，应力求采用廉价而供应充足的材料、组合结构、标准件和少余或无余量的毛坯或简化零件结构，以减少制造工时、人工消耗，从而降低零件成本和加工及装配费用。

7）可靠性要求。零件可靠度就是在预定的环境条件下和使用时间（寿命）内，零件能够正常工作而不会失效的概率（可能性）。例如零件所受的载荷、环境温度等是随机变化的；又如零件本身的物理及机械性能也是随机变化的。因此，为了提高零件的可靠性，可以监测机器的工作条件和零件性能，并加强机器的维护，以进一步提高零件的可靠性。

8）材料选择。根据零件的使用要求（如强度、刚度、冲击韧度、导热性、耐蚀性以及耐磨性、减振性等）、工艺要求和经济性要求，进行综合分析比较，选出适宜的材料。

9）标准化、系列化和通用化。为了减少企业内部零件的种数，简化生产管理，获得较高的经济效益，设计者必须在设计中对机器零部件进行标准化、系列化和通用化，如国家标准（GB）、行业标准（如 JB、YB 等）和企业标准三级，这些标准必须在机械设计中严格遵守。

10）其他要求。在特殊环境下工作的零件需要考虑如耐高温、低温、耐腐蚀、表面装饰和造型美观等要求。

2. 机械零件设计的一般步骤

机械设计的一般步骤分为 7 个过程：

1）根据零件的使用要求（如功率、转速等），选择零件的类型及结构形式，并拟订计算简图。

2）根据工作要求，分析所设计的机械零件受载状况，简化为受力模型考虑影响载荷的各项因素，确定计算载荷。

3）根据工作条件，合理选择零件材料及热处理方式。

4）确定机械零件的设计准则；分析零件可能出现的失效，建立或选取相应的计算公式。

5）根据设计要求，计算出结构的主要参数及零件的公称尺寸，按照结构工艺性、标准化的要求进行结构设计或选用典型结构。

6）绘制零件图，标注必要的技术要求。

7）编写计算说明书。

1.3　本课程的地位、学习方法和学习任务

1.3.1　地位

从就业角度看，随着现代生产的高速发展，除机械制造部门外，各种工业部门、基本建设、电力、石油、化工、采矿、冶金、轻纺、食品加工、包装等行业，都越来越多使用复杂型的机械设备，这些设备的设计、使用、管理、维护、营销等都需要技术人员具备一定的机械基础知识。因此，机械设计基础课程，如同工程制图、电工学等课程一样，是高等学校工科有关专业的一门技术基础课。通过本课程的学习、作业实践、课程设计和实训，以培养学生初步具有选用、分析，以及维护保养机械传动装置并能进行设计的能力，为学习专业课程提供必要的基础。从科学方法和课程学习两个方面，本课程将起到承前启后的十分重要的作用。

1.3.2　学习方法

本课程与先修课程比较，在学习的思维和方法上有较大的差别，表现为以下5点。

（1）系统地掌握课程内容　本课程以每一种机构或者零部件为一章来安排教学。学习时应在了解每种机构或零部件的类型、结构及性能特点和应用范围的基础上，着重掌握对工况的分析、可能的失效形式以及保证该零件工作能力的计算准则、计算方法和公式，掌握零件的设计步骤和进行结构设计的原理和方法。为此，建议学完一章后，根据总结与复习掌握各种零部件的设计规律和分析方法，结合每章习题的练习，有助于学生掌握基本内容。

（2）把注意力放在提高分析问题和解决问题的能力上　在掌握课程内容的基础上，逐步熟悉工程中实际问题，根据一定条件下的试验得到的经验数据，注意数据和公式的应用范围，通过一定的分析，从多种可能的解答中，学会评价找出最佳解法。

（3）重视实践，多作练习　不仅要求学生独立去完成练习题和设计作业；还需要学生多练习徒手画结构图或进行课程设计，通过去现场观察和分析实际机器及零件的形式，以逐步积累实际设计能力。

（4）注意自学能力的提高　随着科技迅速发展，新结构、新材料、新方法（设计方法和工艺方法）的不断涌现，以及电子计算机的广泛应用，机械设计也正在日新月异地改变。因此，建议学生在学习本课程时，不断培养自学能力，多查看参考文献，以便掌握更多的新信息。

（5）注意培养创造性设计的能力　除掌握课程所阐述的典型内容、典型方法和结构外，还可以提出新的设计设想，以提高自己将创新构思的想象变为图样和实物的能力。

1.3.3　学习任务

通过本课程的学习，应完成的学习任务是：

1）掌握各种机构的工作原理、运动特点，初步具备确定机械运动方案、分析和设计基本机构的能力。

2）掌握通用机械零件的工作原理、特点、具备一般简单机械选用和设计计算的能力。

3）具备运用标准、规范、手册、图册等有关技术资料的能力。

本课程学习中，一方面要综合应用许多先修课程的知识；另一方面在理解基本原理、掌握基本研究方法的基础上，还需重视基本技能的训练，逐步树立工程思想，以提高自己分析问题和解决问题的能力。

总结与复习

1. 机械是现代社会进行生产和服务的基本要素；机械包括机构和机器，它们均为具有确定运动的物体的人为组合，但机器能够代替人完成一定的功能，或者实现能量形式的转化。组成机构的最小运动单元是构件，组成机器的最小制造单元是零件。

2. 一般机器由4个职能部分组成：1）动力（原动）部分；2）传动部分；3）工作部分；4）检控部分。其中传动部分占有重要地位，它不仅能将产生运动和动力，而且能改变运动形式和调节运动。

3. 机械传动系统是通过常用机构和零件，将机器的原动机和工作机构连接起来的传动装置。它既反映转矩和运动的传递，又协调多个工作机构之间的运动关系。用一些规定的图形符号表达各机械传动装置的综合简图，称为机械传动系统图。

4. 机械设计一般过程：明确任务阶段；方案设计阶段；技术设计阶段；试制阶段。

5. 设计机械零件的基本要求

1）强度要求；

2）刚度要求（$y \leqslant [y]$ 或 $\theta \leqslant [\theta]$、$\varphi \leqslant [\varphi]$）；

3）寿命要求；

4）振动性和噪声要求；

5）工艺性要求；

6）经济性要求；

7）可靠性要求；

8）材料选择；

9）标准化、系列化和通用化；

10）其他要求。

6. 机械零件设计的一般步骤

1）根据零件的使用要求（如功率、转速等），选择零件的类型及结构形式，并拟订计算简图。

2）分析所设计的机械零件在机器总体设计中的作用及受载状况。

3）合理选择零件材料及热处理方式。

4）根据零件的工作条件，确定机械零件的设计准则和相应的计算公式。

5）根据设计要求，确定结构的主要参数及尺寸，按照结构工艺性、标准化的要求进行结构设计（或选用典型结构）。

6）绘制零件图，标注必要的技术要求。

7）编写计算说明书。

7. 通过本课程的学习、作业实践、课程设计和实训，以培养学生初步具有选用、分析以及维护保养机械传动装置并能进行设计的能力，为学习专业课程提供必要的基础。学习时应系统地掌握课程内容，能够综合应用许多先修课程的知识，重视理论联系实际，重视基本技能的训练，注意分析问题和解决问题的方法。

【同步练习与测试】

1. 单选题

（1）本课程研究的对象是（　　）。

A. 机构　　　　　　B. 机器　　　　　　C. 机械　　　　　　D. 构件

（2）（　　）是组成机构的最基本单元。

A. 构件　　　　　　B. 部件　　　　　　C. 机构　　　　　　D. 零件

（3）（　　）是组成机构的运动单元。

A. 构件　　　　　　B. 部件　　　　　　C. 机构　　　　　　D. 零件

2. 多选题

（1）机器的主要特征是（　　）。

A. 它们都是人为的多种实体的组合体　　B. 各实体间具有确定的相对运动

C. 能够代替人的劳动或减轻人的劳动强度，完成机械功或转换机械能

D. 为执行机构提供动力

（2）机器的组成部分（　　）。

A. 传动部分　　　　　　　　　　B. 检控部分

C. 动力（原动）部分　　　　　　D. 工作部分

（3）本课程主要研究（　　）。

A. 机械的设计计算方法　　　　　　B. 机械的受力分析

C. 机械　　　　　　　　　　　　　D. 控制机构的原理和规律

（4）本课程的主要内容是（　　）。

A. 机械受力分析　　B. 力学基础　　C. 常用机构　　D. 机械零件

（5）本课程的主要任务是（　　）。

A. 常用机构设计方法　　　　　　B. 设备使用、维护基础

C. 培养工程力学素养　　　　　　D. 奠定机械工程基础

3. 判断题

（1）机构是由具有确定相对运动的构件组成的。　　　　　　　　（　　）

（2）通常，机器与机构的统称是机械。　　　　　　　　　　　　（　　）

（3）构件可以是一个零件或是几个零件的刚性组合，构件本身具有相对运动。（　　）

4. 简答题

（1）机器、机构与机械有什么不同？

（2）零件与构件有什么区别？试举例说明。

（3）分析图1-1所示BH6070牛头刨床，它由哪些常用机构组成，各起什么作用？

（4）机械设计应满足哪些基本要求？

第2章

常用机构

知识学习目标：

- 熟练掌握机构运动简图的绘制方法；
- 熟练掌握平面机构自由度的计算方法，能正确识别和处理机构中存在的复合铰链、局部自由度和虚约束；
- 了解平面四杆机构的基本形式，掌握其演化方法；
- 掌握平面四杆机构的工作特性、特点及其功能；
- 了解凸轮机构的工作原理、应用、分类和从动件的运动规律；
- 掌握凸轮机构设计的基本步骤和从动件几种常用运动规律的特点和适用场合；
- 了解棘轮机构、槽轮机构、不完全齿轮机构的工作原理、特点、功能和适用场合。

技能训练目标：

- 能够将实际机构或机构的结构图绘制成机构运动简图；能读懂各种复杂机构的机构运动简图；
- 能够设计一对心尖顶直动从动件盘形凸轮机构。

【应用导入例】颚式破碎机

如图 2-1a 所示，颚式破碎机是由电动机 1 通过 V 带传动（包括带轮 2 和 4、V 带 3）把运动和动力传给偏心轴 5，偏心轴转动带动动颚 6 在肘板 7 的支持下做平面运动，从而可使

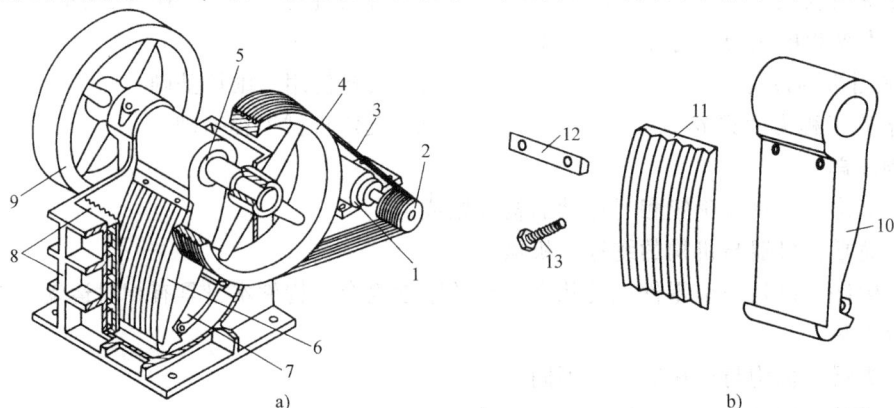

图 2-1 颚式破碎机
a）立体图 b）动颚部件
1—电动机 2、4—带轮 3—V 带 5—偏心轴 6—动颚（板） 7—肘板
8—定颚（板） 9—飞轮 10—动颚体 11—动颚板 12—压板 13—螺钉

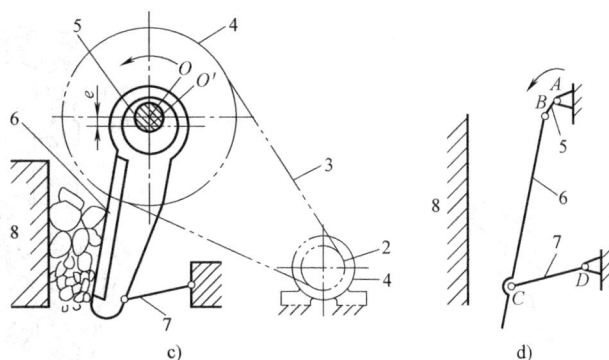

图 2-1　颚式破碎机（续）

c）传动简图　d）机构运动简图

夹放在动颚（板）6 与定颚 8 之间的石块被逐渐挤碎下落。如图 2-1b 所示为动颚部件，它是动颚体 10 和动颚（板）11 用压板 12 和螺钉 13 固定在一起的刚体，这样的结构便于选取材料及热处理方法［动颚（板）的材料应有很高的耐磨性］、加工和安装。如图 2-1c 所示为颚式破碎机中偏心轴 5 的结构。

为了表达颚式破碎机中各部分的相对运动关系，采用如图 2-1d 所示碎石部分的机构运动简图来表示构件间的相对运动关系。

2.1　平面机构的运动简图及其自由度

机构是由两个以上构件用运动副连接起来，并具有确定相对运动的构件组合系统。所有构件都在同一平面或相互平行的平面内运动的机构称为平面机构。工程中应用较多的是平面机构，因此本章仅限于讨论平面机构。为了便于分析和研究，以下用简单的线条和符号表示构件及运动副，并以此绘制机构的运动简图。

2.1.1　平面机构的组成

1. 构件与自由度

构件可以由一个或多个零件组成，是由若干个零件相互固联在一起的运动单元体。而机构则可以看作是由若干个构件组合而成的构件组合体。

在平面运动中，一个自由构件具有独立的运动，即三个自由度，如图 2-2 所示，构件 AB 可以在 Oxy 平面内绕任一点 A 转动，也可沿 x 轴或 y 轴方向移动。

2. 约束与运动副

机构中构件由于相互连接，某些独立运动将会受到限制，这种对构件独立运动的限制称为约束。例如：平面机构中的任一构件若都在图 2-2 中 Oxy 平面内运动，受到 3 个限制（沿垂直于运动平面轴线的移动和绕 x 轴、y 轴的转动均被约束），则这些构件就减少 3 个自由度。

机构中每一构件都以一定方式与其他构件相互连接，这种使两构件直接接触并能产生一定相对运动的连接称为运动副，例如图 2-3 内燃机中活塞与连杆、活塞与气缸体的连接都构成了运动副。平面运动副是平面组成机构的主要要素。

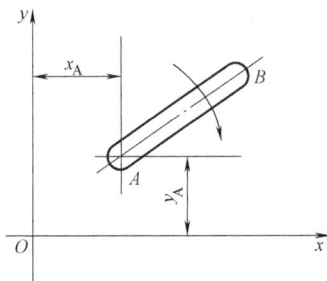

图 2-2　构件的自由度

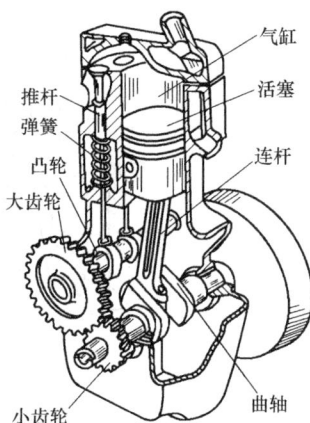

图 2-3　单缸四冲程内燃机

3. 运动副的分类

根据组成运动副两构件之间的接触方式不同，运动副可分为低副和高副。

（1）低副　两构件之间通过面接触所组成的运动副称为低副。平面低副按其相对运动又可分为转动副和移动副。

1）转动副。两构件之间只能绕某一轴线做相对转动，称为转动副。如图 2-4a 所示的轴 1 和轴承 2 组成固定铰链式的转动副。图 2-4b 所示构件 3 和构件 4 也组成活动铰链式的转动副。

2）移动副。两构件只能沿某一轴线做相对直线移动，称为移动副，如图 2-4c 所示。

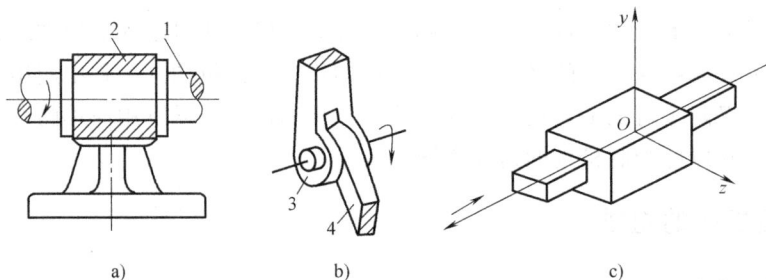

图 2-4　低副
a）、b）转动副　c）移动副
1—轴　2—轴承　3、4—构件

由上述可知，平面机构中一个低副引入两个约束，即减少两个自由度。

（2）高副　两个构件通过点或线接触组成的运动副称为高副。如图 2-5a 中的车轮与钢轨、图 2-5b 中的尖顶从动件与凸轮、图 2-5c 中的轮齿 1 与轮齿 2 在接触点 A 处分别组成高副。形成高副后，彼此间的相对运动是沿接触点的切线方向移动，沿公法线方向的移动受到约束，由此可知，平面机构中的高副引入一个约束，即减少一个自由度。

4. 运动副符号

为了便于分析、研究，常将构件和运动副用简单的符号来表示。图 2-6 所示为平面运动副的表示方法，其规定如下：转动副用圆圈表示，其圆心代表转动轴线（图 2-6a）；移动副

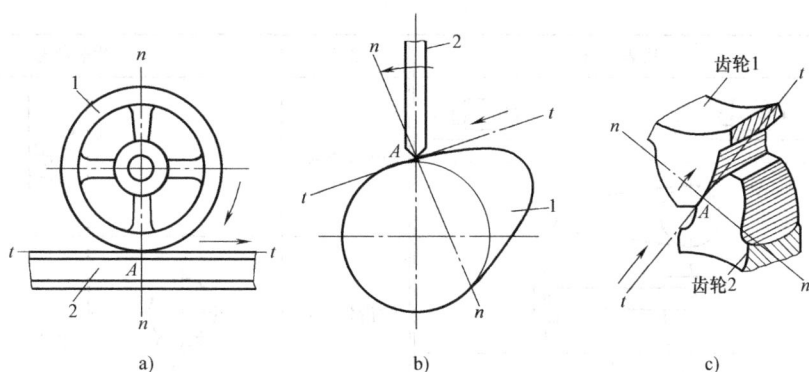

图 2-5 高副

的导路必须与相对移动方向一致（图 2-6b）；如组成运动副的两构件其中有一个为机架，可在机架上加剖面线；当两构件组成高副时，应在简图中画出两构件接触处的曲线轮廓（图 2-6c）。

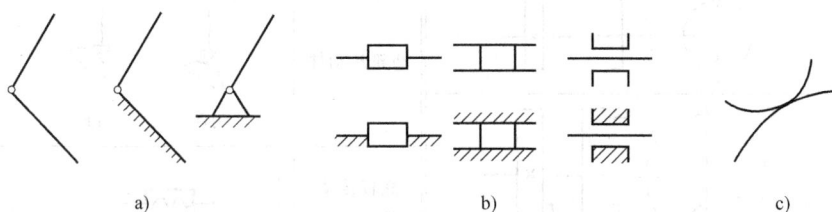

图 2-6 平面运动副的表示方法
a）转动副 b）移动副 c）高副

【例 2-1】 部分常用机构运动简图符号。

表 2-1 摘录了 GB/T 4460—2013 所规定的部分常用机构运动简图符号，供绘制机构运动简图时参考。

表 2-1 部分常用机构运动简图符号（摘自 GB/T 4460—2013）

名称	代表符号	名称	代表符号
构件组成部分的永久连接		向心推力轴承	单向 双向 滚动轴承
组成部分与轴（杆）的固定连接		联轴器	可移式联轴器 弹性联轴器
向心轴承	滑动轴承 滚动轴承	离合器	啮合式 摩擦
推力轴承	单向 双向 滚动轴承	制动器	

（续）

名称	代表符号	名称	代表符号
在支架上的电动机		齿条传动	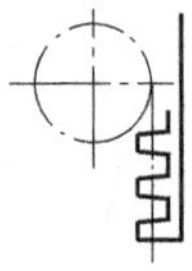
带传动	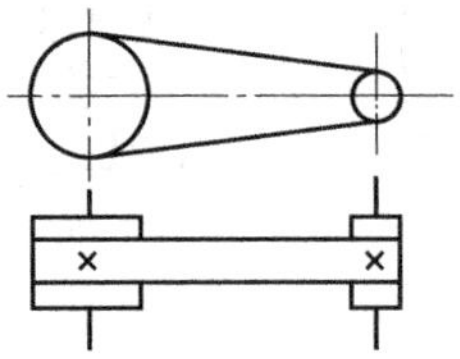	锥齿轮传动	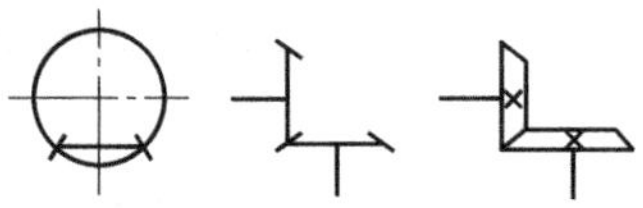
链传动	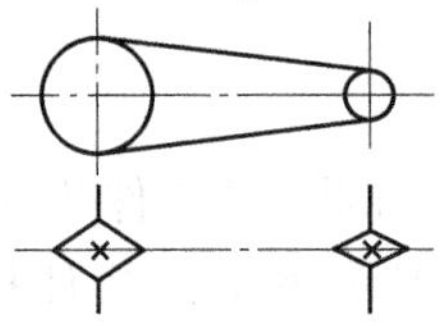	蜗杆传动	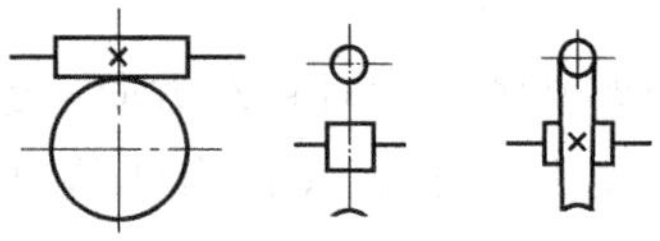
外啮合圆柱齿轮传动	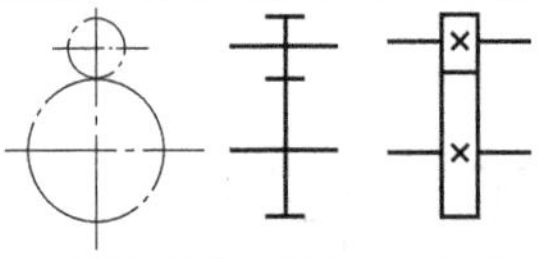	凸轮从动件	 尖顶　曲面　滚子
内啮合圆柱齿轮传动	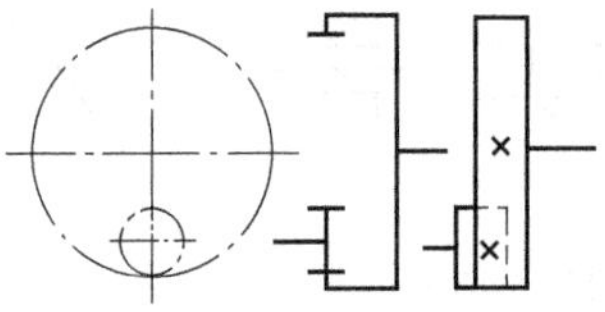	螺杆传动整体螺母	

2.1.2　机构运动简图

在设计新机构或对现有机构进行运动分析时，为了便于设计和研究，一般仅用简单的线条和符号来代表构件和运动副，并按一定比例确定各运动副的相对位置。这种用来表示机构中各构件间相对运动关系的简单图形，称为机构运动简图。

为了达到使用运动简图对机构进行运动分析和受力分析这一要求，绘制平面机构运动简图一般应按以下步骤进行。

1）根据机构的实际结构和运动情况，分析机构的组成，明确机构的主动件（即做独立运动的构件）及从动构件（即输出运动的构件）和机架，并将构件用数字编号。

2）从主动构件开始，沿运动传递路线，确定构件数、分析运动副的类型、位置和运动性质。

3）确定机架，并选定多数机构的运动平面作为绘制简图的视图平面及机构运动简图位置。

4）选择适当的比例，用规定的构件和运动副的符号，并正确将同一构件上运动副连接起来，绘制出机构运动简图。

【例2-2】　绘制图2-1所示颚式破碎机机构运动简图。

解：

（1）主体机构由定颚（板）、偏心轴、动颚（板）、肘板组成，带轮与偏心轴固联为一构件，绕 A 转动，故偏心轴为主动件，动腭（板）和肘板为从动件。

（2）偏心轴与定颚（板）、偏心轴与动腭（板）、动腭（板）与肘板、肘板与定颚（板）均构成转动副，其转动中心分别为 A、B、C、D。

（3）选择构件的运动平面为视图平面，图示位置为主动件最佳初始位置。

（4）根据机构实际尺寸及图样大小选定比例尺 μ_L，按已知运动尺寸 L_{AB}、L_{BC}、L_{CD} 和 L_{AD} 依次确定各转动副的位置，画上转动副的符号，最后用线段依次连接起来所形成的图形就是所求的机构运动简图，并在主动件上标上箭头，如图 2-1d 所示。

【例 2-3】 绘制图 2-3 所示的单缸四冲程内燃机主机构运动简图。

解：

（1）分析机构运动，找出主动件、从动件和机架　图 2-3 中可知活塞是主动件，连杆、曲轴、大小齿轮、凸轮和推杆都为从动件，气缸为机架。

（2）明确机构的组成，确定运动副的类型和数目　活塞和推杆均与机架组成移动副，凸轮和推杆组成凸轮副，其余均为转动副，曲轴与小齿轮以及凸轮与大齿轮连接，各自成为一个构件。

（3）选择视图平面　绘制运动简图的正面视图，选择曲轴与连杆之间夹角为最佳位置。

（4）画出机构运动简图　按适当的比例定出各运动副之间的相对位置，画出机构运动简图，如图 2-7 所示。

2.1.3 平面机构的自由度

1. 平面机构的自由度

由前述已知，一个做平面运动的自由构件具有 3 个自由度。在一个平面机构中若有 n 个活动构件（机架不计入其内），则组成机构的活动构件自由度总数为 $3n$ 个。由于运动副产生的约束，其自由度

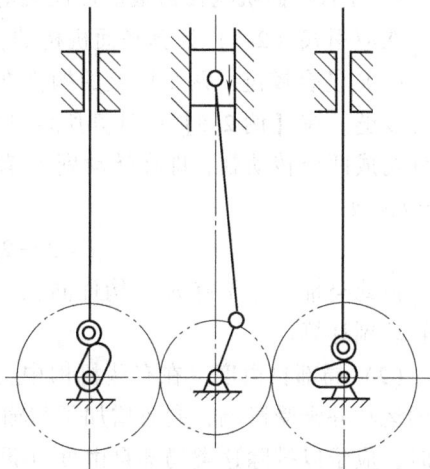

图 2-7　单缸四冲程内燃机主机构运动简图

将会随之减少，若机构中引入 p_1 个低副和 p_h 个高副，则运动副减少了 $2p_1+p_h$ 个自由度。因此，该机构相对于固定构件的自由度数应为活动构件的自由度数与引入运动副减少的自由度数之差，该差值称为平面机构的自由度 F，即平面机构的自由度计算公式为

$$F = 3n - 2p_1 - p_h \tag{2-1}$$

【例 2-4】 求图 2-1 所示颚式破碎机机构的自由度。

解： 由图 2-1 所示机构运动简图可以看出，该机构共有 3 个运动构件（即构件 2、3、4），4 个低副（即转动副 A、B、C、D），没有高副。故根据式（2-1）可以求得机构的自由度为

$$F = 3n - 2p_1 - p_h = 3\times3 - 2\times4 - 0 = 1$$

2. 机构具有确定运动的条件

由式（2-1）可知，机构的自由度表明机构具有的独立运动数目。由于每一个原动件只可从外界接受一个独立运动规律，所以构件系统要能运动的充要条件为：构件系统的自由度

必须大于零，且原动件数与其自由度必须相等。

【例 2-5】 求图 2-8 所示摇筛机构的自由度。

解：从图 2-8 得知摇筛机构 $n=5$，$p_1=6$ 和 $p_h=0$。

利用式（2-1）得

$$F=3n-2p_1-p_h=3\times5-2\times6-0=3$$

由计算结果可知，该机构运动无法确定。但是，由于构件 1、2、3 和机架构成四杆机构，当构件 1 独立运动时，构件 2、3 具有确定的运动；同理，构件 3、4、5 和机架也构成四杆机构，当构件 3 运动时，构件 4、5 也具有确定的运动。因此，实际上该机构的自由度应为 1。

以上的计算结果和实际自由度不一致，说明已超出公式使用范围，因而得出错误的结论。因此在利用式（2-1）时，应注意以下一些特殊的问题。

图 2-8　摇筛机构

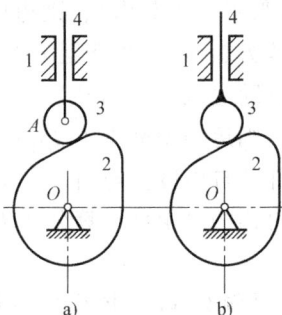

3. 计算平面机构自由度时应注意的问题

在应用式（2-1）计算平面机构的自由度时，必须注意下面几种情况。

（1）复合铰链　两个以上的构件在同一处以共轴线转动副相连所构成的运动副，称为复合铰链。在【例 2-5】中计算所得自由度和实际自由度不一致，其问题就在于 2、3、4 三构件构成两个转动副，即在转动副 C 有两个铰链形成复合铰链。所以该机构的实际低副数 $p_1=7$，故

$$F=3n-2p_1-p_h=3\times5-2\times7-0=1$$

依此类推，如果有 m 个构件同在一处以转动副相连组成复合铰链，则应以（$m-1$）个的转动副计算。

（2）局部自由度　在有些机构中，为了减少摩擦等原因，增加了活动构件，但输出构件的运动并未受影响，同时增加了与输出运动无关的自由度，称为局部自由度。在计算自由度时，应予以排除这类局部自由度（设想把局部自由度固定进行计算）。

如图 2-9a 所示为一凸轮机构。若按活动构件 $n=3$，则低副数 $p_1=3$ 和高副数 $p_h=1$，由式（2-1）得

$$F=3n-2p_1-p_h=3\times3-2\times3-1=2$$

这显然与实际不符。其原因是构件 3（滚子）绕 A 点的转动所产生的局部自由度。所以，计算自由度应将局部自由度忽略不计，如图 2-9b 所示，该机构的真实自由度为

$$F=3n-2p_1-p_h=3\times2-2\times2-1=1$$

图 2-9　局部自由度

（3）虚约束　为了改善构件的受力情况，增加构件的刚度，有时需增加一些构件，但加入构件对机构的运动与其他约束重复而不起新的限制运动作用的约束称为虚约束。在计算机构自由度时，应忽略不计。

平面机构的虚约束常出现在如下几种情况：

1）轨迹重合的虚约束。如图 2-10 所示机车车轮的联动机构，被连接件上点的轨迹与机构上连接点的轨迹重叠而出现虚约束。

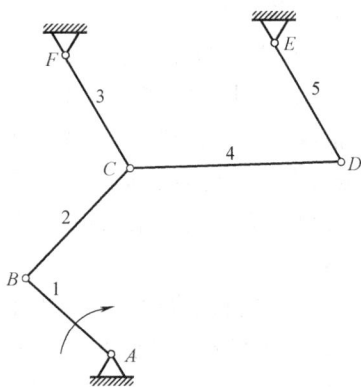

2）两构件组成多个运动副的虚约束。两构件组成多个转动副或移动副，但其轴线互相重合或导路互相平行，计算机构自由度时只算一个转动副，其余为虚约束。如图 2-11 所示的齿轮机构中，转动副 A（或 B）、C（或 D）为转动副轴线重合的虚约束；如图 2-12 所示的缝纫机引线机构中，针杆 3 分别与机架 4 组成了移动副导路平行的虚约束。

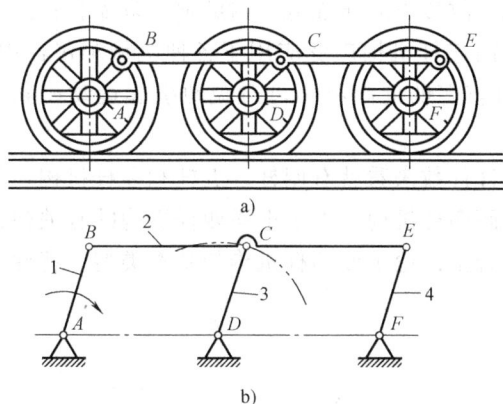

图 2-10　机车车轮的联动机构

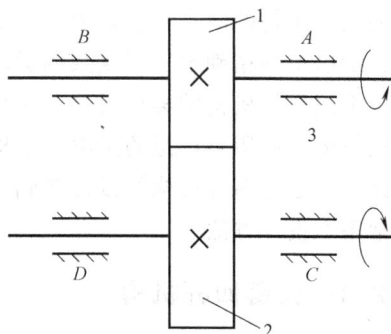

图 2-11　转动副轴线重合的虚约束

1、2—齿轮　3—机架

3）机构对称部分的虚约束。机构中对传递运动不产生影响的对称部分，会形成虚约束。如图 2-13 所示的行星轮系中，由于中心轮 1 和 3、行星轮 2 和行星架 H 的存在，当构件 1 为主动件时，两个对称布置的行星轮 2′ 和 2″ 中只有一个对机构的运动起作用，另一个为虚约束。

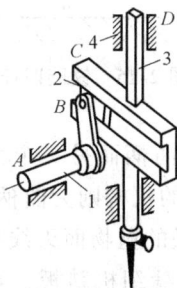

图 2-12　移动副导路平行的虚约束

1—摇柄　2—滑槽　3—针杆　4—机架

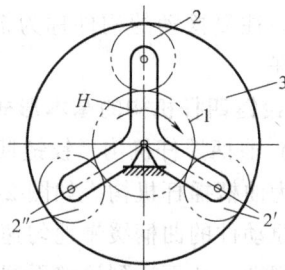

图 2-13　机构对称部分的虚约束

在计算含有虚约束机构的自由度时，为了准确地计算自由度，应先把机构运动简图中的虚约束去掉再计算。

【例 2-6】　求图 2-14 机构自由度。

解：机构中的滚子 I 处为局部自由度；C、G 为复合铰链；构件 7、8、9 属于结构重复，引入虚约束。因此，该机构有 9 个活动构件，$n=9$，$p_1=12$，$p_h=2$，所以有

$$F = 3n - 2p_1 - p_h = 3 \times 9 - 2 \times 12 - 2 = 1$$

此机构的自由度为 1。

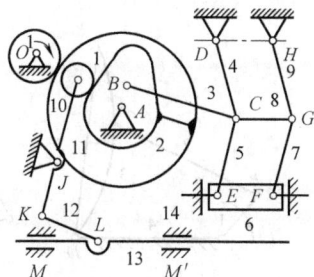

图 2-14　【例 2-6】图

2.2　平面连杆机构的分析和设计

平面连杆机构是若干个构件用低副（转动副和移动副）连接组成的平面机构。由于低副是面接触；又加上其接触表面为圆柱面和平面，故传力时压强低、耐磨损、寿命长；加工制造简便，易于获得较高的制造精度。因此，平面连杆机构广泛应用于各种机械和仪器中。平面连杆机构的缺点是：低副中存在间隙，数目较多的低副将不可避免地引起运动积累误差，所以不易精确地实现复杂的运动规律。

平面连杆机构的类型很多，单从组成机构的杆件数来看就有四杆、五杆和多杆机构。其中最简单、应用最广泛的是由 4 个构件组成的平面四杆机构。由于平面四杆机构的有关知识和设计方法是多杆机构的设计基础。因此，本节着重讨论平面四杆机构的基本类型、特性及其常用的设计方法。

2.2.1　铰链四杆机构

4 个构件均用转动副相连的平面四杆机构，称为铰链四杆机构，如图 2-15 所示。铰链四杆机构是具有转换运动功能而构件数目最少，并能实现运动和力转换的最基本的平面连杆机构形式，其他形式的四杆机构都是在它的基础上演化而来的。

在图 2-15 所示的机构中，固定不动的构件 4 称为机架；AB、CD（与机架相连接所组成转动副 1、3）称为连架杆，其中在连架杆中，能做整周回转的构件称为曲柄，而只能做往复摆动的构件称为摇杆；连接两连架杆的杆 2 称为连杆。

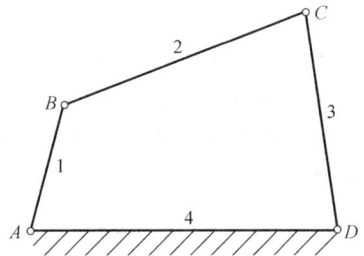

图 2-15　铰链四杆机构

1. 铰链四杆机构的基本形式

（1）曲柄摇杆机构　铰链四杆机构的两连架杆中，若一个为曲柄而另一个为摇杆的机构，称为曲柄摇杆机构。如图 2-16 所示的雷达天线中调整俯仰角的机构则为曲柄摇杆机构。当作为原动件的曲柄缓慢地匀速转动，通过连杆 2 使与摇杆 3 固联的抛物面天线在一定角度范围内摆动，从而达到调整天线俯仰角的目的。如图 2-17 所示的缝纫机踏板，当摇杆为原

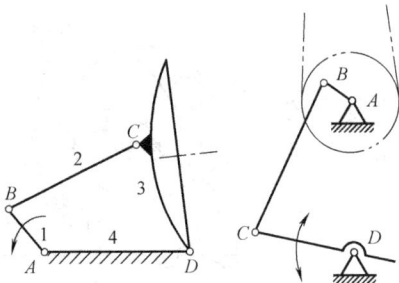

图 2-16　调整雷达天线

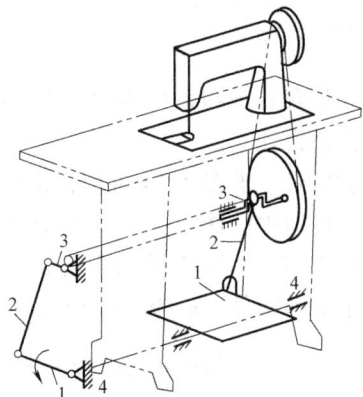

图 2-17　缝纫机踏板

动件时，则可将摇杆的往复摆动转变为曲柄的整周转动。

如图 2-18a 所示为牛头刨床横向自动进给机构。当齿轮 1 转动时，驱动齿轮 2（曲柄）转动，再通过连杆 3 使摇杆 4 往复摆动，摇杆另一端的棘爪便拨动棘轮 5，带动送进丝杠 6 做单向间歇运动。图 2-18b 所示是其中的曲柄摇杆机构的运动简图。

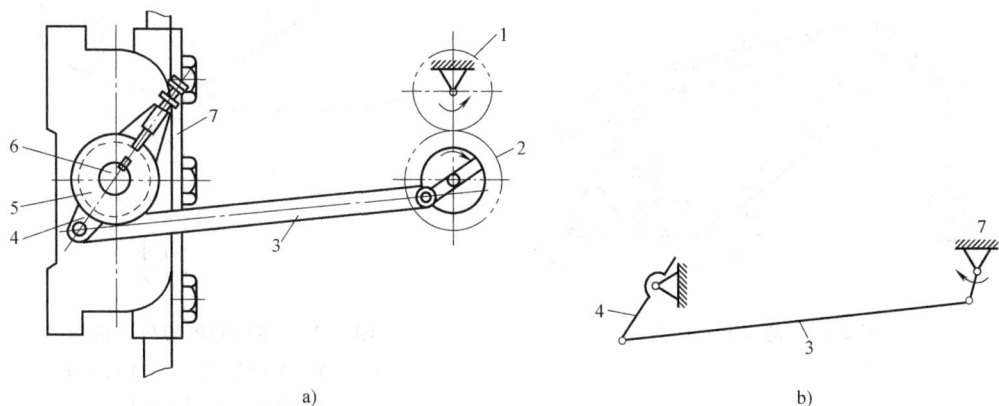

a)　　　　　　　　　b)

图 2-18　牛头刨床横向自动进给机构

（2）双曲柄机构　两连架杆均为曲柄的铰链四杆机构称为双曲柄机构。它可将原动曲柄的等速转动转换成从动曲柄的等速或变速转动，如图 2-19 所示的惯性筛机构，由构件 1、2、3、6 构成双曲柄的铰链四杆机构。当主动件曲柄 1 等速转动，从动曲柄 3 则做周期性变速回转运动，从而使筛子做往复运动，以达到筛分物料所需的加速度。在铰链四杆机构中，若相对两杆的长度

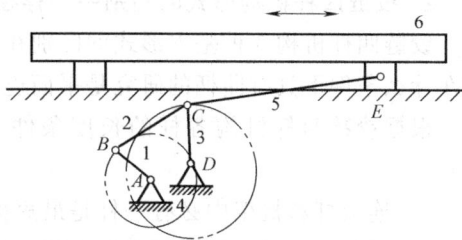

图 2-19　惯性筛机构

相等而且平行时，则称为平行四边形机构。如图 2-20a 所示的摄影平台升降机构，其利用平行四边形机构，两曲柄以相同角速度同向转动，连杆 BC 做平移运动。如图 2-20b 所示的车门启闭机构中，利用曲柄 AB、CD 做转向相反的运动机构，即称这种机构为反平行四边形机构，使两车门同时开启或关闭。

（3）双摇杆机构　铰链四杆机构中，两连架杆都是摇杆的称为双摇杆机构，如图 2-21 所示港口起重机构，利用两摇杆的摆动，以确保挂在连杆 E 上的货物水平移动。如图 2-22

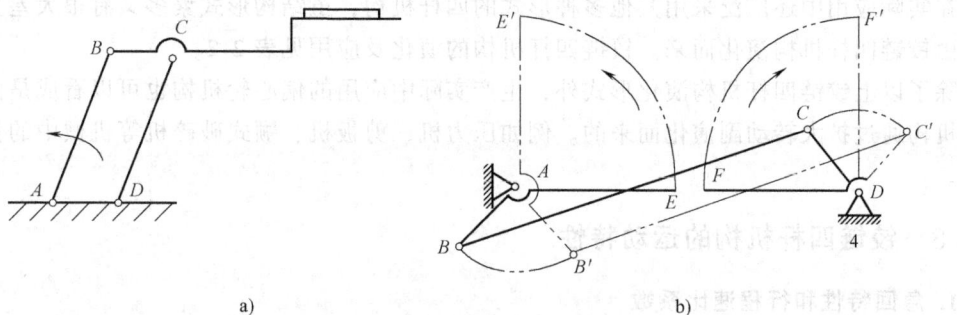

a)　　　　　　　　　b)

图 2-20　平行四边形机构

a）摄影平台升降机构　b）车门的启闭机构

所示飞机起落架放收机构。利用双摇杆机构完成飞机着陆时推出着陆轮和起飞后收起着陆轮的工作。

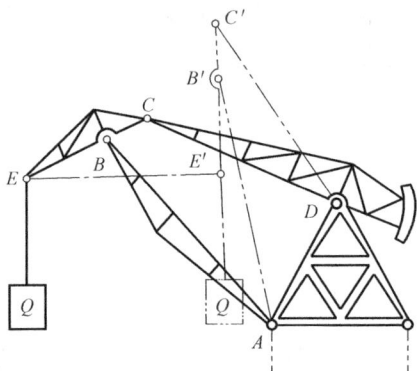

图 2-21   港口起重机构

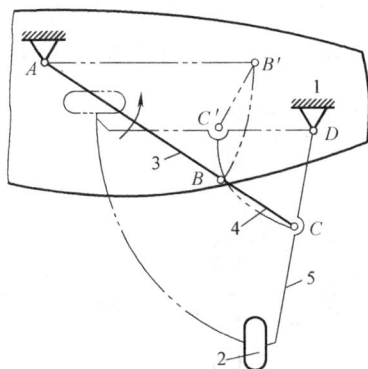

图 2-22   飞机起落架放收机构
1—机架   2—着陆轮   3—主动摇杆
4—连杆   5—从动摇杆

2. 铰链四杆机构形式的判别——存在曲柄的条件

铰链四杆机构 3 种基本形式的区别在于平面四杆机构是否存在曲柄。因此，平面四杆机构在什么条件下具有曲柄的研究是平面连杆机构的一个主要问题。

根据铰链四杆机构各杆的长度条件，可以得出铰链四杆机构曲柄存在条件为（证明略）：

1）连架杆和机架中必有一杆是最短构件。

2）最短杆与最长杆长度之和小于或等于其他两杆长度之和。

上述两个条件必须同时满足，否则机构不存在曲柄。同时，可以推出以下结果：

1）当四杆机构中最短杆与最长杆之和小于其余两杆之和时，若最短杆为连架杆，则为曲柄摇杆机构；若最短杆是机架，则为双曲柄机构；若最短杆为连杆，则为双摇杆机构。

2）当四杆机构中最短杆与最长杆之和大于其余两杆之和时，无论取哪个杆为机架，该机构都不可能有曲柄存在，只能为双摇杆机构。

2.2.2   铰链四杆机构的演化

在实际应用中还广泛采用其他多种形式的四杆机构，虽结构形式繁多又有很大差异，但都是由铰链四杆机构演化而来。铰链四杆机构的演化及应用见表 2-2。

除了以上铰链四杆机构演化形式外，生产实际中应用的偏心轮机构也可以看成是由铰链四杆机构通过扩大转动副演化而来的。例如压力机、剪板机、颚式破碎机等机械中的偏心轮机构。

2.2.3   铰链四杆机构的运动特性

1. 急回特性和行程速比系数

如图 2-23 所示的曲柄摇杆机构，原动件曲柄 AB 在转动一周的过程中，有两个位置与连

表 2-2　铰链四杆机构的演化及应用

选作机架的构件	铰链四杆机构	含有一个移动副的四杆机构（$e=0$）	应　　用
4	 a) 曲柄摇杆机构	 e) 对心曲柄滑块机构	 i) 对心内燃机主传动机构
1	 b) 双曲柄机构	 f) 曲柄转动导杆机构 当 $L_{AB} > L_{BC}$，为曲柄摆动导杆机构	 j) 刨床机构
2	 c) 曲柄摇杆机构	 g) 曲柄摇块机构	 k) 货车自动翻转卸料机构
3	 d) 双摇杆机构	 h) 定块机构	 l) 手摇唧筒机构

　　杆共线，这时摇杆 CD 分别处于相应的 C_1D 和 C_2D 两个极限位置（极位），其夹角 φ 称为摇杆的摆角；当摇杆处在两个极位时，原动件 AB 的两个位置 AB_1 和 AB_2 所夹的锐角 θ 称为极位夹角。此时摇杆两位置的夹角 φ 称为摇杆最大摆角。

　　当曲柄以等加速度 ω 顺时针转过 $\alpha_1 = 180° + \theta$ 时，此时摇杆由左极限位置 C_1D 运动到右极限位置 C_2D，称为工作行程。设所需时间为 t_1，C 点平均速度为 v_1；当曲柄继续转过 $\alpha_2 = 180° - \theta$ 时，摇杆又从位置 C_2D 转回位置 C_1D，称空回行程，所需时间为 t_2，C 点的平均速度为 v_2。摇杆往复运动的摆角虽均为 φ，但由于曲柄转角不同（$\alpha_1 > \alpha_2$），而曲柄是等角

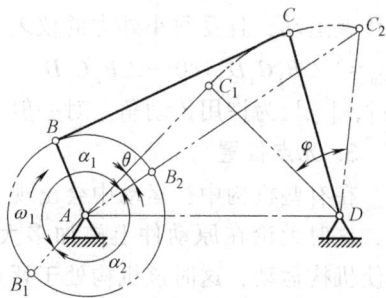

图 2-23　急回特性分析

速度回转，所以 $t_1 > t_2$，从而 $v_1 < v_2$，即回程速度快，这种曲柄摇杆机构的运动特性称为急回特性。该机构的急回特性常用在往复工作的机械中缩短非生产时间，提高劳动生产率。

机构的急回特性用行程速度变化系数（或称行程速比系数）K 表示，即

$$K = \frac{v_2}{v_1} = \frac{C_1 C_2 / t_2}{C_1 C_2 / t_1} = \frac{t_1}{t_2} = \frac{\alpha_1}{\alpha_2} = \frac{180° + \theta}{180° - \theta} \tag{2-2}$$

式（2-2）表明，当曲柄摇杆机构有极位夹角 θ 时，机构就有急回运动特性，而且 θ 角越大，K 值就越大，机构的急回特性也就越显著。

在进行机构设计时，若预先给出 K 值，将式（2-2）整理后，可以得到 θ 值

$$\theta = \frac{K-1}{K+1} \times 180° \tag{2-3}$$

2. 压力角与传动角

如图 2-24 所示的曲柄摇杆机构，若忽略运动副的摩擦力、构件的重力和惯性力的影响，同时连杆上不受其他外力，则主动件 AB 通过连杆 BC 传递到从动件 CD 上 C 点的力 F，总是沿着 BC 杆方向。力 F 与从动件 C 点绝对速度方向所夹的锐角 α，称为机构在此位置的压力角。

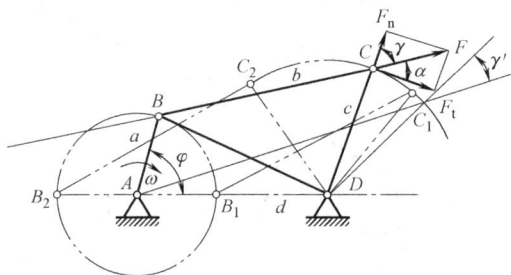

图 2-24　压力角与传动角

力 F 可以分解为点 C 速度方向的分力 F_t 和 CD 方向的分力 F_n，由图可知

$$F_t = F\cos\alpha = F\sin\gamma$$
$$F_n = F\sin\alpha = F\cos\gamma \tag{2-4}$$

F_t 是推动 CD 运动的有效分力，而 F_n 不能推动从动件 CD 运动，只能使 C、D 运动副增大铰链间的摩擦力，为有害分力。有效分力 F_t 越大，有害分力 F_n 越小，对机构的传动就越有利。

在实际机构应用中，为了便于测量，常用传动角的大小及变化情况来描述机构传动性能的优劣。

设计时，对于一般机械，通常取 $\gamma_{min} \geq 40°$；大功率重载情况下，应取 $\gamma_{min} \geq 50°$。对于只传递运动，且受很小外力的仪表中，允许传动角小些。从图 2-24 中可知，最小传动角为：$\gamma_{min} = \{\angle B_1 C_1 D, 180° - \angle B_2 C_2 D\}$。为了保证机构具有良好的传力性能，设计时，要求 $\gamma_{min} > [\gamma]$，$[\gamma]$ 为许用传动角。对一般机械，取 $[\gamma] = 40°$；传递功率较大时，取 $[\gamma] = 50°$。

3. 死点位置

在有些机构中，运动中会出现 $\gamma = 0°$ 的情况，这时无论在原动件上施加多大的力都不能使机构运动，这时该机构处于死点位置。

如图 2-25 所示的曲柄摇杆机构，若 CD 杆为主动件，曲柄 AB 为从动件，当摇杆处于两极限位置（$C_1 D$ 和 $C_2 D$）时，连杆与曲柄共线，这时摇杆 CD 通过连杆传给 AB 上的

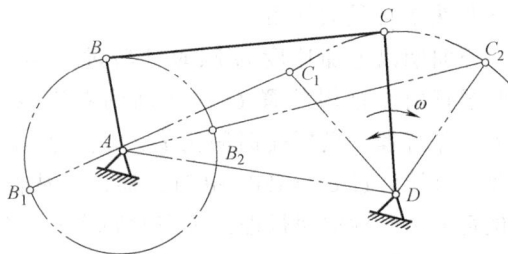

图 2-25　死点位置

力，正好通过曲柄回转中心 A （$\gamma = 0°$），因而不能产生力矩使曲柄回转。机构所处的这个位置，称为死点位置。

在工程上，常借用惯性，使机构能够顺利通过死点位置而正常运转，如发动机上安装飞轮加大惯性力，或利用相同机构错位排列，使两边机构错开死点位置，如图 2-26 所示的机车车轮的联动机构。有时也利用死点位置实现某些工作要求，如飞机起落架、各类夹具（图 2-27）。

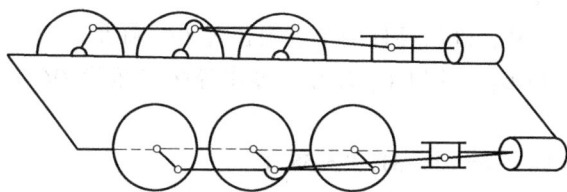

图 2-26　机车车轮的联动机构

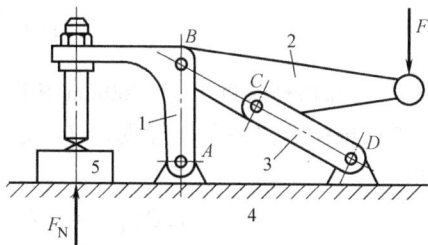

图 2-27　夹具

2.2.4　铰链四杆机构的设计

铰链四杆机构的设计，就是要根据给定的运动条件、几何条件及其他辅助条件，用图解法、解析法和实验法确定机构运动简图的尺寸参数。生产实际中的要求多种多样，给定的条件也各不相同，但是按照对机构运动的要求，可归纳为以下两类问题：

1）实现给定的运动规律，即主动件、从动件满足已知的若干组对应位置关系或运动规律要求设计四杆机构。

2）实现给定的运动轨迹，即连杆机构中做平面运动的构件上某一点精确或近似地沿着给定的轨迹运动要求设计四杆机构。

1. 按给定行程速度变化系数设计四杆机构

在设计具有急回运动特性的四杆机构，通常需给定行程速度变化系数 K 值，然后按行程速度变化系数 K 值求出极位夹角 θ，再按机构在极限位置的几何关系，综合给定的其他辅助条件来确定机构运动简图的各尺寸参数。

【例 2-7】　已知摇杆长度 $L_{CD} = 260\text{mm}$，摆角 $\varphi = 43°$，行程速度变化系数 $K = 1.43$，机架长度 $L_{AD} = 200\text{mm}$。试设计曲柄摇杆机构。

解：

（1）设计分析　设计的实质是要求出曲柄旋转中心 A（辅助圆 L 上任一点 A），已知摇杆长度 L_{CD}，再定出其他 3 杆尺寸。

（2）设计步骤

1）由给定的行程速度变化系数 K，按式（2-3）计算极位夹角。图 2-28 中 AB_1C_1D 和 AB_2C_2D 为机构的两极限位置，其极位夹角 $\theta = \angle C_1AC_2$，则

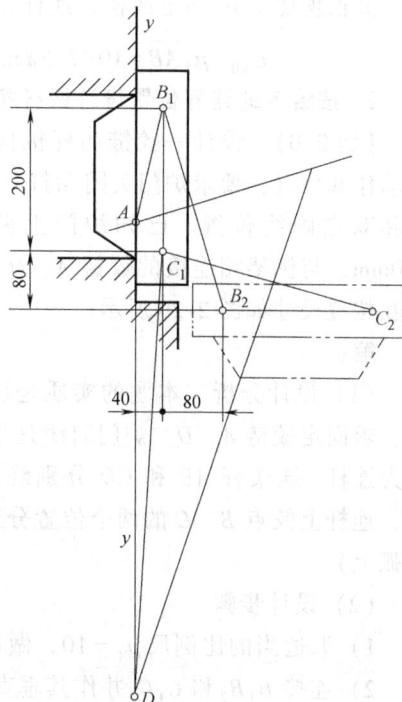

图 2-28　按给定 K 值设计

$$\theta = \frac{K-1}{K+1} \times 180° = \frac{1.43-1}{1.43+1} \times 180° \approx 31.9°$$

2）任选固定铰链中心位置，选取比例 μ_L，确定摇杆两个极限位置。取 $\mu_L = 10$，由 $\mu_L = \frac{L_{CD}}{\overline{CD}}$ 得

$$\overline{CD} = \frac{L_{CD}}{\mu_L} = \frac{260}{10} mm = 26mm$$

由已知摇杆长度 $L_{CD} = 260mm$ 和摆角 $\varphi = 43°$，画出摇杆两个极限位置 DC_1 和 DC_2。

3）根据极位夹角作辅助圆 L。连接 C_1 和 C_2，并以 C_1C_2 为底边作等腰三角形 OC_1C_2，得出

$$\angle OC_1C_2 = \angle OC_2C_1 = 90° - \theta = 90° - 31.9° = 58.1°$$

获得顶点 O，再以 O 点为圆心，OC_1 为半径做辅助圆 L。

4）根据机架长度条件确定 A 点。

$$\overline{AD} = \frac{L_{AD}}{\mu_L} = \frac{200}{10} mm = 20mm$$

以 D 为圆心，AD 为半径画弧交于辅助圆 L 上一点 A（任取两答案之一）。

5）最后确定曲柄、连杆长度。连接 AC_1 和 AC_2，由图中量得 $AC_1 = 18mm$，$AC_2 = 33mm$。根据 $\overline{AC_1} = BC - AB$，$\overline{AC_2} = BC + AB$，可得出

$$\overline{AB} = \frac{\overline{AC_2} - \overline{AC_1}}{2} = \left(\frac{33-18}{2}\right) mm = 7.5mm；\overline{BC} = \frac{\overline{AC_2} + \overline{AC_1}}{2} = \left(\frac{33+18}{2}\right) mm = 25.5mm$$

又根据比例 μ_L 确定曲柄、连杆长度，即

$$L_{AB} = \mu_L \overline{AB} = 10 \times 7.5mm = 75mm；L_{BC} = \mu_L \overline{BC} = 10 \times 25.5mm = 255mm$$

2. 按给定的连杆位置设计四杆机构

【例 2-8】 设计一铰链四杆机构控制加热炉炉门启闭动作和位置，要求炉门关闭和打开分别如图 2-29 中实线和双点画线位置。已知炉门上两铰链中心距 $BC = 200mm$，与机架相连接的铰链 A、D 安置在 yy 线上，其相互位置尺寸如图 2-29 所示。

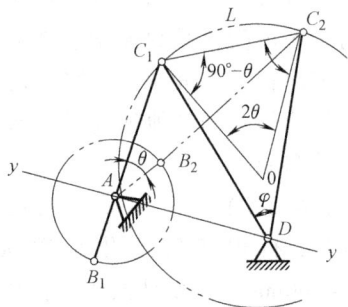

图 2-29　加热炉炉门启闭动作和位置

解：

（1）设计分析 本题的实质是已知连杆 BC 两个位置，求固定铰链 A、D。炉门启闭是平面运动，应把炉门作为连杆，连架杆 AB 和 CD 分别绕固定铰链 A 和 D 转动，连杆上铰点 B、C 的两个位置分别在 B_1、B_2 和 C_1、C_2（应位于以 A 和 D 为圆心的同一圆弧上）。

（2）设计步骤

1）取适当的比例尺 $\mu_L = 10$，做炉门 BC 两个极限位置 B_1C_1 和 B_2C_2。

2）连接 B_1B_2 和 C_1C_2 并作其垂直平分线，交 yy 线于 A 点和 D 点。

3）连接 AB_1C_1D，即得所要求的四杆机构。从图 2-29 中得

$$\overline{AB_1} = 16.8\,\text{mm}; \qquad \overline{C_1D} = 67\,\text{mm}; \qquad \overline{AD} = 70.7\,\text{mm}$$

按所取比例 μ_L 分别可以得到各构件长度

$$L_{AB} = \mu_L\overline{AB_1} = 168\,\text{mm}; \qquad L_{CD} = \mu_L\overline{C_1D} = 670\,\text{mm}; \qquad L_{AD} = \mu_L\overline{AD} = 707\,\text{mm}$$

2.3　凸轮机构

2.3.1　凸轮机构的应用及分类

1. 凸轮机构的应用

凸轮机构是常用的典型机构之一，它是由凸轮、从动件（也称推杆）、机架及附属装置（如弹簧）组成的一种高副机构。其中凸轮是一个具有曲线轮廓的盘状体或柱状体，一般做等速连续转动、有时也做往复直线移动或摆动。从动件在凸轮轮廓的控制下，按预定的运动规律做往复直线移动或摆动。凸轮机构广泛地应用于轻工、纺织、造纸、服装和印刷等行业的各种机器中，以实现各种复杂的运动要求。

图 2-30 所示为内燃机的配气凸轮机构，凸轮 1 转动时，其轮廓将迫使推杆 2（即气门杆）做往复摆动，控制气门 3 可以规律地启闭（关闭时靠弹簧 4），从而使可燃物质进入气缸或排出废气。

图 2-31 所示为自动机床的刀具进给凸轮机构。刀具的一个进给运动由下列动作组成：

1）刀具快速接近工件。

2）刀具等速进给切削工件。

3）刀具完成切削后快速退回。

4）刀具在原始位置停留一段时间，然后等待更换工件并开始下一个运动循环，以此重复 1）~3）运动循环。

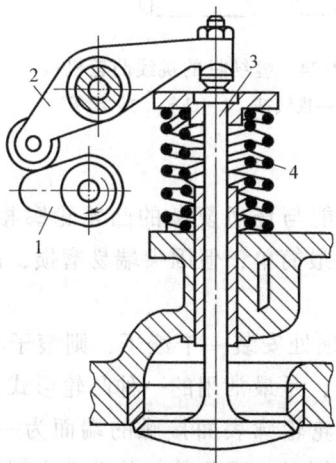

图 2-30　内燃机的配气凸轮机构

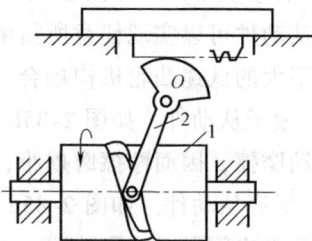

图 2-31　自动机床的刀具进给凸轮机构

由上述实例可见，从动件的运动规律是由凸轮轮廓曲线决定的，只需设计出合适的凸轮轮廓，便可使从动件获得任意给定的运动规律。凸轮机构具有结构简单、紧凑、设计方便和运动可靠等优点。但是，由于凸轮轮廓与从动件之间是高副接触，应力较大，易于磨损，凸轮轮廓的加工困难。因此，为使凸轮机构不过于笨重，从动件的行程不能过大。通常多用于小载荷的控制或调节机构中。

2. 凸轮机构的分类

根据凸轮及从动件的形状和运动形式的不同，常用的分类方法有以下几种。

（1）按凸轮的形状分类。

1）盘形凸轮。如图 2-32 所示，它是凸轮的基本形式。这种凸轮是一个绕固定轴转动并具有变化半径的盘形构件，可推动从动件在垂直于凸轮轴的平面内运动。

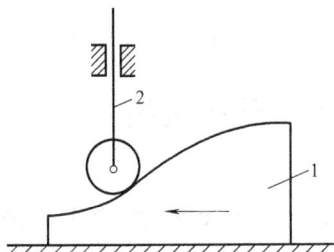

图 2-32　盘形凸轮

2）移动凸轮（图 2-33）。当盘形凸轮的径向尺寸为无穷大时，凸轮相对机架做直线运动，这时可将推动推杆在同一平面内做上下的往复运动，这种凸轮称为移动凸轮。

3）圆柱凸轮（图 2-31 和图 2-34）。在圆柱上开出曲线状的凹槽或在圆柱端面上画出曲线轮廓，这种凸轮称为圆柱凸轮。

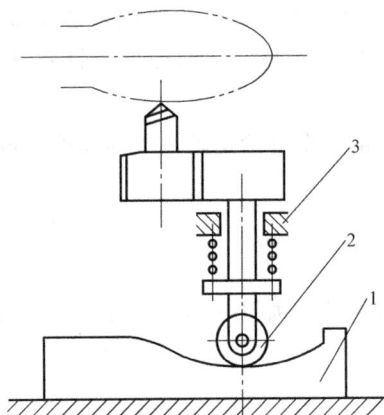

图 2-33　凸轮机构车削手柄示意图
1—凸轮　2—滚子　3—滑板

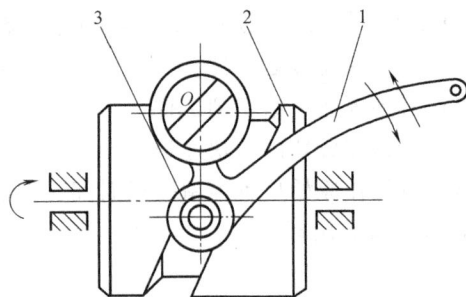

图 2-34　缝纫机的挑线凸轮机构
1—挑线杆　2—凸轮　3—滚子

（2）按从动件的形式分类。

1）尖顶从动件。如图 2-35a 所示，这种从动件尖顶能与任意复杂的凸轮轮廓相接触，从而使从动件可以实现任意所需的运动规律。从动件结构最简单，但因尖端易磨损，故只用于传力不大的低速凸轮机构场合。

2）滚子从动件。如图 2-35b 所示，若在从动件的尖顶处安装一个滚子，则滚子与凸轮间为滚动摩擦，因而摩擦磨损小，可用来传递较大的动力，是最常用的一种凸轮形式。

3）平底从动件。如图 2-35c 所示，这种从动件与凸轮轮廓表面接触的端面为一平面，从而在两者之间形成楔形油膜，可减少摩擦、降低磨损。同时，因凸轮与从动件之间的作用力始终与从动件的平底相垂直，故受力平稳、传动效率较高，所以常用于高速凸轮机构，但不能用于有内凹轮廓的凸轮机构中。

（3）按从动杆的运动形式分类。

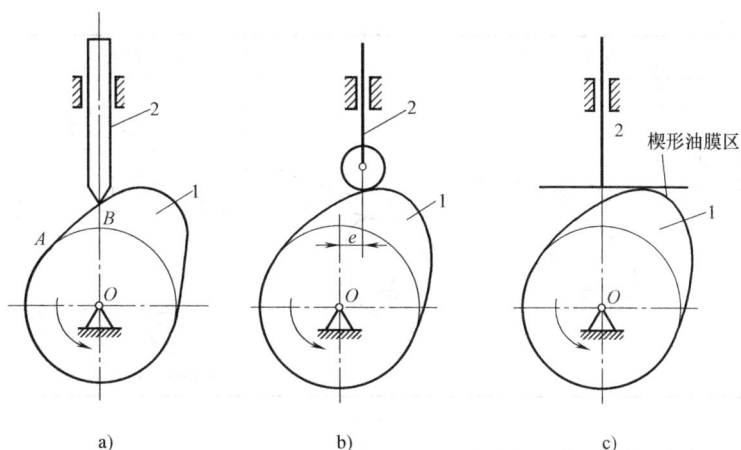

图 2-35 从动件端部结构形式

1）直动从动杆。做往复直线移动的推杆称为直动从动杆。在直动从动杆凸轮机构中，若直动从动杆的尖顶或滚子中心的轴线通过凸轮的回转中心，称为对心直动从动杆，否则称为偏置直动从动杆。从动杆尖顶或滚子中心轴线与凸轮回转中心之间的偏置距离 e，称为偏距。

2）摆动从动杆。做往复摆动的从动杆称为摆动从动杆。

（4）按凸轮与从动杆间的锁合方式分类。

1）力锁合。在这类凸轮机构中，主要利用重力、弹簧力或其他外力进行锁合。如图 2-30所示的内燃机配气凸轮机构。

2）几何锁合。也称形锁合，在这类凸轮机构中，主要是依靠凸轮凹槽两侧的轮廓曲线和从动件的特殊几何形状，来始终保持两者接触的几何锁合凸轮机构。

为了便于设计选型，表 2-3 列出了不同类型的凸轮和从动件组合而成的凸轮机构。

表 2-3 凸轮机构的常见基本类型

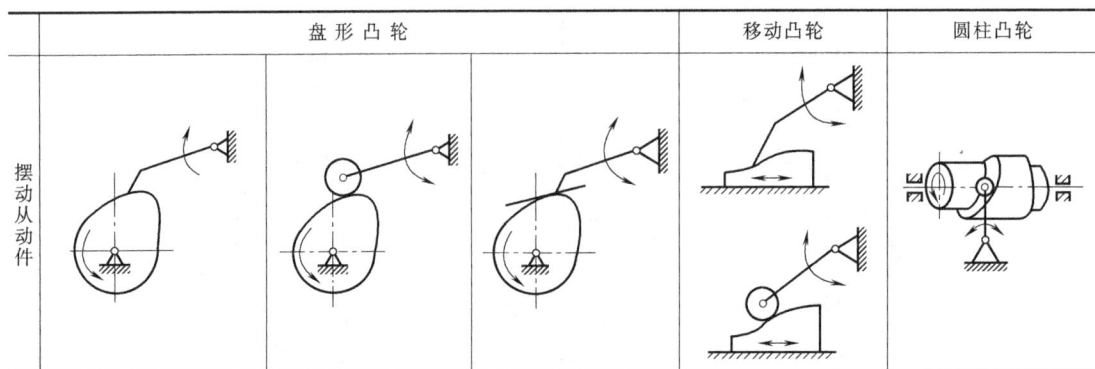

	盘形凸轮			移动凸轮	圆柱凸轮
摆动从动件					

2.3.2　常用的从动件的运动规律

1. 凸轮机构的工作原理和运动分析

图 2-36a 所示为一对心直动尖顶从动件盘形凸轮机构。以凸轮轮廓最小半径 r_b 为半径所做的圆称为凸轮的基圆，r_b 称为基圆半径。当从动件尖端与凸轮轮廓在 A 点接触时，从动件尖端处于最低位置。当凸轮以等角速度 ω 沿逆时针方向转动时，从动件首先与凸轮轮廓线的 A 端接触，凸轮轮廓的向径逐渐增加，推动从动件以一定的运动规律推到最高位置 B，即这一运动过程称为推程，所移动的距离 h 称为从动件的行程，与此相对应的凸轮转角 δ_0 称为推程运动角；当凸轮继续转过 δ_1 时，从动件尖端与凸轮轮廓线的 BC 段接触，从动件处于最高位置静止不动，从动件的这一行程称为远休止程，在此过程中凸轮相应的转角 δ_1 称为远休止角（或称远休运动角）。而后，从动件又从最高位置逐渐返回到距离凸轮轴心最低的位置，从动件的这一行程为回程，凸轮相应的转角 δ_2 称为回程运动角。在从动件又与凸轮廓线 DA 圆弧段接触，从动件处于最低位置静止不动，从动件的这一行程称为近休止程，凸轮相应的转角 δ_3 称为近休止角（也称近休运动角）。

从图 2-36a 可知，当凸轮沿顺时针转动一周时，从动件的运动经历了 4 个阶段：上升—静止—下降—静止的运动循环。从动件的位移 s 与凸轮转角 δ 的关系可以用从动件的位

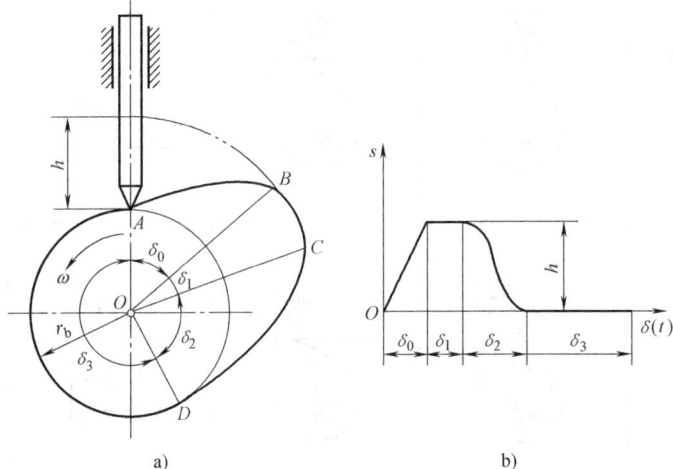

a)　　　　　　　　　　　b)

图 2-36　一对心直动尖顶从动件盘形凸轮机构

移线图来表示，如图 2-36b 所示。因为一般凸轮做等速转动，转角与时间成正比，因此横坐标也可以代表时间 t。

2. 从动件的运动规律分析

从动件的运动规律就是位移 s、运动速度 v、加速度 a 随时间 t 或凸轮转过 φ 角变化的规律。从动件常见的从动件运动规律有：等速运动、等加速等减速运动、正弦加速度运动、余弦加速度运动等。下面就以等速运动规律、等加速等减速运动为例来介绍建立从动件运动规律的一般方法。

（1）等速运动规律 当凸轮以等角速度 ω 转动，从动件在推程或回程中的运动速度保持不变，称为等速运动规律。推程运动时，用 φ 代表凸轮转过角，当凸轮转过推程运动角 φ_0 时，从动件等速完成推程 h，则从动件的运动方程为

$$\left. \begin{array}{l} s = \dfrac{h}{\varphi_0}\varphi \\ v = \dfrac{h}{\varphi_0}\omega \\ a = 0 \end{array} \right\} \tag{2-5}$$

同理，从动件做回程运动时，从动件的运动方程为

$$\left. \begin{array}{l} s = h\left(1 - \dfrac{\varphi}{\varphi_0'}\right) \\ v = -h\dfrac{\omega}{\varphi_0'} \\ a = 0 \end{array} \right\} \tag{2-6}$$

式中 φ_0——凸轮回程运动角。

由图 2-37 可知，等速运动规律的运动线图为一水平直线。加速度为零，但在推程开始

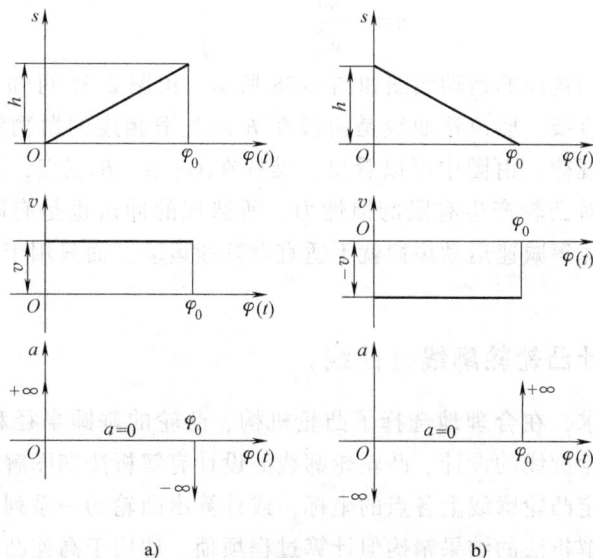

图 2-37 等速运动规律的运动线

a）推程运动 b）回程运动

和终止的瞬时，速度方向会突然改变，其瞬时加速度和作用在凸轮上的惯性力在理论上趋于无穷大，致使凸轮机构产生强烈的冲击，这种冲击称为刚性冲击。因此，等速运动规律只用于低速、轻载的场合。

（2）等加速等减速运动规律　等加速等减速运动规律就是从动件在推程或回程的前半段 $h/2$ 做等加速运动，后半段 $h/2$ 做等减速运动，且加速度与减速度的绝对值相等。

等加速段，即 $0 \leqslant \varphi \leqslant \dfrac{\varphi_0}{2}$ 中，推杆的位移方程为：$s = \dfrac{1}{2}at^2$，经推导得推程运动的等加速度部分的运动方程为

$$\left. \begin{array}{l} s = \dfrac{2h}{\varphi_0^2}\varphi^2 \\[2mm] v = \dfrac{4h}{\varphi_0^2}\omega\varphi \\[2mm] a = \dfrac{4h\omega^2}{\varphi_0^2} \end{array} \right\} \tag{2-7}$$

从式（2-7）可得推程运动的等加速部分结束（$\varphi = \varphi_0/2$）时，$v_{\max} = \dfrac{4h\omega\varphi_0}{\varphi_0^2 \ 2} = \dfrac{2h\omega}{\varphi_0}$。

同理，可以得到等减速区间 $\left(\dfrac{\varphi_0}{2} \leqslant \varphi \leqslant \varphi_0 \right)$ 中从动件的运动方程

$$\left. \begin{array}{l} s = h - \dfrac{2h}{\varphi_0^2}(\varphi_0 - \varphi)^2 \\[2mm] v = \dfrac{4h\omega}{\varphi_0^2}(\varphi_0 - \varphi) \\[2mm] a = -\dfrac{4h\omega^2}{\varphi_0^2} \end{array} \right\} \tag{2-8}$$

等加速等减速运动规律的运动线图如图 2-38 所示。由图 2-38 可知，加速度曲线是水平直线，速度曲线是斜直线，而位移曲线是两段在 B 点光滑相连的抛物线，所以这种运动规律又称为抛物线运动规律。由图中可以看出，推杆在 O、A、B 三点，其加速度出现有限值的突变，因而从动件对凸轮产生有限的惯性力，所造成的冲击也是有限的，故称为柔性冲击。所以，具有等加速等减速运动规律就不适宜做高速运动，而只用于中低速、轻载的凸轮机构。

2.3.3　图解法设计凸轮轮廓线（曲线）

根据工作条件要求，在合理地选择了凸轮机构、凸轮的基圆半径和从动件运动规律等后，就可以进行凸轮轮廓线的设计。凸轮轮廓线的设计有解析法和图解法。解析法通过列出凸轮廓线的方程，确定凸轮廓线上各点的坐标，或计算出凸轮的一系列向径的值，以便据此加工出凸轮轮廓线。解析法的结果精确但计算过程烦琐，适用于高速凸轮、靠模凸轮或精度要求较高的凸轮，其可采用先进的加工方法，如线切割机、数控铣床及数控磨床来加工。但是，由于图解法简便易行、直观地反映设计思想、原理，应用于低速的轮廓数据加工的凸

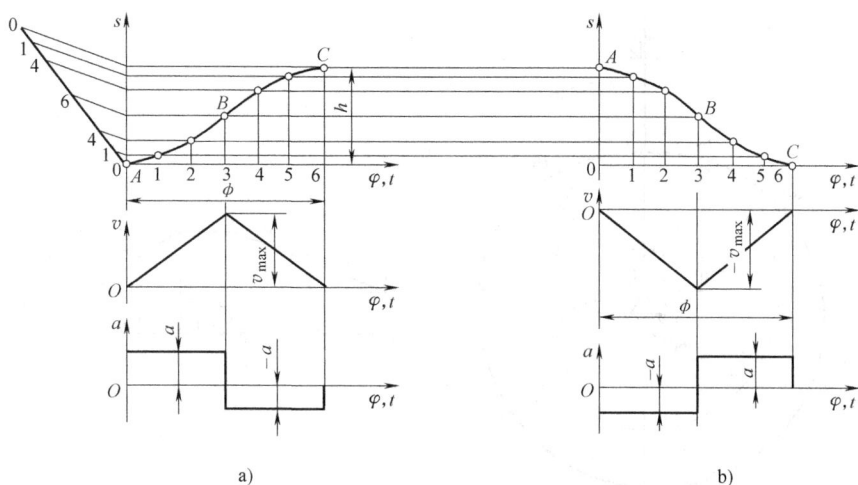

图 2-38　等加速等减速运动规律的运动线

a）推程运动　b）回程运动

轮。本节主要介绍图解法设计凸轮轮廓线。

1. "反转法"原理

图 2-39a 所示为对心直动尖顶从动件盘形凸轮机构，当凸轮以角速度 ω 绕轴心 O 等速回转时，将推动从动件按预定的运动规律移动。图 2-39b 所示为凸轮回转 φ 角时，从动件上升至位移 s 的瞬时位置。根据相对运动原理，若给整个凸轮机构附加一个绕凸轮轴心 O 的公共角速度（$-\omega$），则凸轮与从动杆间的相对运动不变，这时凸轮将静止不动，而从动件一方面随机架和导路一起以角速度 $-\omega$ 绕凸轮轴心 O 转动，另一方面又在其导路内按预期的运动规律运动。由图 2-39c 可知，从动件在复合运动中，其尖顶的运动轨迹就是凸轮轮廓线。按此种方法绘制凸轮轮廓线的方法称为"反转法"。

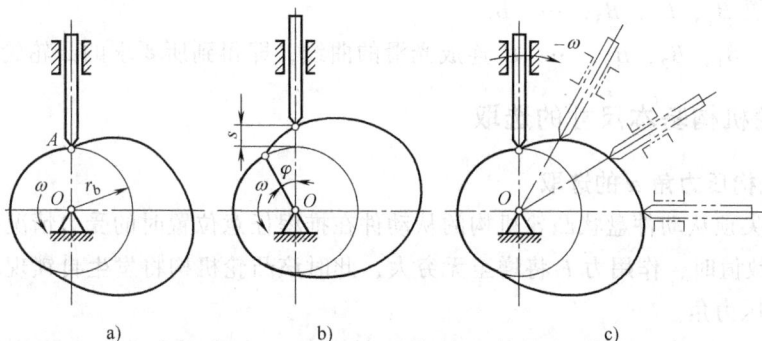

图 2-39　反转法

2. 对心尖顶直动从动件盘形凸轮机构凸轮轮廓线的绘制

图 2-40a 所示为对心尖顶直动从动件盘形凸轮机构。设已知凸轮的基圆半径为 r_{min}，从动件的运动规律如图 2-40b 所示的位移线图，凸轮以等角速度 ω_1 逆时针转动，要求绘制此凸轮的轮廓线。

根据"反转法"原理，按如下步骤绘制该凸轮轮廓线：

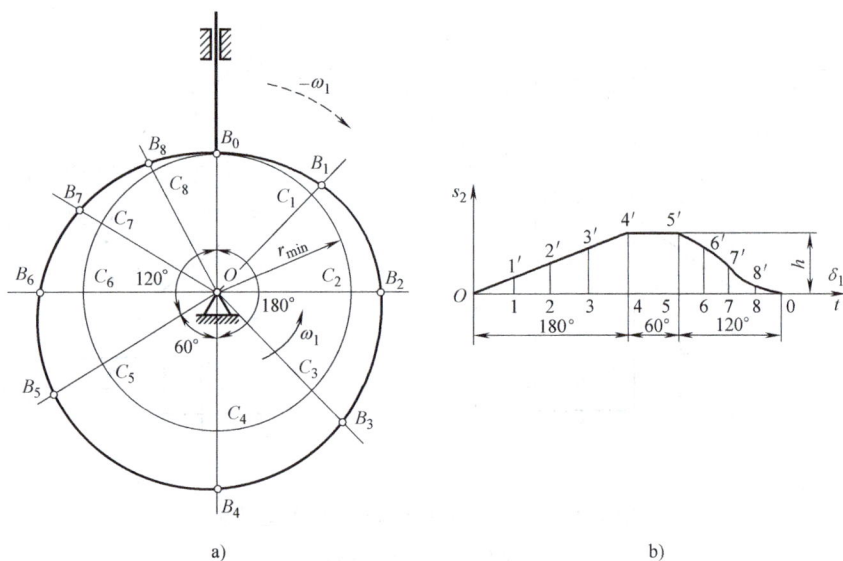

图 2-40 对心尖顶直动从动件盘形凸轮

1) 选取适当的比例尺作从动件的位移线图,如图 2-40b 所示。将位移曲线的横坐标中的推程和回程所对应的转角分成若干等份,得分点 1, 2, …, 8。

2) 选取同样的比例尺,以 O 为圆心、r_{min} 为半径做凸轮基圆。此基圆与导路的交点 B_0 便是从动件尖顶的起始位置。

3) 自 OB_0 沿 ω_1 的相反方向取凸轮的角度,并将它们各分成 180°、60°、120°,且与图 2-40b 中的各等分相对应,得 C_1, C_2, C_3, …, C_8 点。连接 OC_1, OC_2, OC_3, …, OC_8,它们便是机构反转后从动件导路的各个位置。

4) 量取对应的各个位移量。即取 $C_1B_1 = 11'$,$C_2B_2 = 22'$,…,$C_8B_8 = 88'$,得反转后尖顶的一系列位置 B_1, B_2, B_3, …, B_8。

5) 将 B_0, B_1, B_2, B_3, …, B_8 连成光滑的曲线,即得到所要求的凸轮轮廓线。

2.3.4 凸轮机构基本尺寸的选取

1. 凸轮机构压力角 α 的选取

从一直动尖顶从动件盘状凸轮机构的从动件在推程任意位置时的受力情况分析得知:当 α 增大到某一数值时,作用力 F 将增至无穷大,此时该凸轮机构将发生自锁现象。这时的压力角称为临界压力角。

由此可见,压力角 α 是影响凸轮机构受力情况的一个重要参数。为使凸轮机构工作可靠,受力情况良好,必须对压力角进行限制。设计上规定最大压力角 $\alpha_{max} <$ 许用压力角 $[\alpha]$。根据实践,常用的许用压力角数值为:推程的许用压力角,则对于直动从动件取 $[\alpha] = 30° \sim 40°$,对于摆动从动件取 $[\alpha] = 40° \sim 50°$;回程从动件,通常是靠外力或自重作用返回的,一般不会出现自锁,主要是减少凸轮尺寸,$[\alpha] = 70° \sim 80°$。

2. 凸轮基圆半径的选取

凸轮的机构压力角与凸轮基圆半径的大小直接相关。因此,为了既满足 $\alpha_{max} \leqslant [\alpha]$ 的条件，又使机构的总体尺寸不会过大，应选取尽可能小的凸轮基圆半径。

在实际设计中，凸轮基圆半径经常是根据具体结构条件来选取的。当凸轮与轴成一体时，凸轮基圆半径略大于轴的半径；当单独制造凸轮，然后装配到轴上时，凸轮基圆半径 $\geqslant (1.6 \sim 2) r$（r 为轴的半径）。

3. 滚子半径（r_T）的确定、平底尺寸的选取

（1）滚子半径的选择 为了避免实际轮廓曲线出现失真，极易产生应力集中的磨损，导致不能使用，通常使 $r_T \leqslant 0.8\rho_{min}$，并使实际廓线的最小曲率半径 $\rho_{min} \geqslant 3 \sim 5mm$，若不满足该要求，可增大凸轮基圆半径或修改从动件的运动规律。

另一方面，对于滚子从动件中滚子半径的选择，要考虑其强度、结构及凸轮廓线的形状等诸多因素，滚子的半径也不能太小，通常取：$r_T = (0.1 \sim 0.5) r_b$，其中 r_b 为凸轮基圆半径。

（2）平底尺寸的选择 为了保证凸轮轮廓与平底始终相切，使从动件不会出现"失真"，甚至卡住，平底从动件长度 L 应取：$L = 2l_{max} + (5 \sim 7) mm$。

2.3.5 凸轮的结构和零件图

1. 凸轮的结构及固定方式

为使结构紧凑，当凸轮轮廓尺寸较小，凸轮和轴可做成一体，如图 2-41 所示。当凸轮的轮廓尺寸较大时，凸轮与轴采用分体式，凸轮与轴之间的固定可采用键联接、销联接（图 2-42a）、弹性开槽锥套螺母连接（图 2-42b）。在装配时，因凸轮与轴有一定的相对周向位置的要求，需根据设计要求在凸轮上刻出起始线（0°）作为加工、装配的依据。

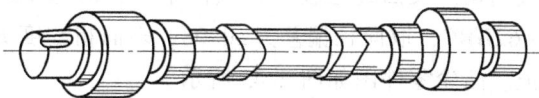

图 2-41 凸轮轴

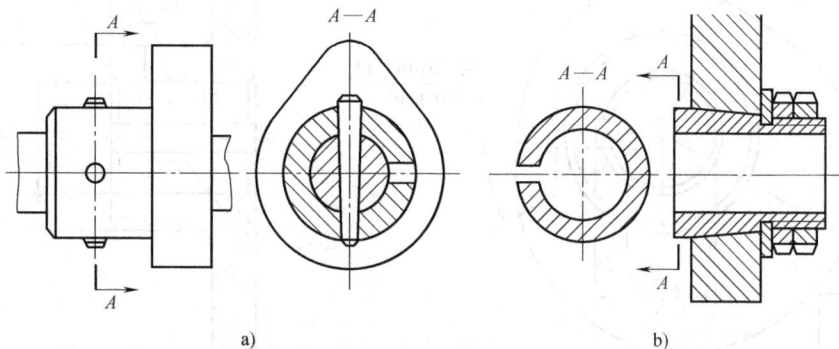

图 2-42 凸轮的固定
a）销联接 b）弹性开槽锥套螺母联接

2. 凸轮零件图

（1）凸轮和滚子材料 凸轮和滚子材料要求具有足够的接触强度和耐磨性。凸轮材料常用 45 钢和 40Cr，表面淬火到 52 ~ 58HRC，要求更高时，可用 15 钢、20Cr 经渗碳达到 56~62HRC。低速、轻载时也有用优质球墨铸铁或 45 钢（调质）等。

滚子材料通常用 20Cr、20CrMoTi，渗碳到 56~62HRC，也有用滚动轴承作为滚子。

（2）凸轮零件图及其技术要求 根据凸轮性能要求选取公差和表面粗糙度，如对于低

速进给凸轮和操纵凸轮，其公差可取大些。对于精度要求较高的凸轮，如靠模凸轮、高速凸轮等，其轮廓形状公差要求高。凸轮的公差和表面粗糙度见表2-4。

表2-4　凸轮的公差和表面粗糙度（300~500mm以下）

凸轮精度	向径偏差/mm	角度偏差	基准孔极限偏差	凸轮槽宽极限偏差	表面粗糙度 $Ra/\mu m$	
					盘形凸轮	凸轮槽
低精度	$\pm(0.2\sim0.5)$	$\pm1°$	H8	H8~H10	>0.63~1.25	>1.25~2.5
一般精度	$\pm(0.1\sim0.2)$	$\pm(30'\sim40')$	H7(H8)	H8	>0.63~1.25	>1.25~2.5
高精度	$\pm(0.05\sim0.1)$	$\pm(10'\sim20')$	H7	H8(H7)	>0.32~0.63	>0.63~1.25

在凸轮零件图上除了标注尺寸公差、表面粗糙度、技术要求、材料和热处理等外，为了加工和检验方便，往往还要附一个"升程表"，即列出沿向径方向从基圆到廓线的升程值。

【例2-9】　盘形凸轮机构设计。

对心尖顶直动从动件盘形凸轮机构（图2-40），转速较低，载荷中等，若行程 $h=20$mm，凸轮基圆半径为 $r_b=40$mm，轮毂直径 $D=50$mm，试对其进行结构设计并绘制凸轮零件图。

解：

1）按反转法绘制凸轮轮廓（图2-40）。

2）结构设计。由于凸轮基圆半径 $r_b=40$mm，凸轮尺寸较大，故采用轴与凸轮分开的整体式结构。又因转速较低，载荷中等，故选20Cr（渗碳），渗碳深度1.2mm，表面硬度为56~62HRC，取向径偏差为±0.08，表面粗糙度 $Ra0.8\mu m$。为防止装配错位，在凸轮上做0°标记。凸轮零件图如图2-43所示。

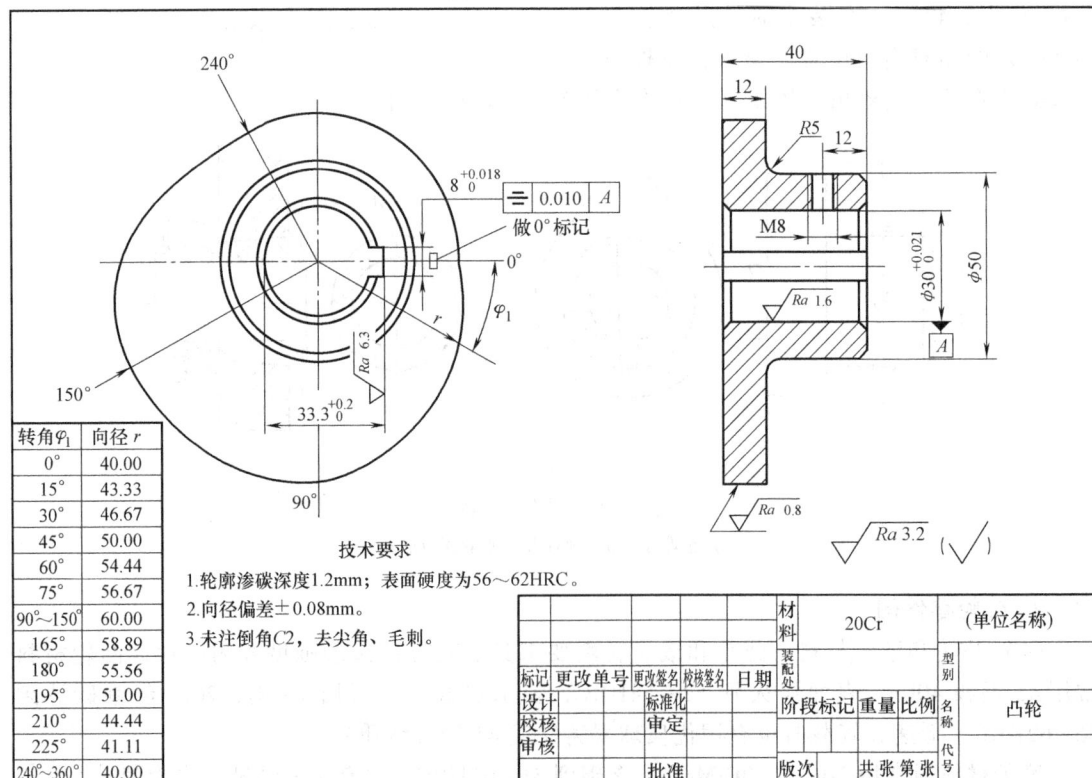

转角 φ_1	向径 r
0°	40.00
15°	43.33
30°	46.67
45°	50.00
60°	54.44
75°	56.67
90°~150°	60.00
165°	58.89
180°	55.56
195°	51.00
210°	44.44
225°	41.11
240°~360°	40.00

技术要求

1.轮廓渗碳深度1.2mm；表面硬度为56~62HRC。

2.向径偏差±0.08mm。

3.未注倒角C2，去尖角、毛刺。

图2-43　凸轮零件图

2.4 其他常用机构

除平面连杆机构、凸轮机构以外，在各种机器和仪器中还应用了许多其他形式和用途的机构，它们的种类很多，本节主要介绍常用棘轮机构、槽轮机构和不完全齿轮机构。

2.4.1 棘轮机构

1. 棘轮的工作原理和基本类型

图 2-44 所示为外啮合棘轮机构，主要由棘轮 3、棘爪 2 和 4、摇杆 1 和止动爪 5 和机架所组成。棘轮 3 固装在传动轴上，其轮齿分布在棘轮的外缘、内缘或端面上，摇杆 1 空套在传动轴上。

常用的棘轮机构为齿式棘轮机构，按其运动形式可分为以下类型。

（1）单动式棘轮机构　图 2-44、图 2-45 所示的外、内啮合棘轮机构都是单动式棘轮机构。当摇杆往复摆动时，棘轮便可以得到单向的间歇运动。

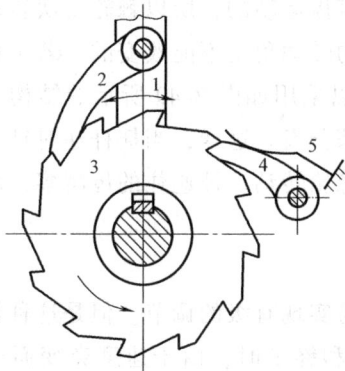

图 2-44　外啮合棘轮机构

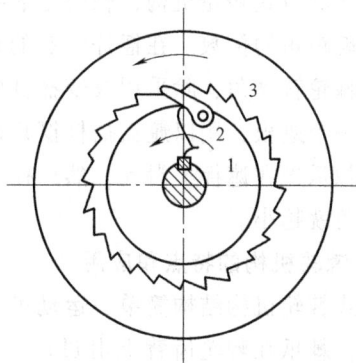

图 2-45　内啮合棘轮机构

（2）双动式棘轮机构　如图 2-46 所示，这种机构在主动摇杆 1 上装有两个棘爪 3，主动摇杆 1 做往复摆动时，可使两个棘爪交替工作，驱动棘轮 2 沿同一方向间歇运动。驱动棘爪可制成直头的（图 2-46a）或钩头的（图 2-46b），该机构可提高棘轮运动次数和缩短停顿时间，故又称快动棘轮机构。

（3）可换向棘轮机构　为了达到棘轮能做不同转向的间歇运动的工作要求，可把棘轮的齿做成矩形，如图 2-47 所示矩形齿双向

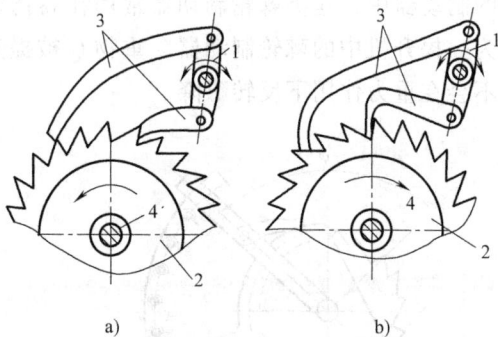

图 2-46　双动式棘轮机构

棘轮机构的可反向转动的棘爪。当棘爪由 B 的位置绕其销轴 A 转到双点画线位置 B' 时，棘轮可以得到顺时针方向的反向间歇运动。

图 2-48 所示为牛头刨床用可换向棘轮机构（回转棘爪双向棘轮机构），该棘爪可以绕

自身轴线转动。当棘爪 1 提起,并绕自身轴线旋转 180° 后,使棘轮获得顺时针方向的反向间歇运动,从而实现工作台的反向步进移动。

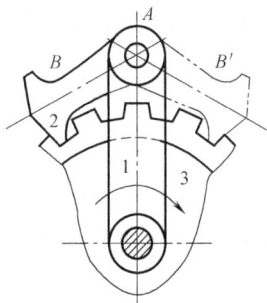

图 2-47　矩形齿双向棘轮机构

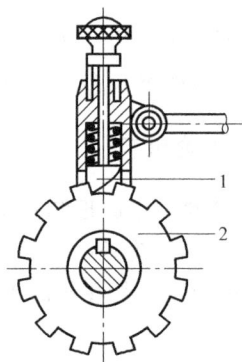

图 2-48　回转棘爪双向棘轮机构

2. 棘轮转动角的调节

上述的齿式棘轮机构,棘轮是靠摇杆上的棘爪推动棘齿运动的,所以棘轮每次转动角都是棘轮齿距角的倍数。在摇杆一定的情况下,棘轮每次的转动角是不能改变的。若工作时需要改变棘轮转动角,除采用改变摇杆的转动角外,还可以采用如图 2-49 所示的结构,在棘轮上加一个遮板,用以遮盖摇杆摆角范围内棘轮上的一部分齿。这样,当摇杆逆时针方向摆动时,棘爪先在遮板上滑动,然后插入棘轮的齿槽推动棘轮转动。被遮住的齿越多,棘轮每次转动角就越小。

3. 棘轮机构的特点和应用

齿式棘轮机构结构简单、运动可靠,棘轮的转角容易实现有级的调节。但是这种机构在回程时,棘爪在棘轮齿背上滑过产生噪声;在运动开始和终了时,由于速度突变而产生冲击,运动平稳性差,且棘轮轮齿容易磨损,故常用于低速轻载等场合。

棘轮机构常用在各种机床、自行车、螺旋千斤顶等机械中。棘轮还广泛用于防止机械逆转的制动器中,这类棘轮制动器常用在卷扬机、提升机、运输机和牵引设备中。图 2-50 所示为一提升机中的棘轮制动器,重物 Q 被提升后,由于棘轮 1 受到止动爪 2 的制动作用,卷筒不会在重力作用下反转下降。

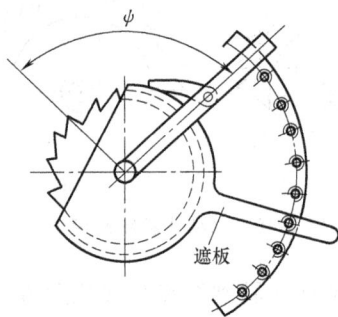

图 2-49　用遮板调节棘轮转动角

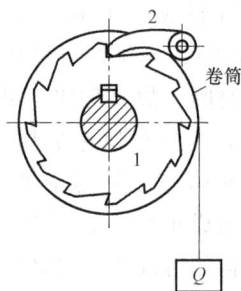

图 2-50　提升机的棘轮制动器

2.4.2 槽轮机构

1. 槽轮工作原理和类型

图 2-51 所示为槽轮机构,又称马耳他机构。它由具有径向槽的从动槽轮 2、带有圆柱销的主动拨盘 1 和机架组成。

拨盘 1 为原动件,槽轮 2 为从动件。当拨盘 1 以等角速度连续转动,拨盘上的圆柱销刚开始进入槽轮径向槽时,锁止弧 nn 也刚好松开槽轮,圆销 A 将带动槽轮转动。拨盘上的圆柱销在拨盘转过一定角度后,圆柱销将从槽中退出时,锁止弧 nn 将槽轮锁住不动,直至圆柱销 A 再一次进入槽轮的另一径向槽时,槽轮重复上面的过程。该机构是一种典型的单向间歇传动机构。

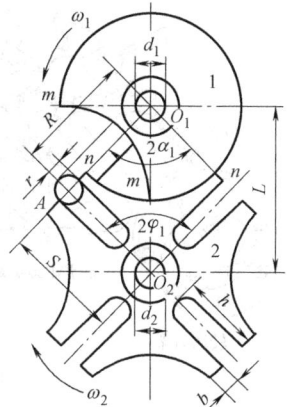

图 2-51 槽轮机构

平面槽轮机构有两种形式:外槽轮机构(图 2-51)和内槽轮机构(图 2-52)。外槽轮机构拨盘与槽轮的转向相反,内槽轮机构拨盘与槽轮的转向相同。此外还有空间槽轮机构,如图 2-53 所示。

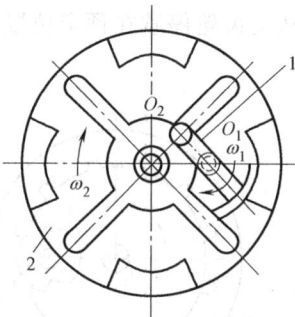

图 2-52 内槽轮机构

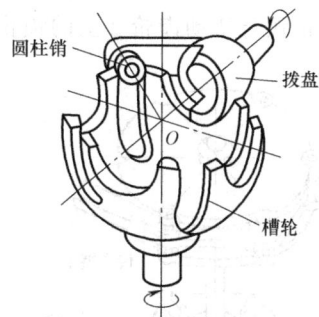

图 2-53 空间槽轮机构

2. 槽轮机构的特点与应用

槽轮机构具有结构紧凑、工作可靠、制造简单、传动效率高,并能准确控制转动的角度等优点,但因槽轮机构的转角不能调节,转动始末加速度变化较大,存在柔性冲击,不适用于高速场合,故只用于转速不大、定转角的间歇机构中。例如图 2-54 所示为电影放映机的卷片机构;又如图 2-55 所示为转塔车床刀架的转位槽轮机构;再如图 2-56 所示为自动流水线装配作业的工件转位传送机构。

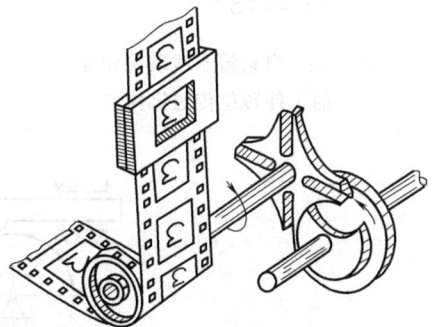

图 2-54 电影放映机的卷片机构

2.4.3 不完全齿轮机构

1. 不完全齿轮机构的工作原理和类型

不完全齿轮机构是由普通渐开线齿轮机构演变而成的间歇运动机构,其与普通渐开线齿轮机构的主要区别在于该机构中的主动齿轮仅有一个或几个齿。不完全齿轮机构基本结构形式分为外啮合不完全齿轮机构(图 2-57a)、内啮合不完全齿轮机构(图 2-57b)和不完全

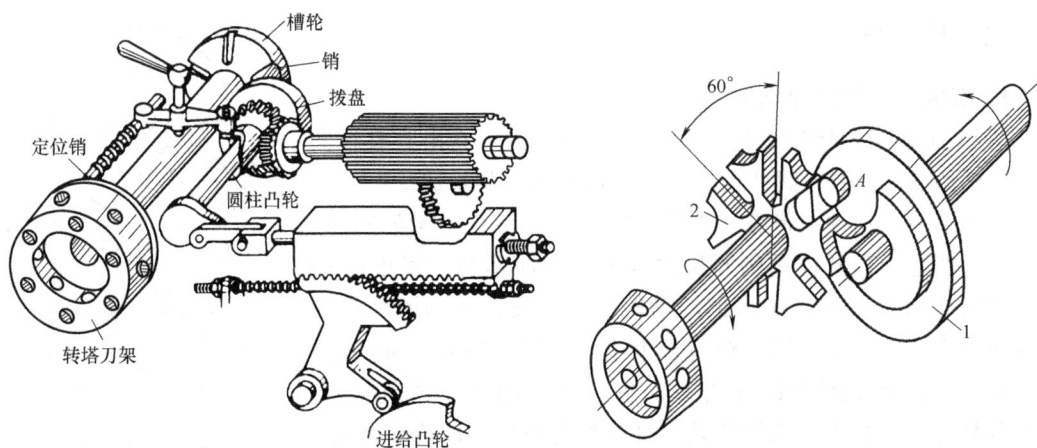

图 2-55　转塔车床刀架的转位槽轮机构

齿条机构（图 2-58）。如图 2-57a 所示的外啮合不完全齿轮机构，其主动齿轮 1 转动一周时，从动齿轮 2 转动 1/6 周，从动齿轮每转一周停歇 6 次。当从动齿轮停歇时，主动齿轮 1 上的锁止弧与从动齿轮 2 上的锁止弧互相配合锁住，以保证从动齿轮停歇在预定位置。

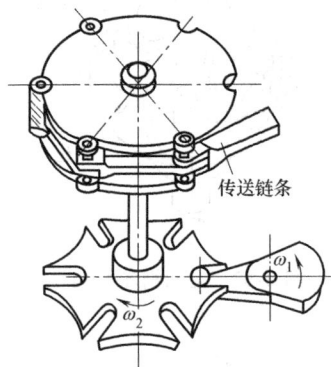

图 2-56　自动流水线装配作业
的工件转位传送机构

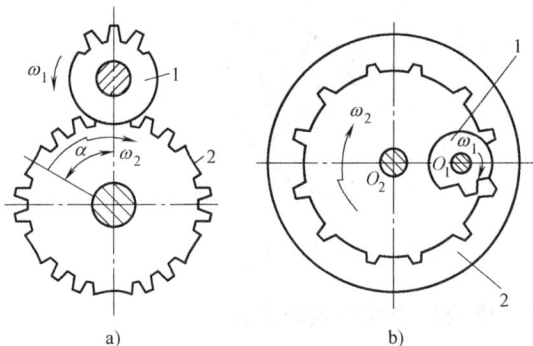

图 2-57　不完全齿轮机构

a）外啮合不完全齿轮机构　b）内啮合不完全齿轮机构

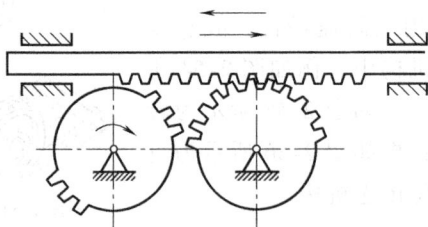

图 2-58　不完全齿条机构

2. 不完全齿轮机构的特点及应用

与其他机构相比，不完全齿轮机构结构简单、制造方便，从动齿轮的运动时间和静止时间的比例不受机构结构的限制。但由于齿轮传动为定传动比运动，在从动齿轮运动开始和结束时，即进入啮合和脱离啮合的瞬时，速度有突变，冲击较大。所以一般只用于低速、轻载的场合，如常用于计数器、多工位自动机、半自动机中工作台间歇转动的转位机构等。

总结与复习

1. 构件是机构的基本组成单元，而机构则可以看作是由若干个构件组合而成的构件组合体。自由度是构件可能出现的独立运动。任何一个构件在空间自由运动时都有 6 个自由度。平面机构的自由度计算公式为

$$F = 3n - 2p_1 - p_h$$

计算机构自由度时应注意的问题：复合铰链；局部自由度；虚约束。

2. 铰链四杆机构的基本形式：曲柄摇杆机构；双曲柄机构；双摇杆机构。四杆机构存在曲柄的条件为：

1）连架杆和机架中必有一杆是最短杆。

2）最短杆与最长杆长度之和小于或等于其他两杆长度之和。

3. 铰链四杆机构的运动特性：急回特性和行程速比系数 $K = \dfrac{180° + \theta}{180° - \theta}$。压力角与传动角：应使最小传动角 $\gamma_{\min}$ 不小于许用传动角 $[\gamma]$。一般取 $[\gamma] = 40° \sim 50°$。

4. 铰链四杆机构的设计：①按给定行程速度变化数设计；②按给定的连杆位置设计。

5. 凸轮机构是由凸轮、从动件、机架及附属装置组成的一种高副机构。其中凸轮是一个具有曲线轮廓的构件，通常做连续的等速转动、摆动或移动。按凸轮的形状可分：盘形凸轮、移动凸轮、圆柱凸轮。按从动件的形状可分：尖顶从动件、滚子从动件、平底从动件。

6. 凸轮机构常见的从动件运动规律有：等速运动、等加速等减速运动、正弦加速度运动、余弦加速度运动等。可以用反转法设计凸轮廓线；也可通过确定凸轮机构基本参数，如压力角 α、凸轮基圆半径、滚子半径（r_T）、平底尺寸等，选择凸轮和滚子材料，然后进行凸轮机构设计。

7. 棘轮机构由棘轮、棘爪、摇杆和止动爪和机架所组成。其结构简单、运动可靠，棘轮的转角容易实现有级的调节，但因速度突变而产生冲击，运动平稳性差，且棘轮轮齿容易磨损，故常用于低速轻载等场合。槽轮机构由带有圆柱销的主动拨盘、具有径向槽的从动槽轮和机架所组成，具有结构紧凑、制造简单、传动效率高，并能较平稳地进行间歇转位的优点，但传动存在柔性冲击，不适用于高速场合。但是槽轮机构的转角不能调节，故只用于定转角的间歇机构中。

【同步练习与测试】

1. 单选题

（1）在铰链四杆机构中，若最短杆与最长杆之和小于或等于其他两杆长度之和，且最短杆为机架，则该机构有（　　）个曲柄。

A. 1　　　　　　　　B. 2　　　　　　　　C. 3　　　　　　　　D. 0

（2）下列机构中没有急回特性的是（　　）。

A. 曲柄摇杆机构　　　　　　　　　　B. 导杆机构

C. 对心曲柄滑块机构　　　　　　　　D. 偏心曲柄滑块机构

（3）（　　）盘形凸轮机构的压力角恒等于常数。

A. 摆动尖顶从动件　　　　　　　　　B. 直动滚子从动件

C. 摆动平底从动件　　　　　　　　　　D. 摆动滚子从动件

（4）若对心直动尖顶盘形凸轮机构的推程压力角超过许用值，则可采用（　　）措施来解决。

A. 增大基圆半径　　　　　　　　　　　B. 改为滚子从动件

C. 改变凸轮转速　　　　　　　　　　　D. 改为偏置直动尖顶从动件

（5）一个高副可以对构件限制（　　）。

A. 一个自由度　　　B. 两个自由度　　　C. 三个自由度　　　D. 四个自由度

（6）在曲柄摇杆机构中，当曲柄为原动件，摇杆为从动件时，可将（　　）。

A. 转动变为往复移动　　　　　　　　　B. 往复移动变为转动

C. 连续转动变为往复摆动　　　　　　　D. 往复摆动变为连续转动

（7）尖顶从动件凸轮机构中，基圆的大小会影响（　　）。

A. 从动件的位移　　　　　　　　　　　B. 从动件的速度

C. 从动件的加速度　　　　　　　　　　D. 凸轮机构的压力角

（8）与连杆机构相比，凸轮机构的最大缺点是（　　）。

A. 惯性力难以平衡　　　　　　　　　　B. 点、线接触，易磨损

C. 设计较为复杂　　　　　　　　　　　D. 不能实现间歇运动

（9）在间歇运动机构中，（　　）可以获得不同转向的间歇运动。

A. 棘轮机构　　　　　　　　　　　　　B. 槽轮机构

C. 不完全齿轮机构　　　　　　　　　　D. 圆柱式凸轮间歇运动机构

（10）棘轮机构常用于（　　）场合。

A. 低速轻载　　　B. 高速轻载　　　C. 低速重载　　　D. 高速重载

2. 多选题

（1）机构是由（　　）组成的。

A. 高副　　　　　　B. 主动件　　　　　C. 固定件（机架）　D. 从动件

（2）四杆机构可分为（　　）。

A. 曲柄摇杆机构　　B. 导杆机构　　　　C. 铰链四杆机构　　D. 滑块四杆机构

（3）曲柄摇杆机构以曲柄为原动件时，机构具有（　　）。

A. 急回特性　　　　　　　　　　　　　B. 最小传动角

C. 死点位置　　　　　　　　　　　　　D. 急回特性和死点位置

（4）四杆机构（　　）时，传力性能好。

A. 压力角越小　　　B. 压力角越大　　　C. 传动角越小　　　D. 传动角越大

（5）棘轮机构的特点是（　　）。

A. 结构简单，制造方便　　　　　　　　B. 运动可靠

C. 棘轮转角可调　　　　　　　　　　　D. 运动平稳性差

（6）调整棘轮转角的方法有（　　）。

A. 增加棘轮的齿数　　　　　　　　　　B. 调整摇杆的长度

C. 改变摇杆的摆角　　　　　　　　　　D. 改变遮板的位置

3. 判断题

（1）由于移动副是构成面接触的运动副，故移动副是平面高副。　　　　　　　（　　）

（2）铰链四杆机构根据各杆的长度，即可判断其类型。　　　　　　　　　（　　）

（3）铰链四杆机构中，传动角越小，机构的传力性能越好。　　　　　　　（　　）

（4）曲柄为原动件的偏置曲柄滑块机构，一定具有急回特性。　　　　　　（　　）

（5）极位夹角越大，机构的急回特性越显著。　　　　　　　　　　　　　（　　）

（6）曲柄为原动件的曲柄摇杆机构，其最小传动角出现在曲柄与连杆两次共线的位置之一。　　　　　　　　　　　　　　　　　　　　　　　　　　　　　　（　　）

（7）棘轮机构可实现换向传动。　　　　　　　　　　　　　　　　　　　（　　）

4. 简答题

（1）何谓运动副？何谓低副和高副？平面机构中的低副和高副各引入几个约束？

（2）什么是平面连杆机构？它有哪些特点？

（3）何谓机构的自由度？计算机构自由度应注意哪些问题？

（4）铰链四杆机构有哪3种基本类型？各举其应用实例，并画出运动简图。

（5）平面机构具有确定运动的条件是什么？

（6）举例说明何谓复合铰链、局部自由度和虚约束。

（7）当设计直动从动件盘形凸轮机构的凸轮轮廓线时，若机构的最大压力角超过了许用压力角，试问可采用哪几种措施来减小最大压力角或增大许用压力角。

（8）在直动从动件盘形凸轮机构中，当同一凸轮采用不同端部形状的从动件时，其从动件运动规律是否相同？为什么？

（9）间歇运动机构有哪几种结构形式？它们各有何运动特点？

5. 设计计算题

（1）计算图2-59中各机构的自由度，并判断机构的运动是否确定（图中标有箭头的构件为主动件）。

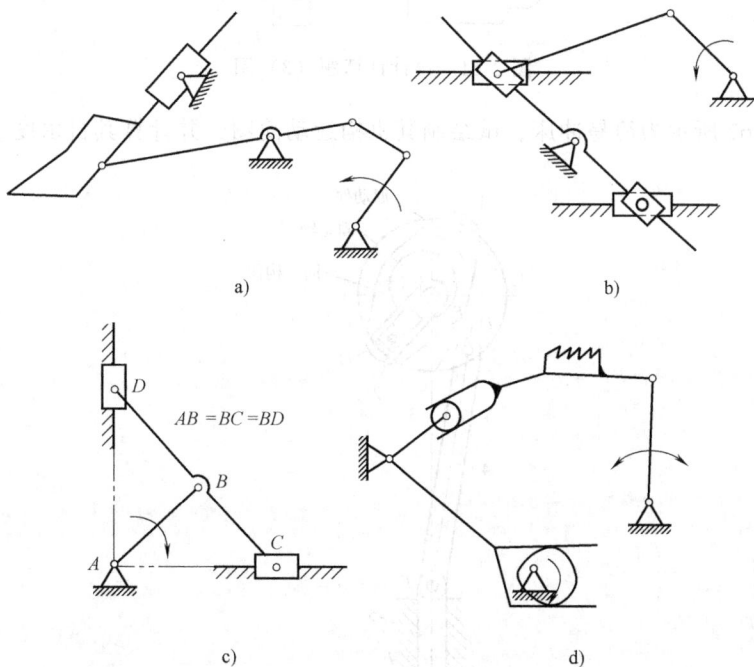

图2-59　设计计算题（1）图

a）推土机机构　b）压缩机机构　c）椭圆器机构　d）缝纫机机构

（2）图 2-60 所示为一铰链四杆机构，已知 $l_{BC} = 500\mathrm{mm}$，$l_{CD} = 350\mathrm{mm}$，$l_{AD} = 300\mathrm{mm}$，AD 杆为机架。

1）若此机构为曲柄摇杆机构，且 AB 为曲柄，求 l_{AB} 的最大值。

2）若此机构为双曲柄机构，求 l_{AB} 的最小值。

3）若此机构为双摇杆机构，求 l_{AB} 的取值范围。

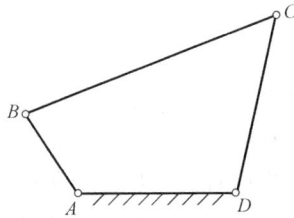

图 2-60　设计计算题（2）图

（3）图 2-61 所示为初步拟出简易冲床的设计方案。设计思路是：动力经齿轮 1 输入，使轴 A 连续旋转；而同装在轴 A 上的凸轮 2 与杠杆 3 组成的凸轮机构将使冲头 4 上下运动以达到冲压的目的。试绘制其机构运动简图，分析其是否能实现设计意图？并提出修改方案。

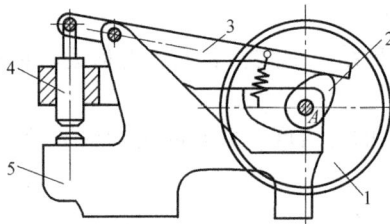

图 2-61　设计计算题（3）图

（4）图 2-62 所示为简易冲床，试绘制其机构运动简图，并计算其自由度。

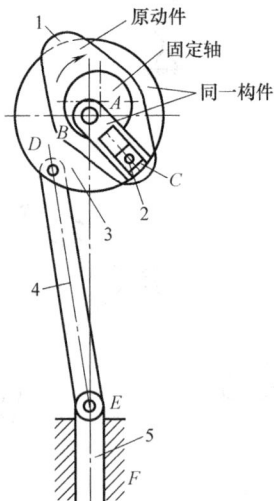

图 2-62　设计计算题（4）图

（5）用反转法求出图 2-63 所示各凸轮从图示位置转过后 45°机构的压力角 α。（在图上标出）

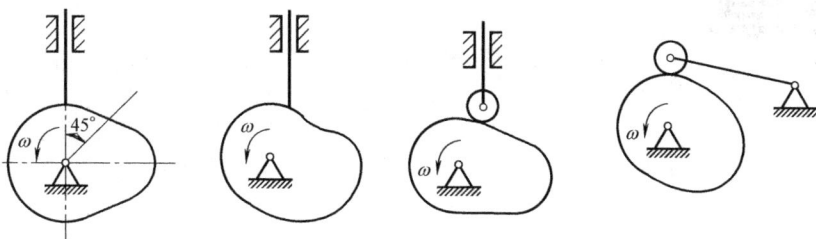

图 2-63 设计计算题（5）图

（6）设计一尖顶对心直动从动件盘形凸轮机构。已知凸轮顺时针匀速回转，凸轮基圆半径 $r_0 = 40mm$，直动从动件的升程 $h = 25mm$，推程运动角 $\delta_0 = 120°$，远休止角 $\delta_s = 30°$，回程运动角 $\delta_h = 120°$，近休止角 $\delta_{s'} = 90°$，从动件在推程做简谐运动，回程做等加速等减速运动。试用图解法绘制凸轮轮廓。

（7）若某牛头刨床工作台横向进给丝杠的导程为 5mm，与丝杠联动的棘轮齿数为 40，求此牛头刨床工作台的最小横向进给量是多少？若要求此牛头刨床工作台的横向进给量为 0.5mm，则棘轮每次转过的角度为多少？

（8）某外槽轮机构中槽轮的槽数 $z = 6$，圆柱销的数目 $k = 1$，若槽轮的静止时间 $t_1 = 2s/r$，试求主动拨盘的转速 n。

第3章

带传动和链传动

知识学习目标：

- 熟练掌握带传动的组成及工作原理；
- 熟练掌握普通 V 带的结构和规格；
- 了解 V 带轮的材料和结构；
- 掌握普通 V 带传动的设计计算；
- 了解带传动的安装、使用与维护；
- 了解链传动的特点和应用；
- 掌握套筒滚子链的设计计算；
- 了解链传动的布置与张紧、润滑和维护。

技能训练目标：

- 能够进行 V 带传动设计；
- 能够进行链传动设计。

【应用导入例】制钵机

图 3-1 所示为 V 带传动在制钵机中的应用实例。运动和动力由电动机传入，经 V 带传动和直齿圆柱齿轮传动，偏心轮机构使冲头做上下往复运动，实现冲压成形的动作；另一方面通过锥齿轮传动将运动传给转盘，并使搅拌器做旋转运动，以实现搅拌动作。

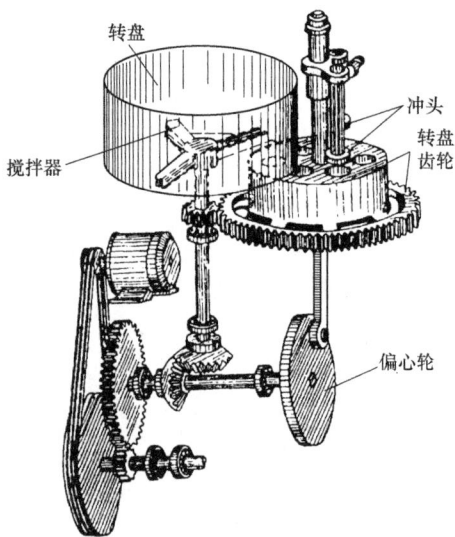

图 3-1 制钵机

3.1 带传动概述

带传动是通过中间挠性传动带与带轮间的摩擦力来传递运动和动力的一种机械传动，应用十分广泛。如图 3-2 所示，带传动由主动轮 1、从动轮 2、张紧在两轮上的传动带 3 组成。当驱动力矩使主动轮 1 转动时，依靠带与带轮间摩擦力的作用，拖动从动轮 2 一起转动，从而实现传递运动和动力。

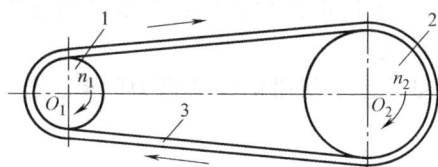

图 3-2 带传动示意图

1—主动轮 2—从动轮 3—传动带

3.1.1 带传动的主要类型

按工作原理不同，带传动可分为摩擦带传动和啮合带传动两大类，如下所述。

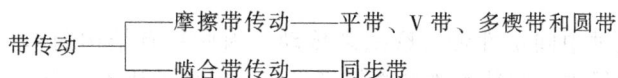

带传动 ┬ 摩擦带传动——平带、V带、多楔带和圆带
      └ 啮合带传动——同步带

1. 摩擦带传动

摩擦带传动是靠带与带轮接触面之间的摩擦力来传递运动和动力的。按传动带的截面形状不同，可分为平带、V带、多楔带和圆带传动。

（1）平带传动 如图3-3a所示，平带的横截面为矩形，带内表面与带轮接触，即内表面为工作面。常用的平带有皮革平带、编织平带、普通平带和复合平带等。平带质轻且挠曲性好，故多用于高速和中心距较大的传动。

（2）V带传动 如图3-3b所示，V带的截面为梯形，两侧面为工作面。由楔形摩擦原理可知，在同样初拉力的作用下，V带的传动能力是平带的3倍。因此在传递同样功率情况下，V带传动结构更为紧凑。

（3）多楔带传动 如图3-3c所示，它是在平带基体下接有由多根纵向三角形楔的环形

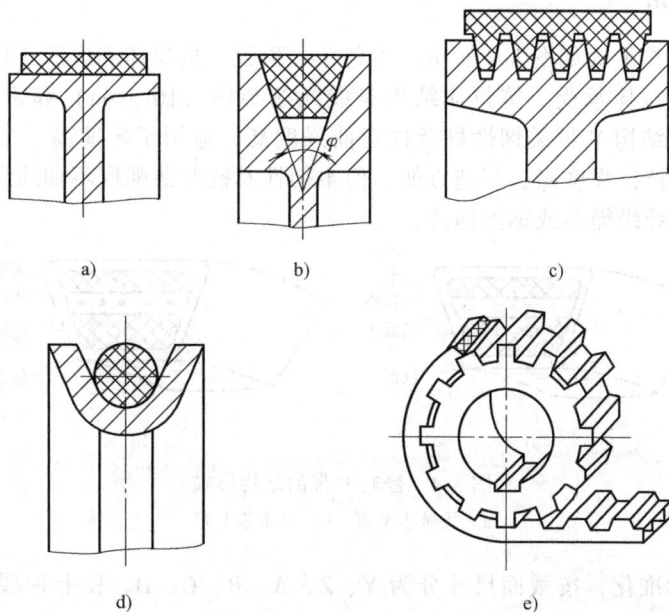

图 3-3 带传动类型

a）平带 b）V带 c）多楔带 d）圆带 e）同步带

带，工作面为楔的侧面。其适用于传递很大功率且要求结构紧凑的场合，特别是要求 V 带根数较多或轮轴垂直于地面的传动。

（4）圆带传动　如图 3-3d 所示，圆带的横截面为圆形，仅适用于小功率传动，如用于缝纫机和牙科医疗器械上。

2. 啮合带传动

啮合带传动是依靠带齿与带轮齿的啮合传递运动和动力的，这种的带传动称为同步带。图 3-3e 所示为同步带，带的截面为矩形，内环表面成齿形，和带轮上相应的齿互相啮合。因此，能保证传动比准确，并具有传递功率大等优点，但价格较高。常用于要求传动平稳、传动精度较高的场合，如数控机床的主轴传动、纺织机械、电子计算机等。

3.1.2　带传动的特点和应用

摩擦带传动是通过中间挠性带的摩擦来传动，因此具有结构简单、传动平稳、价格低廉、缓冲吸振及过载保护、安装和维护方便等优点。但传动比不稳定、传动装置外廓尺寸较大，效率较低，不适合高温易燃场合等。

带传动适用于中小功率的较远距离传动。一般带传动的传动功率 $P \leqslant 100\mathrm{kW}$，常用平带传动的传动比 $i \leqslant 3$，V 带传动的传动比 $i \leqslant 5$；传动带的带速 $v = 5 \sim 25\mathrm{m/s}$，高速带传动的带速可达 $60 \sim 100\mathrm{m/s}$。

3.2　普通 V 带和 V 带轮

V 带有普通 V 带、窄 V 带、宽 V 带、半宽 V 带、大楔角 V 带、接头 V 带、联组 V 带等多种，一般使用的多为普通 V 带，本节主要介绍普通 V 带及 V 带轮。

3.2.1　普通 V 带

普通 V 带的结构形式如图 3-4 所示，由包布、顶胶、抗拉体和底胶 4 部分组成。传动带所受拉力主要由抗拉体承受。抗拉体结构有线绳芯结构（图 3-4a）和帘布芯结构（图 3-4b）两种。线绳芯结构 V 带柔韧性好及抗弯曲强度高，适用于转速高、带轮直径较小的场合。而帘布芯结构抗拉强度高，制造方便，但柔韧性及抗弯曲强度不如线绳芯结构好。近年来已广泛使用合成纤维绳芯或钢丝绳芯。

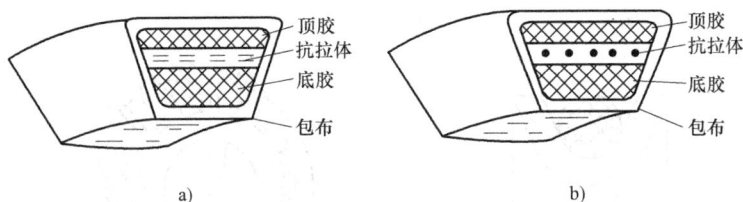

图 3-4　普通 V 带的结构形式
a）线绳芯 V 带　b）帘布芯 V 带

普通 V 带已标准化，按截面尺寸分为 Y、Z、A、B、C、D、E 七种型号。普通 V 带和带轮轮槽截面的基本参数和尺寸见表 3-1。其中 Y 型尺寸最小，只用于不传递动力的仪器等机构中。

表 3-1　普通 V 带和带轮轮槽槽截面的基本参数和尺寸（GB/T 11544—2012） （单位：mm）

型号		节宽 b_p	顶宽 b	高度 h	楔角 α
普通 V 带	Y	5.3	6.0	4.0	
	Z	8.5	10.0	6.0	
	A	11.0	13.0	8.0	
	B	14.0	17.0	11.0	40°
	C	19.0	22.0	14.0	
	D	27.0	32.0	19.0	
	E	32.0	38.0	23.0	
窄 V 带	SPZ	8.5	10.0	8.0	
	SPA	11.0	13.0	10.0	40°
	SPB	14.0	17.0	14.0	
	SPC	19.0	22.0	18.0	

注：当 V 带的节面与带轮的基准宽度重合时，基准宽度才等于节宽。

序号	基准宽度 b_d	基准直径 d_d	基准圆周长 c_d	外径 d_a	顶宽 b_a	槽深 h_c	槽角 φ	测量力 F/N
Y	5.3	28.7	90	$32.13_{-0.06}^{0}$	$6.24_{-0.03}^{0}$	6.3	32°±0.25°	40
Z	8.5	57.3	180	$62.60_{-0.06}^{0}$	$10.06_{-0.03}^{0}$	9.5	34°±0.25°	110
A	11.0	95.5	300	$102.42_{-0.06}^{0}$	$13.05_{-0.03}^{0}$	12.0	34°±0.25°	220
B	14.0	127.3	400	$136.08_{-0.06}^{0}$	$16.61_{-0.03}^{0}$	15.0	34°±0.25°	300
C	19.0	222.8	700	$234.62_{-0.06}^{0}$	$22.53_{-0.03}^{0}$	20.0	34°±0.25°	750
D	27.0	318.3	1000	$334.97_{-0.06}^{0}$	$32.32_{-0.03}^{0}$	28.0	36°±0.25°	1400
E	32.0	573.0	1800	$592.62_{-0.06}^{0}$	$38.28_{-0.03}^{0}$	32.0	36°±0.25°	1800
SPZ	8.50	95.5	300	$99.76_{-0.06}^{0}$	$9.91_{-0.03}^{0}$	11.0	38°±0.25°	360
SPA	11.0	143.2	450	$149.13_{-0.06}^{0}$	$12.96_{-0.03}^{0}$	14.0	38°±0.25°	560
SPB	14.0	191.0	600	$198.29_{-0.06}^{0}$	$16.45_{-0.03}^{0}$	17.5	38°±0.25°	900
SPC	19.0	318.3	1000	$328.26_{-0.06}^{0}$	$22.35_{-0.03}^{0}$	23.8	38°±0.25°	1500

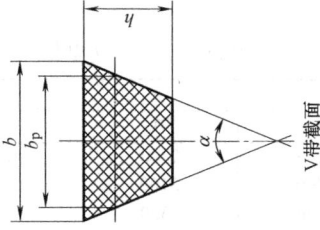

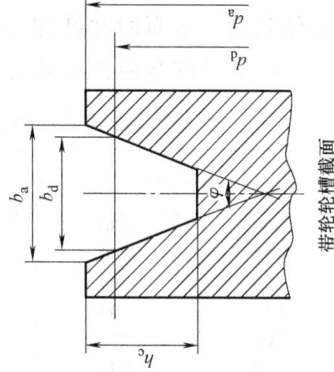

注：如果情况需要，A 型测量带轮的基准圆周长可选用 450mm，B 型测量带轮的基准圆周长可选用 600mm。

当 V 带受力弯曲时，带的顶胶层受拉伸长，底胶层受压缩短，两层之间存在一处带的长度不变的中性层。中性层面称为节面，按照节面内沿节线量得的带长为 V 带基准长度 L_d，也称为 V 带的节线长度，节面的宽度称为节宽 b_p。为了满足不同中心距的需要，V 带都有系列基准长度。普通 V 带的基准长度见表 3-2。

表 3-2　普通 V 带的基准长度（GB/T 11544—2012）　　　　　（单位：mm）

型　　号						
Y	Z	A	B	C	D	E
200	406	630	930	1565	2740	4660
224	475	700	1000	1760	3100	5040
250	530	790	1100	1950	3330	5420
280	625	890	1210	2195	3730	6100
315	700	990	1370	2420	4080	6850
355	780	1100	1560	2715	4620	7650
400	820	1250	1760	2880	5400	9150
450	1080	1430	1950	3080	6100	12230
500	1330	1550	2180	3520	6840	13750
	1420	1640	2300	4060	7620	15280
	1540	1750	2500	4600	9140	16800
		1940	2700	5380	10700	
		2050	2870	6100	12200	
		2200	3200	6815	13700	
		2300	3600	7600	15200	
		2480	4060	9100		
		2700	4430	10700		
			4820			
			5370			
			6070			

注：同种规格的带长有不同的公差，使用时应按配组公差选购。带的基准长度极限偏差和配组公差可查 GB/T 11544—2012。

普通 V 带标记示例：

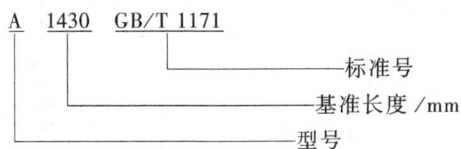

A　1430　GB/T 1171

- 标准号
- 基准长度/mm
- 型号

3.2.2　V 带轮的材料和结构

带轮材料主要常采用铸铁、钢、铝合金或工程塑料等。其中灰铸铁应用最广，主要常用牌号为 HT150 或 HT200，当传动带转速高时可采用球墨铸铁、铸钢或锻钢，也可以采用钢板冲压后焊接带轮。小功率传动时带轮可采用铸铝或工程塑料等材料。

V 带轮一般由轮缘（在轮缘处有相应的轮槽）、轮毂和轮辐 3 部分组成（图 3-5）。各种截面类型普通 V 带的楔角均为 40°，但为保证带和带轮工作面良好接触，带轮槽角应适当减小，常见有 32°、34°、36°、38°四种。

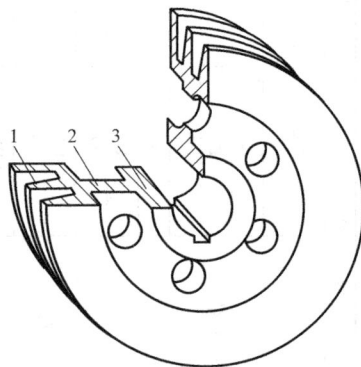

图 3-5　V 带轮（腹板式）
1—轮缘　2—轮辐　3—轮毂

V 带节宽 b_p 处所对应的带轮直径称为基准直径 d_d，V 带轮的基准直径系列见表 3-3。

表 3-3　V 带轮的基准直径系列（GB/T 13575.1—2008）　　（单位：mm）

d_d	槽　型						
	Y	Z SPZ	A SPA	B SPB	C SPC	D	E
20	+						
22.4	+						
25	+						
28	+						
31.5	+						
35.5	+						
40	+						
45	+						
50	+	+					
56	+	+					
63		·					
71		·					
75		·	+				
80	+		+				
85			+				
90	+		·				
95			·				
100	+	·	·				
106			·				
112	+		·				
118			·				
125	+		·	+			
132		·	·	+			
140		·	·	·			
150		·	·	·			
160		·	·	·			
170		·	·	·			
180		·	·	·			
200		·	·	·	+		
212					+		
224		·	·	·	·		
236							
250			·	·	·		
265			·				
280			·		·		
300					·		
315							
335							
355						+	
375						+	
400						+	
425						+	
450							
475						+	

（续）

d_d	槽　型						
	Y	Z SPZ	A SPA	B SPB	C SPC	D	E
500		·	·	·	·	+	+
530							+
560			·	·	·	+	+
600					·	+	+
630	·		·	·	·	+	+
670							+
710			·	·	·	+	+
750				·	·	+	
800			·	·	·	+	+
900				·	·	+	+
1000				·	·	+	+
1060						+	
1120				·	·	+	+
1250					·	+	+
1350							
1400					·	+	+
1500						+	+
1600					·	+	+
1700							
1800						+	+
2000					·	+	+
2120							
2240							+
2360							
2500							+

注：1. 表中带"+"符号的尺寸只用于普通 V 带。

　　2. 表中带"·"符号的尺寸同时适用于普通 V 带和窄 V 带。

　　3. 不推荐使用表中未注符号的尺寸。

按轮辐结构不同，V 带轮可制成实心带轮（S 型）、辐板带轮（P 型）、孔板带轮（H 型）和椭圆轮辐带轮（E 型）。图 3-6a 所示实心带轮适用于基准直径 $d_d \leqslant (2.5 \sim 3)d$（$d$ 为轴的直径）。图 3-6b 所示辐板带轮适用于 $d_d \leqslant 300$mm 的场合。当 $d_d \geqslant 100$mm 时，可采用图 3-6c 所示孔板带轮，为减轻重量，可在轮辐上开有 4～8 个均布孔，所以图上未画出。当 $d_d > 300$mm 时，可采用椭圆轮辐带轮，如图 3-6d 所示，轮辐数量为 4、6 或 8，详细内容可查阅机械设计手册相关内容。

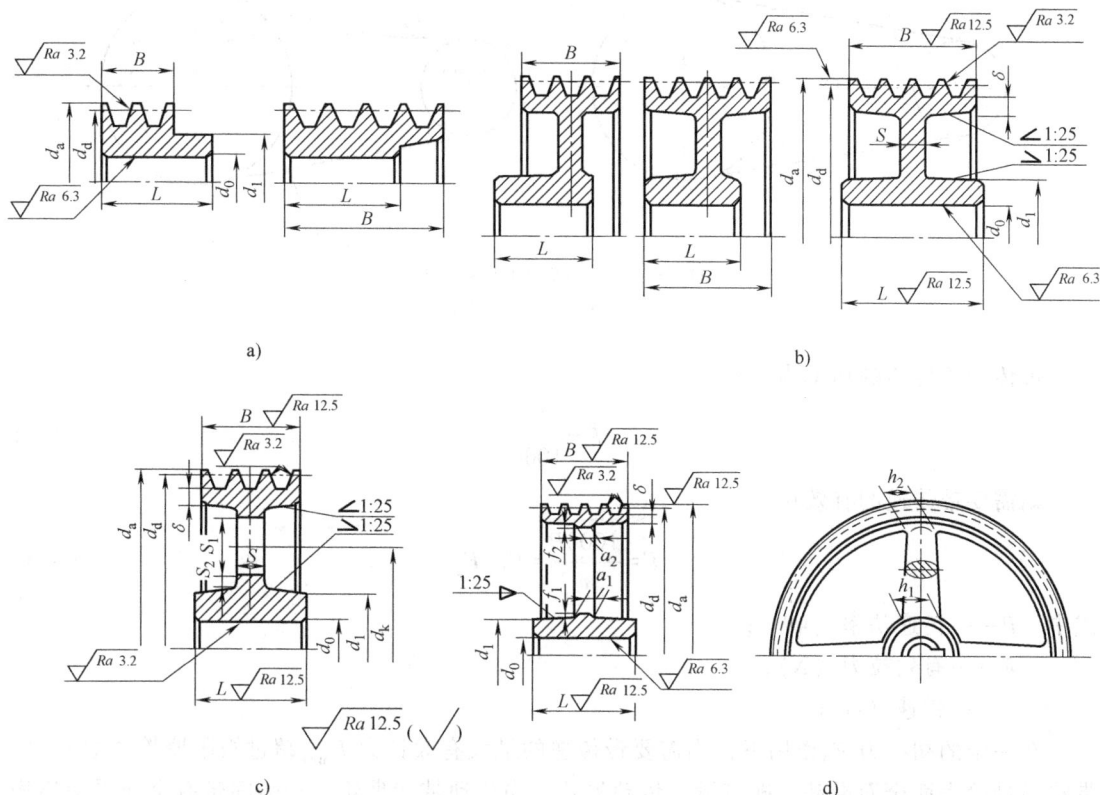

图 3-6 V 带轮的结构
a) S 型 b) P 型 c) H 型 d) E 型

3.3 普通 V 带传动工作能力分析

3.3.1 带传动的受力分析

V 带传动是利用摩擦力来传递运动和动力的，为保证带传动正常工作，传动带必须以一定初拉力紧套在带轮上。不工作时，带轮两边承受了相等的初拉力 F_0，如图 3-7a 所示。工作时，由于受到主、从动轮摩擦力的作用，带两边的拉力不再相等，如图 3-7b 所示。绕入主动轮的一边被拉紧，拉力由 F_0 增大到 F_1，称为紧边；而另一边拉力由 F_0 减少为 F_2，称为松边。假设 V 带的总长不变，则带紧边拉力的增加量等于松边拉力的减少量，即

$$F_0 - F_2 = F_1 - F_0$$

$$F_0 = \frac{1}{2}(F_1 + F_2)$$

带两边的拉力之差 $F_1 - F_2$，即为带传动的有效拉力 F。

$$F = F_1 - F_2 \tag{3-1}$$

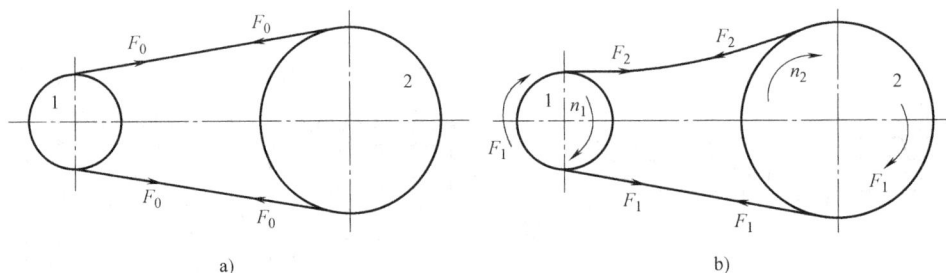

图 3-7 带传动的工作原理图

a) 不工作状态 b) 工作状态

带传动所传递的功率为

$$P = \frac{Fv}{1000} \tag{3-2}$$

则需要带传递的有效拉力

$$F = \frac{1000P}{v} = F_1 - F_2 \tag{3-3}$$

式中 P——传递功率（kW）；

F——有效拉力（N）；

v——带速（m/s）。

在一定的初拉力 F_0 作用下，当需要带传递的最大有效拉力 F_{max} 超过极限摩擦力总和时，带将沿带轮表面全面滑动，即打滑，传动失效。当传动带和带轮接触弧间带有全面滑动趋势时，摩擦力达到最大值，即松边和紧边的拉力之差。此时，F_1 和 F_2 的关系可用欧拉公式表示，即

$$\frac{F_1}{F_2} = e^{f\alpha} \tag{3-4}$$

则有

$$F_{max} = F_1 - F_2 = F_1 \left(1 - \frac{1}{e^{f\alpha}} \right) \tag{3-5}$$

式中 F_1、F_2——带的紧边拉力和松边拉力（N）；

e——自然对数的底，$e \approx 2.718$；

f——带与带轮接触面间的摩擦因数；

α——带在带轮上的包角，即带与带轮接触弧所对的中心角（rad）。

联立式（3-1）、式（3-2）和式（3-4）得到一定条件下带所能传递的最大有效拉力 F_{max}

$$F_{max} = 2F_0 \left(\frac{e^{f\alpha} - 1}{e^{f\alpha} + 1} \right)$$

上式表明，带所传递的最大有效拉力 F_{max} 与下列因素有关：

（1）初拉力 F_0 F_{max} 与 F_0 成正比，若 F_0 过大，则带与带轮间正压力急剧增大，将会加剧带的磨损，加快松弛，缩短带的寿命。若 F_0 过小，则不能充分发挥带传动能力，工作时易跳动和打滑。因此，为保证带传动正常工作，必须保持适当的初拉力 F_0。

（2）包角 α F_{max} 随 α 的增大而增大。增加 α 就会增加整个接触弧上的摩擦力，以此提

高传动能力。因小带轮的包角 α_1 小于大带轮的包角 α_2，在小带轮上会先发生打滑，所以只需考虑小带轮的包角 α_1。

（3）摩擦因数 f　f 越大，$F_{\max}$ 也就越大。f 与带和带轮的材料、表面状况及工作环境等有关。V 带中需用当量摩擦因数 f_v 代替 f，$f_v = \dfrac{f}{\sin\varphi/2}$，$\varphi$ 为 V 带轮槽角。

联立式（3-2）和式（3-4），可得带传动在不打滑条件下所能传递的最大有效拉力为

$$F_{\max} = F_1\left(1 - \frac{1}{e^{f\alpha_1}}\right) \tag{3-6}$$

3.3.2　带传动的应力分析

带传动在工作时，在带的横截面上存在 3 种应力

1. 由传递载荷而产生的拉应力 σ

带传动在工作时产生紧边拉应力和松边拉应力

紧边拉应力
$$\sigma_1 = \frac{F_1}{A}$$

松边拉应力
$$\sigma_2 = \frac{F_2}{A}$$

式中　σ_1、σ_2——紧边和松边拉应力（MPa）；

　　　　A——带的横截面面积（mm^2）。

2. 由离心力产生的离心拉应力 σ_c

传动带绕过带轮时做圆周运动而产生离心力，由离心力所引起的拉应力为

$$\sigma_c = \frac{mv^2}{A}$$

式中　σ_c——离心拉应力（MPa）；

　　　　m——单位长度质量（kg/m）；

　　　　v——带速（m/s）；

　　　　A——带的横截面面积（mm^2）。

3. 由弯曲产生的弯曲正应力 σ_b

传动带绕过带轮时发生弯曲，从而产生弯曲正应力。由材料力学得知带的弯曲正应力为

$$\sigma_b \approx E\,\frac{h}{d_d}$$

式中　σ_b——带的弯曲正应力（MPa）；

　　　　E——带的弹性模量（MPa）；

　　　　h——带的高度（mm）；

　　　　d_d——带轮基准直径（mm）。

h 越大，d_d 越小，则带所受的弯曲正应力就越大。弯曲正应力只发生在带上包角所对的圆弧部分，且小带轮的弯曲正应力更大，因此小带轮的直径不能过小。

上述 3 种应力在带上的应力分布情况如图 3-8 所示，带中最大应力发生在带的紧边与小

带轮的接触处，其数值为

$$\sigma_{\max} = \sigma_1 + \sigma_c + \sigma_{b1}$$

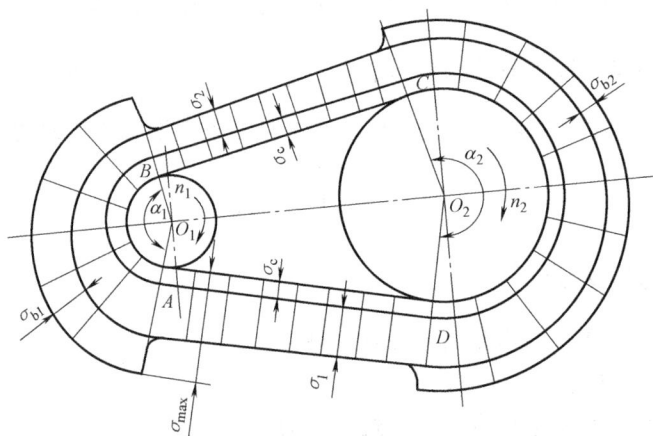

图 3-8　带的应力分布

由图 3-8 可知带是在变应力情况下工作的，经过一定的循环次数，易产生疲劳破坏，直至疲劳断裂而失效。为保证带具有足够的疲劳寿命，应满足

$$\sigma_{\max} = \sigma_1 + \sigma_c + \sigma_{b1} \leqslant [\sigma] \tag{3-7}$$

式中　$[\sigma]$——带的许用应力。

3.3.3　带传动的运动特性

1. 带传动的弹性滑动

传动带是弹性体，在工作时受到拉力的作用会产生弹性变形。由于紧边和松边所受到的拉力不同，其所产生的弹性变形也不同，如图 3-9 所示。当传动带绕过主动轮时，带上 B 点速度等于主动轮圆周速度 v_1，这时由主动轮的紧边过渡到松边，其所受的拉力由 F_1 减小至 F_2，传动带的变形量也会随之逐渐减小，在退出主动轮时，带上 B' 点相对滑动到 B_1' 点，局部相对滑动使该点处带速 v 低于主动轮圆周速度 v_1。同样，当传动带绕过从动轮时，带上的拉力

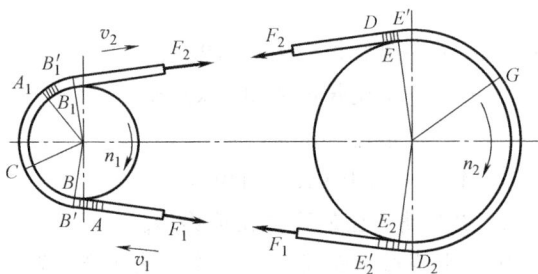

图 3-9　带传动的弹性滑动

由 F_2 增加到 F_1，弹性变形量会随之逐渐增大，带退出从动轮上 E' 相对滑动到 E_2' 点，带速 v 高于从动轮圆周速度 v_2。综上分析得出，紧边和松边的拉力差引起弹性变形量的渐变，使传动带沿着轮面产生相对滑动，该现象称为带的弹性滑动，是带传动正常工作时不可避免的现象。

2. 带的传动比

带的弹性滑动使从动轮的圆周速度 v_2 低于主动轮的圆周速度 v_1，其降低量用滑动率 ε 表示，即

$$\varepsilon = \frac{v_1 - v_2}{v_1}$$

其中
$$v_1 = \frac{\pi d_1 n_1}{60 \times 1000}; \quad v_2 = \frac{\pi d_2 n_2}{60 \times 1000}$$

式中　v_1、v_2——主动轮、从动轮的圆周速度（mm/s）；

　　　n_1、n_2——主动轮、从动轮的转速（r/min）；

　　　d_1、d_2——主动轮、从动轮的基准直径（mm）。

由上式得带传动的实际传动比和从动轮的转速为

$$i = \frac{n_1}{n_2} = \frac{d_2}{d_1(1-\varepsilon)} \tag{3-8}$$

$$n_2 = \frac{n_1 d_1(1-\varepsilon)}{d_2} \tag{3-9}$$

因带传动在正常工作时，其滑动率 $\varepsilon = 1\% \sim 2\%$，故在一般传动计算中可略去不计。

3.4　普通 V 带传动的设计计算

3.4.1　带传动的主要失效形式和设计准则

由图 3-8 可知，带在工作时承受变应力而产生疲劳破坏，最后导致带的撕裂或拉断使传动失效。若考虑到带传动的打滑失效，带传动的主要失效形式有带的打滑和带的疲劳破坏。因此，带传动的设计准则是：在保证不打滑的前提下，传动带应具有足够的疲劳强度和一定的使用寿命。

3.4.2　单根 V 带的基本额定功率

V 带在不打滑时的最大有效拉力为

$$F_{ec} = F_1 \left(1 - \frac{1}{e^{f\alpha}}\right) = \sigma_1 A \left(1 - \frac{1}{e^{f\alpha_1}}\right)$$

将上式代入式（3-7）得出 V 带在既不打滑又有一定疲劳强度时，单根 V 带所能传递的功率为

$$P_1 = \left([\sigma] - \sigma_{b1} - \sigma_c\right)\left(1 - \frac{1}{e^{f_1\alpha}}\right)\frac{Av}{1000} \tag{3-10}$$

表 3-4 给出了单根 V 带的基本额定功率 P_1 值（仅列出 B 型）。

3.4.3　V 带传动的设计方法和步骤

设计 V 带传动时，已知原始数据：带传动的功率 P、主从动轮的转速 n_1、n_2 或传动比 i、原动机类型、工作条件及总体布置方面的要求等。具体设计的内容：根据使用条件和要求选择带的类型；V 带的型号、长度、根数、带传动尺寸；带轮结构尺寸和材料；确定带的初拉力和压轴力、张紧及防护装置；画出带轮零件图等。

表 3-4　B 型 V 带单根基本额定功率 P_1 和功率增量 ΔP_1（摘自 GB/T 13575.1—2008）

n_1/(r/min)	d_{d_1}/mm 125	140	160	180	200	224	250	280	i 或 $1/i$ 1~1.01	1.02~1.04	1.05~1.08	1.09~1.12	1.13~1.18	1.19~1.24	1.25~1.34	1.35~1.51	1.52~1.99	≥2.00	v/(m/s) ≈
	P_1/kW								ΔP_1/kW										
200	0.48	0.59	0.74	0.88	1.02	1.19	1.37	1.58	0.00	0.01	0.01	0.02	0.03	0.04	0.04	0.05	0.06	0.06	5
400	0.84	1.05	1.32	1.59	1.85	2.17	2.50	2.89	0.00	0.01	0.03	0.04	0.06	0.07	0.08	0.10	0.11	0.13	
700	1.30	1.64	2.09	2.53	2.96	3.47	4.00	4.61	0.00	0.02	0.05	0.07	0.10	0.12	0.15	0.17	0.20	0.22	10
800	1.44	1.82	2.32	2.81	3.30	3.86	4.46	5.13	0.00	0.03	0.06	0.08	0.11	0.14	0.17	0.20	0.23	0.25	
950	1.64	2.08	2.66	3.22	3.77	4.42	5.10	5.85	0.00	0.03	0.07	0.10	0.13	0.17	0.20	0.23	0.26	0.30	15
1200	1.93	2.47	3.17	3.85	4.50	5.26	6.04	6.90	0.00	0.04	0.08	0.13	0.17	0.21	0.25	0.30	0.34	0.38	
1450	2.19	2.82	3.62	4.39	5.13	5.97	6.82	7.76	0.00	0.05	0.10	0.15	0.20	0.25	0.31	0.36	0.40	0.46	20
1600	2.33	3.00	3.86	4.68	5.46	6.33	7.20	8.13	0.00	0.06	0.11	0.17	0.23	0.28	0.34	0.39	0.45	0.51	
1800	2.50	3.23	4.15	5.02	5.83	6.73	7.63	8.46	0.00	0.06	0.13	0.19	0.25	0.32	0.38	0.44	0.51	0.57	25
2000	2.64	3.42	4.40	5.30	6.13	7.02	7.87	8.60	0.00	0.07	0.14	0.21	0.28	0.35	0.42	0.49	0.56	0.63	
2200	2.76	3.58	4.60	5.52	6.35	7.19	7.97	8.53	0.00	0.08	0.16	0.23	0.31	0.39	0.46	0.54	0.62	0.70	30
2400	2.85	3.70	4.75	5.67	6.47	7.25	7.89	8.22	0.00	0.08	0.17	0.25	0.24	0.42	0.51	0.59	0.68	0.76	35
2800	2.96	3.85	4.89	5.76	6.43	6.95	7.14	6.80	0.00	0.10	0.20	0.29	0.39	0.49	0.59	0.69	0.79	0.89	40
3200	2.94	3.83	4.8	5.52	5.95	6.05	5.60	4.26	0.00	0.11	0.23	0.34	0.45	0.56	0.68	0.79	0.90	1.01	
3600	2.80	3.63	4.46	4.92	4.98	4.47	3.12	—	0.00	0.13	0.25	0.38	0.51	0.63	0.76	0.89	1.01	1.14	
4000	2.51	3.24	3.82	3.92	3.47	2.14	—	—	0.00	0.14	0.28	0.42	0.56	0.70	0.84	0.99	1.13	1.27	
4500	1.93	2.45	2.59	2.04	0.73	—	—	—	0.00	0.16	0.32	0.48	0.63	0.79	0.95	1.11	1.27	1.43	
5000	1.09	1.29	0.81	—	—	—	—	—	0.00	0.18	0.36	0.53	0.71	0.89	1.07	1.24	1.42	1.60	

1. 初选 V 带型号

1）设计功率 P_d 为

$$P_d = K_A P \qquad (3-11)$$

式中　P_d——设计功率（kW）；

　　　K_A——工况系数，查表 3-5。

表 3-5　工况系数 K_A

载荷性质	工作机	空、轻载起动①			重载起动②		
		一天运转时间/h					
		<10	10~16	>16	<10	10~16	>16
载荷变动最小	液体搅拌机、离心式水泵、鼓风机和通风机（<7.5kW）、离心式压缩机、轻型运输机	1.0	1.1	1.2	1.1	1.2	1.3
载荷变动小	带式输送机（运送砂、石、谷物）、通风机（>7.5kW）、发电机、旋转式水泵、机床、剪板机、压力机、印刷机、振动筛、金属切削机床	1.1	1.2	1.3	1.2	1.3	1.4
载荷变动较大	螺旋式输送机、斗式提升机、往复式水泵和压缩机、锻锤、粉碎机、锯木机和木工机械、纺织机	1.2	1.3	1.4	1.4	1.5	1.6
载荷变动很大	破碎机（旋转式、颚式）、球磨机、棒磨机、起重机、挖掘机、橡胶辊压机	1.3	1.4	1.5	1.5	1.6	1.8

注：反复起动、正反转频繁、工作条件恶劣等场合，K_A 应乘以 1.2。

① 空、轻载起动：电动机（交流起动、△起动、直流并励），四缸以上的内燃机，装有离心式离合器、液力联轴器的动力机。

② 重载起动：电动机（联机交流起动、直流复励或串励），四缸以下的内燃机。

2）根据设计功率 P_d 和主动轮（小带轮）转速 n_1，根据图 3-10 选取 V 带型号。

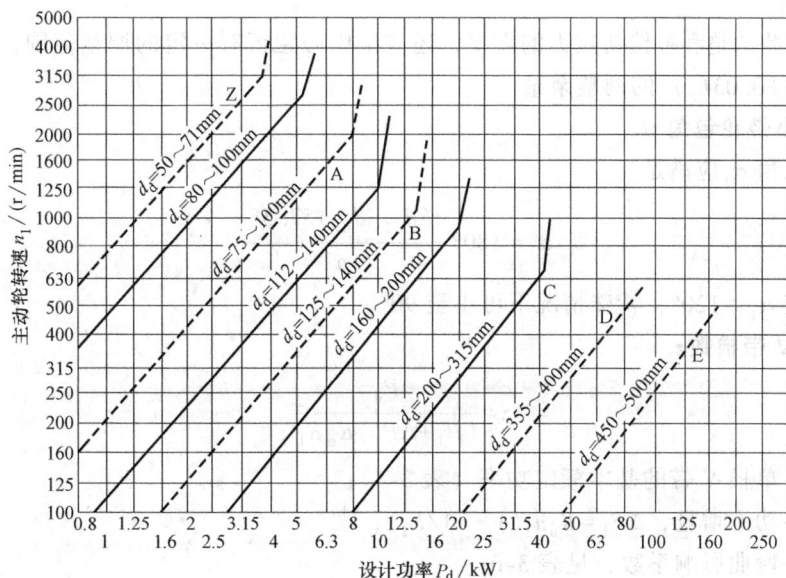

图 3-10　V 带选型图

2. 确定带轮基准直径 d_{d1}、d_{d2}

为使带传动结构紧凑，应将小带轮基准直径 d_{d1} 取小值，但 d_{d1} 越小，带在带轮上的弯曲正应力越大，使带的疲劳寿命降低。故设计时应取小带轮的基准直径 $d_{d1} \geq d_{dmin}$，d_{dmin} 的值可由表 3-3 选取。忽略弹性滑动的影响，从动轮（大带轮）的基准直径 $d_{d2} = id_d$，d_{d1}、d_{d2} 应圆整为标准值。

3. 验算带速 v

$$v = \frac{\pi d_{d1} n_1}{60 \times 1000} \tag{3-12}$$

带速越高，离心拉应力越大，使带与带轮间的摩擦力大大减小，传动中容易产生打滑，从而降低传动带的工作寿命。带速太低，使传递的有效拉力增大，带的根数增多。因此，一般应使 v 在 $5 \sim 25\text{m/s}$ 范围内。

4. 初定中心距 a 和基准带长 L_d

当带轮基准直径 d_{d1}、d_{d2} 一定时，传动中心距小，可使结构紧凑，但若过小，除包角减小外，传动带基准长度短，且带的绕转次数增多，将加速传动带的疲劳破坏，致使传动能力降低。如果中心距过大会使结构尺寸增大，在高速传动时会产生带的颤动。因此，一般设计 V 带时，推荐按下式初步确定中心距 a_0

$$0.7(d_{d1} + d_{d2}) \leq a_0 \leq 2(d_{d1} + d_{d2}) \tag{3-13}$$

由带传动的几何关系可得带的基准长度计算公式

$$L_{d0} = 2a_0 + \frac{\pi(d_{d1} + d_{d2})}{2} + \frac{(d_{d2} - d_{d1})^2}{4a_0} \tag{3-14}$$

式中　L_{d0}——带的基准长度计算值，由表 3-2 选定带的基准长度。

由于 V 带传动中心距一般是可以调整的，故实际中心距 a 可由下式近似计算，即

$$a \approx a_0 + \frac{L_d - L_{d0}}{2} \tag{3-15}$$

考虑到安装调整和补偿初拉力的需要，还应给中心距留有一定的调整范围，一般取 $(a - 0.015L_d) \sim (a + 0.03L_d)$ 的调整余量。

5. 校核小带轮包角 α_1

小带轮包角 α_1 应满足

$$\alpha_1 = 180° - \frac{(d_{d2} - d_{d1})57.3°}{a} \tag{3-16}$$

一般应使 $\alpha_1 \geq 120°$，特殊情况下可小至 $90°$。

6. 确定 V 带根数 z

$$z = \frac{P_d}{(P_1 + \Delta P_1)K_\alpha K_L} \tag{3-17}$$

式中　P_1——单根 V 带的基本额定功率（表 3-4）；

　　　ΔP_1——功率增量，$\Delta P_1 = K_b n_1 (1 - 1/K_i)$；

　　　K_b——弯曲影响系数，见表 3-6；

　　　K_i——传动比系数，见表 3-7；

K_α——包角修正系数，考虑 $\alpha \neq 180°$ 时，α 对传递功率的影响，见表3-8；

K_L——带长修正系数，考虑带为非特定长度时带长对传递功率的影响，见表3-9。

表3-6　弯曲影响系数 K_b

V带型号	Y	Z	A	B	C	D	E
K_b	0.06×10^{-3}	0.39×10^{-3}	1.03×10^{-3}	2.65×10^{-3}	7.5×10^{-3}	26.6×10^{-3}	49.8×10^{-3}

表3-7　传动比系数 K_i

传动比 i	1.00~1.04	1.05~1.19	1.20~1.49	1.50~2.95	>2.95
K_i	1.00	1.03	1.08	1.12	1.14

表3-8　包角修正系数 K_α

$\alpha_1/(°)$	180	175	170	165	160	155	150	145	140	135	130	125	120	115	110	105	100	95	90
K_α	1	0.99	0.98	0.96	0.95	0.93	0.92	0.91	0.89	0.88	0.86	0.84	0.82	0.80	0.78	0.76	0.74	0.72	0.69

表3-9　带长修正系数 K_L

Y L_d/mm	K_L	Z L_d/mm	K_L	A L_d/mm	K_L	B L_d/mm	K_L	C L_d/mm	K_L	D L_d/mm	K_L	E L_d/mm	K_L
200	0.81	405	0.87	630	0.81	930	0.83	1565	0.82	2740	0.82	4660	0.91
224	0.82	475	0.90	700	0.83	1000	0.84	1760	0.85	3100	0.86	5040	0.92
250	0.84	530	0.93	790	0.85	1100	0.86	1950	0.87	3330	0.87	5420	0.94
280	0.87	625	0.96	890	0.87	1210	0.87	2195	0.90	3730	0.90	6100	0.96
315	0.89	700	0.99	990	0.89	1370	0.90	2420	0.92	4080	0.91	6850	0.99
355	0.92	780	1.00	1100	0.91	1560	0.92	2715	0.94	4620	0.94	7650	1.01
400	0.96	920	1.04	1250	0.93	1760	0.94	2880	0.95	5400	0.97	9150	1.05
450	1.00	1080	1.07	1430	0.96	1950	0.97	3080	0.97	6100	0.99	12230	1.11
500	1.02	1330	1.13	1550	0.98	2180	0.99	3520	0.99	6840	1.02	13750	1.15
		1420	1.14	1640	0.99	2300	1.01	4060	1.02	7620	1.05	15280	1.17
		1540	1.54	1750	1.00	2500	1.03	4600	1.05	9140	1.08	16800	1.19
				1940	1.02	2700	1.04	5380	1.08	10700	1.13		
				2050	1.04	2870	1.05	6100	1.11	12200	1.16		
				2200	1.06	3200	1.07	6815	1.14	13700	1.19		
				2300	1.07	3600	1.09	7600	1.17	15200	1.21		
				2480	1.09	4060	1.13	9100	1.21				
				2700	1.10	4430	1.15	10700	1.24				
						4820	1.17						
						5370	1.20						
						6070	1.24						

　　由式（3-17）计算出带的根数 z 应取整数。为使各带受力均匀，带的根数不宜过多，通常 $z<10$，以 3~7 根为好。如计算结果超出范围，应改选 V 带型号或带轮基准直径，重新设计计算。

7. 确定单根 V 带的初拉力 F_0

　　为既能保证传递功率，又能保证足够寿命的单根 V 带所需的初拉力 F_0，可由下式计算

$$F_0 = \frac{500(2.5-K_\alpha)P_d}{K_\alpha zv} + mv^2 \qquad (3-18)$$

式中 F_0——单根带的初拉力（N）；

P_d——设计功率（kW）；

z——V 带根数；

v——带速（m/s）；

K_α——包角修正系数；

m——V 带单位长度质量（kg/m）；

8. 计算 V 带对轴上的压力 F_Q

为了设计支承带轮的轴、轴承，必须求出带传动作用在轴上的压力（压轴力）。为了简化计算，按静止状态下带轮两边均作用初拉力 F_Q 进行近似计算，如图 3-11 所示，得式

$$F_Q = 2F_0 z\sin\frac{\alpha_1}{2} \qquad (3-19)$$

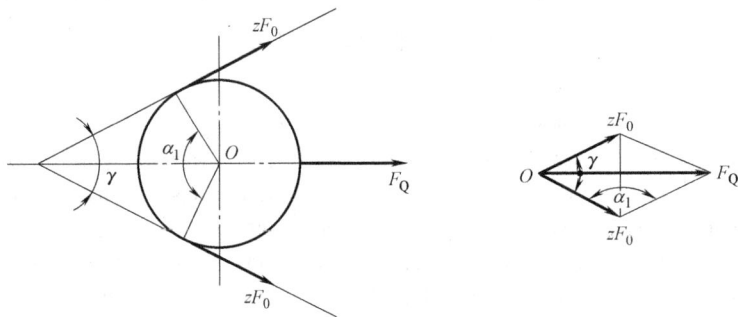

图 3-11 带传动作用在轴上的压力

9. 带轮设计

确定带轮结构型号、结构尺寸、轮槽尺寸、材料，绘制带轮零件图。

【例 3-1】 设计由电动机驱动旋转式水泵的普通 V 带传动。已知电动机额定功率 $P = 10\text{kW}$，转速 $n_1 = 1440\text{r/min}$，要求水泵轴转速 $n_2 = 400\text{r/min}$，两轴间距离约为 1500mm，三班制工作。

解：

序号	计算项目	计算公式和参数选择	计算结果
1	设计功率 P_d	$P_d = K_A P = 1.3 \times 10\text{kW} = 13\text{kW}$ K_A——查表 3-5	$P_d = 13\text{kW}$
2	选择带型	根据 P_d 和 n_1 由图 3-10 选取	B 型
3	确定带轮基准直径	由表 3-3 确定 $d_{d1} = 140\text{mm}$ $d_{d2} = id_{d1}(1-\varepsilon) = \dfrac{n_1}{n_2}d_{d1}(1-\varepsilon)$ $= 1440 \times 140(1-0.01)/400\text{mm}$ $= 498.96\text{mm}$ 查表 3-3	$d_{d1} = 140\text{mm}$ $d_{d2} = 500\text{mm}$

（续）

序号	计算项目	计算公式和参数选择	计 算 结 果
4	验算带速	$v=\pi d_{d1}n_1/60\times100$ $=\pi\times140\times1440/60\times1000\mathrm{m/s}$ $=10.55\mathrm{m/s}$	$5\mathrm{m/s}<v<25\mathrm{m/s}$ 符合要求
5	确定带长	根据安装要求初定中心距 $a_0=1500\mathrm{mm}$ 确定基准长度 L_d $L_{d0}=2a_0+\pi(d_{d1}+d_{d2})/2+(d_{d2}-d_{d1})^2/4a_0$ $=[2\times1500+\pi(140+500)/2+(500-140)^2/$ $(4\times1500)]\mathrm{mm}$ $=4026.9\mathrm{mm}$ 查表 3-2	$L_d=4060\mathrm{mm}$
	确定中心距	$a\approx a_0+\dfrac{L_d-L_{d0}}{2}=[1500+(4060-4026.9)/2]\mathrm{mm}$ $=1516.55\mathrm{mm}$ $a_{\min}=a-0.015L_d=(1516.55-0.015\times4060)\mathrm{mm}$ $=1475.65\mathrm{mm}$ $a_{\max}=a+0.03L_d=(1516.55+0.03\times4060)\mathrm{mm}$ $=1638.35\mathrm{mm}$	$a=1516.55\mathrm{mm}$
6	验算小带轮 包角 α_1	$\alpha_1=180°-\dfrac{d_{d2}-d_{d1}}{a}\times57.3°$ $=180°-(500-140)\times57.3°/1516.55$ $=166°23'53''$	$\alpha_1>120°$ 符合要求
7	确定单根 V 带基本额定功 率及其增量	根据 d_{d1} 和 n_1 由表 3-4 查 P_1 并计算功率增量 $\Delta P_1=K_bn_1(1-1/K_i)$，查表 3-6 $K_b=2.65\times10^{-3}$，查表 3-7，$K_i=1.14$，故 $\Delta P_1=2.65\times10^{-3}\times1440(1-1/1.14)\mathrm{kW}=0.468\mathrm{kW}$	基本额定功率 $P_1=2.8\mathrm{kW}$ 额定功率增量 $\Delta P_1=0.468\mathrm{kW}$
	确定 V 带 根数	由式（3-17）$z\geqslant P_d/(P_1+\Delta P_1)K_\alpha K_L$ 查表 3-8 并经差值计算，$K_\alpha=0.964$ 查表 3-9，$K_L=1.13$ $z=13/(2.8+0.468)\times0.964\times1.13=3.65$	选取 B 型带 4 根合适
8	单根 V 带的 初拉力 F_0	由式（3-18） $F_0=\dfrac{500(2.5-K_\alpha)P_d}{K_\alpha zv}+mv^2$ 查机械设计手册，取 $q=0.17\mathrm{kg/m}$ $F_0=\left[\dfrac{500(2.5-0.964)13}{0.964\times4\times10.55}+0.17\times10.55^2\right]\mathrm{N}=264.3\mathrm{N}$	$F_0=264.3\mathrm{N}$
9	带作用在轴 上的压力 F_Q	由公式（3-19） $F_Q=2F_0z\sin\dfrac{\alpha_1}{2}=[2\times4\times264.3\times\sin(166°23'53''/2)]\mathrm{N}$ $=2099.5\mathrm{N}$	$F_Q=2099.5\mathrm{N}$
10	确定带轮结 构和尺寸	查机械设计手册 V 带轮结构形式，确定小带轮为实心 轮，轮槽尺寸及轮宽查表 3-1	绘制小带轮零件图，如图 3-12 所示

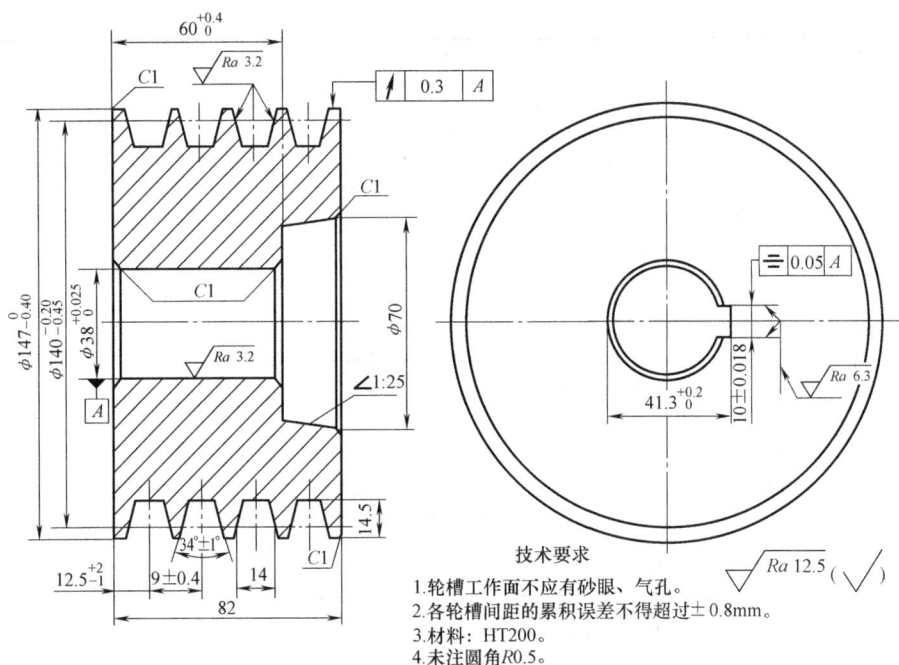

图 3-12 小带轮零件图

3.5 带传动的张紧、安装和维护

3.5.1 带传动的张紧

为了有效控制带的初拉力，保证带传动正常工作，必须采用适当的张紧装置。常用的张紧装置有以下 3 种。

1. 定期张紧装置

用于定期调整中心距，以恢复初拉力。常见的有滑道式和摆架式两种张紧装置，如图 3-13 所示。一般通过调节螺钉来调节中心距。滑道式张紧装置（图 3-13a）适用于两轴之间

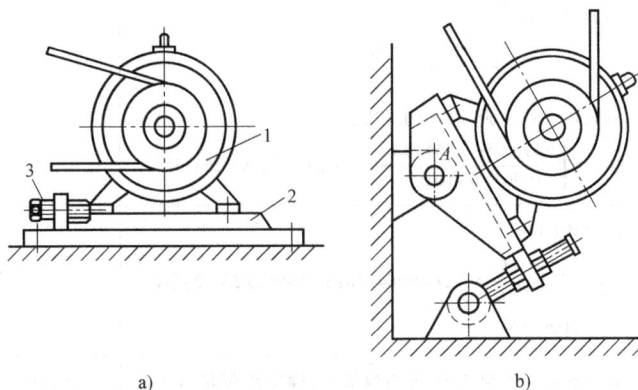

a)   b)

图 3-13 带的定期张紧装置

水平传动或倾斜不大的传动，摆架式张紧装置（图3-13b）适用于垂直的或接近垂直的传动。

2. 自动张紧装置

图3-14所示是一种自动张紧装置，它将装有带轮的电动机装在浮动的摆架上，利用电动机的自重自动调节中心距，使带保持一定程度的张紧，并通过载荷的大小自动调节初拉力。自动张紧装置适用于中小功率的传动。

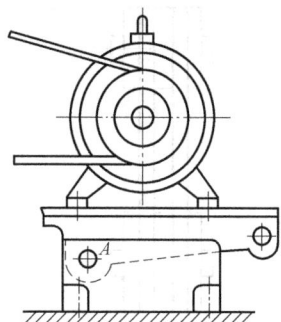

3. 张紧轮装置

当中心距不可调整时，可采用张紧轮装置。图3-15a所示为定期张紧装置，图3-15b所示为摆锤式自动张紧装置。

图 3-14 带的自动张紧装置

张紧轮一般应安装在松边的内侧，同时张紧轮还应尽量靠近大带轮处。这样可以增加小带轮的包角，提高带的疲劳强度，延长带的寿命。

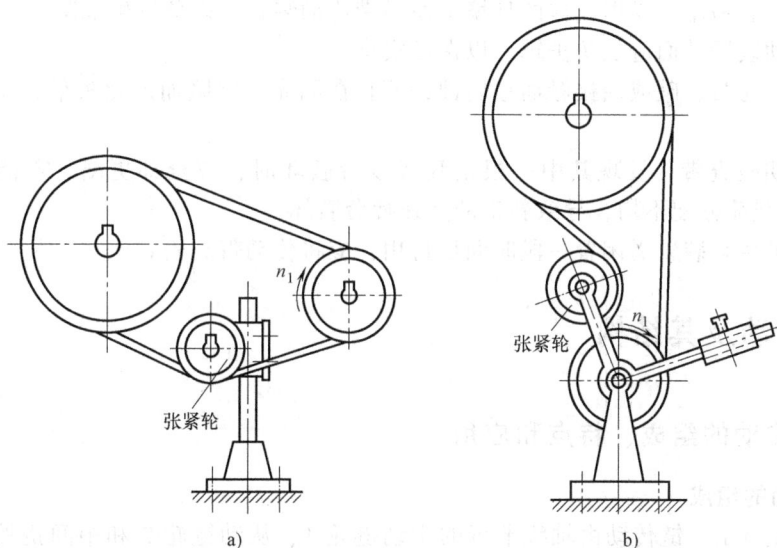

图 3-15 张紧轮装置

a）定期张紧装置 b）摆锤式自动张紧装置

3.5.2 带传动的安装与维护

1. 带传动的安装

1）安装时，两带轮的轴线必须保持规定的平行度，各种轮槽中心线应与轴线垂直，如图3-16所示。

2）安装V带时，将V带套入槽中后，切忌硬将传动带从带轮上撬入或撬出，以免损坏带的表面。

3）为避免载荷分布不均匀，应安装配组代号相同、型号相同、长度相等的V带，不同厂家生产的V带、新旧V带不能同组安装。

4）安装V带时，应按规定的初拉力张紧。其带的张紧程度以大拇指能将带按下15mm为宜，如图3-17所示。

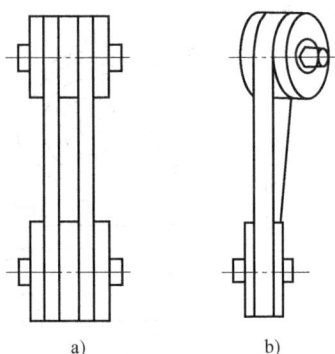

图 3-16　两带轮的相对位置
a）正确　b）错误

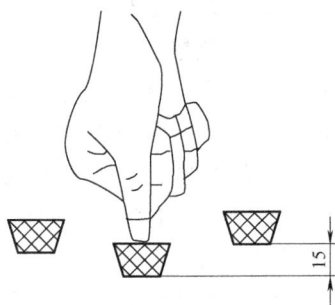

图 3-17　V 带的张紧程度

2. 带传动的维护

1）切忌在有易燃、易爆气体的环境下使用带传动装置，以免发生危险。

2）带传动装置外面应加防护罩，以保证安全。

3）严禁带与酸、碱或油接触而被腐蚀，不宜在阳光下曝晒而老化失效，工作温度不应超过 60℃。

4）应定期检查带，发现其中一根松弛或疲劳破坏时，应全部更新。不能将新旧带混用，否则造成载荷分配不均，导致新带的加速疲劳破坏。

5）如果带传动装置需闲置一段时间后再用，应将传动带放松。

3.6　链传动及其结构

3.6.1　链传动的组成、特点和应用

1. 链传动的组成

如图 3-18 所示，链传动由轴线平行的主动链轮 1、从动链轮 2 和中间挠性件链条 3 组成，依靠链条与链轮轮齿相啮合传递运动和动力。

2. 链传动的特点和应用

链传动与其他传动相比，主要有以下特点：

1）由于链传动为具有中间挠性件的啮合传动，无弹性滑动和打滑现象，所以能得到准确的平均传动比。

2）链传动不需要初拉力，张紧力小，故对轴的压力（压轴力）小。

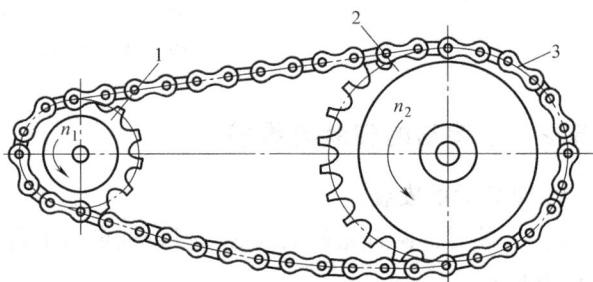

图 3-18　链传动
1—主动链轮　2—从动链轮　3—链条

3）链传动工作可靠、能传递较大的圆周力，传动效率高，可达 0.97。

4）结构简单、耐用、易维护，并有一定的缓冲减振作用。

5）由于链节是刚性的，所以其瞬时传动比不恒定，传动平稳性较差，工作时有一定的冲击和噪声，不宜用于高速、载荷变化大或急速反向传动的场合。

链传动适用于平行轴之间同向回转且距离较远、瞬时传动比无严格要求的传动，并能在较恶劣的环境下（如高温、多尘、油污、潮湿、泥沙、易燃及有腐蚀性条件）工作；广泛应用于农业机械、矿山机械、冶金机械、石油化工机械、运输机械、机床及轻工机械中。目前，链传动所能传递功率可达 3600kW；常用传递功率 $P \leqslant 100$kW，中心距 $a \leqslant 5 \sim 6$m；传动比最大可达 15，常用传动比 $i \leqslant 8$，链速 $v \leqslant 15$m/s，传动效率为 $0.91 \sim 0.97$。

3.6.2 滚子链及其链轮

链传动的类型很多，按用途不同，链传动分为传动链、起重链和牵引链 3 大类。传动链用于一般机械中传递动力和运动；起重链用于各种起重机械中，用以提升重物；牵引链主要用于运输机械中（工作速度 $v \leqslant 4$m/s）。

按链条的结构不同，传动链有短节距精密滚子链（简称滚子链）、短节距精密套筒链（简称套筒链）、弯板链和齿形链，如图 3-19 所示。与滚子链相比，齿形链（又称为无声链）传动平稳、冲击小、噪声小；但制造成本高、重量大。它适用于高速、运动精度较高的传动中，链速可达 40m/s。本节仅讨论滚子链。

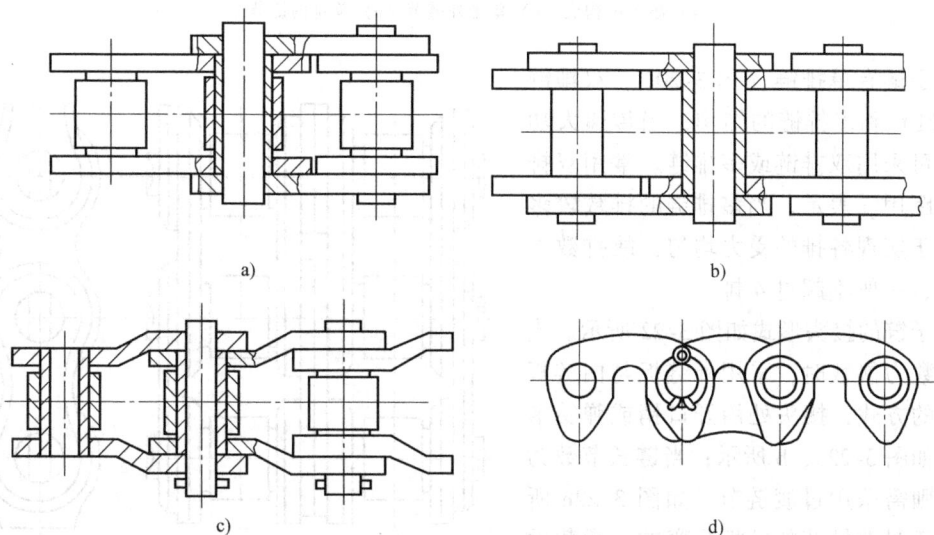

图 3-19 传动链类型
a）滚子链 b）套筒链 c）弯板链 d）齿形链

1. 滚子链

（1）滚子链的结构 滚子链的结构如图 3-20a 所示，它是由内链板 1、外链板 2、销轴 3、套筒 4 和滚子 5 组成。两片外链板与销轴（图 3-20b）、两片内链板与套筒（图 3-20c）均为过盈配合；套筒与销轴、滚子与套筒间均为间隙配合。因此，内、外链板交错连接而构成铰链。当链条进入啮合和退出啮合时，链轮齿面滚子之间形成滚动摩擦，可减少链条与链轮齿的磨损。内外链板均制成 "∞" 形。可使其链板各横截面的抗拉强度大致相等，并可减小链条的自重和运动惯性。

滚子链相邻两销轴线中心间距离称为节距，用 p 表示。节距 p 是传动链的基本特性参数，节距越大，链条各部位的尺寸也越大，链传动的功率也越大。

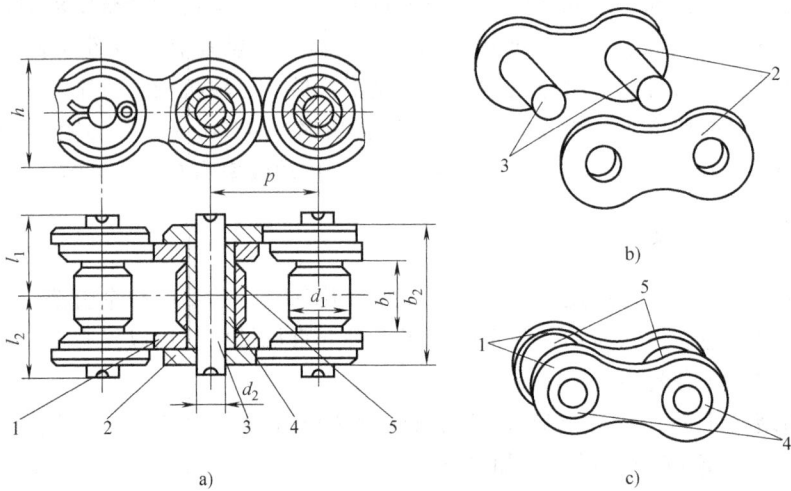

图 3-20 滚子链的结构

1—内链板 2—外链板 3—销轴 4—套筒 5—滚子

a）滚子链构成 b）单排外链节 c）单排内链节

滚子链有单排链（图 3-20）、双排链（图 3-21）和多排链的结构，当传递大功率时，可采用双排链或多排链。常用双排链的排距用 p_t 表示。当多排链的排数较多时，难于实现各排的受力均匀，故排数不宜过多，一般不超过 4 排。

滚子链的接头形式如图 3-22 所示。当链长节数为偶数时，采用外链板与内链板相连接的方式，接头处用开口销或弹簧卡固定，如图 3-22a、b 所示；当链长节数为奇数，则需采用过渡链节，如图 3-22c 所示。由于过渡链节的链板是弯的，承载后要受附加的弯矩作用，所以一般应避免使用链长节数为奇数的。

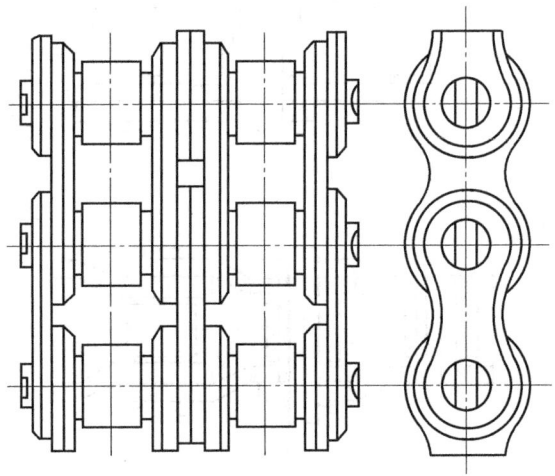

图 3-21 双排链

（2）滚子链的标准 现行滚子链的标准为 GB/T 1243—2006，主要参数见表 3-10。若表中的链号后加一字线和后缀，其中后缀 1 表示为单排链，2 表示为双排链，3 表示为三排

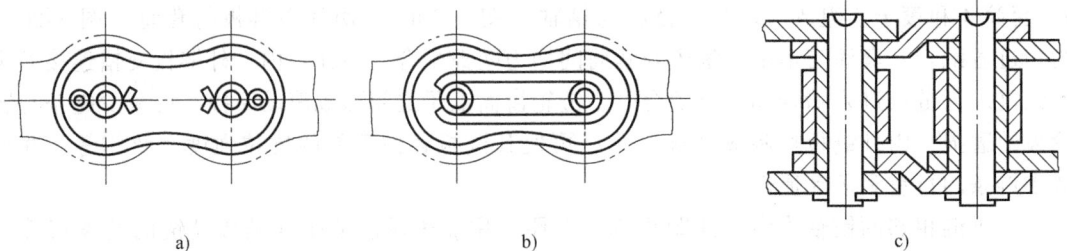

图 3-22 滚子链的接头形式

表3-10 链条主要尺寸、测量力、抗拉强度及动载强度

链号	节距 p nom	滚子直径 d_1 max	内节内宽 b_1 min	销轴直径 d_2 max	套筒孔径 d_3 min	链条通道高度 h_1 min	内链板高度 h_2 max	外或中链板高度 h_3 max	过渡链节尺寸 l_1 min	l_2 min	c	排距 p_1	内节外宽 b_2 max	外节内宽 b_3 min	销轴长度 单排 b_4 max	双排 b_5 max	三排 b_6 max	止锁件附加宽度 b_7 max	测量力 单排 (N)	双排	三排	抗拉强度 F_u 单排 (kN)	双排	三排	动载强度 单排 F_d min (N)
04C	6.35	3.30	3.10	2.31	2.34	6.27	6.02	5.21	2.65	3.08	0.10	6.40	4.80	4.85	9.1	15.5	21.8	2.5	50	100	150	3.5	7.0	10.5	630
06C	9.525	5.08	4.68	3.60	3.62	9.30	9.05	7.81	3.97	4.60	0.10	10.13	7.46	7.52	13.2	23.4	33.5	3.3	70	140	210	7.9	15.8	23.7	1410
05B	8.00	5.00	3.00	2.31	2.36	7.37	7.11	7.11	3.71	3.71	0.08	5.64	4.77	4.90	8.6	14.3	19.9	3.1	50	100	150	4.4	7.8	11.1	820
06B	9.525	6.35	5.72	3.28	3.33	8.52	8.26	8.26	4.32	4.32	0.08	10.24	8.53	8.66	13.5	23.8	34.0	3.3	70	140	210	8.9	16.9	24.9	1290
08A	12.70	7.92	7.85	3.98	4.00	12.33	12.07	10.42	5.29	6.10	0.08	14.38	11.17	11.23	17.8	32.3	46.7	3.9	120	250	370	13.9	27.8	41.7	2480
08B	12.70	8.51	7.75	4.45	4.50	12.07	11.81	10.92	5.66	6.12	0.08	13.92	11.30	11.43	17.0	31.0	44.9	3.9	120	250	370	17.8	31.1	44.5	2480
081	12.70	7.75	3.30	3.66	3.71	10.17	9.91	9.91	5.36	5.36	0.08	—	5.80	5.93	10.2	—	—	1.5	125	—	—	8.0	—	—	
083	12.70	7.75	4.88	4.09	4.14	10.56	10.30	10.30	5.36	5.36	0.08	—	7.90	8.03	12.9	—	—	1.5	125	—	—	11.6	—	—	
084	12.70	7.75	4.88	4.09	4.14	11.41	11.15	11.15	5.77	5.77	0.08	—	8.80	8.93	14.8	—	—	1.5	125	—	—	15.6	—	—	
085	12.70	7.77	6.25	3.60	3.62	10.17	9.91	8.51	4.35	5.03	0.08	—	9.06	9.12	14.0	—	—	2.0	80	—	—	6.7	—	—	1340
10A	15.875	10.16	9.40	5.09	5.12	16.39	15.09	13.02	6.61	7.62	0.10	18.11	13.84	13.89	21.8	39.9	57.9	4.1	200	390	590	21.8	43.6	65.4	3850
10B	15.875	10.16	9.65	5.08	5.13	14.99	14.73	13.72	7.11	7.62	0.10	16.59	13.28	13.41	19.6	36.2	52.8	4.1	200	390	590	22.2	44.5	66.7	3330
12A	19.05	11.91	12.57	5.96	5.98	18.34	18.10	15.62	7.90	9.15	0.10	22.78	17.75	17.81	26.9	49.8	72.6	4.6	280	560	840	31.3	62.6	93.9	5490
12B	19.05	12.07	11.68	5.72	5.77	16.39	16.13	16.13	8.33	8.33	0.10	19.46	15.62	15.75	22.7	42.2	61.7	4.6	280	560	840	28.9	57.8	86.7	3720
16A	25.40	15.88	15.75	7.94	7.96	24.39	24.13	20.83	10.55	12.20	0.13	29.29	22.60	22.66	33.5	62.7	91.9	5.4	500	1000	1490	55.6	111.2	166.8	9550
16B	25.40	15.88	17.02	8.28	8.33	21.34	21.08	21.08	11.15	11.15	0.13	31.88	25.45	25.58	36.1	68.0	99.9	5.4	500	1000	1490	60.0	106.0	160.0	9530
20A	31.75	19.05	18.90	9.54	9.56	30.48	30.17	26.04	13.16	15.24	0.15	35.76	27.45	27.51	41.1	77.0	113.0	6.1	780	1560	2340	87.0	174.0	261.0	14600
20B	31.75	19.05	19.56	10.19	10.24	26.68	26.42	26.42	13.89	13.89	0.15	36.45	29.01	29.14	43.2	79.7	116.1	6.1	780	1560	2340	95.0	170.0	250.0	13500

① 对于高应力使用场合，不推荐使用过渡链节。

链，如 12B—1、12B—2 等。对于链条是 ANSI 重载系列链条，它们也用链号后加一字线和后缀的形式表示，其中后缀 1 表示为单排链，2 表示为双排链，3 表示为三排链，如 80H—1、80H—2 等。

2．链轮

（1）链轮的齿形　在链轮上制有特殊齿形的齿，能顺利地进入和退出与轮齿的啮合，不易脱落、易于加工。GB/T 1243—2006 规定了滚子链链轮端面齿形，如图 3-23 所示，链轮齿形可采用渐开线齿廓链轮滚刀加工而成。

（2）链轮的基本参数和主要尺寸　链轮的基本参数为配用链条的节距 p、齿数 z、滚子直径 d_1。链轮被节距等分的圆为分度圆，其直径用 d 表示。链轮主要尺寸的计算公式见表 3-11。

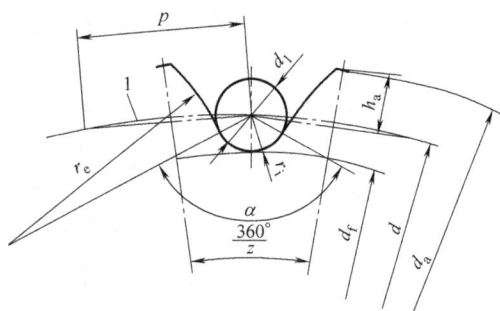

图 3-23　滚子链链轮端面齿形

1—节距多边形　d—分度圆直径　d_1—最大滚子直径　d_a—齿顶圆直径　d_f—齿根圆直径　h_a—节距多边形以上的齿高　p—弦节距，等于节距　r_e—齿槽圆弧半径　r_i—齿沟圆弧径　z—齿数　α—齿沟角

表 3-11　链轮主要尺寸的计算公式

名　称	代　号	计算公式
分度圆直径	d	$d = p/\sin(180°/z)$
齿顶圆直径	d_a	$d_{amax} = d + 1.25 p - d_1$ $d_{amin} = d + (1 - 1.6/z)p - d_1$
齿根圆直径	d_f	$d_f = d - d_1$

（3）链轮的结构和材料

1）链轮的结构如图 3-24 所示。小直径的链轮可制成整体式结构，如图 3-24a 所示；中等直径的链轮可制成孔板式结构，如图 3-24b 所示；直径较大的链轮可采用焊接结构或装配式组合结构，如图 3-24c、d 所示，具体的结构尺寸可查机械设计手册。

2）链轮的材料通常采用碳素钢或合金钢制成，齿面一般要进行热处理，以提高其足够的强度和良好的耐磨性。

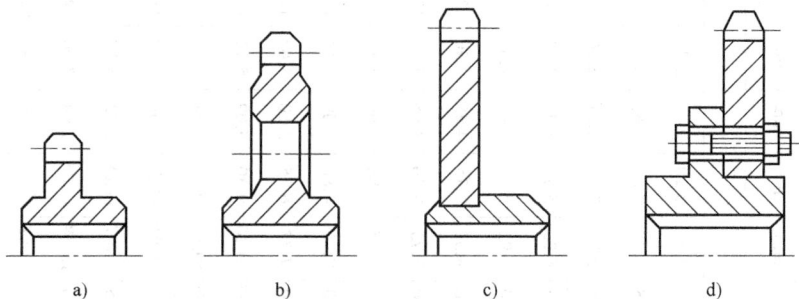

a)　　　　b)　　　　c)　　　　d)

图 3-24　链轮的结构

a) 整体式　b) 孔板式　c) 焊接式　d) 装配式

3.7 链传动的工况分析

1. 平均速度和平均传动比

链传动的运动情况与绕在两多边形轮子间的带传动相似，如图 3-25 所示，边长为相当于节距 p、边数相当于链轮齿数 z。设两链轮的转速分别为 n_1、n_2(r/min)，则链条线速度为

$$v = \frac{z_1 p n_1}{60 \times 1000} = \frac{z_2 p n_2}{60 \times 1000} \tag{3-20}$$

式中 z_1、z_2——主、从动链轮的齿数；

$\qquad$ p——链节距（mm）。

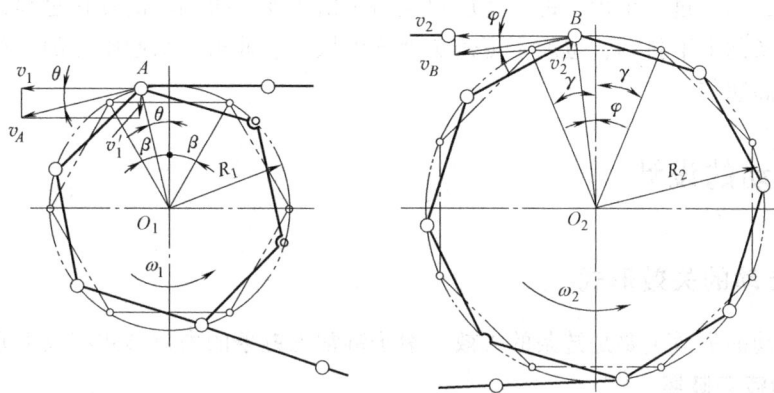

图 3-25 链传动的速度分析

链传动的传动比为

$$i = \frac{n_1}{n_2} = \frac{z_2}{z_1} = 常数 \tag{3-21}$$

以上两式求出的链速和传动比均为常数。实际上，由于链条的链节是刚性的，且受到多边形效应的影响，即使主动轮角速度 ω_1 为常数，链速和瞬时传动比也是不断地做周期性变化的。

2. 瞬时链速和瞬时传动比

如图 3-26 中的 A 点，链轮节圆的圆周速度为 $R_1 \omega_1$，位于主动轮节圆的链条铰链（紧

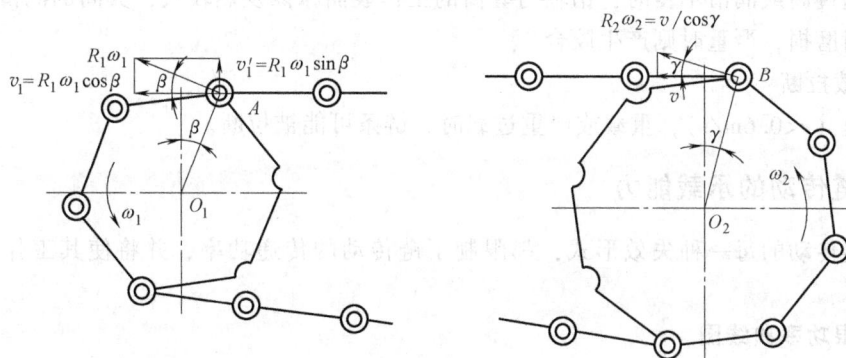

图 3-26 链传动的运动分析

边）的速度为 $R_1\omega_1$，即 $v_A = R_1\omega_1$。

将 v_A 分解为沿链条前进方向分速度和垂直方向分速度，则

前进方向分速度 $\qquad\qquad v_1 = v_A\cos\beta = R_1\omega_1\cos\beta$

垂直方向分速度 $\qquad\qquad v_1' = v_A\sin\beta = R_1\omega_1\sin\beta$

链条的每一链节所对应的中心角为 $\dfrac{360°}{z}$，而每一链节从开始啮合到下一链节的 β 角将在 $\pm\dfrac{180°}{z}$ 的范围内变化。当 $\beta = \dfrac{180°}{z_1}$ 时，链速最小，$v_{min} = R_1\omega_1\cos\dfrac{180°}{z_1}$。

由此可见，当铰链中心转至链轮的垂直中心线位置时，链速最大，即 $v_{max} = R_1\omega_1$。

由此可见，每转过一个齿，链节速度都经历了由小变大再到小的变化过程，这就造成链传动工作时链条的上下抖动，也就不可避免地产生振动、冲击，引起附加的动载荷，因此链传动不适用于高速传动。

3.8 链传动的设计

3.8.1 链传动的失效形式

一般链传动的失效主要是链条的失效。滚子链常见链条的失效形式有以下几种。

1. 链板的疲劳破坏

由于链条受变应力的作用，经过一定的循环次数后，链板会发生疲劳破坏。因此，在正常的润滑条件下，疲劳强度成为限定链传动承载能力的主要因素。

2. 滚子和套筒的冲击疲劳破坏

链节与链轮啮合时，滚子与链轮在反复起动、制动或反转时产生巨大的惯性冲击，导致滚子和套筒表面发生冲击疲劳破坏。

3. 链条铰链磨损

链的各零件在工作过程中都会有不同程度的磨损，但主要是铰链的销轴与套筒的工作表面会因相对滑动而磨损，导致链条的节距增加，容易产生跳齿和脱链。

4. 销轴与套筒的胶合

当链速过高或润滑不良时，销轴与套筒的工作表面摩擦发热较大，其间的润滑油膜破坏而发生黏附磨损，严重时则产生胶合。

5. 过载拉断

在低速（$v<0.6m/s$），重载或严重过载时，链条可能被拉断。

3.8.2 链传动的承载能力

上述链传动的每一种失效形式，都限制了链传动的传递功率，并将使其工作能力受到限制。

1. 极限功率曲线图

通过试验得出了在不同转速下各种失效形式所限定的传动功率，如图 3-27 所示的极限

功率曲线：1 是在正常润滑条件下，铰链磨损限定的极限功率曲线；2 是链板疲劳强度限定的极限功率曲线；3 是套筒和滚子的冲击疲劳强度限定的极限功率曲线；4 是铰链胶合限定的极限功率曲线；5 为虚线，表示当润滑密封不良及工况恶劣时，磨损将很严重，其极限功率将大幅度下降。

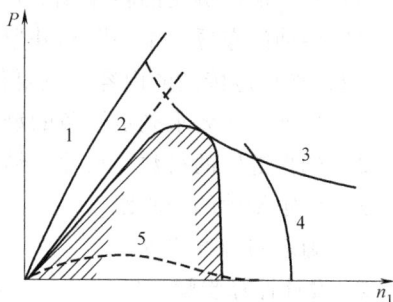

图 3-27 极限功率曲线

2. 额定功率曲线图

对各种规格的链条进行试验，可得到链传动不失效所能传递的功率（额定功率 P_0）。图 3-28 所示是国产 A 系列滚子链在特定条件下的额定功率曲线图，其特定条件为：功率曲线两轮端面共面，小链轮齿数 $z_1 = 19$，传动比 $i = 3$，最大中心距 $a = 40p$，链长节数 X 为 100 节，单排链，载荷平稳，寿命为 15000h，采用推荐的润滑方式。依据图 3-28 可选定链条的规格。

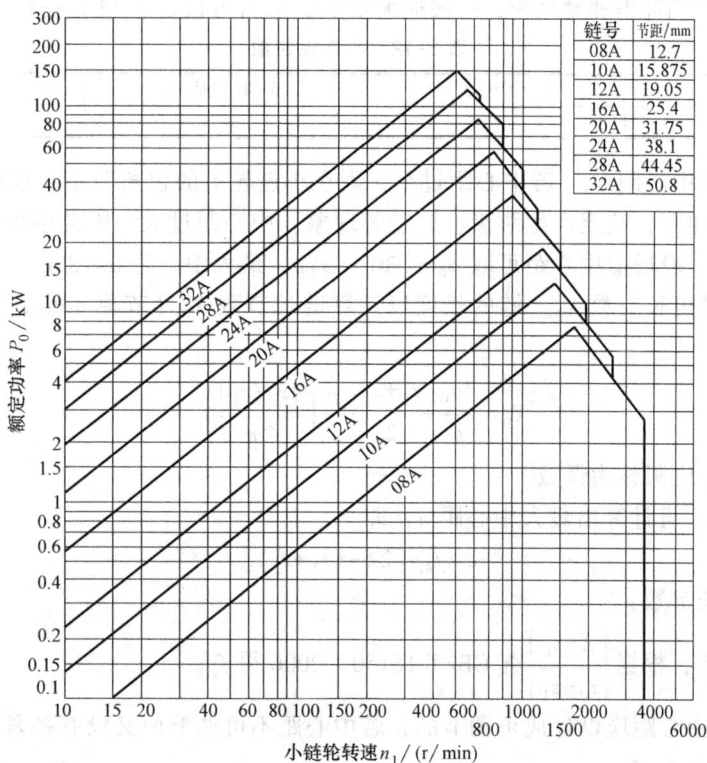

链号	节距/mm
08A	12.7
10A	15.875
12A	19.05
16A	25.4
20A	31.75
24A	38.1
28A	44.45
32A	50.8

图 3-28 额定功率曲线

3.8.3 滚子链的设计计算

1. 设计链传动的已知条件和内容

（1）设计链传动的已知条件 一般已知：

1）传动的用途和工况、原动机的种类。

2）需要传递的功率 P（kW）。

3) 主、从动链轮的转速 n_1、n_2（或传动比 i）。

4) 传动的布置、中心距和外形尺寸的要求等。

(2) 设计链传动的内容   主要包括：

1) 根据工作要求确定链条的型号、节距、排数和链长节数。

2) 选择链轮的齿数、尺寸、结构和材料。

3) 确定传动的中心距。

4) 确定润滑方式等。

2. 设计计算步骤

当 $v > 0.6\text{m/s}$ 时，设计的一般步骤如下：

1) 选择链轮齿数 z_1、z_2。滚子链的传动比 $i = z_2/z_1$。i 过大，小链轮上的包角减小，啮合的轮齿数减少，将加速轮齿的磨损。因此，一般取 $i \leqslant 7$，推荐 $i = 2 \sim 3.5$。

链轮齿数对链传动的平稳和使用寿命有直接的影响。小链轮 z_1 过大，虽传动平稳，但会使大链轮 z_2 增加，直接导致总体尺寸和重量增大，甚至出现跳齿和脱链等现象，通常 $z_2 < 120$。z_1 过小，会产生一定的冲击和动载荷，一般应大于17，通常可按表3-12根据链速 v 选取。

表 3-12 小链轮齿数

链速 $v/(\text{m/s})$	$0.6 \sim 3$	$3 \sim 8$(包括 3)	> 8
z_1	$\geqslant 17$	$\geqslant 21$	$\geqslant 35$

2) 初选近似中心距 a_0。若中心距过小，则在小链轮上的包角较小，同时啮合的齿数也减少，导致磨损加剧，甚至产生跳齿、脱链等现象；中心距过大，因链条松边的垂度大而产生抖动。因此，一般近似中心距可取 $a_0 = (30 \sim 50)p$，最大中心距 $a \leqslant 80p$。

3) 确定计算链长节数 X_0。链的长度以计算链长节数 X_0（节距 p 的倍数）来表示，X_0 可按下式计算

$$X_0 = \frac{2a_0}{p} + \frac{z_1 + z_2}{2} + \frac{p}{a_0}\left(\frac{|z_2 - z_1|}{2\pi}\right)^2 \qquad (3\text{-}22)$$

计算出的 X_0 应圆整为偶数。

由式（3-22）可计算出最大中心距 a，即

$$a = f_4 p [2X - (z_1 + z_2)] \qquad (3\text{-}23)$$

式中 X——链长节数；

f_4——系数，根据 $\left|\dfrac{X - z_s}{z_2 - z_1}\right|$ 查 GB/T 18150—2006 得 f_4。

一般情况下中心距应设计成可调节的，若中心距不可调节而又没有张紧装置，则最大中心距应比计算值小 $2 \sim 5\text{mm}$。

4) 确定修正功率 P_c。由于实际选用参数与图3-28中的特定条件不同，因此需要引入一系列相应的修正系数对图3-28中额定功率 P_0 进行修正。单排链传动的修正功率 P_c 可按下式计算

$$P_c = P f_1 f_2 \qquad (3\text{-}24)$$

式中 P_c——修正功率；

f_1——应用系数，见表3-13；

f_2——小链轮齿数系数，$f_2 = \left(\dfrac{19}{z_1}\right)^{1.08}$。

表 3-13 应用系数 f_1

载荷种类	应用系数 f_1	
	电动机或汽轮机	内燃机
载荷平稳	1.0	1.2
中等冲击	1.3	1.4
较大冲击	1.5	1.7

【例 3-2】 试设计一带式输送机（图 3-29）驱动装置低速级用的滚子链传动并绘制小链轮零件图。已知传递功率 $P = 4.3\text{kW}$，小链轮转速 $n_1 = 265\text{r/min}$，传动比 $i = 2.5$，工作载荷平稳，小链轮装在直径为 50mm 的悬臂轴上，两链轮中心连线与水平面夹角近于 30°。

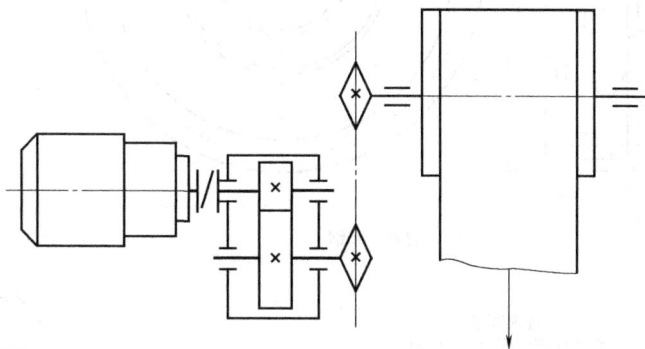

图 3-29 带式输送机

解：

序号	计算项目	计算公式和参数选择	结　果
1	链轮齿数 z	由经验公式：$z_1 = 29 - 2i = 29 - 2 \times 2.5 = 24$ $z_2 = iz_1 = 2.5 \times 24 = 60$	$z_1 = 24$ $z_2 = 60$
2	修正功率 P_c	由式（3-24）及表 3-13，取 $f_1 = 1$ $f_2 = \left(\dfrac{19}{z_1}\right)^{1.08} = \left(\dfrac{19}{24}\right)^{1.08} = 0.78$ $P_c = Pf_1f_2 = 4.3 \times 1 \times 0.78 = 3.354\text{kW}$	$P_c = 3.354\text{kW}$
3	节距、链号	由 P_c 和 n_1 在图 3-28 中查得为 12A 滚子链	$p = 19.05\text{mm}$
4	计算链长节数 X_0	取近似中心距 $a_0 = 40p_0$。由式（3-22） $X_0 = \dfrac{2a_0}{p} + \dfrac{z_1 + z_2}{2} + \dfrac{p}{a_0}\left(\dfrac{\lvert z_2 - z_1 \rvert}{2\pi}\right)^2$ $= \dfrac{2 \times 40 \times 19.05}{19.05} + \dfrac{24 + 60}{2} + \dfrac{19.05}{40 \times 19.05} \times \left(\dfrac{60 - 24}{2 \times 3.14}\right)^2$ $= 123$	取 $X_0 = 123$
5	最大中心距 a	查 GB/T 18150—2006 得 $f_4 = 0.2475$ $a = f_4 p[2X - (z_1 + z_2)]$ $= 0.2475 \times 19.05 \times [2 \times 124 - (24 + 60)]\text{mm}$ $= 773.24\text{mm}$	$a = 773.24\text{mm}$
6	链速 v	$v = \dfrac{z_1 pn_1}{60 \times 1000} = \dfrac{24 \times 19.05 \times 265}{60 \times 1000}\text{m/s} = 2.0193\text{m/s}$	$v < 15\text{m/s}$ 合适
7	润滑方式	由链号和 v 查图 3-32 选择油浴润滑或飞溅润滑	油浴润滑或飞溅润滑
8	标记	单排 12A 滚子链，节距 $p = 19.05\text{mm}$，链长节数 124	12A-1×124 GB/T 1243—2006
9	小链轮结构和尺寸	根据机械设计手册和表 3-11 确定小链轮结构和尺寸	小链轮零件图如图 3-30 所示

节距	p	19.05
最大滚子直径	d_1	11.91
齿数	z_1	24
跨柱测量距	M_R	$163.6_{-0.25}^{0}$
跨柱直径	d_R	$11.9_{0}^{+0.01}$
齿形		按GB/T1243—2006

材料：45钢

技术要求
齿面热处理硬度45～50HRC。

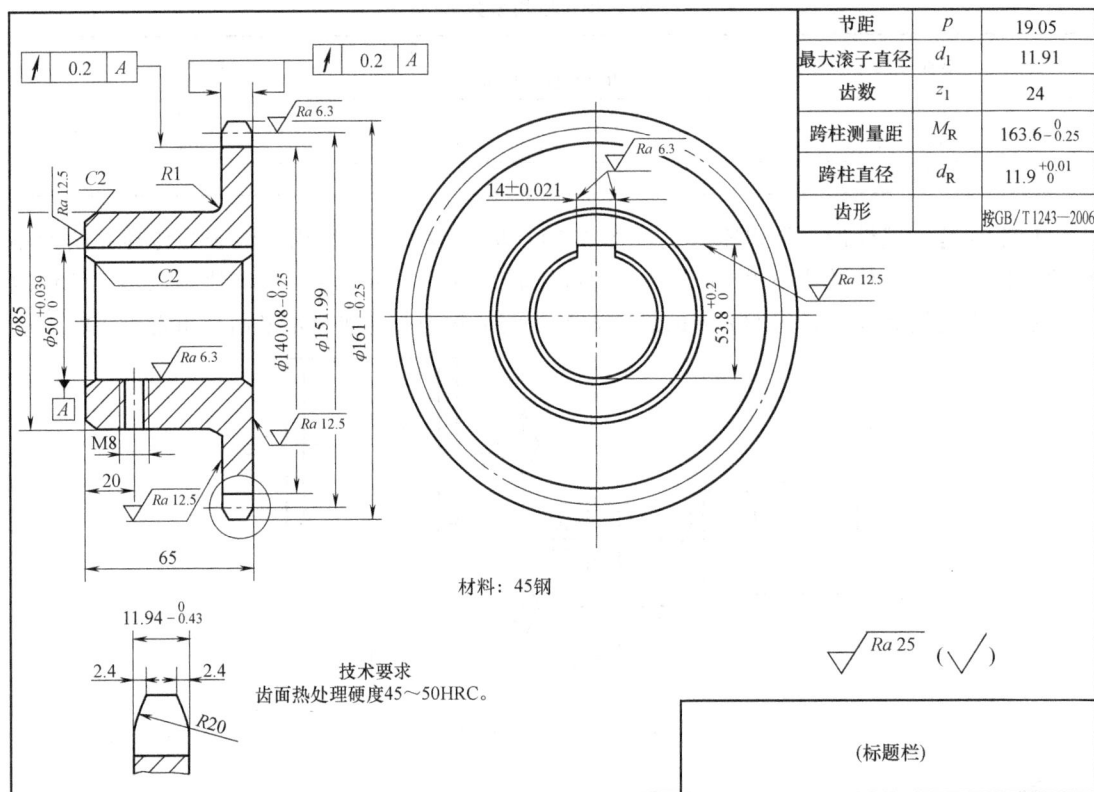

图 3-30　小链轮零件图

3.9　链传动的布置与张紧

3.9.1　链传动的布置

为了提高链传动的工作能力及使用寿命，必须对链传动进行合理布置。布置时，链传动的两轴线应平行，两链轮应位于同一平面内。链传动的布置方法见表3-14。

表 3-14　链传动的布置方法

图　示	布　置　方　法
	最好两链轮轴线布置在同一水平面内。小链轮的转向应使传动的紧边在上，即松边在下方，否则由于松边的垂度增大，链条与链轮齿互相干扰，破坏正常啮合，或者引起松边与紧边相碰
	两链轮中心连线与水平面成45°以下的倾斜角。应将松边放在下方

（续）

图 示	布 置 方 法
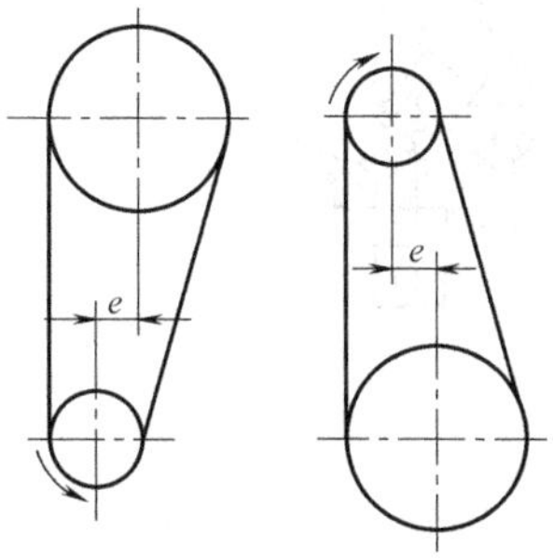	应尽量避免垂直传动。两链轮轴线在同一铅垂面内时,链条因磨损而垂度增大,使与下链轮啮合的齿数减少或松脱。当必须采用垂直传动时,可采用如下措施 　1)使中心距可调 　2)设张紧装置 　3)上下两链轮错开 e,使两轮轴线不在同一铅垂面内
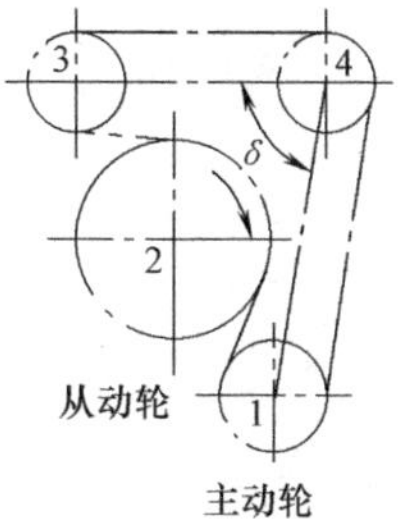	对于反向传动,即两链轮转向相反,应加装 3 和 4 两个导向轮,且其中至少有一个是可以调整张紧的。紧边应布置在 1 和 2 两链轮之间, δ 的大小应使从动轮 2 的包角满足传动要求

3.9.2　链传动的张紧

　　链传动张紧的目的主要是获得合理的垂度,防止啮合不良和链的抖动,提高传动的可靠性。

　　链传动的张紧方法很多,主要有两类:

　　1) 用调整中心距的方法张紧。

　　2) 用张紧装置实现张紧,常用的张紧装置有:

　　① 自动张紧:利用弹簧自动张紧（图 3-31a）和利用重锤自动张紧（图 3-31b）。

　　② 定期张紧:调节螺旋张紧（图 3-31c）。

　　这里需注意的是应将张紧轮装在链的松边且靠近小链轮的位置上。对于大中心距的链传动,也可用托板来控制垂度（图 3-31d）。

3.9.3　链传动的润滑

　　链传动的润滑至关重要。良好的润滑可以减轻链条铰链的磨损,延长使用寿命。链传动的润滑方式有 4 种:人工定期润滑、滴油润滑、油浴或飞溅润滑、强制润滑,按图 3-32 所示选用。滚子链润滑的供油方法和供油量见表 3-15。

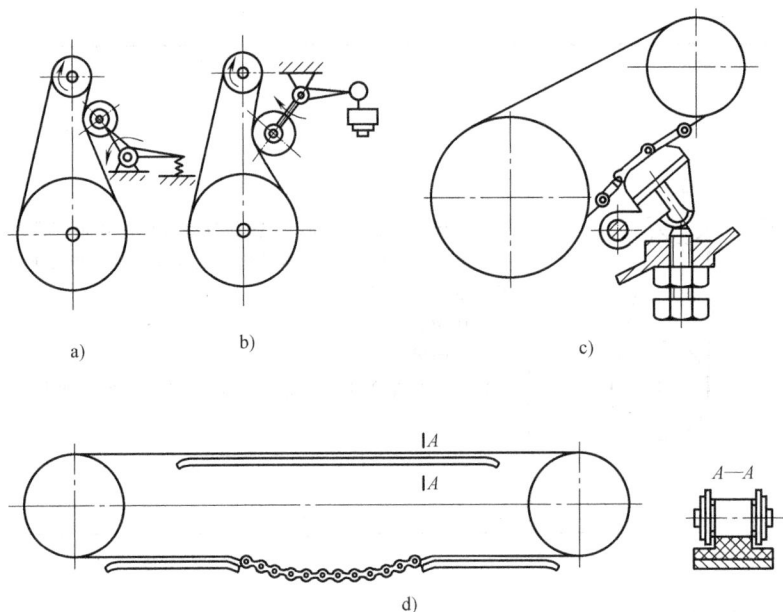

图 3-31 链传动的张紧装置

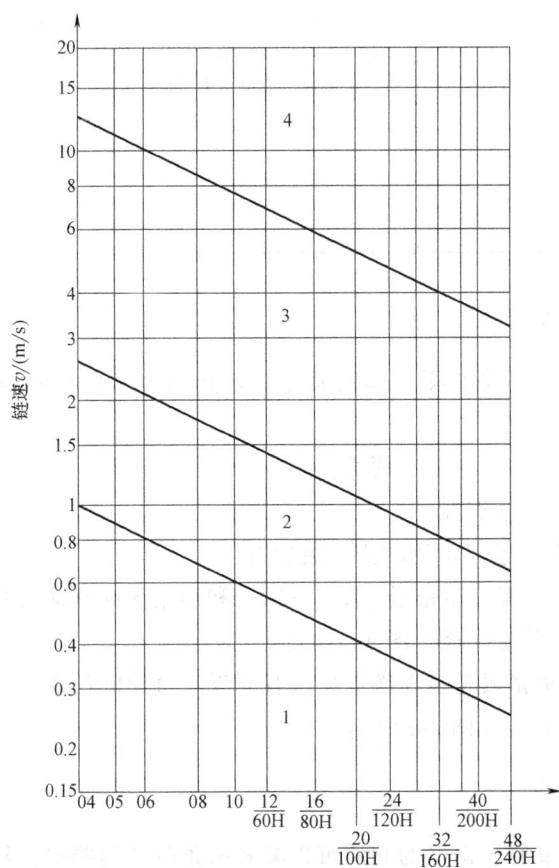

图 3-32 链传动的润滑方式

1—人工定期润滑 2—滴油润滑 3—油浴或飞溅润滑 4—强制润滑

表 3-15 滚子链润滑的供油方法和供油量

润滑方式	简 图	供油方法	供油量
人工定期润滑	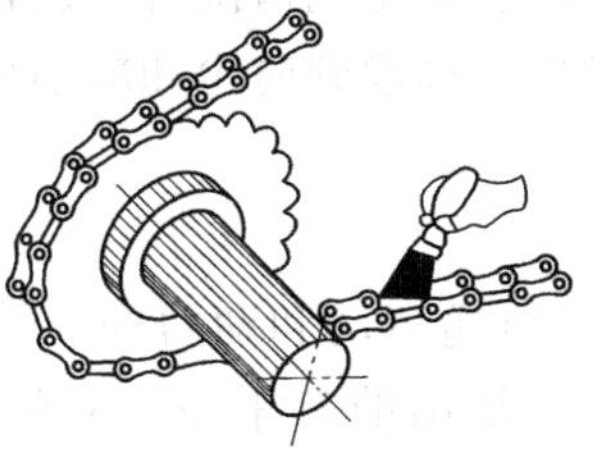	定期在链条松边的内、外链板间隙中注油,该法仅在链速 $v<3m/s$ 使用	每班注油一次
滴油润滑	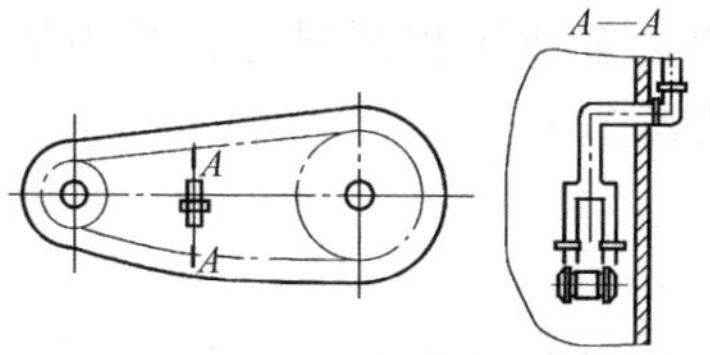	具有简单外壳,用油杯滴油,该法通常在链速 $v=2\sim4m/s$ 使用	单排链每分钟供油 $5\sim20$ 滴,链速高时取大值
油浴润滑	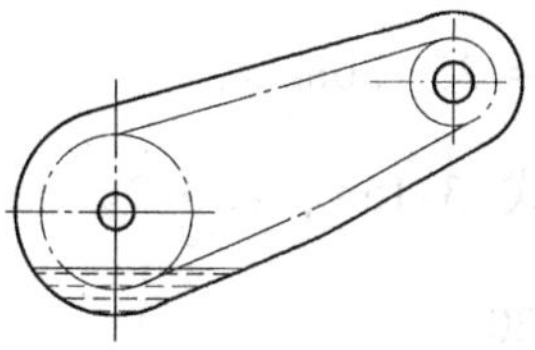	采用密封的外壳,链条从油池中通过	链条浸油深度视链速而定,一般为 $6\sim12mm$
飞溅润滑	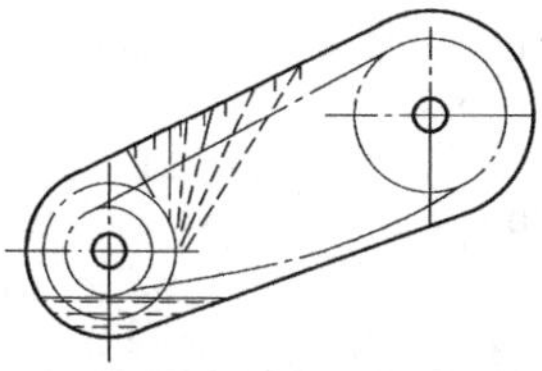	采用密封的外壳,甩油盘飞溅润滑。甩油盘圆周速度 $v>3m/s$。当链条宽度大于 130mm 时,应在链轮两侧各装一个甩油盘	链条不浸入油池,甩油盘浸油深度为 $12\sim15mm$
强制润滑	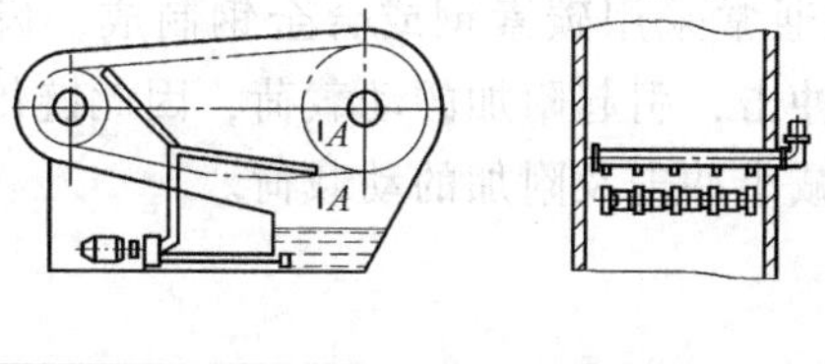	采用密封的外壳,油泵供油,循环油可起冷却作用,喷油口设在链条啮入处,喷油喷嘴数量应为链条排数+1	每个喷油口供油量可根据节距及链速 v 查阅有关资料确定

封闭于壳体内的链传动,可以防尘、减轻噪声及保护人身安全。润滑油可选用 L-AN32、L-AN46、L-AN68 全损耗系统用油。不同环境温度的润滑油的选择见表 3-16。

表 3-16 不同环境温度的润滑油的选择

环境温度/℃	5~25	>25~65	>65
润滑油黏度等级	L-AN32	L-AN46	L-AN68

3.9.4　链传动的维护

为了保持链与链轮的良好工作状态，链传动使用时，应定期清洗链与链轮，更换损坏的链节等。为了保证工作安全，应在链传动上设置防护罩，以起到防尘和减小噪声的作用。

总结与复习

1. 带传动是依靠挠性传动带与带轮间的摩擦力来传递运动和动力的。带传动一般由主动轮、从动轮、紧套在两轮上的传动带及机架组成，常用的有平带、V 带和特殊截面带（如多楔带和圆带）。同步带是依靠带齿与带轮齿的啮合传递运动和动力的。

2. 普通 V 带由包布、顶胶、抗拉体和底胶等组成。V 带轮一般由轮缘、腹板（或轮辐）和轮毂 3 部分组成。带轮材料常采用铸铁、钢、铝合金或工程塑料等，其中灰铸铁应用最广。普通 V 带和带轮轮槽截面的基本参数和尺寸见表 3-1。

3. 普通 V 带传动的设计方法和步骤：

1）确定设计功率 $P_d = K_A P$。

2）根据设计功率 P_d 和主动轮转速 n_1，由图 3-10 选择 V 带型号。

3）确定带轮基准直径 d_{d1}、d_{d2}。

4）验算带速 $v = \dfrac{\pi d_{d1} n_1}{60 \times 1000}$，对于普通 V 带应使 $v_{max} = 25 \sim 30 \text{m/s}$。

5）初定中心距 a 和基准带长 L_d，按式（3-13）~式(3-15)、表 3-2。

6）校核小带轮包角 $\alpha_1 = 180° - \dfrac{(d_{d2} - d_{d1})57.3°}{a} \geqslant 120°$。

7）确定 V 带根数 $z = \dfrac{P_d}{(P_1 + \Delta P_1)K_\alpha K_L}$。

8）单根 V 带的初拉力 F_0，如式（3-18）。

9）带传动作用在带轮轴上的压力 F_Q，如式（3-19）。

10）带轮结构设计，绘制带轮零件图。

4. 链传动由主动链轮、从动链轮和中间挠性件链条组成，通过链条的链节与链轮上的轮齿相啮合传递运动和动力。链条主要尺寸、测量力、抗拉强度及动载强度见表 3-10。链轮主要尺寸的计算公式见表 3-11。链轮的材料通常采用碳素钢或合金钢制成，齿面经过热处理。链传动工作时不可避免地会产生振动、冲击，引起附加的动载荷，因此链传动不宜用在高速级。若采用较多链齿和较小节距，则可减小冲击及附加的动载荷。

5. 滚子链设计计算步骤（$v > 0.6 \text{m/s}$ 时）：

1）选择链轮齿数 z_1、z_2，由表 3-12 选取。

2）初选近似中心距 $a_0 = (30 \sim 50)p$。

3）确定计算链长节数 $X_0 = \dfrac{2a_0}{p} + \dfrac{z_1 + z_2}{2} + \dfrac{p}{a_0}\left(\dfrac{|z_2 - z_1|}{2\pi}\right)^2$。

4）确定修正功率 P_c，选择节距、链号。

5）选择润滑方式。

6）确定滚子链及其链轮尺寸并绘制零件图。

【同步练习与测试】

1. 单选题

(1) 传动主要依靠 (　　) 传递运动和动力。

A. 紧边拉力　　B. 带和带轮接触面间的摩擦力　　C. 带的初拉力　　D. 松边拉力

(2) V 带传动中，带截面楔角为 40°，带轮的槽角应 (　　) 40°。

A. 大于　　　　　　B. 等于　　　　　　C. 小于

(3) 带传动不能保证准确的传动比是由于 (　　)。

A. 带的弹性滑动　　B. 带的打滑　　C. 带的磨损　　　　D. 带的老化

(4) 用 (　　) 提高带传动的传递功率是合适的。

A. 适当增加初拉力　　　　　　　　B. 增大轴间距

C. 增加带轮表面粗糙度　　　　　　D. 增大小带轮的基准直径

(5) 与齿轮传动相比较，链传动的主要特点之一是 (　　)。

A. 适合于高速　　B. 制造成本低　　C. 安装精度要求较低　　D. 能过载保护

(6) 普通 V 带的标记 "B2180 GB/T 61171" 是指该带为 B 型，(　　) 为 2000mm。

A. 内周长度　　　　B. 节线长度　　　　C. 外周长度　　　　D. 基准长度

(7) 带传动中最大应力发生在 (　　)。

A. 紧边　　　　　　　　　　　　B. 紧边与小带轮的切点

C. 松边　　　　　　　　　　　　D. 松边与小带轮的切点

(8) 在设计中，若计算出大带轮的基准直径 $d_{d2} = 338$mm，则应圆整为 (　　)。

A. 15mm　　　　　B. 338mm　　　　C. 340mm　　　　D. 355mm

(9) 链传动的平均传动比 (　　)，瞬时传动比 (　　)。

A. 准确　　　　　B. 不一定准确　　C. 不准确　　　　D. 成比例

(10) 链传动设计中，链长节数常为 (　　)，链齿数常为 (　　)。

A. 奇数　　　　　B. 整数　　　　　C. 自然数　　　　D. 偶数

(11) 滚子链的销轴与外链板为 (　　)，套筒与内链板为 (　　)，销轴、套筒与滚子之间为 (　　)。

A. 间隙配合　　　B. 过渡配合　　　C. 过盈配合　　　D. 任意方式配合

2. 多选题

(1) 带轮的结构形式分为 (　　)。

A. 实心式　　　　B. 腹板式　　　　C. 孔板式　　　　D. 轮辐式

(2) 带轮的常用材料包括 (　　)。

A. 铸铁　　　　　B. 铸钢　　　　　C. 铸铝　　　　　D. 青铜

(3) 带传动的主要失效形式有 (　　)。

A. 打滑　　　　　B. 带的弹性滑动　　C. 带的疲劳破坏　　D. 带的磨损

(4) 带传动的张紧方法有 (　　)。

A. 定期张紧　　　B. 自动张紧　　　C. 采用张紧轮张紧　　D. 减小中心距张紧

(5) 同步带由 (　　) 构成。

A. 顶胶　　　　　B. 底胶　　　　　C. 包布　　　　　D. 抗拉体

（6）链轮的结构形式分为（　　　）。

A. 整体式　　　　　　　B. 焊接式　　　　　　C. 孔板式　　　　　　D. 装配式

（7）链传动的主要失效形式有（　　　）。

A. 套筒与滚子的胶合　　　　　　　　　B. 链条的拉断

C. 铰链元件的疲劳破坏　　　　　　　　D. 滚子疲劳破坏

3. 判断题

（1）带的初拉力越大，则有效拉力越大，故带的初拉力越大越好。　　　　　　（　　）

（2）V 带比平带承载能力大。　　　　　　　　　　　　　　　　　　　　　　（　　）

（3）小带轮的包角越大，传动能力越高。　　　　　　　　　　　　　　　　　（　　）

（4）带传动一般布置在传动系统的低速级。　　　　　　　　　　　　　　　　（　　）

（5）同步带传动从动轮线速度与主动轮相等。　　　　　　　　　　　　　　　（　　）

（6）链传动和带传动一样，为了保证正常工作，需要较大的初拉力。　　　　　（　　）

（7）链传动是啮合传动，故瞬时传动比和平均传动比都为定值。　　　　　　　（　　）

（8）链号"12A"表示 A 系列滚子链，节距为 19.05mm。　　　　　　　　　　　（　　）

（9）链传动通常布置成紧边在下，松边在上。　　　　　　　　　　　　　　　（　　）

4. 简答题

（1）简述带传动中紧边拉力 F_1、松边拉力 F_2、有效拉力 F 及初拉力 F_0 之间的关系。

（2）带传动的弹性滑动是如何产生的？为什么这种滑动是不可避免的？弹性滑动的后果是什么？

（3）简述带传动中打滑产生的原因及后果。

（4）简述带传动的主要失效形式及设计准则。

（5）为了避免带打滑，将带轮与带接触的表面加工得粗糙些以增大摩擦，这种做法是否合理？为什么？

（6）当设计 V 带传动时，根据设计功率 P_d 和小带轮转速 n_1，由图 3-10 选定带型号，图中推荐的正好是两种型号的 V 带都可以用。现问采用截面尺寸大的型号和截面尺寸小的型号将分别会导致什么结果？为什么？

（7）图 3-33 所示为 V 带在轮槽中的 3 种安装情况，哪种正确？为什么？

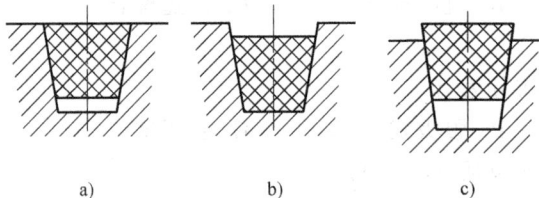

a)　　　　　　　　b)　　　　　　　　c)

图 3-33　简答题（7）图

（8）与带传动相比，链传动具有哪些优点？它主要用于何种场合？

（9）为什么小链轮齿数不宜过多或过少？

（10）链传动的中心距一般取为多少？中心距过大或过小对传动有何不利？

（11）链传动的主要失效形式有哪几种？

（12）链传动的合理布置有哪些要求？

5. 设计计算题

（1）V 带传动传递的功率 $P = 7.5\text{kW}$，带速 $v = 10\text{m/s}$，紧边拉力是松边拉力的两倍，即 $F_1 = 2F_2$，试求紧边拉力 F_1、有效拉力 F 和初拉力 F_0。

（2）一单排滚子链传动，已知：主动链轮转速 $n_1 = 850\text{r/min}$，齿数 $z_1 = 18$，从动链轮齿数 $z_2 = 90$，链长节数 $X = 124$，该链的抗拉强度 $F_u = 55\text{kN}$，应用系数 $f_1 = 1.2$。试求链条所能传递的功率 P。

第4章

齿轮传动

知识学习目标：

- 了解齿轮机构的类型及功用；
- 理解齿廓啮合基本定律、渐开线的性质和齿廓的啮合特性；
- 掌握渐开线直齿圆柱齿轮啮合传动需要满足的条件；
- 了解范成法切齿的基本原理和根切现象产生的原因，掌握不发生根切的条件；
- 了解渐开线直齿圆柱齿轮机构的传动类型及特点。学会根据工作要求和已知条件，正确选择传动类型；
- 了解平行轴和交错轴斜齿圆柱齿轮机构传动的特点；
- 了解直齿锥齿轮机构的传动特点。

技能训练目标：

- 能够进行直齿圆柱齿轮机构的传动设计；
- 能借助图表或手册对平行轴斜齿圆柱齿轮机构进行传动设计。

【应用导入例】加热炉工件输送机齿轮

图 4-1a 所示为加热炉工件输送机的结构简图。它由机架1、电动机2、联轴器3、蜗杆4

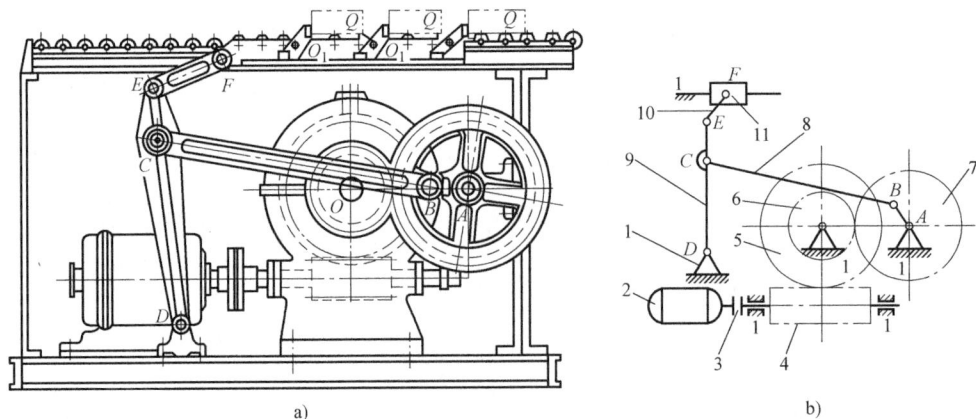

图 4-1　加热炉工件输送机

a）结构简图　　b）运动简图

和蜗轮 5、齿轮 6 和 7、连杆 8、摇杆 9、连杆 10、执行构件 11 等组成。电动机通过联轴器驱动蜗杆传动，蜗轮 5 与齿轮 6 同轴，从而带动齿轮 7 转动，连杆 8 使摇杆 9 左右摆动，最后通过连杆 10 实现执行构件 11 的往复运动。将加热炉工件输送机的运动关系进行抽象可得其机构运动简图，如图 4-1b 所示。

4.1 概述

4.1.1 齿轮传动的特点

齿轮传动用于传递空间任意两轴之间的（两齿轮依次相互啮合传递）运动和动力，是现代机械传动中应用最多的传动形式之一。与其他形式的传动相比，齿轮传动的主要特点是：能保证传动比恒定不变、传动功率大、速度范围广、结构紧凑、传动效率高、工作可靠且使用寿命长。但对其制造和安装精度要求较高、成本高，且不宜用于轴间距离较大的传动。因此，齿轮传动主要应用于传动功率大、结构紧凑的定比传动。

4.1.2 齿轮传动的分类

齿轮传动的种类很多，常用的分类方法如下。

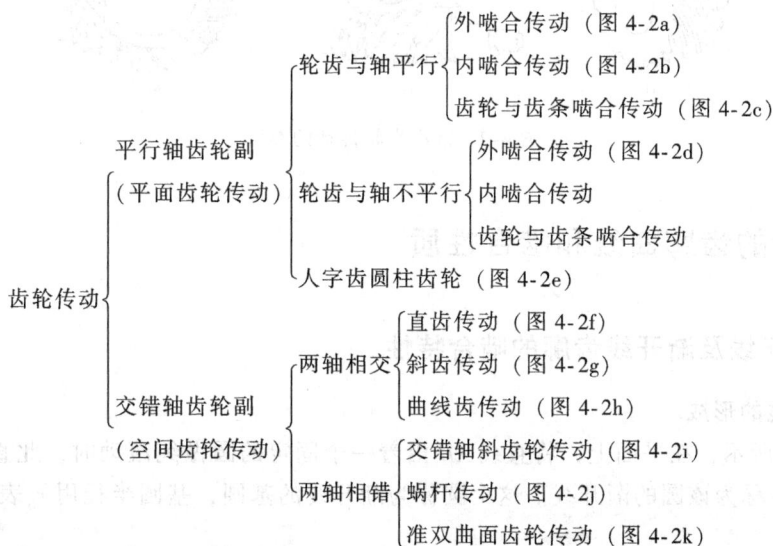

齿轮传动
- 平行轴齿轮副（平面齿轮传动）
  - 轮齿与轴平行
    - 外啮合传动（图 4-2a）
    - 内啮合传动（图 4-2b）
    - 齿轮与齿条啮合传动（图 4-2c）
  - 轮齿与轴不平行
    - 外啮合传动（图 4-2d）
    - 内啮合传动
    - 齿轮与齿条啮合传动
  - 人字齿圆柱齿轮（图 4-2e）
- 交错轴齿轮副（空间齿轮传动）
  - 两轴相交
    - 直齿传动（图 4-2f）
    - 斜齿传动（图 4-2g）
    - 曲线齿传动（图 4-2h）
  - 两轴相错
    - 交错轴斜齿轮传动（图 4-2i）
    - 蜗杆传动（图 4-2j）
    - 准双曲面齿轮传动（图 4-2k）

1）按照两齿轮轴线相对位置和齿向的不同，齿轮传动可分为：平行轴齿轮副传动、交错轴齿轮副传动两大类。常用齿轮传动的类型如图 4-2 所示。

2）按照工作条件的不同，齿轮传动又可分为开式齿轮传动和闭式齿轮传动两种类型。开式齿轮传动的齿轮外露，工作条件差，齿面易磨损，故仅用于低速传动；闭式齿轮传动的齿轮封闭在箱体内，润滑及防护条件好，因此使用广泛。

3）按照齿轮的齿廓曲线的不同，齿轮传动又可分为渐开线齿轮传动、摆线齿轮传动和圆弧齿轮传动等。其中渐开线齿轮的制造和安装均比较方便，互换性好，因而得到广泛应用，本章只研究渐开线圆柱齿轮传动的有关问题。

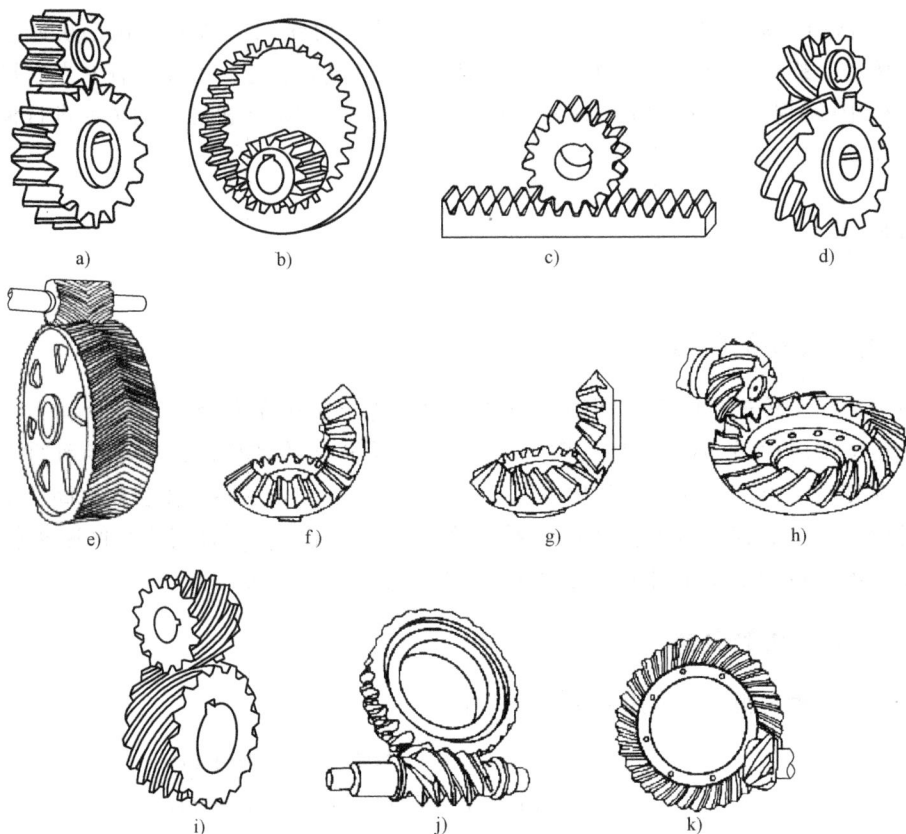

图 4-2　常用齿轮传动的类型

4.2　齿轮的齿廓曲线和啮合性质

4.2.1　渐开线及渐开线齿廓的啮合特性

1. 渐开线的形成

如图 4-3 所示，在平面上，将直线 AB 沿着一个固定的圆做纯滚动时，此直线上任一点 K 的轨迹 DKE 称为该圆的渐开线。这个圆称为渐开线的基圆，基圆半径用 r_b 表示，直线 AB 称为发生线。

2. 渐开线的性质

从渐开线的形成过程可以看出，它有以下主要性质：

1）发生线沿基圆滚过的长度 $\overline{NK}$ 等于基圆上被滚过的弧长 $\widehat{ND}$，即

$$\overline{NK} = \widehat{ND} \tag{4-1}$$

2）发生线 NK 既恒切于基圆，又是渐开线上 K 点的法线。故渐开线上任意点的法线恒为基圆的切线，线段 NK 为渐开线上 K

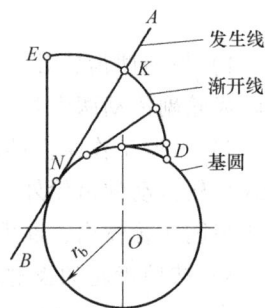

图 4-3　渐开线的形成

点的曲率半径。

3）渐开线形状与基圆的大小有关，如图 4-4 所示。基圆半径越大，渐开线越平直；基圆半径越小，渐开线越弯曲；当基圆半径趋向无穷大时，其渐开线就成了一条直线，如齿条的渐开线齿廓就是这种直线齿廓。

4）基圆内无渐开线。因渐开线是从基圆上向外展出的，故基圆内无渐开线。

5）渐开线齿廓上任意一点 K 所受法向力 F_n（沿 KN 方向）的方向，与该点的速度方向之间线所夹的锐角 α_K，称为渐开线齿廓在 K 点的压力角。由图 4-5 可知

$$\cos\alpha_K = \frac{\overline{ON}}{\overline{OK}} = \frac{r_b}{r_K} \tag{4-2}$$

式中　r_b——渐开线的基圆半径；

　　　r_K——渐开线在 K 点的向径。

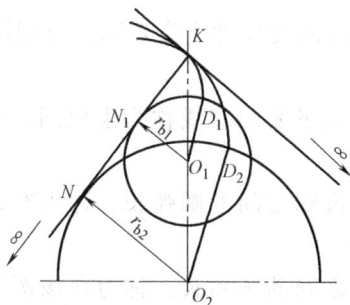

图 4-4　不同基圆上的渐开线

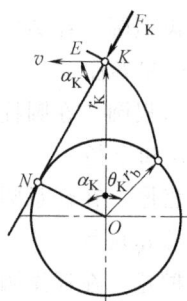

图 4-5　渐开线齿廓的压力角

式（4-2）表明：渐开线上各点的压力角不等，离基圆越远，r_K 越大，其压力角越大；反之越小；在渐开线基圆上的压力角为零。

4.2.2　渐开线齿廓的三大啮合特性

1. 渐开线齿廓满足啮合基本定理并能保证定传动比传动

渐开线齿廓啮合传动的 $i_{12} = \dfrac{\omega_1}{\omega_2} = \dfrac{\overline{O_2P}}{\overline{O_1P}} =$ 常数，这一特性称为定传动比性。这一特性在工程实际中具有重要意义，可减少因传动比变化而引起的动载荷、振动和噪声，提高传动精度和齿轮使用寿命。

2. 渐开线齿廓传动具有可分性

两轮的传动比又可写成：$i_{12} = \dfrac{\omega_1}{\omega_2} = \dfrac{\overline{O_2P}}{\overline{O_1P}} = \dfrac{r_2'}{r_1'} = \dfrac{r_{b2}}{r_{b1}}$。由此可知，渐开线齿轮的传动比又与两轮基圆半径成反比。渐开线加工完毕之后，其基圆的大小是不变的，所以当两轮的实际中心距与设计中心距不一致时，而两轮的传动比却保持不变。这一特性称为传动的可分性。它给齿轮的加工、装配和使用带来很大的方便，是渐开线齿轮传动的一大优点。

3. 渐开线齿廓传动具有平稳性

由于一对渐开线齿轮的齿廓在任意啮合点处的公法线都是同一直线 N_1N_2，因此两齿廓

上所有啮合点均在 N_1N_2 上，或者说两齿廓在 N_1N_2 上啮合。因此，线段 N_1N_2 是两齿廓啮合点的轨迹，故 N_1N_2 线又称为啮合线。而在齿轮传动中，啮合齿廓间的正压力方向是啮合点公法线方向，故在齿轮传动过程中，两啮合齿廓间作用的正压力方向不变；若齿轮传递的转矩恒定不变，则啮合齿廓间、轴与轴承间压力的大小和方向都不变，这一特性称为渐开线齿轮传动的受力平稳性。该特性有利于延长渐开线齿轮使用寿命，是渐开线齿轮传动的另一大优点。

4.3 渐开线标准直齿圆柱齿轮各部分名称及其几何尺寸

4.3.1 直齿圆柱齿轮各部分名称

图 4-6 所示为标准直齿圆柱齿轮的各部分，其中图 4-6a 所示为外齿轮，图 4-6b 所示为内齿轮，图 4-6c 所示为齿条。齿轮的各部分名称及代号如下。

(1) 齿顶圆 在圆柱齿轮上，齿顶圆柱面与端平面的交线称为齿顶圆，分别用 d_a 和 r_a 表示其直径和半径。

(2) 齿根圆 在圆柱齿轮上，齿轮齿根圆柱面与端平面的交线称为齿根圆，用 d_f 和 r_f 表示其直径和半径。

(3) 齿厚 在任意圆周上，同一轮齿的两侧端面齿廓之间的圆弧长，称为在该圆周上的齿厚，用 s_K 表示。

(4) 槽宽 在任意圆周上，同一齿槽的两侧齿廓之间的圆弧长，称为在该圆周上的槽宽，用 e_K 表示。

(5) 齿距 在任意圆周上，相邻两齿同侧的端面齿廓之间的圆弧长，称为在该圆周上的齿距，用 p_K 表示。有

$$p_K = e_K + s_K \tag{4-3}$$

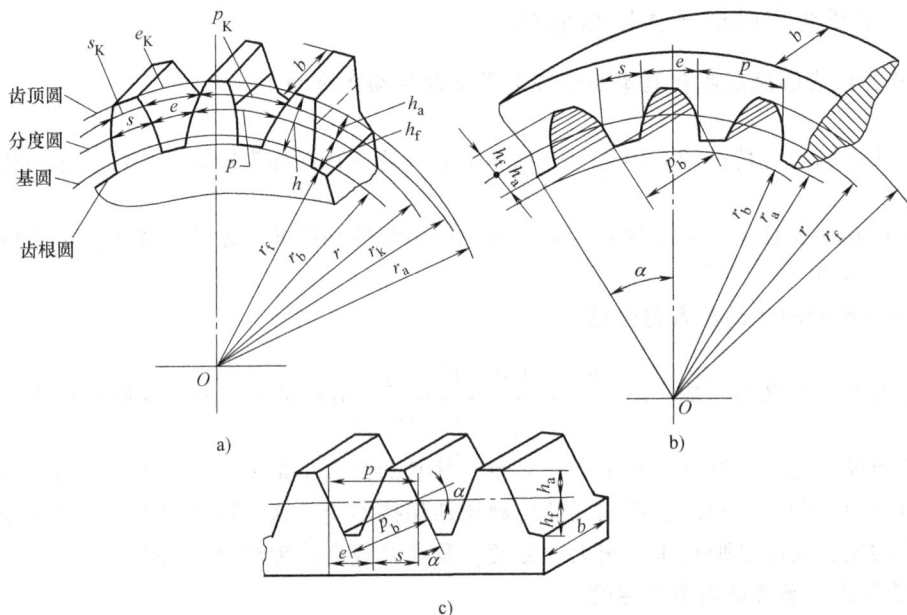

图 4-6 标准直齿圆柱齿轮各部分名称

（6）分度圆 齿轮的分度圆柱面与端平面的交线，称为分度圆，用 d 表示其直径。分度圆是齿轮设计、制造和测量的基准圆，在分度圆上的齿厚与槽宽相等。分别用 s、e 和 p 表示齿厚、槽宽和齿距，且 $p=e+s$。对于标准齿轮，$s=e$。

（7）齿顶高 齿顶圆与分度圆之间的径向高度，称为齿顶高，用 h_a 表示。

（8）齿根高 齿根圆与分度圆之间的径向高度，称为齿根高，用 h_f 表示。

（9）齿高 齿顶圆与齿根圆之间的径向高度，称为齿高，用 h 表示，即

$$h=h_a+h_f \tag{4-4}$$

4.3.2 渐开线齿轮的基本参数及其几何尺寸计算

齿轮的基本参数有 5 个，即齿数、模数、压力角、齿顶高系数和顶隙系数。除齿数外，其他参数均已标准化。

（1）齿数 z 齿轮上均匀分布的轮齿总数称为齿数，用 z 表示。

（2）模数 m 根据齿距的定义可得，分度圆的圆周长 $\pi d=zp$。由此可得

$$d=(p/\pi)z$$

式中，π 是一个无理数，对设计、制造和测量带来不便。因此，工程上人为地把分度圆上 p/π 的比值制成一个简单的有理数列，并把这个比值称为模数 m，单位为 mm，即

$$m=\frac{p}{\pi} \tag{4-5}$$

于是得分度圆直径的计算公式为

$$d=mz \tag{4-6}$$

模数 m 已规定为标准值，是齿轮几何尺寸计算的基础。模数 m 越大，齿距 p 越大，轮齿也越大，轮齿所能承受的载荷也越大。渐开线圆柱齿轮标准模数系列表见表 4-1。

表 4-1 渐开线圆柱齿轮标准模数系列表（GB/T 1357—2008） （单位：mm）

第一系列	1	1.25	1.5	2	2.5	3	4	5	6	8	10	12	16	20	25	32	40	50
第二系列	1.125	1.375	1.75	2.25	2.75	3.5	4.5	5.5	(6.5)	7		11	14	18	22	28	36	45

（3）压力角 α 如前所述，同一渐开线齿廓在不同圆周上的压力角是不相等的。通常所说的齿轮压力角是指分度圆上齿廓的压力角，用 α 表示。我国标准规定分度圆上的压力角，即标准压力角为 $20°$。至此，可以确切的定义分度圆，即具有标准模数和标准压力角的圆称为分度圆。

（4）齿顶高系数 h_a^*、顶隙系数 c^* 为了用模数的倍数表示齿顶高的大小，引入齿顶高系数 h_a^*，故齿顶高的计算式为

$$h_a=h_a^* m \tag{4-7}$$

一对齿轮啮合时，一个齿轮的齿根圆与配对齿轮的齿顶圆之间的径向距离，称为顶隙，如图 4-7 所示，用 c 表示。顶隙可以避免齿顶和槽底相抵触，以利于齿轮传动，同时还能储存润滑油。其值为

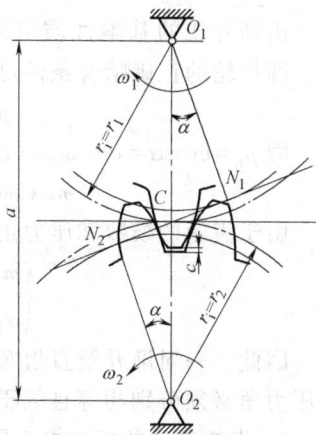

图 4-7 一对齿轮啮合时的顶隙

$$c = c^* m \tag{4-8}$$

由此可得齿根高的计算式为

$$h_{\mathrm{f}} = (h_{\mathrm{a}}^* + c^*) m \tag{4-9}$$

齿顶高系数和顶隙系数的标准值见表4-2。

表4-2　齿顶高系数和顶隙系数的标准值

	齿顶高系数 h_{a}^*	顶隙系数 c^*
正常齿	1	0.25
短齿	0.8	0.3

渐开线标准直齿圆柱齿轮的几何尺寸计算公式见表4-3。

表4-3　渐开线标准直齿圆柱齿轮的几何尺寸计算公式

名　称		外　齿　轮	内　齿　轮
几何尺寸	分度圆直径 d	$d = mz$	
	顶隙 c	$c = c^* m = 0.25m$	
	齿顶高 h_{a}	$h_{\mathrm{a}} = h_{\mathrm{a}}^* m = m$	
	齿根高 h_{f}	$h_{\mathrm{f}} = h_{\mathrm{a}} + c = (h_{\mathrm{a}}^* + c^*) m = 1.25m$	
	齿高 h	$h = h_{\mathrm{a}} + h_{\mathrm{f}} = (2h_{\mathrm{a}}^* + c^*) m = 2.25m$	
	齿顶圆直径 d_{a}	$d_{\mathrm{a}} = d + 2h_{\mathrm{a}} = m(z + 2h_{\mathrm{a}}^*) = m(z+2)$	$d_{\mathrm{a}} = d - 2h_{\mathrm{a}} = m(z - 2h_{\mathrm{a}}^*) = m(z-2)$
	齿根圆直径 d_{f}	$d_{\mathrm{f}} = d - 2h_{\mathrm{f}} = m(z - 2h_{\mathrm{a}}^* - 2c^*) = m(z-2.5)$	$d_{\mathrm{f}} = d + 2h_{\mathrm{f}} = m(z + 2h_{\mathrm{a}}^* + 2c^*) = m(z+2.5)$
	基圆直径 d_{b}	$d_{\mathrm{b}} = d\cos\alpha = mz\cos\alpha$	
	齿距 p	$p = \pi m$	
	齿厚 s	$s = p/2 = \pi m/2$	
	槽宽 e	$e = p/2 = \pi m/2$	
啮合计算	标准中心距 a	$a = m(z_1 + z_2)/2$	$a = m(z_2 - z_1)/2$

4.3.3　渐开线齿轮的啮合传动

1. 一对渐开线齿轮正确啮合条件

如图4-8所示，要使处于啮合线上的各对轮齿都能正确地进入啮合状态，必须保证两轮在啮合线上的齿距相等，即 $K_1 K_1' = K_2 K_2'$，其中 $K_1 K_1' = p_{\mathrm{b1}}$，$K_2 K_2' = p_{\mathrm{b2}}$。

由渐开线的基本性质可知，齿轮的法向齿距等于其基圆齿距，即齿轮的正确啮合条件可以写为

$$p_{\mathrm{b1}} = p_{\mathrm{b2}}$$

因 $p_{\mathrm{b}} = p\cos\alpha = \pi m\cos\alpha$，故有

$$m_1 \cos\alpha_1 = m_2 \cos\alpha_2$$

由于齿轮的模数和压力角均已标准化，要满足上式，必须有

$$\begin{cases} m_1 = m_2 = m \\ \alpha_1 = \alpha_2 = \alpha \end{cases} \tag{4-10}$$

因此，一对渐开线直齿圆柱齿轮正确啮合条件是齿轮的模数和压力角必须分别相等且等于标准值。

2. 齿轮传动的标准中心距及啮合角

（1）渐开线齿轮连续传动的条件　如图4-9所示，齿轮1为

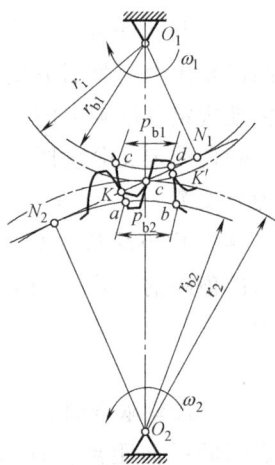

图4-8　渐开线齿轮正确啮合条件

主动轮，齿轮 2 为从动轮，轮齿开始啮合时，主动轮 1 啮合齿根推动从动轮 2 的齿顶，即从动轮啮合齿顶圆与啮合线 N_1N_2 的交点为 B_2。随着啮合传动的进行，轮齿的啮合点沿啮合线 N_1N_2 移动到齿轮 1 的齿顶圆与啮合线的交点 B_1 时，即轮齿接触的终点。线段 $\overline{B_1B_2}$ 称为实际啮合线。线段 $\overline{N_1N_2}$ 称 B_2 为理论啮合线。

由上述齿轮啮合的过程可以得出，要使齿轮连续地进行转动，就必须在前一对轮齿的 B_1 点未脱离啮合时，后一对轮齿能及时地进入啮合。这时两齿轮的实际啮合线 B_1B_2 应大于或至少等于基圆齿距 p_b，故齿轮连续传动的条件是 $\overline{B_1B_2} \geq p_b$。

实际啮合线段 $\overline{B_1B_2}$ 与基圆齿距 p_b 的比值称为重合度，用 ε 表示。

$$\varepsilon = \frac{\overline{B_1B_2}}{p_b} \geq 1 \qquad (4-11)$$

图 4-9 传动的啮合过程

重合度表征了同时参与啮合的轮齿对数。从理论上讲，重合度 $\varepsilon = 1$，就能保证齿轮连续传动。但在实际中，由于齿轮的制造和安装都会有一定的误差及其齿轮受载时轮齿的变形，故必须使 $\varepsilon > 1$。对一般机械中的齿轮，要求 $\varepsilon = 1.1 \sim 1.4$。

（2）标准中心距　在一对齿轮传动中，如果中心距不适当，也会产生冲击和振动。为了精确地传递运动，应使两轮侧隙为零；而考虑到轮齿加工误差、受力变形、受热膨胀以及其他因素引起轮齿间的挤压现象，实际两轮非工作齿廓间要留有一定的侧隙。通常侧隙由制造公差来保证，而在实际设计中，齿轮的公称尺寸是按无侧隙计算的。

一对标准齿轮安装时，两轮分度圆相切，实现两齿轮无侧隙啮合。标准安装时的中心距称为标准中心距 a。一对标准外啮合齿轮传动时，两轮的中心距应为

$$a = r_1 + r_2 = \frac{m}{2}(z_1 + z_2) \qquad (4-12)$$

4.4 渐开线齿轮的加工和精度

4.4.1 渐开线齿轮轮齿的加工方法

渐开线齿轮轮齿的加工方法很多，如铸造法、冲压法、切削法等，最常用的是切削法。根据加工原理的不同，切削加工又分为仿形法和展成法两种。

1. 仿形法

仿形法加工所用成形刀具在其轴向剖面内，切削刃的外形与被切齿轮的齿槽形状完全相同。常用的成形铣刀有盘铣刀和指状铣刀两种。一般情况，盘铣刀适用于在卧式铣床上加工

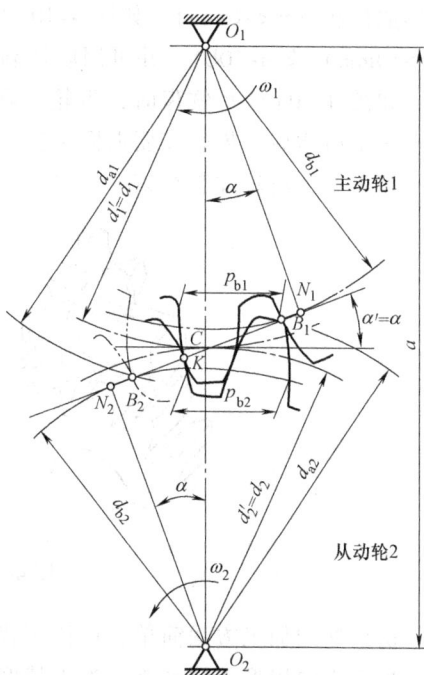

小模数齿轮（$m<10mm$），如图 4-10a 所示；指状铣刀适用于在立式铣床上加工大模数齿轮（$m>10mm$）（图 4-10b），并可用以切制人字齿轮。

如图 4-10a 所示铣齿时，齿轮坯在铣刀转动的同时沿平行于齿轮轴线的方向直线进给，切出一个齿槽后，齿轮坯要退回到原位，由分度机构将其分度（转过 $2\pi/z$），再铣下一个齿槽，直至整个齿轮加工结束。

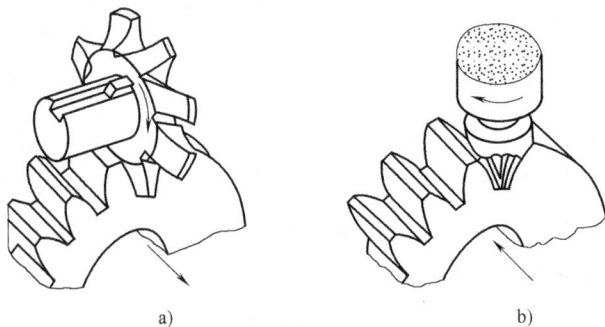

图 4-10 用仿形法加工轮齿

仿形法的加工方法简单，可使用普通铣床加工，但因所选铣刀不可能与要求齿形准确吻合，加工出的齿形不够精确，加工精度低。由于加工过程不连续，生产率低，加工成本高，所以仿形法常用于修配、单件或小批量生产及齿轮精度要求不高的齿轮加工。

2. 展成法

展成法是目前加工齿轮中最常用的一种方法。它是根据共轭曲线原理，运用一对相互啮合齿轮的齿廓互为包络线的原理来加工齿廓的。常用的刀具有齿轮插刀、齿条插刀和齿轮滚刀。插齿、滚齿、剃齿和磨齿都属于展成法加工。其中，剃齿和磨齿用于齿轮的精加工。

（1）插刀插齿 如图 4-11a 所示是齿轮插刀加工齿轮时的立体图。齿轮插刀端面为渐开线齿廓的切削刃，将插刀和轮坯装在专用插齿机床上，插刀沿轮坯轴线方向做往复运动，同时插刀与轮坯按恒定的传动比 $i=\omega_1/\omega_2=z_2/z_1$ 做回转，插刀切削刃各个位置的渐开线齿廓就在轮坯上切制出与其共轭的渐开线齿廓，如图 4-11b 所示。

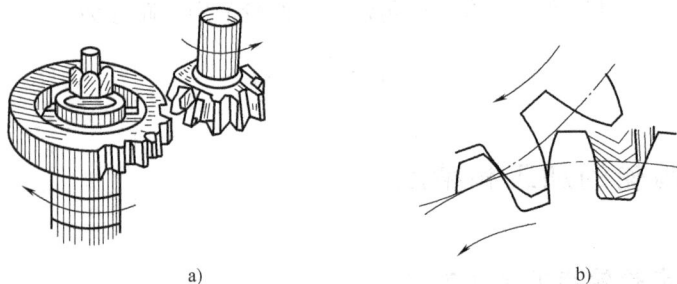

图 4-11 齿轮插刀插齿

当齿轮插刀的齿数增加到无穷多时，齿轮插刀就变成了齿条插刀（图 4-12）。在切制齿轮时，齿轮插刀展成运动相当于齿条与齿轮的啮合传动，刀具的移动速度 $v=mz\omega/2$，与轮坯分度圆上的圆周速度相等。

（2）滚刀滚齿 利用滚刀在滚齿机上进行轮齿加工。图 4-13 所示为一具有纵向斜槽的滚刀，其轴向剖面为一齿条。切齿时，滚刀和轮坯各绕自身的轴线回转，相当于齿条做轴向移动，滚刀转一圈，齿条移动一个导程，以切出整个齿宽。由于齿轮滚刀切齿是连续转动的，故有利于提高生产效率和加工精度。广泛采用滚齿加工大批量生产齿轮。

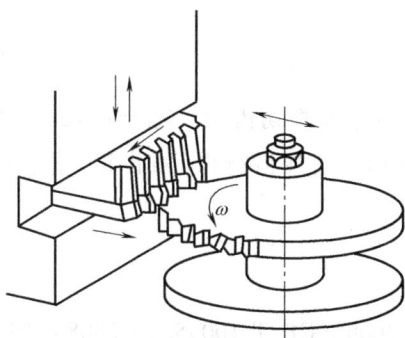

图 4-12　齿条插刀插齿

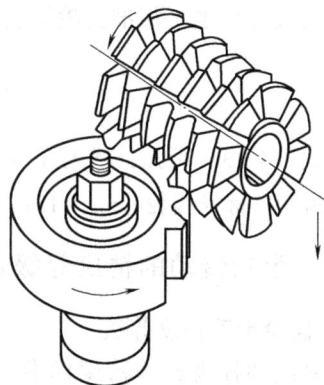

图 4-13　滚刀滚齿

用展成法加工标准齿轮时，有时会发现刀具的齿顶线与啮合线的交点 B_2 超过啮合极限点 N_1（图 4-14a），在切齿过程中刀具的齿顶将轮坯齿根渐开线齿廓切去一部分（图 4-14b 中阴影部分），这种现象称为切齿干涉和根切现象。其会削弱轮齿的抗弯强度，减少了齿轮传动的重合度并影响了传动的平稳性。所以在设计制造中应力求避免根切现象的产生。

要避免根切就必须使刀具的顶线与啮合线的交点 B_2 不超过啮合极限点 N_1，由图 4-14 可知，就要保证 $\overline{CB_2} \leqslant \overline{CN_1}$。

图 4-15 所示为齿条刀具加工标准齿轮的情况，刀具的中线与齿轮毛坯的分度线相切。由图 4-15 可知

$$\overline{CB_1} = \frac{h_a^* m}{\sin\alpha} \qquad \overline{CN_1} = r\sin\alpha = \frac{mz}{2}\sin\alpha$$

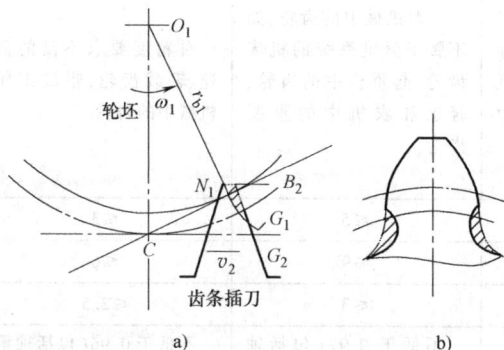

a)　　　　　　b)

图 4-14　渐开线齿廓的切齿干涉和根切现象

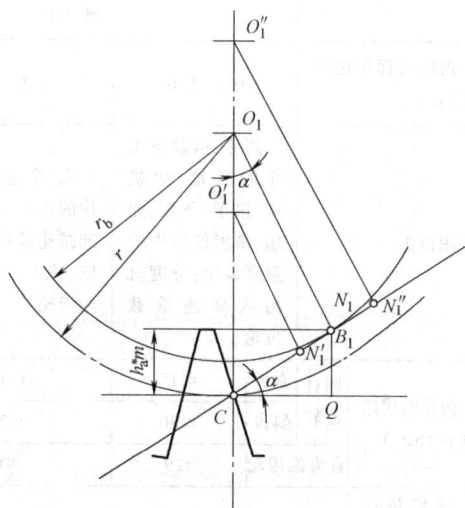

图 4-15　齿数与根切关系

因此，标准齿轮不发生根切的条件为

$$z \geqslant \frac{2h_a^*}{\sin^2\alpha}$$

由上式得出加工标准齿轮不发生根切的最少齿数

$$z_{\min} = \frac{2h_a^*}{\sin^2\alpha} \qquad\qquad (4-13)$$

由式（4-13）可知，增大 α 或减小 h_a^* 都可以减少最小根切齿数。对于 $\alpha = 20°$，$h_a^* = 1$，即正常齿制的标准齿轮，$z_{\min} = 17$；对于 $\alpha = 20°$，$h_a^* = 0.8$，即短齿制的标准齿轮，$z_{\min} = 14$。

4.4.2 齿轮传动的精度等级及选择

1. 齿轮传动精度等级

渐开线圆柱齿轮的精度标准（GB/T 10095.1—2008、GB/T 10095.2—2008）中，对单个齿轮规定了 13 个精度等级。其中 0 级是最高精度等级，精度按数字依次降低，12 级为最低精度等级。机械制造及设备中一般常用 6~9 级。

2. 精度等级的选择

根据齿轮的用途、使用条件、传递功率、圆周速度以及综合考虑其他技术条件、经济指标等，选择合适的齿轮精度等级。一般企业中主要采用的是表格法。常用齿轮精度等级的加工方法及应用范围见表 4-4。

表 4-4 常用齿轮精度等级的加工方法及应用范围

精度等级		6 级	7 级	8 级	9 级
加工方法		在精密的齿轮机床上展成加工	在较精密的齿轮机床上展成加工	展成加工或仿形加工	用任意方法切削加工
齿面最终精加工		精密滚齿、磨齿或剃齿	高精度滚齿、插齿和剃齿；渗碳淬火齿轮必须磨齿、精刮齿或珩齿	滚齿、插齿，必要时剃齿或刮齿或珩齿	一般滚齿、插齿工艺
齿面表面粗糙度 $Ra/\mu m$		0.8~1.6	1.6~3.2	3.2~6.4	6.4~12.5
应用范围		高速、重载下工作的齿轮，如机床、汽车、飞机、船舶、精密仪器中的重要齿轮；分度机构或高速重载齿轮	高、中速重载下工作的齿轮。例如：标准减速器的齿轮；机床、汽车、内燃机中的齿轮	一般机械中的齿轮，如不属于分度系统的机床齿轮、起重机中的齿轮、轻工和农机中的重要齿轮	对精度要求不高的低速、轻载齿轮，粗糙工作机械中的齿轮
齿轮圆周速度 $v/(m/s)$	圆柱齿轮 直齿	≤15	≤10	≤5	≤3
	圆柱齿轮 斜齿	≤30	≤20	≤9	≤6
	直齿锥齿轮	≤9	≤6	≤3	≤2.5
单级传动效率		不低于 0.98（包括轴承不低于 0.975）		不低于 0.97（包括轴承不低于 0.965）	不低于 0.96（包括轴承不低于 0.95）

4.5 轮齿的失效形式和齿轮常用材料

4.5.1 轮齿的失效形式

轮齿的主要失效形式有以下5种。

1. 轮齿折断

齿轮工作时，一是短时意外的严重过载和过大的冲击载荷导致轮齿局部折断，称为过载折断。二是轮齿受循环变化的弯曲应力的反复作用并超过了材料相应的极限应力，最后引起的疲劳折断，如图4-16所示。

2. 齿面点蚀

在润滑良好的闭式齿轮传动中，由于齿面材料在交变接触应力的作用下，在轮齿工作表面会产生贝壳形状凹坑的破坏形式称为齿面点蚀，如图4-17所示。轮齿在啮合过程中，因节线处同时啮合齿对数少，接触应力大，且不易形成油膜，所以点蚀首先出现在齿根表面靠近节线处。

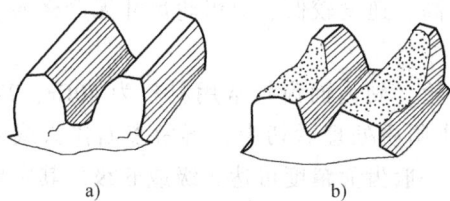

图 4-16 轮齿折断

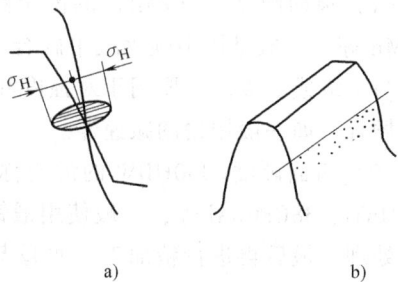

图 4-17 齿面点蚀

3. 齿面磨损

在开式传动中，由于轮齿工作表面间落入灰尘、砂粒、金属屑等，会引起齿面磨粒磨损，如图4-18所示。磨损后，轮齿将失去正确的渐开线齿形，齿厚减小，传动不平稳，引起冲击、振动和噪声，导致轮齿变薄，严重时引起轮齿折断，这是开式传动不可避免的一种主要失效形式。

图 4-18 齿面磨损

4. 齿面胶合

对于某些高速重载的齿轮传动（如航空发动机的主传动齿轮），因啮合区产生很大的摩擦热，导致局部瞬时温度高，齿面间的压力大，降低了润滑效果，将会使某些齿面上接触的点熔合焊在一起，也可被撕开成沟纹（图4-19），这种现象称为齿面胶合。

5. 齿面塑性变形

在齿面较软、低速和过载且起动频繁的齿轮啮合传动中，齿面表面的材料就会沿着摩擦力方向产生局部的塑性变形，使齿面失去正确的齿形，而导致轮齿失效（图4-20）。

图 4-19   齿面胶合

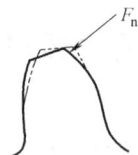

图 4-20   齿面塑性变形

4.5.2   齿轮常用材料

齿轮材料应具备如下性能：齿轮具有足够的硬度和耐磨性，齿芯部有足够的韧性，以获得较高的抗弯曲、抗冲击载荷、抗点蚀、抗磨损、抗胶合的能力；具有良好的加工工艺性和热处理工艺性能，且十分经济。

常用齿轮材料有钢、铸铁和非金属材料。

1. 钢

齿轮常用钢材为优质碳素钢、合金钢和铸钢，是制造齿轮的主要材料，具有强度高、韧性好、便于制造等优点。一般多用锻件，对于直径大于 400mm 的齿轮，可用铸造方法先制成铸钢齿坯，然后应进行正火处理。根据齿面硬度和制造工艺，齿轮可分为两类。

（1）齿面硬度≤350HBW 的齿轮称为软齿面齿轮   软齿面齿轮常用材料为 40Cr、45 钢、35SiMn 等，一般是用中碳钢或中碳合金钢进行正火或调质处理，而后进行切齿，齿面精度一般为 7 级或 8 级。主要用于对强度和精度要求不高、速度较低、对齿轮尺寸无严格要求的传动场合，如一般用途的减速器。

（2）齿面硬度>350HBW 的齿轮称为硬齿面齿轮   硬齿面齿轮常用材料为 40Cr、20Cr、20CrMnTi、38CrMoAl 等，一般使用锻钢进行正火或调质处理后切齿，再做表面淬火或渗碳淬火处理，最后再进行精加工，如磨齿、剃齿等，一般齿面精度可达 5 级或 6 级。其主要用于承载能力较大、高速、重载和精密的机械，如汽车和机床的传动齿轮等。

2. 铸铁

普通灰铸铁的抗弯强度和抗冲击性能较差，但价格低、铸造容易、加工方便，主要应用于低速、工作平稳和冲击小的非重要开式齿轮传动中。常用材料有 HT200、QT500-7 等。

3. 非金属材料

为了降低噪声，齿轮可用非金属材料，如夹布胶木、尼龙等。非金属材料主要用于高速、小功率、低精度及要求低噪声的齿轮传动。

常用齿轮齿面硬度组合见表 4-5。齿轮常用材料及其力学性能见表 4-6。

表 4-5   常用齿轮齿面硬度组合

齿面类型	齿轮种类	热处理		两轮工作齿面硬度差	工作齿面硬度举例		应用场合
		小齿轮	大齿轮		小齿轮	大齿轮	
软齿面	直齿	调质	正火调质	25~30HBW	240~270HBW 260~290HBW	180~220HBW 220~240HBW	用于重载中低速和一般的传动装置
	斜齿及人字齿	调质	正火正火调质	40~50HBW	240~270HBW 260~290HBW 270~300HBW	160~190HBW 180~210HBW 200~230HBW	

（续）

齿面类型	齿轮种类	热处理		两轮工作齿面硬度差	工作齿面硬度举例		应用场合
		小齿轮	大齿轮		小齿轮	大齿轮	
软、硬组合齿面	斜齿及人字齿	表面淬火	调质	齿面硬度差很大	45~50HRC	270~300HBW 200~230HBW	用于冲击载荷及过载都不大的重载中、低速传动装置
		渗氮渗碳	调质		56~62HRC	270~300HBW 300~330HBW	
硬齿面	直齿、斜齿及人字齿	表面淬火	表面淬火	齿面硬度大致相同	45~50HRC		用于传动受结构限制的情形和寿命、重载能力要求较高的传动装置
		渗碳	渗碳		56~62HRC		

表4-6 齿轮常用材料及其力学性能

材料	牌号	热处理	硬度	抗拉强度 R_m/MPa	屈服强度 R_{eL}/MPa	应用范围
优质碳素钢	45	正火	169~217HBW	580	290	低速轻载
		调质	217~255HBW	650	360	低速中载
		淬火	40~45HRC	1000	750	高速中载或冲击很小
		表面淬火	45~50HRC	750	450	
	50	正火	200~260 HBW	620	320	低速轻载
合金钢	35SiMn	调质	240~260HBW	750	500	一般传动
	40Cr	调质	240~260HBW	700	550	中速中载
		表面淬火	48~55 HRC	900	650	高速中载，无剧烈冲击
	42SiMn	调质	217~269HBW	750	470	高速中载，无剧烈冲破击
		表面淬火	45~55HRC			
	20Cr	渗碳淬火	56~62 HRC	650	400	高速中载，承受冲击
	20CrMnTi	渗碳淬火	56~62HRC	1100	850	
铸钢	ZG 310-570	正火 表面淬火	160~210HBW 40~50 HRC	570	320	中速、中载、大直径
	ZG 340-640	正火	170~230HBW	650	350	
		调质	240~270 HBW	700	380	
球墨铸铁	QT600-3 QT500-7	正火	220~280HBW 147~241HBW	600 500		低、中速轻载，小冲击
灰铸铁	HT200 HT300	人工时效（低温退火）	170~230HBW 187~235 HBW	200 300		低速轻载，冲击很小
夹布胶木			30~40HBW	85~100		高速轻载
塑料	MC尼龙		20HBW	90	60	中、低速、轻载

4.6 直齿圆柱齿轮传动的设计

4.6.1 直齿圆柱齿轮传动的受力分析

通过对齿轮传动进行受力分析和载荷的计算，可以为轴、轴承的设计提供数据。

图 4-21a 所示为一对标准直齿圆柱齿轮按标准中心距安装，若以节点 C 为计算点而不考虑齿廓接触处的摩擦力的影响，轮齿间只有沿齿宽分布且方向沿啮合线 N_1N_2 的相互作用力 F_n，F_n 称为法向力。法向力 F_n 在分度圆上可分解为沿圆周方向和半径方向的两个互相垂直分力，即圆周力 F_t 和径向力 F_r，如图 4-21b 所示。各力大小分别为

圆周力 $\qquad\qquad\qquad\qquad F_t = F_{t1} = F_{t2} = 2T_1/d_1 \qquad\qquad\qquad (4\text{-}14)$

径向力 $\qquad\qquad\qquad\qquad F_r = F_{r1} = F_{r2} = F_t\tan\alpha \qquad\qquad\qquad (4\text{-}15)$

法向力 $\qquad\qquad\qquad\qquad F_n = F_{n1} = F_{n2} = \dfrac{F_t}{\cos\alpha} \qquad\qquad\qquad (4\text{-}16)$

式中　T_1——主动轮传递的转矩（N·mm），$T_1 = 9.55\times10^6\dfrac{P_1}{n_1}$，其中 P_1 为主动轮传递的功率（kW），n_1 为主动轮的转速（r/min）；

$\qquad\quad d_1$——主动轮的分度圆直径（mm）；

$\qquad\quad \alpha$——分度圆压力角，$\alpha = 20°$。

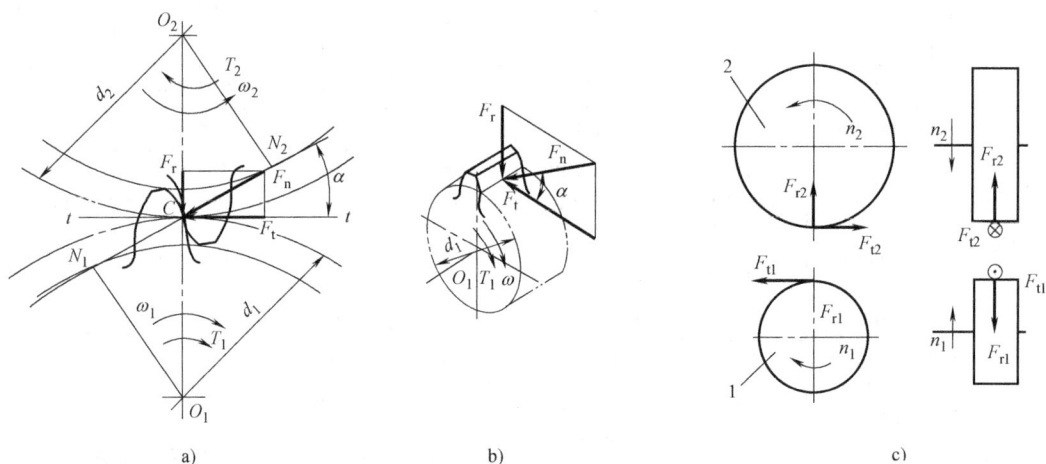

图 4-21　直齿圆柱齿轮传动受力分析

根据作用力与反作用原理，$F_{t1} = -F_{t2}$，$F_{r1} = -F_{r2}$，如图 4-21c 所示，各力方向判定如下：

1）在主动轮上的圆周力 F_{t1} 与其回转方向相反；在从动轮上的圆周力 F_{t2} 与其回转方向相同。

2）两轮的径向力 F_{r1}、F_{r2} 的方向均是由啮合点指向各自的轮心。

4.6.2　直齿圆柱齿轮承载能力计算

1. 齿面接触疲劳强度计算

齿面疲劳点蚀是闭式齿轮传动主要失效形式之一。为了防止齿面点蚀失效，必须对齿面接触疲劳强度进行校核和计算。

（1）齿面接触疲劳强度的设计公式　齿面的疲劳点蚀，主要与齿面接触应力大小有关。齿面接触疲劳强度的设计公式为

$$d \geqslant 76.6 \sqrt[3]{\frac{KT_1(i\pm1)}{\phi_d[\sigma_H]^2 i}} \qquad (4-17)$$

式中　d——主动轮的分度圆直径（mm）；

$\qquad i$——减速传动的传动比，$i\geqslant1$，"+"用于外啮合传动，"−"用于内啮合传动；

$\qquad K$——载荷系数，其值可由表4-7查取；

$\qquad T_1$——主动轮所受转矩（N·m）；

$\qquad \phi_d$——齿宽系数，$\phi_d=b/a$，b为齿宽（mm），a为中心距（mm）；

$\qquad [\sigma_H]$——许用接触应力（MPa），$[\sigma_H]=0.9\sigma_{Hlim}$，$\sigma_{Hlim}$为试验齿轮的接触疲劳极限（MPa），如图4-22所示。

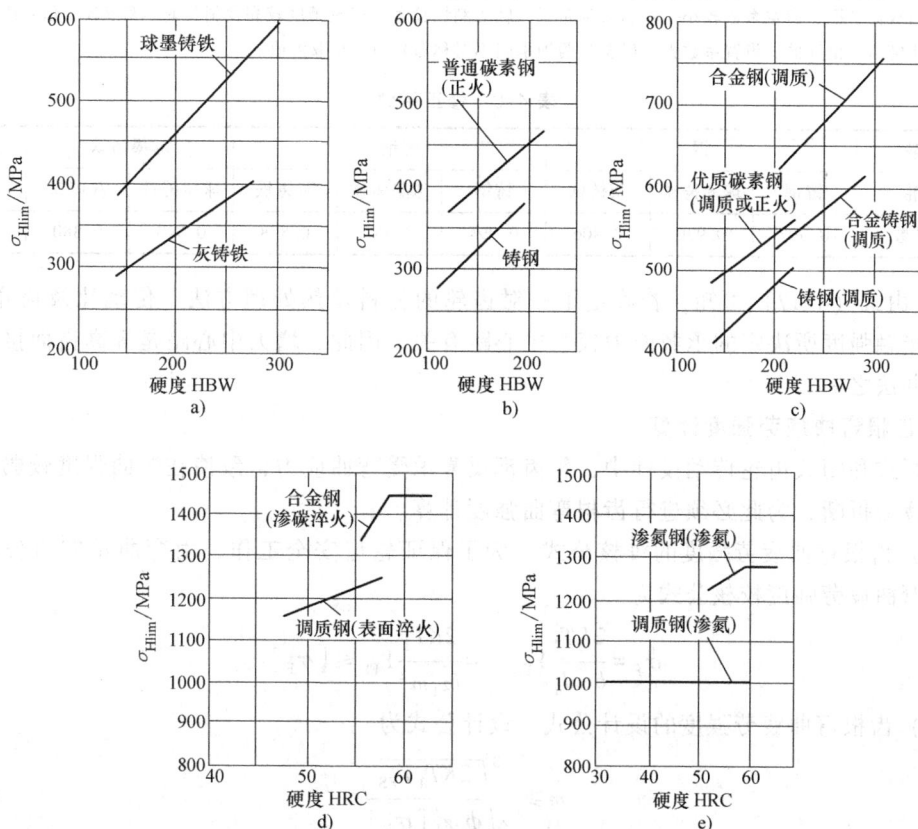

图 4-22　试验齿轮的接触疲劳极限 σ_{Hlim}

（2）齿面接触强度校核公式

$$\sigma_H = 671\sqrt{\frac{KT_1(i\pm1)}{bd_1^2 i}} \leqslant [\sigma_H] \qquad (4-18)$$

在应用式（4-17）和式（4-18）时，应注意如下几点。

1）由于两齿轮的材料、热处理方法不同，故其许用接触应力 $[\sigma_{H1}]$、$[\sigma_{H2}]$ 也不一定相等。在强度计算时，应将两者中较小值代入公式计算。

2）仅用于齿轮材料钢对钢配对的情况。对于非钢对钢配对的齿轮副，需将式（4-17）

中 76.6 的值乘以修正系数，修正系数见表 4-8。

表 4-7　载荷系数 K

原动机工况	原动机		
	电动机	多缸内燃机	单缸内燃机
均匀、轻微冲击（如均匀加料的加料机和输送机、轻型卷扬机、电动机、机床辅助传动）	1～1.2	1.2～1.6	1.6～1.8
中等冲击（如不均匀加料的加料机和输送机、重型卷扬机、机床主传动）	1.2～1.6	1.6～1.8	1.9～2.1
大的冲击（如压力机、钻床、轧钢机、破碎机、挖掘机）	1.6～1.8	1.9～2.1	2.2～2.4

注：当载荷平稳、齿宽系数较小、轴承对称布置、轴的刚性较大、齿轮精度较高及斜齿时，K 取较小值；直齿、圆周速度高、精度低、齿宽系数大，齿轮在两轴承间不对称布置时，K 取大值。

表 4-8　修正系数

小齿轮	钢			铸钢			球墨铸铁		灰铸铁
大齿轮	铸钢	球墨铸铁	灰铸铁	铸钢	球墨铸铁	灰铸铁	球墨铸铁	灰铸铁	灰铸铁
修正系数	0.997	0.970	0.906	0.994	0.967	0.898	0.943	0.880	0.836

3）由式（4-17）可知，若确定了一对齿轮的材料及热处理方法、传动比及齿宽系数，则齿面接触强度所决定的承载能力仅与中心距有关。因此，增大中心距是提高齿面接触强度的有效办法之一。

2. 齿根弯曲疲劳强度计算

在开式和闭式齿轮传动设计中，轮齿都反复承受弯曲应力，致使在弯曲强度较弱的齿根处发生疲劳折断，为此必须进行齿根弯曲强度计算。

（1）齿根弯曲疲劳强度的校核公式　为了保证轮齿安全工作，由弯曲正应力公式可推出齿根弯曲疲劳强度校核公式为

$$\sigma_F = \frac{2KT_1}{bmd_1}Y_{FS} = \frac{2KT_1}{bz_1m^2}Y_{FS} \leqslant [\sigma_F] \qquad (4\text{-}19)$$

（2）齿根弯曲疲劳强度的设计公式　设计公式为

$$m \geqslant \sqrt[3]{\frac{2KT_1Y_{FS}}{\phi_d z_1^2 [\sigma_F]}} \qquad (4\text{-}20)$$

式中　σ_F——齿根弯曲应力（MPa）；

m——模数（mm）；

z_1——主动轮齿数；

ϕ_d——齿宽系数，$\phi_d = b/d_1$，见表 4-9；

Y_{FS}——复合齿形系数，它只与轮齿形状有关，而与模数无关，其值可由图 4-23 查取；

$[\sigma_F]$——许用弯曲应力（MPa），其推荐值如下：轮齿单向受力时，$[\sigma_F] \approx 0.7\sigma_{Flim}$；轮齿双向受力或开式齿轮，$[\sigma_F] \approx 0.5\sigma_{Flim}$，$\sigma_{Flim}$ 为试验齿轮的齿根弯曲疲劳极限，如图 4-24 所示。

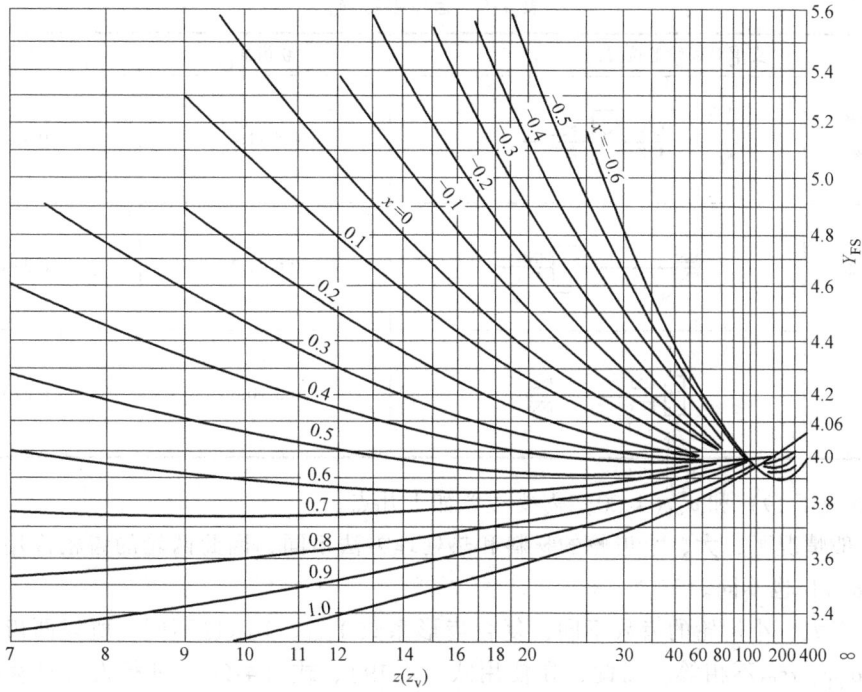

图 4-23 外齿轮的复合齿形系数

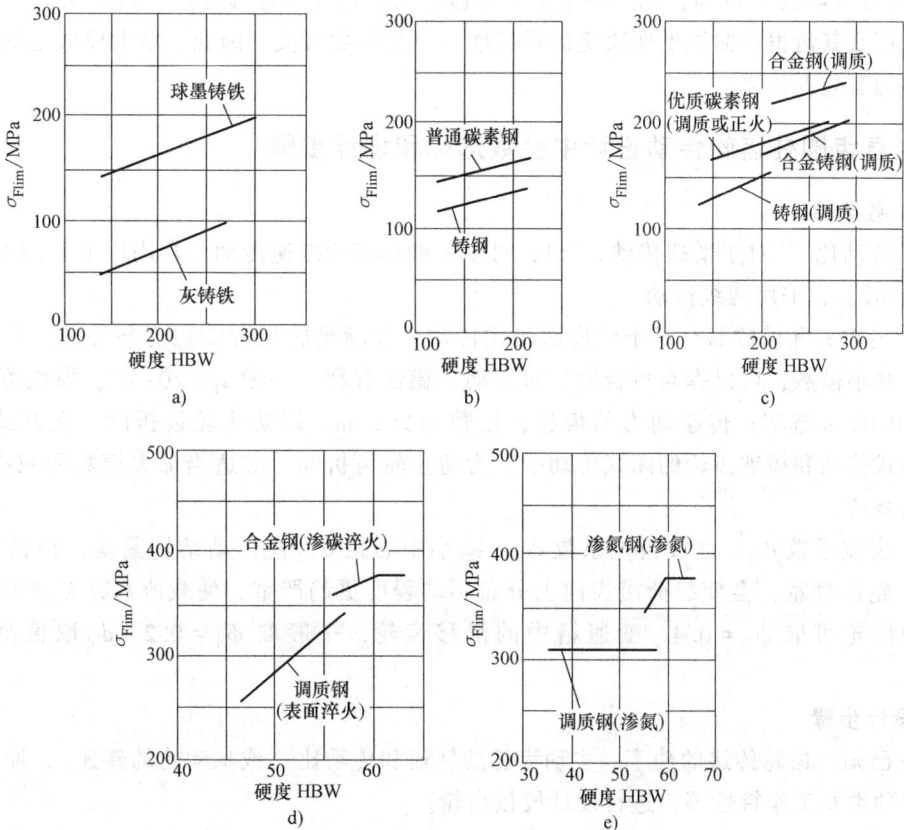

图 4-24 试验齿轮的弯曲疲劳极限 σ_{Flim}

表 4-9　齿宽系数 ϕ_d

支承对齿轮的位置		软齿面	硬齿面
对称配置并靠近齿圈		0.8 ~ 1.4	0.4 ~ 0.9
非对称配置		0.6 ~ 1.2	0.3 ~ 0.8
悬臂		0.3 ~ 0.6	0.2 ~ 0.4

应用式（4-19）和式（4-20）需要注意如下几点。

1）一般情况下，大、小齿轮的材料和热处理方法不同，因此两轮的齿根许用弯曲应力 $[\sigma_{F1}]$、$[\sigma_{F2}]$ 也不同。

2）由于大、小齿轮的齿数不同，复合齿形系数 Y_{FS1}、Y_{FS2} 也不同，所以两齿轮的齿根弯曲应力 σ_{F1}、σ_{F2} 不相等。因此，在使用式（4-19）、式（4-20）进行设计计算时，应将 $Y_{FS1}/[\sigma_{F1}]$ 和 $Y_{FS2}/[\sigma_{F2}]$ 中的较大值代入。

3）由式（4-20）可知，如果确定了一对齿轮的材料及热处理方法、齿宽系数及主动齿轮齿数，那么其齿根弯曲强度所决定的承载能力只与模数有关。因此，增大模数是提高齿根弯曲强度的有效办法之一。

4.6.3　直齿圆柱齿轮传动设计中参数选择和设计步骤

1. 参数选择

（1）传动比 i　对于增速传动，$i<1$；对于一般单级的减速传动，常用取值范围为 $1<i\leqslant 8$，当 $i>8$ 时，宜采用两级传动。

（2）齿数 z_1 和模数 m　对于软齿面闭式传动，在满足轮齿弯曲强度条件下，可适当增加齿数，减小模数，可以提高重合度，对传动平稳性有利。一般 $z_1 = 20 \sim 40$，模数可按 $m = (0.007 \sim 0.02)a$ 选取；传递动力的齿轮，模数 $m \geqslant 2\text{mm}$，以防止轮齿折断。在开式传动、硬齿面闭式传动和铸铁齿轮的闭式传动中，为防止轮齿折断，应适当加大模数而减小齿数，选齿数 $z_1 \geqslant 17$。

（3）齿宽系数 ϕ_d　增大齿宽系数 ϕ_d，减小中心距 a，使传动结构紧凑；但齿宽系数 ϕ_d 过大，轮齿过宽，会使载荷沿齿向上分布不均程度更趋严重，使载荷系数 K 变大。一般减速器中齿轮可取 $\phi_d = 0.4$，变速箱中的滑移齿轮，一般取 $\phi_d = 0.2$。ϕ_d 取值范围为：$0.2 \sim 0.6$。

2. 设计步骤

（1）已知　齿轮传递的功率、主动齿轮的转速和传动比（或从动轮的转速）、原动机和工作机的种类及工作特性等，进行设计校核齿轮。

（2）设计校核计算

1）选定齿轮材料。

2）确定齿轮传动的主要参数、几何尺寸：对于硬齿面闭式齿轮传动，应按齿根弯曲疲劳强度公式求出模数，确定齿轮传动参数和几何尺寸，而后校核齿面接触疲劳强度；对于软齿面闭式齿轮传动，应按齿面接触疲劳强度公式初步计算分度圆直径，确定齿轮传动参数和几何尺寸，而后校核齿根弯曲疲劳强度；对于开式齿轮传动，可按齿根弯曲疲劳强度求出模数，并考虑磨损的影响，将设计出的模数加大 10%~30%。

3）确定齿轮结构尺寸和精度等级。

4）绘制齿轮零件图。

4.7 斜齿圆柱齿轮的啮合传动

4.7.1 斜齿圆柱齿轮齿面形成及啮合特点

斜齿圆柱齿轮和直齿圆柱齿轮齿廓曲线的形成原理相同，均是发生面绕基圆柱面做纯滚无滑动而在空间展出的渐开面，即从垂直于轴线的端面看，直、斜齿圆柱齿轮的齿廓曲线均为渐开线（图4-25）。所不同的是：展成的直齿圆柱齿轮渐开线齿面的直线 KK 与基圆柱面和发生面的切线 NN 平行，如图4-25a所示；展成的斜齿圆柱齿轮渐开线齿面的直线 KK 与基圆柱面和发生面的切线 NN 相交成一个角度 β_b，如图4-25b所示。

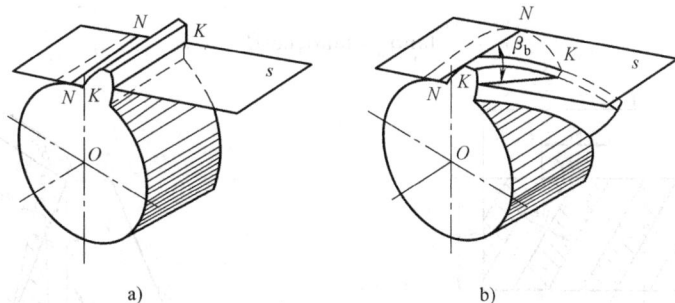

图4-25 齿廓曲面的形成

一对斜齿圆柱齿轮啮合时，两轮齿的啮合线为一斜直线，其啮合线由短变长，再由长变短，这样避免了直齿圆柱齿轮突然受载和卸载，极大地减少了传动的冲击、振动和噪声，提高了传动的平稳性。因而斜齿圆柱齿轮更适合高速传动；又由于轮齿倾斜，从而增大重合度、降低根切齿数，提高齿轮承载能力，减小结构尺寸，因而适用于重载机械。

4.7.2 斜齿圆柱齿轮的基本参数和几何尺寸

1. 基本参数

（1）螺旋角 β 螺旋角 β 是反映斜齿圆柱齿轮特征的一个重要参数。通常斜齿圆柱齿轮的螺旋角是指其分度圆柱面上的螺旋角。β 越大，轮齿越倾斜，传动的平稳性就越好，但工作时所产生的轴向力 F_a（图4-26a）越大。一般机械设计中，常取 $\beta = 8° \sim 25°$。若采用人字齿轮，则可以使齿两侧产生的轴向力互相平衡（图4-26b），常取 $\beta = 35° \sim 37°$。但人字齿轮加工较困难，精度较低，一般用在重型机械的齿轮传动中。

斜齿圆柱齿轮按其齿廓渐开线螺旋面的旋向，可分为右旋和左旋两种，如图 4-27 所示。

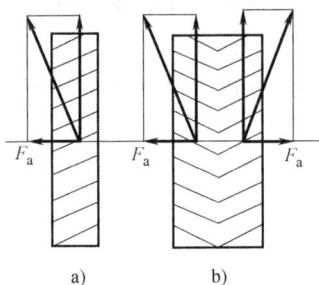

图 4-26 斜齿圆柱齿轮和人字齿轮的轴向力

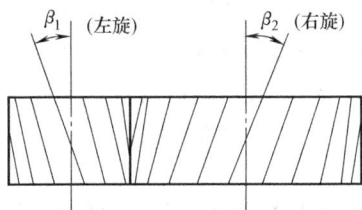

图 4-27 斜齿圆柱齿轮轮齿的旋向

（2）法向模数 m_n 与端面模数 m_t 图 4-28 所示为斜齿圆柱齿轮分度圆柱面的展开形状。由图 4-28 可知，法向齿距 p_n 与端面齿距 p_t 之间关系为

$$p_n = p_t \cos\beta$$

因 $p_n = \pi m_n$，$p_t = \pi m_t$，故

$$m_n = m_t \cos\beta \tag{4-21}$$

（3）法向压力角 α_n 与端面压力角 α_t 图 4-29 所示为斜齿条的一个齿，由图中几何关系可推得，法向压力角 α_n 和端面压力角 α_t 之间关系为

$$\tan\alpha_n = \tan\alpha_t \cos\beta \tag{4-22}$$

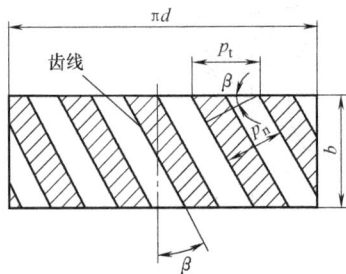

图 4-28 斜齿圆柱齿轮的展开图

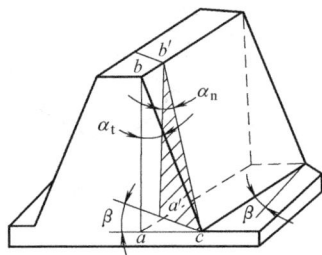

图 4-29 斜齿条的压力角

（4）法向 h_{an}^*、c_n^* 与端面 h_{at}^*、c_t^* 无论从端面或从法向来看，轮齿上的齿顶高都相同，径向间隙也相同，即

$$h_a = h_{an}^* m_n = h_{at}^* m_t$$

$$c = c_n^* m_n = c_t^* m_t$$

将式（4-21）代入以上两式，得

$$h_{at}^* = h_{an}^* \cos\beta \tag{4-23}$$

$$c_t^* = c_n^* \cos\beta \tag{4-24}$$

2. 几何尺寸计算

外啮合标准斜齿圆柱齿轮的几何尺寸计算公式见表 4-10。

表 4-10 外啮合标准斜齿圆柱齿轮的几何尺寸计算公式

名　称	符号	公　式
分度圆直径	d	$d = m_t z = m_n z / \cos\beta$
齿顶高	h_a	$h_a = h_{an}^* m_n = m_n$
齿根高	h_f	$h_f = (h_{an}^* + c_n^*) m_n = 1.25 m_n$
齿高	h	$h = h_a + h_f = (2 h_{an}^* + c_n^*) m_n = 2.25 m_n$
齿顶圆直径	d_a	$d_a = d + 2 h_a$
齿根圆直径	d_f	$d_f = d - 2 h_f$
基圆直径	d_b	$d_b = d \cos\alpha_t$
法向齿距	p_n	$p_n = \pi m_n$
端面齿距	p_t	$p_t = \pi m_t = \pi m_n / \cos\beta = p_n / \cos\beta$
标准中心距	a	$a = m_t(z_1 + z_2)/2 = m_n(z_1 + z_2)/2\cos\beta$

4.7.3 斜齿圆柱齿轮传动的正确啮合条件

一对外啮合斜齿圆柱齿轮传动时，除两轮满足 $m_{t1} = m_{t2}$ 和 $\alpha_{t1} = \alpha_{t2}$ 外，同时两外啮合斜齿圆柱齿轮螺旋角大小相等，旋向相反。即一对外啮合斜齿圆柱齿轮传动的正确啮合条件为

$$\begin{cases} m_{n1} = m_{n2} = m_n \\ \alpha_{n1} = \alpha_{n2} = \alpha_n \\ \beta_1 = -\beta_2 \end{cases} \tag{4-25}$$

4.7.4 斜齿圆柱齿轮的当量齿数

1. 当量齿轮及当量齿数概念

用仿形法加工斜齿圆柱齿轮时，铣刀的切削刃位于轮齿的法面内，并沿着螺旋线方向切齿。因此，铣刀的切削刃形状必须与斜齿圆柱齿轮的法向齿槽的形状相当，即刀具需按斜齿圆柱齿轮的法向齿形来选择。如图 4-30 所示，过斜齿圆柱齿轮分度圆柱面任一轮齿上的 C 点做轮齿的法平面 nn，此法面与分度圆柱面的交线为一椭圆，椭圆上 C 点的法向齿形可近似看成以 ρ 为分度圆半径，以 m_n 为模数的一假想直齿圆柱齿轮，这个假想得到的直齿圆柱齿轮称为斜齿圆柱齿轮的当量齿轮。当量齿轮拥有的齿数称为当量齿数，用 z_v 表示。

2. 斜齿圆柱齿轮当量齿数的计算

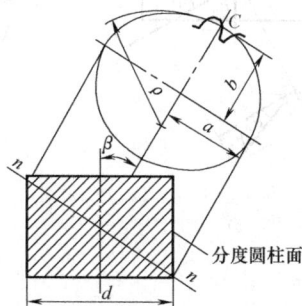

图 4-30 斜齿圆柱齿轮的当量齿轮

由图 4-30 可知椭圆长轴半径 $a = d\cos\beta/2$，短轴半径 $b = d/2$，C 点的曲率半径为

$$\rho = \frac{a^2}{b} = \frac{d}{2\cos^2\beta} \tag{4-26}$$

当量齿数 $z_v = 2\rho/m_n$，将式（4-26）代入，则斜齿圆柱齿轮的当量齿数 z_v 与其实际齿数 z 的关系为

$$z_v = \frac{d}{m_n \cos^2\beta} = \frac{m_t z}{m_n \cos^2\beta} = \frac{m_n z}{m_n \cos^3\beta} = \frac{z}{\cos^3\beta} \tag{4-27}$$

由式（4-27）得到不产生根切的最少齿数 $z_{min} = z_{vmin}\cos^3\beta = 17\cos^3\beta$，即斜齿圆柱齿轮不产生根切的最少齿数小于 17，其比直齿圆柱齿轮更为紧凑。

4.7.5 斜齿圆柱齿轮传动的受力分析

如图 4-31a、b 所示的斜齿圆柱齿轮传动中轮齿的受力情况，轮齿在节点 C 处受到的法向力 F_n 可以分解为 3 个互相垂直的分力，即圆周力 F_t、径向力 F_r 和轴向力 F_a。各力的大小分别为

圆周力
$$F_t = \frac{2T_1}{d_1} \tag{4-28}$$

径向力
$$F_r = \frac{F_t \tan\alpha_n}{\cos\beta} \tag{4-29}$$

轴向力
$$F_a = F_t \tan\beta \tag{4-30}$$

法向力
$$F_n = \frac{F_t}{\cos\beta\cos\alpha_n} \tag{4-31}$$

式中 β——斜齿圆柱齿轮分度圆柱面上的螺旋角（°）；

α_n——斜齿圆柱齿轮分度圆上的法向压力角，$\alpha_n = 20°$；

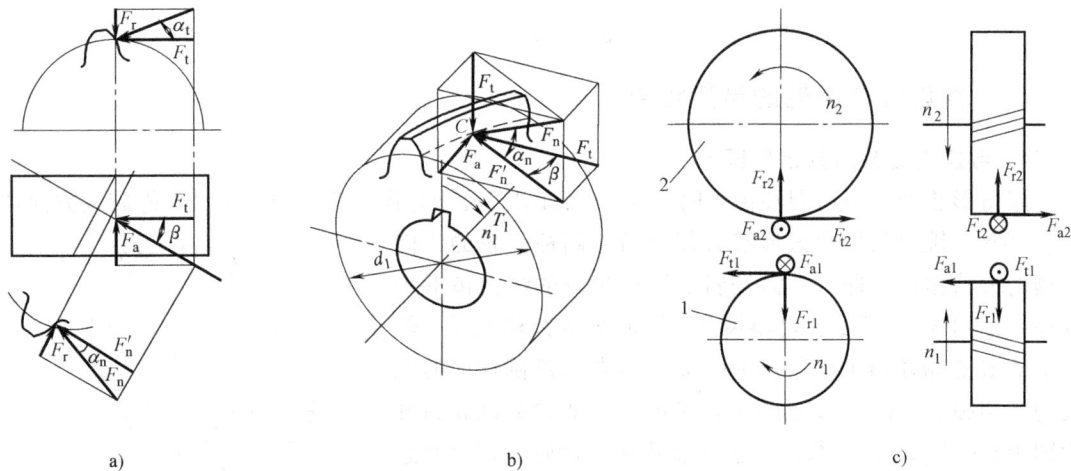

a)　　　　　　　　　　b)　　　　　　　　　　c)

图 4-31　斜齿圆柱齿轮的受力分析

图 4-31c 所示各作用力关系及力的方向判定如下：

（1）各作用力关系　主动轮上的力 F_{t1}、F_{r1}、F_{a1} 与从动轮上的力 F_{t2}、F_{r2}、F_{a2} 分别互为作用力与反作用力，即 $F_{t1} = -F_{t2}$、$F_{r1} = -F_{r2}$、$F_{a1} = -F_{a2}$。

（2）各作用力的方向　主动齿轮在下，F_{t1} 与主动齿轮回转方向相反；主动齿轮在上，F_{t2} 与从动齿轮回转方向相同。径向力 F_{r1}、F_{r2} 沿半径方向指向各自的轮心。主动齿轮上轴向力 F_{a1} 的方向用左、右手螺旋定则判定，即主动轮"左旋"时用左手，"右旋"时用右手握住齿轮的轴线，四指弯曲方向表示齿轮的回转方向，伸直大拇指的方向就是轴向力 F_{a1} 的

方向；主、从动齿轮上的 F_{a2} 与 F_{a1} 的方向相反。

4.7.6 斜齿圆柱齿轮传动的强度设计

斜齿圆柱齿轮的承载能力计算与直齿圆柱齿轮的相似，仍按齿根弯曲疲劳强度条件和齿面接触疲劳强度条件进行计算。

1. 齿根弯曲疲劳强度计算

斜齿圆柱齿轮的轮齿齿根弯曲疲劳强度，按其法向上的当量直齿圆柱齿轮进行计算。对于一对钢制的标准斜齿圆柱齿轮传动，其齿根弯曲疲劳强度计算公式为

校核公式
$$\sigma_F = \frac{1.6KT_1 Y_{FS}}{bm_n d_1} = \frac{1.6KT_1 \cos\beta Y_{FS}}{bm_n^2 z_1} \leqslant [\sigma_F] \tag{4-32}$$

设计公式
$$m_n \geqslant \sqrt[3]{\frac{1.6KT_1 Y_{FS} \cos^2\beta}{\phi_d(i\pm 1)z_1^2 [\sigma_F]}} \tag{4-33}$$

式中　　m_n——法向模数（mm）；

　　　　Y_{FS}——复合齿形系数，应根据当量齿数 $z_v = z/\cos^3\beta$ 由图 4-23 查取，其余参数的意义、单位及确定方法与直齿圆柱齿轮相同。

2. 齿面接触疲劳强度计算

斜齿圆柱齿轮的齿面接触疲劳强度与直齿圆柱齿轮基本相似。对于一对钢制标准斜齿圆柱齿轮，其齿面接触疲劳强度计算公式为

校核公式
$$\sigma_H = 519\sqrt{\frac{KT_1(i\pm 1)}{ibd_1^2}} \leqslant [\sigma_H] \tag{4-34}$$

设计公式
$$d_1 \geqslant 2.37\sqrt[3]{\frac{KT_1(i\pm 1)}{\phi_d i[\sigma_H]^2}} \tag{4-35}$$

若配对齿轮的材料不是钢对钢时，公式中的数字系数可按直齿圆柱齿轮的方法，根据表 4-8 中不同材料进行修正。式中各参数的意义、单位及确定方法与直齿圆柱齿轮相同。

4.8　直齿锥齿轮传动

4.8.1　概述

轮齿分布在圆锥面上、分度曲面为圆锥面的齿轮称为锥齿轮。如图 4-32 和图 4-33 所示，锥齿轮有分度圆锥、顶锥、根锥，其锥角分别为分锥角 δ、顶锥角 δ_a 和根锥角 δ_f。此外还有背锥，位于锥齿轮大端，与分度圆锥（分锥）同一轴线，其母线与分锥母线垂直相交。锥齿轮传动，两轴线交角称为轴交角，常用的轴交角 $\Sigma = 90°$。一对锥齿轮传动相当于一对节圆锥做纯滚动。标准锥齿轮在正确安装的条件下，节圆锥与分度圆锥重合。

直齿锥齿轮的齿廓理论上是球面渐开线。为了设计、制造的方便，实际上用背锥上的渐开线齿廓代替，以锥齿轮的背锥距为

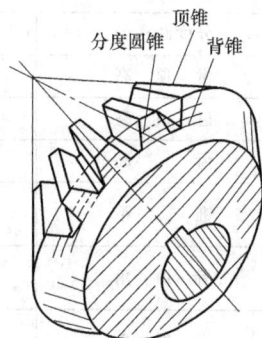

图 4-32　直齿锥齿轮

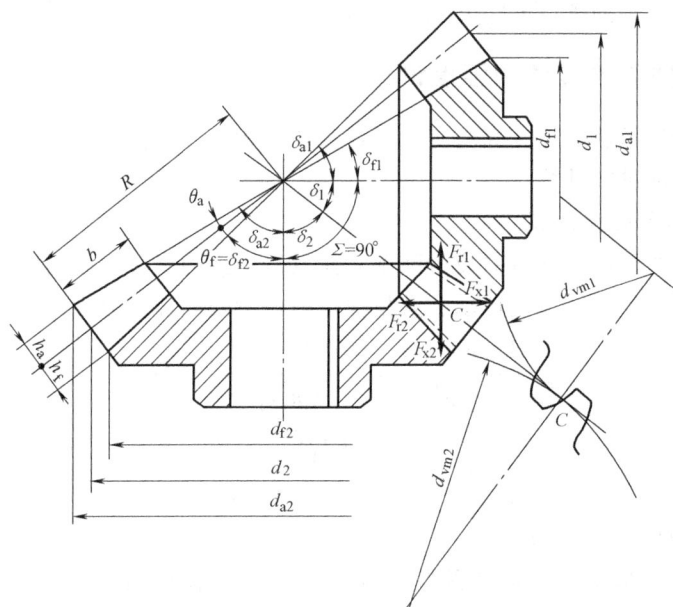

图 4-33   锥齿轮传动及其几何尺寸

分度圆半径，以锥齿轮大端端面模数为模数，这个假想的圆柱齿轮为相应锥齿轮的当量齿轮，其齿数称为锥齿轮的当量齿数 z_v。对于正常齿制的锥齿轮，用展成法加工，不产生根切的最少齿数按 $z_{min} = z_{vmin}\cos\delta = 17\cos\delta$ 计算，并取整。

4.8.2   直齿锥齿轮的基本参数和几何尺寸计算

1. 直齿锥齿轮的基本参数与尺寸

对于直齿锥齿轮，通常以大端参数为标准值，如基本参数为模数 m、齿数 z、压力角 $\alpha = 20°$、齿顶高 $h_a = m$ 和顶隙 $c = 0.2m$。锥齿轮传动及其几何尺寸如图 4-33 所示。标准锥齿轮的几何尺寸计算公式见表 4-11。

表 4-11   标准锥齿轮的几何尺寸计算公式（$\Sigma = 90°$）

名　称	代　号	计 算 公 式	
		小齿轮	大齿轮
分 锥 角	δ	$\delta_1 = \text{arccot}i$	$\delta_2 = 90° - \delta_1$
分度圆直径	d	$d_1 = mz_1$	$d_2 = mz_2$
齿 顶 高	h_a	$h_a = h_a^* m = m (h_a^* = 1)$	
齿 根 高	h_f	$h_f = (h_a^* + c^*)m = 1.2m(c^* = 0.2)$	
齿 高	h	$h = h_a + h_f = 2.2m$	
锥 距	R	$R = \dfrac{d_1}{2\sin\delta_1} = \dfrac{d_2}{2\sin\delta_2} = \dfrac{m}{2}\sqrt{z_1^2 + z_2^2}$	
齿 顶 角	θ_a	$\theta_a = \arctan\dfrac{h_a}{R}$	
齿 根 角	θ_f	$\theta_f = \arctan\dfrac{h_f}{R}$	

（续）

名　　称	代　号	计算公式	
		小齿轮	大齿轮
顶锥角	δ_a	$\delta_{a1} = \delta_1 + \theta_{a1}$	$\delta_{a2} = \delta_2 + \theta_{a2}$
根锥角	δ_f	$\delta_{f1} = \delta_1 - \theta_{f1}$	$\delta_{f2} = \delta_2 - \theta_{f2}$
齿顶圆直径	d_a	$d_{a1} = d_1 + 2h_a\cos\delta_1$	$d_{a2} = d_2 + 2h_a\cos\delta_2$
齿根圆直径	d_f	$d_{f1} = d_1 - 2h_f\cos\delta_1$	$d_{f2} = d_2 - 2h_f\cos\delta_2$
齿宽	b	$b = \phi_R R$	

2. 锥齿轮正确啮合条件和传动比

（1）正确啮合条件　一对标准锥齿轮的正确啮合条件为：两轮的大端模数和压力角应分别相等。即

$$\begin{cases} m_1 = m_2 = m \\ \alpha_1 = \alpha_2 = \alpha \end{cases} \qquad (4\text{-}36)$$

（2）传动比　当两轮轴交角 $\Sigma = 90°$ 时，由图 4-33 可得传动比

$$i_{12} = \frac{\omega_1}{\omega_2} = \frac{z_2}{z_1} = \frac{r_2}{r_1} = \cot\delta_1 = \tan\delta_2 \qquad (4\text{-}37)$$

式中　δ_1——主动轮 1 的分锥角；

　　　δ_2——从动轮 2 的分锥角。

4.9　齿轮的结构设计

　　齿轮的结构设计主要是在满足强度、刚度及其工艺条件下，选择合适的结构形式，再根据规范确定齿轮各部分的尺寸及绘制齿轮零件图等。常用的齿轮结构及其尺寸确定方法如下。

1. 齿轮轴

对于直径较小的钢制圆柱齿轮，其齿顶圆直径 d_a 小于轴孔直径的 2 倍，或齿根圆至键槽底部的距离 $\delta \leqslant (2\sim2.5)m_n$（$m_n$ 为法向模数）时；对于锥齿轮，当小端齿根圆至键槽底部的距离 $\delta \leqslant (1.6\sim2)m$（$m$ 为大端模数）时，应将齿轮与轴制成整体，称为齿轮轴（图 4-34）。

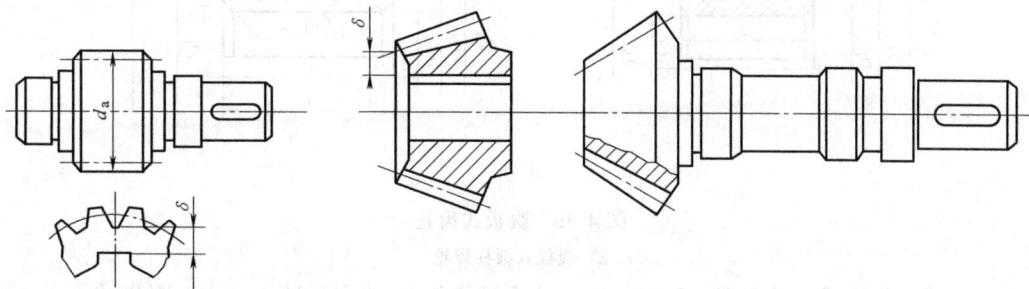

图 4-34　齿轮轴

2. 实心式齿轮

当中小尺寸钢制齿轮的齿顶圆直径 $d_a \leq 200$ 时，一般常采用锻造毛坯的实心结构，其结构尺寸如图 4-35 所示。

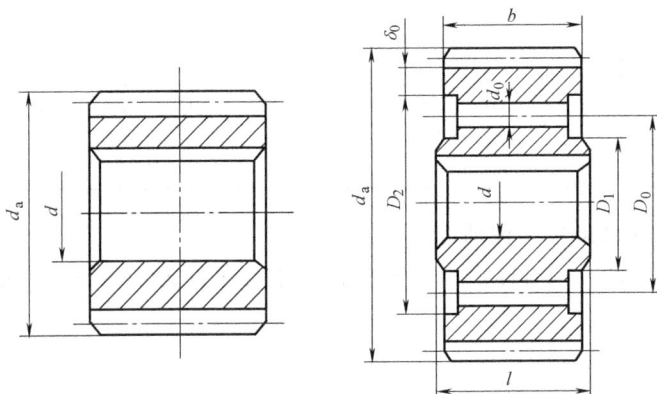

图 4-35　实心式齿轮

$D_1 = 1.6d$；$l = (1.2 \sim 1.5)d$；但 $l \geq b$；$\delta_0 = 2.5m_n$，且不得小于或等于 8mm；$D_0 \approx 0.5(D_1 + D_2)$；$d_0 = 10 \sim 20$mm，但 d_a 较小时可不开孔，即 $d_0 = 0$

3. 腹板式齿轮

当齿轮的齿顶圆直径 $d_a > 200 \sim 500$mm 时，可采用腹板式结构，以利于减轻质量和节省材料。腹板上通常开有孔，其毛坯一般采用锻钢制造，其结构尺寸如图 4-36 所示。

4. 轮辐式齿轮

当齿顶圆直径 $d_a > 500$mm 时，齿轮毛坯受锻压设备的限制，常采用铸铁或铸钢材料浇铸成轮辐式结构，轮辐常用"十"字形截面或椭圆截面，如图 4-37 所示。

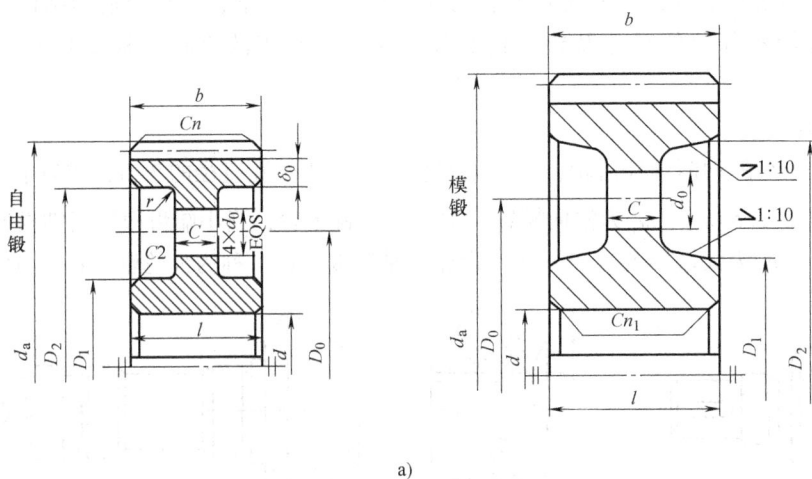

a)

图 4-36　腹板式齿轮

a）腹板式圆柱齿轮

$D_1 \approx 1.6d$；$\delta_0 \approx (2.5 \sim 4)m_n \geq 8$mm；$l \approx (1.2 \sim 1.5)d \geq b$；$D_0 \approx 0.5(D_1 + D_2)$；$d_0 \approx 0.25(D_2 - D_1)$，直径较小时可不开孔；$C \approx 0.3b$；$n \approx 0.5m_n$；$n_1$ 根据轴的过渡圆角半径确定

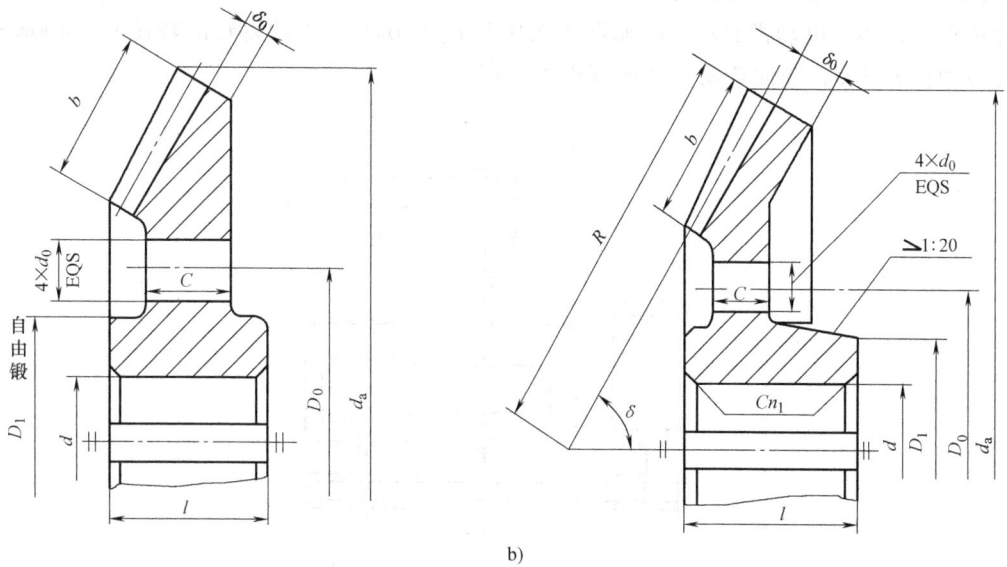

图 4-36 腹板式齿轮（续）

b）腹板式锥齿轮

$D_1 \approx 1.6d$；$\delta_0 \approx (2.5 \sim 4)m_n \geqslant 10\mathrm{mm}$；$l \approx (1.0 \sim 1.2)d$；$C \approx (0.2 \sim 0.3)b$；$D_0$、$d_0$ 根据结构确定；n_1 根据轴的过渡圆角半径确定

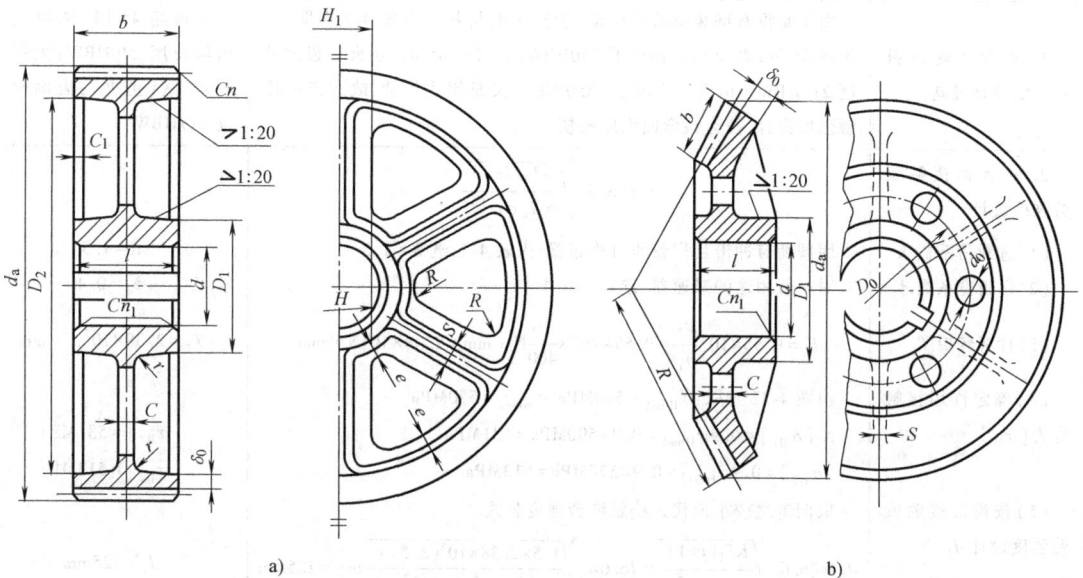

图 4-37 轮辐式齿轮

a）轮辐式圆柱齿轮　b）轮辐式锥齿轮

$D_1 = 1.6d$（铸钢）；$D_1 \approx 1.8d$（铸铁）；$\delta_0 \approx (2.5 \sim 4)m_n \geqslant 8\mathrm{mm}$；$l \approx (1.2 \sim 1.5)d \geqslant b$；$H \approx 0.8d$；$H_1 \approx 0.8H$；$C \approx 0.25H \geqslant 10\mathrm{mm}$；$C_1 \approx 0.8C$；$S \approx 0.7H \geqslant 10\mathrm{mm}$；$r \approx 0.8d_0$；$n \approx 0.5m_n$，$n_1$ 根据轴的过渡圆角半径确定

$D_1 = 1.6d$（铸钢）；$D_1 \approx 1.8d$（铸铁）；$\delta_0 \approx (2.5 \sim 4)m_n \geqslant 10\mathrm{mm}$；$l \approx (1.2 \sim 1.5)d$；$C \approx (0.2 \sim 0.3)b$；$S \approx 0.8C$；$D_0$、$d_0$ 根据结构确定；n_1 根据轴的过渡圆角半径确定

【例 4-1】 某带式输送机传动简图如图 4-38 所示。试设计该运输机中的标准直齿圆柱齿轮传动。已知：电动机驱动，减速器输入功率 $P_1 = 10\text{kW}$，主动齿轮的转速 $n_1 = 400\text{r/min}$，齿轮传动比 $i = 3.5$，单向传动，载荷有中等冲击。

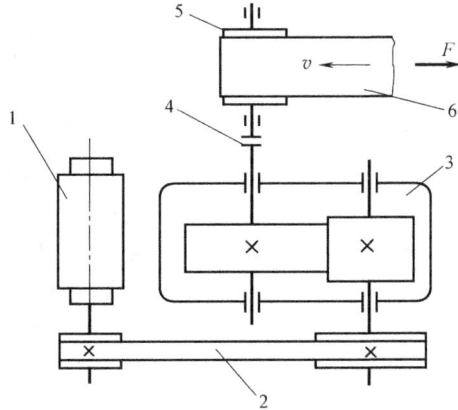

图 4-38 带式输送机传动简图

1—电动机 2—V 带传动 3—单级圆柱齿轮减速器 4—联轴器 5—滚筒 6—输送带

解：

计 算 项 目	计 算 依 据、内 容 及 计 算 过 程	计 算 结 果
1. 选择齿轮材料及确定设计准则	由于是没有特殊要求的传动，选择一般材料。由表 4-6 选取：小齿轮 45 钢（调质），齿面硬度 240HBW；大齿轮 45 钢（正火），齿面硬度 217HBW。由于齿面硬度<350HBW，又是闭式传动，故按齿面接触强度设计，按齿根弯曲强度校核	小齿轮 45 钢（调质），齿面硬度 240HBW；大齿轮 45 钢（正火），齿面硬度 217HBW
2. 按齿面接触疲劳强度设计	$$d \geqslant 76.6 \sqrt[3]{\dfrac{KT_1(i\pm1)}{\phi_d i[\sigma_H]^2 i}}$$	
（1）选载荷系数 K	因载荷有冲击且齿轮非对称布置，由表 4-7，选 $K=1.5$	$K=1.5$
（2）选齿宽系数 ϕ_d	对一般用途的减速器，选 $\phi_d = 0.4$	$\phi_d = 0.4$
（3）计算转矩 T_1	$T_1 = 9.55 \times 10^6 \dfrac{P_1}{n_1} = 9.55 \times 10^6 \times \dfrac{10}{400}\text{N}\cdot\text{mm} = 2.38 \times 10^5 \text{N}\cdot\text{mm}$	$T_1 = 2.38 \times 10^5 \text{N}\cdot\text{mm}$
（4）确定许用接触应力 $[\sigma_H]$	由图 4-22 查取：$\sigma_{\text{Hlim1}} = 590\text{MPa}$，$\sigma_{\text{Hlim2}} = 570\text{MPa}$ ∴ $[\sigma_{H1}] = 0.9\sigma_{\text{Hlim1}} = 0.9 \times 590\text{MPa} = 531\text{MPa}$ $[\sigma_{H2}] = 0.9\sigma_{\text{Hlim2}} = 0.9 \times 570\text{MPa} = 513\text{MPa}$	$[\sigma_{H1}] = 531\text{MPa}$ $[\sigma_{H2}] = 513\text{MPa}$
（5）按齿面接触疲劳强度设计 d_1	取两者之较小值代入接触疲劳强度公式 $d_1 \geqslant 76.6 \sqrt[3]{\dfrac{KT_1(i+1)}{\phi_d i[\sigma_H]^2 i}} = 76.6 \times \sqrt[3]{\dfrac{1.5 \times 2.38 \times 10^5(3.5+1)}{0.4 \times 3.5 \times 513^2}}\text{mm} = 125\text{mm}$	$d_1 = 125\text{mm}$
（6）确定模数 m 和齿数 z	拟取齿数 $z_1 = 25$，则模数 $m = \dfrac{d_1}{z_1} = \dfrac{125}{25}\text{mm} = 5\text{mm}$ 齿数 $z_2 = iz_1 = 3.5 \times 25 = 88$	$m = 5\text{mm}$ $z_1 = 25, z_2 = 88$
（7）计算中心距	$a = \dfrac{m}{2}(z_1 + z_2) = \dfrac{5}{2} \times (25 + 88)\text{mm} = 282.5\text{mm}$	$a = 282.5\text{mm}$

（续）

计　算　项　目	计算依据、内容及计算过程	计　算　结　果
3. 校核轮齿弯曲疲劳强度 （1）选择复合齿形系数 Y_{FS} （2）计算齿宽 b （3）确定许用弯曲应力 $[\sigma_F]$ （4）校核轮齿弯曲疲劳强度	$$\sigma_F = \frac{2KT_1}{bz_1 m^2} Y_{FS} \leqslant [\sigma_F]$$ 由图 4-23 查得，$Y_{FS1}=4.21$，$Y_{FS2}=3.96$ $\because a = 282.5\text{mm}$，$\phi_d = 0.4$ $\therefore b = \phi_d a = 0.4 \times 282.5\text{mm} = 113\text{mm}$ 由图 4-24 查得：$\sigma_{Flim1}=225\text{MPa}$，$\sigma_{Flim2}=215\text{MPa}$ $[\sigma_{F1}] = 0.7\sigma_{Hlim1} = 0.7 \times 225\text{MPa} = 157.5\text{MPa}$ $[\sigma_{F2}] = 0.7\sigma_{Hlim2} = 0.7 \times 215\text{MPa} = 150.5\text{MPa}$ $$\sigma_{F1} = \frac{2KT_1}{bz_1 m^2} Y_{FS1} = \frac{2 \times 1.5 \times 2.38 \times 10^5 \times 4.21}{113 \times 25 \times 5^2}\text{MPa} = 42.56\text{MPa} < [\sigma_{F1}]$$ $$\sigma_{F2} = \frac{2KT_1}{bz_1 m^2} Y_{FS2} = \frac{2 \times 1.5 \times 2.38 \times 10^5 \times 3.96}{113 \times 25 \times 5^2}\text{MPa} = 40.03\text{MPa} < [\sigma_{F2}]$$	取 $Y_{FS1}=4.21$，$Y_{FS2}=3.96$ 取 $b = 113\text{mm}$ $[\sigma_{F1}] = 157.5\text{MPa}$ $[\sigma_{F2}] = 150.5\text{MPa}$ 强度足够
4. 计算齿轮圆周速度	$$v = \frac{\pi d_1 n_1}{60 \times 1000} = \frac{3.14 \times 125 \times 400}{60 \times 1000}\text{m/s} = 2.62\text{m/s}$$ 由表 4-4 知，可选用 8 级精度	8 级精度合适
5. 计算齿轮的主要尺寸 （1）分度圆直径 d （2）齿顶圆直径 d_a （3）齿根圆直径 d_f （4）齿高 h （5）齿宽 b （6）跨齿数 k （7）公法线长度 W	$d_1 = mz_1 = 5 \times 25\text{mm} = 125\text{mm}$ $d_2 = mz_2 = 5 \times 88\text{mm} = 440\text{mm}$ $d_{a1} = m(z_1+2) = 5 \times (25+2)\text{mm} = 135\text{mm}$ $d_{a2} = m(z_2+2) = 5 \times (88+2)\text{mm} = 450\text{mm}$ $d_{f1} = m(z_1-2.5) = 5 \times (25-2.5)\text{mm} = 112.5\text{mm}$ $d_{f2} = m(z_2-2.5) = 5 \times (88-2.5)\text{mm} = 427.5\text{mm}$ $h_a = h_a^* m = 1 \times 5\text{mm} = 5\text{mm}$ $h_f = m(h_a^* + c^*) = 5 \times (1+0.25)\text{mm} = 6.25\text{mm}$ $h = h_a + h_f = (5+6.25)\text{mm} = 11.25\text{mm}$ $b_2 = \phi_d a = 0.4 \times 282.5\text{mm} = 113\text{mm}$ $b_1 = b_2 + (5 \sim 10)\text{mm}$，取 $b_1 = 120\text{mm}$ $k_1 = 0.111z_1 + 0.5 = 0.111 \times 25 + 0.5 \approx 3$ $k_2 = 0.111z_2 + 0.5 = 0.111 \times 88 + 0.5 \approx 10$ $W_1 = m[2.9521(k_1-0.5) + 0.014z_1]$ 　$= 5[2.9521 \times (3-0.5) + 0.014 \times 25]\text{mm}$ 　$= 38.651\text{mm}$ $W_2 = m[2.9521(k_2-0.5) + 0.014z_2]$ 　$= 5[2.9521 \times (10-0.5) + 0.014 \times 88]\text{mm}$ 　$= 146.385\text{mm}$ 由设计指导书（或机械设计手册）查得公法线长度的上、下极限偏差 故 $W_1 = 38.65^{-0.10}_{-0.15}\text{mm}$ $W_2 = 146.385^{-0.168}_{-0.280}\text{mm}$	$d_1 = 125\text{mm}$ $d_2 = 440\text{mm}$ $d_{a1} = 135\text{mm}$ $d_{a2} = 450\text{mm}$ $d_{f1} = 112.5\text{mm}$ $d_{f2} = 427.5\text{mm}$ $h = 11.25\text{mm}$ $b_2 = 113\text{mm}$，$b_1 = 120\text{mm}$ $k_1 = 3$，$k_2 = 10$ $W_1 = 38.65^{-0.10}_{-0.15}\text{mm}$ $W_2 = 146.385^{-0.168}_{-0.280}\text{mm}$
6. 齿轮的结构设计	小齿轮与轴做成齿轮轴结构 大齿轮锻造成腹板式结构 结构尺寸计算（略）	
7. 绘制齿轮零件图	大齿轮零件图如图 4-39 所示	

模数	m	5
齿数	z_2	88
压力角	α	20°
齿顶高系数	h_a^*	1
齿高	h	11.25
径向变位系数	x	0
公法线长度	W	$146.385_{-0.280}^{-0.168}$
跨齿数	k	10
精度等级		8级精度
中心距及其极限偏差		282.5 ± 0.041
配对齿轮	图号	
	齿数	25
公差组	检验项目代号	公差（或）极限偏差值
齿距累积总偏差	F_p	0.094
齿廓总偏差	F_α	0.034
螺旋线总偏差	F_β	0.036

大齿轮	比例	
	材料	45
（校名）		

设计		年 月
制图		
审核		

技术要求

1. 正火后齿面硬度为190HBW。
2. 未注圆角半径R5mm。
3. 未注倒角C2。

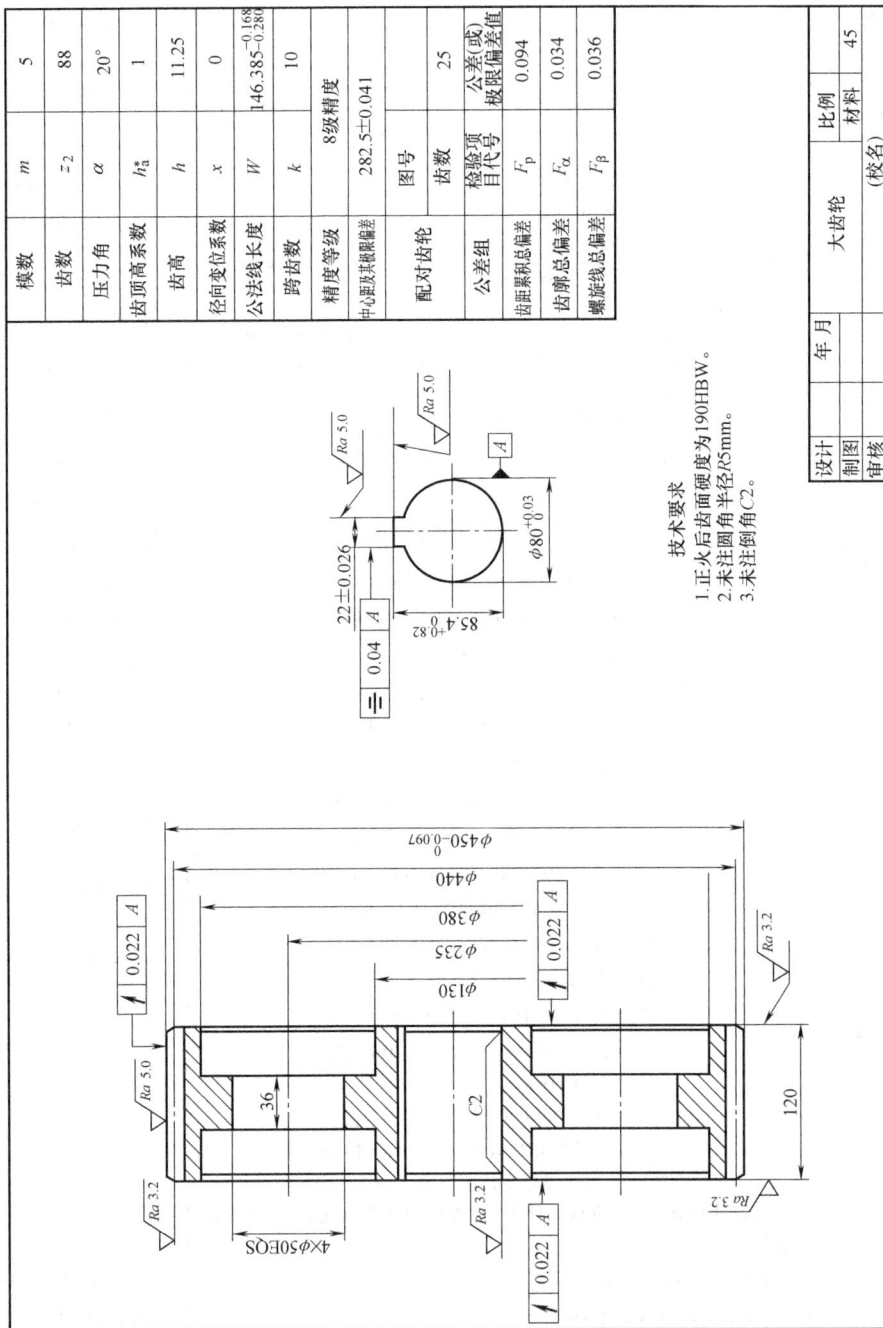

图 4-39 大齿轮零件图

总结与复习

1. 齿轮传动是靠两齿轮的轮齿依次相互啮合传递运动和动力的。常用齿轮传动的类型有直齿圆柱齿轮、斜齿圆柱齿轮、直齿锥齿轮、齿轮与齿条传动等。渐开线齿廓的啮合传动的 3 大特性：渐开线齿廓满足啮合基本定理并能保证定传动比传动；渐开线齿廓传动具有可分性；渐开线齿廓传动具有平稳性。

2. 渐开线标准直齿圆柱齿轮的几何尺寸计算公式见表 4-3。渐开线齿轮正确啮合条件：$m_1 = m_2 = m$，$\alpha_1 = \alpha_2 = \alpha$。齿轮传动的标准中心距 $a = r_1 + r_2 = \dfrac{m}{2}(z_1 + z_2)$。

3. 加工标准齿轮不发生根切的最少齿数 $z_{min} = \dfrac{2h_a^*}{\sin^2\alpha}$。标准直齿圆柱齿轮公法线长度 $W = m[2.9521(k-0.5)+0.014z]$。直齿圆柱齿轮传动的受力计算：圆周力 $F_t = F_{t1} = F_{t2} = 2T_1/d_1$；径向力 $F_r = F_{r1} = F_{r2} = F_t\tan\alpha$；法向力 $F_n = F_{n1} = F_{n2} = \dfrac{F_t}{\cos\alpha}$。

4. 直齿圆柱齿轮齿面接触疲劳强度的设计公式为 $d \geq 76.6\sqrt[3]{\dfrac{KT_1(i\pm1)}{\phi_d[\sigma_H]^2 i}}$。齿面接触强度的校核公式为 $\sigma_H = 671\sqrt{\dfrac{KT_1(i\pm1)}{bd_1^2 i}} \leq [\sigma_H]$。齿根弯曲疲劳强度的设计公式为 $m \geq \sqrt[3]{\dfrac{2KT_1 Y_{FS}}{\phi_d z_1^2[\sigma_F]}}$。齿根弯曲疲劳强度的校核公式为 $\sigma_F = \dfrac{2KT_1}{bz_1 m^2}Y_{FS} \leq [\sigma_F]$。

5. 斜齿圆柱齿轮和直齿圆柱齿轮的齿廓曲线形成原理相同，均是发生面绕基圆柱面做纯滚、无滑动时在空间展出的渐开面。但由于两斜齿圆柱齿轮啮合时轮齿的倾斜，避免了直齿圆柱齿轮突然受载和卸载，极大地降低冲击、振动和噪声，改善了传动的平稳性，增大重合度、降低根切齿数，可以提高齿轮承载能力，减小结构尺寸。

6. 外啮合标准斜齿圆柱齿轮的几何尺寸计算公式见表 4-10。一对外啮合斜齿圆柱齿轮传动的正确啮合条件为：$m_{n1} = m_{n2} = m_n$，$\alpha_{n1} = \alpha_{n2} = \alpha_n$，$\beta_1 = \beta_2$。斜齿圆柱齿轮的当量齿数 $z_v = \dfrac{z}{\cos^3\beta}$。斜齿圆柱齿轮传动的受力计算按式（4-28）~式（4-31）。

7. 轮齿分布在圆锥面上分度曲面为圆锥面的齿轮称为锥齿轮。标准锥齿轮在正确安装的条件下，节圆锥与分度圆锥重合。标准锥齿轮的几何尺寸计算公式见表 4-11。锥齿轮正确啮合条件是两轮的大端模数和压力角应分别相等。

8. 常用的齿轮结构有齿轮轴、实心式齿轮、腹板式齿轮和轮辐式齿轮，其尺寸按图 4-34~图4-37 确定。

【同步练习与测试】

1. 单选题

（1）渐开线齿轮的齿根圆（　　）。

A. 总是小于基圆　B. 总是等于基圆　C. 总是大于基圆　D. 有时小于基圆，有时大于基圆

（2）标准齿轮与标准齿条啮合，当齿条的中线与齿轮分度圆不相切时，（　　）。

A. 齿轮节圆变大　　B. 齿轮节圆变小　　C. 齿轮节圆不变　　D. 齿轮分度圆变大

（3）当（　　）时，越可能引起根切现象。

A. 基圆越小　　　　B. 分度圆越小　　　C. 模数越小　　　　D. 齿数越少

（4）齿轮正变位后与标准齿轮相比较，（　　）变大。

A. 模数　　　　　　B. 分度圆　　　　　C. 压力角　　　　　D. 齿根圆

（5）斜齿圆柱齿轮的齿顶高计算公式为（　　）。

A. $h_a = m_n$　　　B. $h_a = m_t$　　　C. $h_a = m_n / \cos\beta$　　　D. $h_a = m_n \cos\beta$

（6）已知轴交角为 $\Sigma = 90°$ 的一对锥齿轮传动，小齿轮的分锥角 $\delta_1 = 30°$，小齿轮的齿数 $z_1 = 18$，则大齿轮的齿数应为（　　）。

A. 54　　　　　　　B. 31　　　　　　　C. 540　　　　　　D. 条件不够，无法确定

（7）一对直齿圆柱齿轮啮合传动，实际啮合终点是（　　）与啮合线的交点。

A. 主动轮的齿顶圆　　　　　　　　　　B. 主动轮的齿根圆

C. 从动轮的齿顶圆　　　　　　　　　　D. 从动轮的齿根圆

（8）一对正常齿制渐开线标准直齿圆柱齿轮传动，其 $m = 4$mm，齿数 $z_1 = 20$，$z_2 = 30$，安装中心距 $a' = 102$mm，此时啮合角（　　）压力角。

A. 大于　　　　　　B. 等于　　　　　　C. 小于　　　　　　D. 两轮无法安装，不能判断

（9）下列说法正确的是（　　）。

A. m、a、h_a^*、c^* 都是标准值的齿轮一定是标准齿轮

B. 平行轴斜齿圆柱齿轮传动时，两外啮合斜齿圆柱齿轮螺旋角大小相等，旋向相同

C. 只有在加工齿数小于最少齿数的齿轮时才进行变位修正

D. 增大螺旋角，可使平行轴斜齿圆柱齿轮的重合度增加

（10）下列说法不正确的是（　　）。

A. 渐开线的形状取决于基圆的大小

B. 一对齿轮啮合传动，相切的总是两节圆

C. 一对斜齿圆柱齿轮正确啮合的条件是：模数相等、压力角相等、螺旋角相等

D. 锥齿轮按顶隙分为等顶隙收缩齿和不等顶隙收缩齿两种

（11）在闭式齿轮传动中，高速重载齿轮传动的主要失效形式为（　　）。

A. 轮齿疲劳折断　　B. 齿面磨损　　　　C. 齿面疲劳点蚀　　D. 齿面胶合

（12）对于硬度 ≤350HBW 的齿轮传动，当采用同一钢材制造时，一般进行（　　）处理。

A. 小齿轮表面淬火，大齿轮调质　　　　B. 小齿轮表面淬火，大齿轮正火

C. 小齿轮调质，大齿轮正火　　　　　　D. 小齿轮正火，大齿轮调质

（13）直齿锥齿轮强度计算中，是以（　　）为计算依据的。

A. 大端当量直齿圆柱齿轮　　　　　　　B. 大端分度圆柱齿轮

C. 平均分度圆处的当量直齿圆柱齿轮　　D. 平均分度圆柱齿轮

（14）在圆柱齿轮传动中，材料与齿宽系数、传动比及工况一定的情况下，轮齿的接触疲劳强度主要取决于（　　），而弯曲疲劳强度主要取决于（　　）。

A. 模数　　　　　　B. 齿数　　　　　　C. 中心距　　　　　D. 压力角

（15）在圆柱齿轮传动中，常使小齿轮齿宽略大于大齿轮齿宽，其目的是（   ）。

A. 提高小齿轮齿面接触疲劳强度

B. 提高小齿轮齿根弯曲疲劳强度

C. 补偿安装误差，以保证齿宽的接触

D. 减少小齿轮载荷分布不均

（16）斜齿圆柱齿轮的齿形系数和相同齿数的直齿圆柱齿轮相比（   ）。

A. 相等　　　　　　B. 较大　　　　　　C. 较小

D. 依据实际工作条件，可能性大也可能小

（17）选择齿轮毛坯时，主要考虑（   ）。

A. 齿宽　　　　　　　　　　　　B. 齿轮直径

C. 齿轮在轴上的布置位置　　　　D. 齿轮精度

2. 多选题

（1）齿轮传动的主要优点有（   ）。

A. 传动比恒定不变，传动比范围大　　B. 传动速度和功率范围大

C. 传动效率高　　　　　　　　　　　D. 结构紧凑，寿命长，工作可靠

（2）圆柱齿轮机构按齿向不同可分为（   ）。

A. 蜗杆蜗轮　　　B. 直齿圆柱齿轮　　C. 斜齿圆柱齿轮　　D. 人字齿轮

（3）渐开线齿廓的啮合特性是（   ）。

A. 传动比恒定　　　　　　　　B. 啮合角为一定值

C. 中心距变化不影响传动比　　D. 重合度大于1

（4）两标准齿轮的安装中心距大于实际中心距时，发生变化的参数是（   ）。

A. 侧隙　　　　B. 节圆直径　　　　C. 啮合角　　　　D. 压力角

（5）仿形法加工齿轮的特点是（   ）。

A. 加工精度较高　　B. 生产率较低　　C. 加工精度较低　　D. 适于大批量生产

（6）齿轮的主要失效形式有轮齿折断和（   ）等。

A. 齿面塑性变形　　B. 齿面磨损　　　C. 齿面胶合　　　D. 齿面点蚀

（7）齿轮传动对精度的要求有（   ）。

A. 传递运动准确性　　　　　　B. 传动平稳性

C. 载荷分布均匀性　　　　　　D. 适合的侧隙

（8）避免根切的主要方法有（   ）。

A. 采用正变位齿轮　　　　　　B. 增大齿轮模数

C. 采用仿形法加工　　　　　　D. 增大齿轮齿数

（9）计算斜齿圆柱齿轮的当量齿数主要是用于（   ）。

A. 计算不根切的最小齿数　　　B. 仿形法加工齿轮时选择刀具

C. 齿轮强度的计算　　　　　　D. 斜齿圆柱齿轮螺旋角的计算

（10）一对标准斜齿圆柱齿轮的正确啮合条件是（   ）。

A. 两齿轮的压力角相等　　　　　B. 两齿轮的模数相等

C. 两齿轮的螺旋角相等且旋向相同　　D. 两齿轮的螺旋角相等且旋向相反

3. 判断题

（1）渐开线齿轮的传动比恒定。　　　　　　　　　　　　　　　　　　　　（　　）

（2）由于渐开线齿廓的啮合角为一定值，所以渐开线齿轮的压力角恒定。　（　　）

（3）齿轮啮合传动时留有顶隙是为了防止齿轮根切。　　　　　　　　　　（　　）

（4）内啮合齿轮的齿根圆直径最大，因此其齿根高小于齿顶高。　　　　（　　）

（5）一对标准齿轮啮合，其啮合角必然等于压力角。　　　　　　　　　　（　　）

（6）齿轮加工产生根切的原因是齿轮刀具切入轮坯基圆。　　　　　　　（　　）

（7）齿面点蚀是软齿面齿轮的主要失效形式。　　　　　　　　　　　　　（　　）

（8）齿面磨损是开式传动齿轮应重点防止的失效形式之一。　　　　　　（　　）

（9）齿轮的圆周速度直接影响其精度等级。　　　　　　　　　　　　　　（　　）

（10）齿轮变位后，其齿顶圆直径、齿根圆直径、分度圆直径等均随之变化。（　　）

（11）一对高度变位齿轮的啮合角等于其压力角。　　　　　　　　　　　（　　）

（12）斜齿圆柱齿轮的主要优点是制造容易。　　　　　　　　　　　　　（　　）

（13）斜齿圆柱齿轮的标准模数是法向模数的主要原因是其易于测量。　（　　）

（14）螺旋角不改变斜齿轮的重合度。　　　　　　　　　　　　　　　　（　　）

（15）斜齿圆柱齿轮的正确啮合条件是模数相等、压力角相等和螺旋角相等。（　　）

（16）斜齿圆柱齿轮的承载能力与同模数、同齿数的直齿圆柱齿轮的承载能力相同。（　　）

4. 简答题

（1）齿轮传动有哪些主要类型？

（2）渐开线有哪些性质？渐开线齿轮传动有何特性？

（3）直齿圆柱齿轮的基本参数有哪些？

（4）直齿圆柱齿轮的正确啮合条件是什么？连续传动条件是什么？

（5）轮齿的切削加工有哪两种？其加工原理各是什么？

（6）斜齿圆柱齿轮的正确啮合条件是什么？

（7）轮齿常见的失效有哪几种？原因是什么？

（8）齿轮的主要结构形式有哪些？为什么齿轮和轴往往分开制造？

（9）在闭式软齿面齿轮传动中，先按接触疲劳强度进行设计，若校核时发现弯曲疲劳强度不够，应如何处理？

（10）在两级圆柱齿轮传动中，若其中有一级用斜齿圆柱齿轮传动，则一般用在高速级还是低速级？

5. 设计计算题

（1）已知一对外啮合渐开线标准直齿圆柱齿轮，$i=3$，$z_1=21$，$m=5mm$。试计算该对齿轮的分度圆直径、齿顶圆直径、齿根圆直径、中心距、齿距、齿厚和槽宽。

（2）已知一对外啮合齿轮的标准中心距 $a=120mm$，$z_1=28$，$z_2=52$。试求该对齿轮的模数和分度圆直径。

（3）已知两齿轮的中心距 $a=250mm$，齿数 $z_1=20$，模数 $m=5mm$，转速 $n_1=1450r/min$，求 n_2。

（4）在一个中心距 $a=155mm$ 的旧箱体上，配上一对齿数为 $z_1=23$，$z_2=76$，模数 $m_n=3mm$ 的斜齿圆柱齿轮，求这对齿轮的螺旋角 β。

（5）试设计大型鼓风机用斜齿圆柱齿轮单级减速器的齿轮传动，已知：原动机为电动机，传递的功率 $P_1 = 55\text{kW}$，主动齿轮转速 $n_1 = 720\text{r/min}$，传动比 $i = 3.2$，单向运转，大、小齿轮做对称布置，中等载荷，每天工作 8h，每年工作 300 天，预期寿命 15 年。

（6）已知一单级直齿锥齿轮减速器，两锥齿轮的轴交角 $\Sigma = 90°$，齿数 $z_1 = 17$，$z_2 = 43$，$h_a^* = 1$，$c^* = 0.2$，正常收缩齿，模数 $m_n = 3\text{mm}$，$n_1 = 1460\text{r/min}$。两齿轮材料均用 45 钢，小齿轮调质 220HBW，大齿轮正火 190HBW。电动机驱动，轻微载荷。试求两轮的几何尺寸、检测尺寸及允许传递最大功率。

第5章

蜗杆传动

知识学习目标：

- 掌握蜗杆传动特点、类型及主要参数和几何尺寸；
- 掌握蜗杆和蜗轮的结构特点、材料和精度；
- 了解蜗杆传动的受力分析、相对滑动速度和效率；
- 了解蜗杆传动的强度计算特点、失效形式和计算准则；
- 掌握蜗轮齿面接触疲劳强度、齿根弯曲强度和热平衡计算。

技能训练目标：

掌握蜗杆传动计算及其设计。

【应用导入例】 电动蜗杆卷扬机

如图 5-1 所示，蜗杆减速机常用在卷扬机等起重机械中，起安全保护作用。常见蜗杆减速机种类有：WP 系列蜗杆减速机、WH 系列蜗杆减速机和 CW 系列蜗杆减速机等。

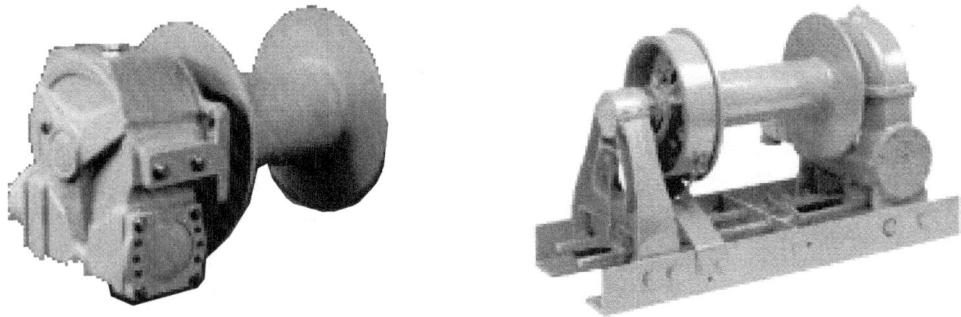

图 5-1　电动蜗杆卷扬机

其中 WH 系列圆弧齿圆柱蜗杆减速机包括 WHT（通用型）、WHX（蜗杆在蜗轮之下）、WHS（蜗杆在蜗轮之上）和 WHC（蜗杆在蜗轮之侧）4 个系列。WHX 系列由于蜗轮与蜗杆是凸凹啮合，同时该齿形合理地减薄了蜗杆齿厚，增加了蜗轮齿根厚，因而蜗轮齿根抗弯强度增大，传动能力增大，容易形成液体润滑，齿面间摩擦因数小，所以效率高，温度低。其主要用于冶金、矿山、起重、运输、化工、建筑等各种机器设备的减速传动，工作环境温度为 0~45℃，高速轴可正反向传动，蜗杆转速≤1500r/min。

5.1 蜗杆传动的特点和类型

蜗杆传动是在空间交错的两轴间传递运动和动力的一种传动，两轴线间的夹角可为任意值，常用的为 90°。蜗杆传动机构由蜗杆和蜗轮组成，如图 5-2 所示。一般蜗杆为主动件，做减速传动。这种传动由于具有结构紧凑、传动比大、传动平稳以及在一定的条件下具有可靠的自锁性等优点，因此广泛应用在机床、汽车、仪器、起重运输机械、冶金机械、矿山机械及其他机器或设备中。

5.1.1 蜗杆传动的特点

与一般齿轮传动相比，蜗杆传动具有以下特点：

（1）传动比大，结构紧凑 由于蜗杆的头数很少，所以传动比可以很大。一般情况下，单级蜗杆传动的传动比为 10～100；仅传递运动时（如分度机构），传动比可达 1000。因此，一对蜗杆传动即可达到多级齿轮传动的传动比，结构紧凑。

图 5-2 蜗杆传动
1—蜗杆 2—蜗轮

（2）连续啮合，传动平稳，噪声很小 由于蜗杆上的齿是连续的螺旋齿，蜗轮轮齿和蜗杆是逐渐进入啮合又逐渐退出啮合的，所以蜗杆传动连续、平稳，噪声很小。

（3）具有自锁性 与螺杆机构相似，当蜗杆导程角小于相啮合轮齿间的当量摩擦角时，蜗轮不能带动蜗杆转动，呈自锁状态。例如手动葫芦和浇注机械常采用自锁的蜗杆传动来保证生产的安全性。

（4）传动效率低，摩擦磨损较大 在啮合传动时，蜗杆蜗轮啮合处有较大的相对滑动，齿面摩擦严重、发热量大，容易使润滑失效。故效率低，一般为 0.7～0.9，具有自锁性能的蜗杆效率低于 0.5。因此，蜗杆传动不适于传递大功率的场合。

（5）制造成本高 为了减轻齿面的磨损及防止胶合，蜗轮齿圈常用价格昂贵、减摩性能好的有色金属（如青铜）制造，成本较高。

5.1.2 蜗杆传动的类型

蜗杆传动类型很多，按蜗杆分度曲面的形状可以分为：圆柱蜗杆传动、环面蜗杆传动、锥蜗杆传动 3 种类型。圆柱蜗杆传动可以分为普通圆柱蜗杆传动和圆弧圆柱蜗杆传动。若按普通圆柱蜗杆螺旋面形状的不同，则可分为阿基米德蜗杆（ZA 型）、渐开线蜗杆（ZI 型）和法向直廓蜗杆（ZN 型）等。

（1）圆柱蜗杆传动 阿基米德蜗杆（ZA 型）如图 5-3 所示。阿基米德蜗杆齿面是用直母线切削刃的车刀在车床上切制，从而其端面齿廓形成阿基米德螺旋线，轴向齿廓为直线。阿基米德蜗杆宜于车削，但难于磨削，因齿面表面质量不高，故传动精度较低，常用于载荷较小、低速或不太重要的场合。

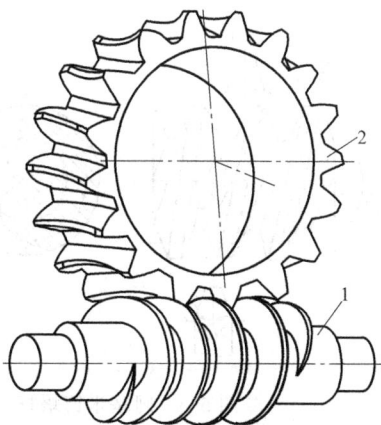

渐开线蜗杆（ZI型）如图5-4所示。车削时刀具的切削刃平面与基圆柱面相切，两把刀具分别切出左、右侧螺旋面，其端面齿廓为渐开线，轴向齿廓为外凸曲线。渐开线蜗杆可以用滚刀加工，也可在专用机床上磨削，制造精度、表面质量、传动精度较高，利于成批生产，适用于成批生产和转速较高、功率较大的传动。

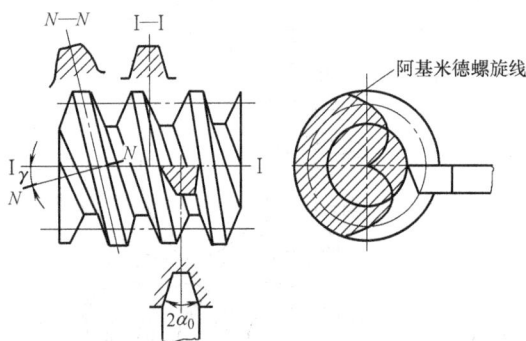

图5-3　阿基米德蜗杆

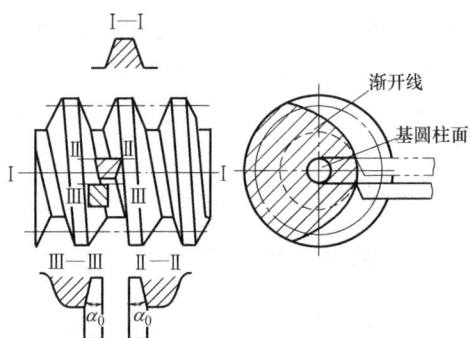

图5-4　渐开线蜗杆

圆弧圆柱蜗杆（ZC）如图5-5所示。蜗杆的螺旋齿面是用刃边与凸圆弧形车刀车制的，车刀切削刃平面通过蜗杆轴线。蜗杆轴平面上的齿廓为凹圆弧，而配对蜗轮的端面齿廓为凸圆弧。这种蜗杆接触应力小，精度高，传动承载能力大，传动效率高，结构紧凑，适于重载。

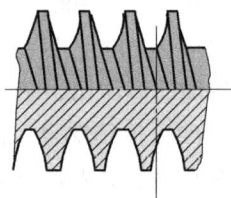

图5-5　圆弧圆柱蜗杆

（2）环面蜗杆传动（图5-6）　蜗杆轴向为凹圆弧面，蜗轮的节圆位于蜗杆的节弧面上，中间平面内，蜗杆、蜗轮均为直线齿廓。其特点：同时啮合齿数多，轮齿接触线与蜗杆齿运动的方向近似垂直，易于形成动压油膜、效率高，承载能力强。

（3）锥蜗杆传动（图5-7）　蜗杆齿分布在节锥上的等导程螺旋，蜗轮如同曲线齿锥齿轮。其特点：同时接触齿数多，重合度大，传动比范围大，侧隙可调。但传动具有不对称性，正反传动时受力、承载与效率均不同，故应用较少。

以上各类蜗杆传动中，以普通圆柱蜗杆传动为最基本形式。其中阿基米德蜗杆因加工方便，应用最为广泛。因此，本章重点讨论阿基米德蜗杆传动。

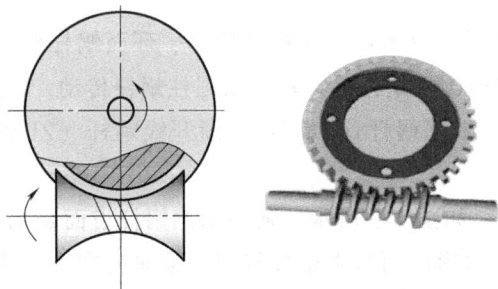

图5-6　环面蜗杆传动

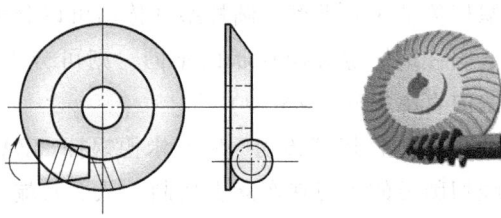

图5-7　锥蜗杆传动

5.2 圆柱蜗杆传动的主要参数和几何尺寸

5.2.1 圆柱蜗杆传动的主要参数及选择

1. 模数 m、压力角 α 和蜗杆传动的正确啮合

如图 5-8 所示阿基米德蜗杆传动，通过蜗杆轴线并垂直于蜗轮轴线的平面称为中间平面（主平面）。蜗杆传动在中间平面内相当于渐开线齿轮与齿条的啮合，这时蜗杆的轴向平面又是蜗轮的端面。为了便于加工，在设计蜗杆传动时，均取中间平面上的参数（如模数、压力角）为基准。

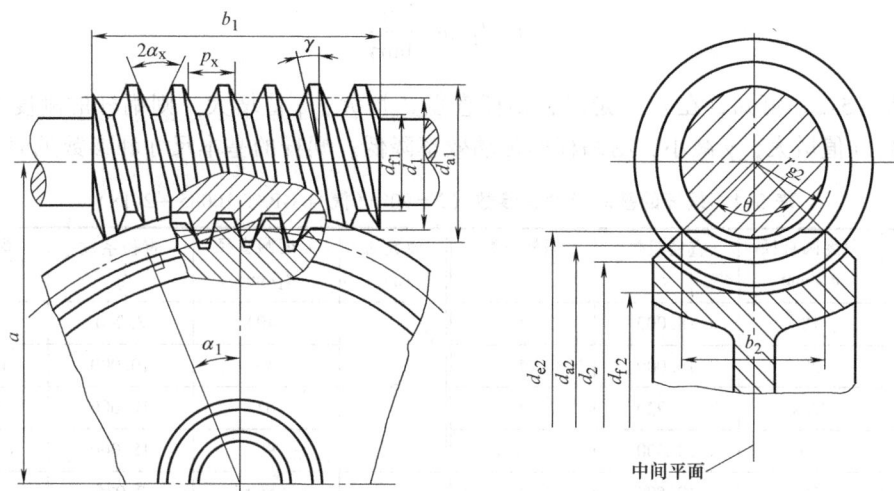

图 5-8 阿基米德蜗杆传动

在中间平面中，为了保证蜗杆传动的正确啮合，蜗杆的轴向模数 m_{a1} 应等于蜗轮的端面模数 m_{t2}；蜗杆的轴向压力角 α_{a1} 应等于蜗轮的端面压力角 α_{t2}；蜗杆分度圆柱导程角 γ 应等于蜗轮分度圆柱螺旋角 β，且两者螺旋方向相同。即蜗杆传动的正确啮合条件为

$$\begin{cases} m_{a1} = m_{t2} = m \\ \alpha_{a1} = \alpha_{t2} = \alpha \\ \gamma = \beta \end{cases} \tag{5-1}$$

国家标准 GB/T 10088—2018 中将蜗杆的轴向模数规定为标准值，用模数 m 表示；蜗杆的轴向压力角 α_{a1} 和蜗轮的端面压力角 α_{t2} 均为标准值，即 $\alpha_{a1} = \alpha_{t2} = \alpha = 20°$。

2. 传动比 i、蜗杆头数 z_1 和蜗轮齿数 z_2

当蜗杆为主动件时，蜗杆回转一周，蜗轮就被蜗杆推动转过 z_1 个齿（或 z_1/z_2 周），因此蜗杆传动比为

$$i = \frac{n_1}{n_2} = \frac{z_2}{z_1} \tag{5-2}$$

式中 n_1、n_2——蜗杆和蜗轮的转速（r/min）。

蜗杆头数 z_1，一般取 $z_1 = 1 \sim 10$，推荐 z_1 为 1、2、4、6。当要求传动比较大或传递大的转矩时，则 z_1 取小值；当要求传动自锁时取 $z_1 = 1$；有高的传动效率或高速传动时，则 z_1 取较大值。

蜗轮齿数 z_2 的多少，会影响运转的平稳性。蜗轮齿数 z_2 过小会发生根切与干涉，理论上应使 $z_{2min} = 17$；z_2 过大，蜗轮直径增大，则须增大蜗杆两支承点间的跨距，导致蜗杆轴的刚度减小和啮合精度降低。所以，蜗轮的齿数一般取 $z_2 = 28 \sim 80$。通常取 $5 \leq i \leq 70$，优先采用 $15 \leq i \leq 50$；增速传动 $5 \leq i \leq 15$。

3. 蜗杆的分度圆直径 d_1 和直径系数 q

由于相同的模数会有许多不同的蜗杆直径，因此须配备很多的蜗轮滚刀。为了减少蜗轮滚刀的数量和便于滚刀的标准化，就对分度圆直径 d_1 进行标准化，其与模数的比称为蜗杆的直径系数 q，即

$$q = d_1/m = \frac{z_1}{\tan\gamma} \tag{5-3}$$

从式（5-3）可知，在 m 一定时，蜗杆直径 d_1 增大，q 值增大，则蜗杆的刚度提高；在 z_1 一定时，q 值增大，γ 减小，则蜗杆的传动效率降低。蜗杆的基本尺寸和参数见表 5-1。

表 5-1 蜗杆的基本尺寸和参数 ($\Sigma = 90°$)（摘自 GB/T 10085—2018）

模数 m /mm	分度圆直径 d_1/mm	直径系数 q	蜗杆头数 z_1	模数 m /mm	分度圆直径 d_1/mm	直径系数 q	蜗杆头数 z_1
1	18	18.000	1	5	(40)	8.000	1,2,4
1.25	20	16.000	1		50	10.000	1,2,4,6
	22.4	17.920	1		(63)	12.600	1,2,4
1.6	20	12.500	1,2,4		90	18.000	1
	28	17.500	1	6.3	(50)	7.936	1,2,4
2	(18)	9.000	1,2,4		63	10.000	1,2,4,6
	22.4	11.200	1,2,4,6		(80)	12.698	1,2,4
	(28)	14.000	1,2,4		112	17.778	1
	35.5	17.750	1	8	(63)	7.875	1,2,4
2.5	(22.4)	8.960	1,2,4		80	10.000	1,2,4,6
	28	11.200	1,2,4,6		(100)	12.500	1,2,4
	(35.5)	14.200	1,2,4		140	17.500	1
	45	18.000	1	10	(71)	7.100	1,2,4
3.15	(28)	8.889	1,2,4		90	9.000	1,2,4,6
	35.5	11.27	1,2,4,6		(112)	11.200	1,2,4
	45	14.286	1,2,4		160	16.000	1
	56	17.778	1	12.5	(90)	7.200	1,2,4
4	(31.5)	7.875	1,2,4		112	8.960	1,2,4
	40	10.000	1,2,4,6		(140)	11.200	1,2,4
	(50)	12.500	1,2,4		200	16.000	1
	71	17.750	1	16	(112)	7.000	1,2,4

（续）

模数 m /mm	分度圆直径 d_1/mm	直径系数 q	蜗杆头数 z_1	模数 m /mm	分度圆直径 d_1/mm	直径系数 q	蜗杆头数 z_1
16	140	8.750	1,2,4	20	315	15.750	1
	(180)	11.250	1,2,4	25	(180)	7.200	1,2,4
	250	15.625	1		200	8.000	1,2,4
20	(140)	7.000	1,2,4		(280)	11.200	1,2,4
	160	8.000	1,2,4		400	16.000	1
	(224)	11.200	1,2,4				

注：1. 表中模数和分度圆直径仅列出了第一系列的较常用数据。

2. 括号内的数字尽可能不用。

4. 导程角 γ

如图 5-9 所示，将蜗杆分度圆柱展开，其螺旋线上任一点的切线与端面间所夹的锐角 γ 称为蜗杆的导程角。从图 5-9 可得

$$\tan\gamma = p_z/\pi d_1 = z_1 p_x/\pi d_1 = z_1 m/d_1 = z_1/q \quad (5\text{-}4)$$

式中 p_x——蜗杆轴向齿距（mm）；

p_z——蜗杆螺旋线的导程（mm）。

蜗杆的螺旋线可分左旋和右旋，一般为右旋。导程角的大小与传动效率有关。导程角大时，效率高，但蜗杆车削加工困难，这时 $\gamma = 15° \sim 30°$，多

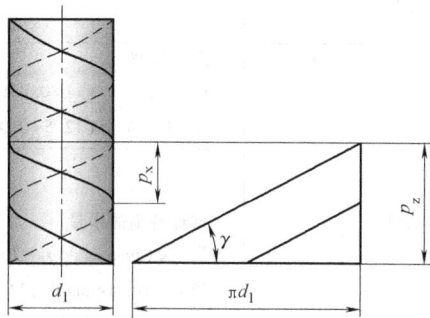

图 5-9 蜗杆分度圆柱展开图

采用多头蜗杆。导程角小时，效率低，且具有自锁性能，通常 $\gamma = 3.5° \sim 4.5°$。常用导程角 γ 的范围为 $3.5° \sim 27°$。

5. 蜗杆传动的标准中心距

在蜗杆传动中，当蜗杆节圆与分度圆重合时称为标准传动，标准中心距的计算式为

$$a = \frac{1}{2}(d_1 + d_2) = \frac{1}{2}(q + z_2)m \quad (5\text{-}5)$$

在蜗杆传动设计时中心距应按标准中心距进行圆整。GB/T 19935—2005 规定常用标准中心距（单位：mm）为：25、32、40、50、63、80、100、125、140、160、180、200、225、250、280、315、355、400、450、500。

5.2.2 圆柱蜗杆传动的主要几何尺寸

圆柱蜗杆传动的主要几何尺寸计算见表 5-2。

表 5-2 圆柱蜗杆传动的主要几何尺寸计算

名 称	计 算 公 式	
	蜗 杆	蜗 轮
分度圆直径	$d_1 = mq$	$d_2 = mz_2$
齿顶圆直径	$d_{a1} = m(q+2)$	$d_{a2} = m(z_2+2)$

(续)

名　　称	计　算　公　式	
	蜗　杆	蜗　轮
齿根圆直径	$d_{f1} = m(q - 2.4)$	$d_{f2} = m(z_2 - 2.4)$
齿顶高	$h_a = m$	
齿根高	$h_f = 1.2m$	
顶隙	$c = 0.2m$	
齿距	蜗杆轴向齿距 $p_x = \pi m$	蜗轮端面齿距 $p_{t2} = \pi m$
分度圆上角度	蜗杆分度圆柱导程角 $\gamma = \arctan(z_1/q)$	蜗轮分度圆螺旋角 $\beta = \gamma$
中心距	$a = \dfrac{m}{2}(q + z_2)$	
外形尺寸	蜗杆齿宽 $z_1 = 1、2, b_1 \geqslant (11 + 0.06z_2)m$ $z_1 = 3、4, b_1 \geqslant (12.5 + 0.09z_2)m$	蜗轮咽喉母圆半径 $r_{g2} = a - \dfrac{1}{2}d_{a2}$
	蜗杆磨削的增量 当 $m < 10mm$ 时，$\Delta b_1 = 15 \sim 25mm$ 当 $m = 10 \sim 14mm$ 时，$\Delta b_1 = 35mm$ 当 $m < 16mm$ 时，$\Delta b_1 = 50mm$	蜗轮齿顶圆直径 $z_1 = 1, d_{e2} \leqslant d_{a2} + 2m$ $z_1 = 2、3, d_{e2} \leqslant d_{a2} + 1.5m$ $z_1 = 4 \sim 6, d_{e2} \leqslant d_{a2} + m$ 蜗轮齿宽 $z_1 = 1、2, b_2 \leqslant 0.75d_{a1}$ $z_1 = 4 \sim 6, b_2 \leqslant 0.67d_{a1}$

5.3　蜗杆传动的失效形式、材料、结构和精度

5.3.1　蜗杆传动的失效形式和设计准则

1. 齿面相对滑动速度 v_s

蜗杆传动中，蜗杆的螺旋面和蜗轮齿面之间存在较大的相对滑动，即沿蜗杆螺旋线的切线方向的相对滑动速度 v_s。如图 5-10 所示，可得到 v_s

$$v_s = \sqrt{v_1^2 + v_2^2} = \frac{v_1}{\cos\gamma} = \frac{v_2}{\cos\gamma} \qquad (5-6)$$

式中　v_1、v_2——蜗杆和蜗轮的圆周速度。

较大的相对滑动速度 v_s，最易产生的失效形式为齿面磨损和胶合，同时对齿面的润滑情况及传动效率也有很大的影响。

2. 轮齿的失效形式和设计准则

蜗杆传动的失效形式与齿轮传动类似，有齿面点蚀、

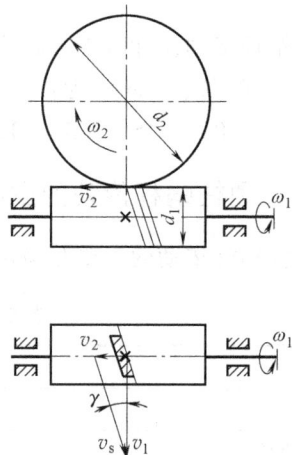

图 5-10　蜗杆传动的相对滑动速度

齿面磨损、胶合及轮齿折断等。由于材料或轮齿结构上的原因，蜗杆螺旋齿的强度要比蜗轮轮齿的强度高，所以蜗杆传动失效通常发生在蜗轮轮齿上，一般只对蜗轮轮齿进行强度计算。对开式蜗杆传动，蜗轮的失效形式是齿面磨损和过度磨损引起的轮齿折断，为此只需按齿根弯曲疲劳强度设计；在闭式传动中，蜗杆副主要失效为齿面胶合和点蚀。因此，通常按齿面接触疲劳强度设计，并校核齿根弯曲疲劳强度，为避免发生胶合失效还必须做热平衡计算。

5.3.2 蜗杆传动的材料、结构和精度

1. 蜗杆和蜗轮的材料

选用蜗杆传动材料时除满足强度要求，还应具有良好的减摩性、抗磨性和抗胶合的能力。蜗杆材料一般用优质碳素钢或合金钢制造，如 40 钢、45 钢、40Cr、40CrNi 等经表面淬火至硬度为 45~50HRC，应用于中低速、中载传动。但对于高速重载的蜗杆，应使用 15Cr、20Cr、20CrMnTi 和 20MnVB 等，经渗碳淬火至硬度为 58~63HRC。

蜗轮常用材料为铸造锡青铜、铸造铝青铜或灰铸铁。锡青铜常用牌号有 ZCuSn10P1 和 ZCuSn5Pb5Zn5 等，适用于相对滑动速度 $v_s > 3m/s$ 的重要传动。铸造铝青铜常用牌号为 ZCuAl10Fe3，适用于相对滑动速度 $v_s \leqslant 4m/s$ 的传动。灰铸铁常用牌号有 HT150 和 HT200 等，适用于相对滑动速度 $v_s < 2m/s$、效率要求不高的场合。

2. 蜗杆和蜗轮的结构

蜗杆常与轴做成整体，称为蜗杆轴，这种整体式蜗杆有铣制蜗杆和车制蜗杆两种：图 5-11a 所示的铣制蜗杆，在轴上直接铣出螺旋部分，刚性较好；图 5-11b 所示的车制蜗杆，刚性稍差。

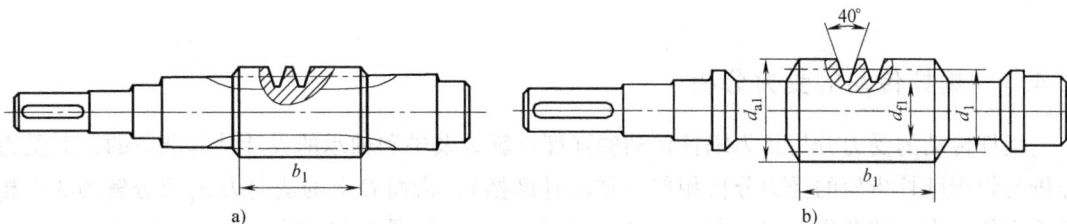

图 5-11 蜗杆的结构形式
a) 铣制蜗杆 b) 车制蜗杆

根据蜗轮的材料和直径大小，其结构可做成整体式或组合式两类，如图 5-12 所示。通常铸铁蜗轮或直径小于100mm 的青铜蜗轮铸成整体式结构，如图 5-12a 所示。对于直径大的青铜蜗轮，为了节省昂贵的有色金属，均采用图 5-12b、c、d 所示组合式结构。其中图 5-12b 所示为齿圈式蜗轮，把青铜齿圈套在铸铁轮芯上，两者采用过盈配合（H7/s6 或 H7/r6），齿圈和轮芯分别有凹槽和凸台，供齿圈与轮芯轴向定位，并在蜗轮端面安装 4~6 个紧定螺钉，该结构用于中等尺寸而工作温度变化较小的地方，以免热胀冷缩影响配合质量。图 5-12c 所示为螺栓式蜗轮，将齿圈和轮芯用普通螺栓或六角头加长杆螺栓联接起来，常用于尺寸较大的蜗轮。图 5-12d 所示为镶铸式蜗轮，将青铜轮缘浇注在铸铁轮芯上然后切齿，适用于中等尺寸批量生产的蜗轮。

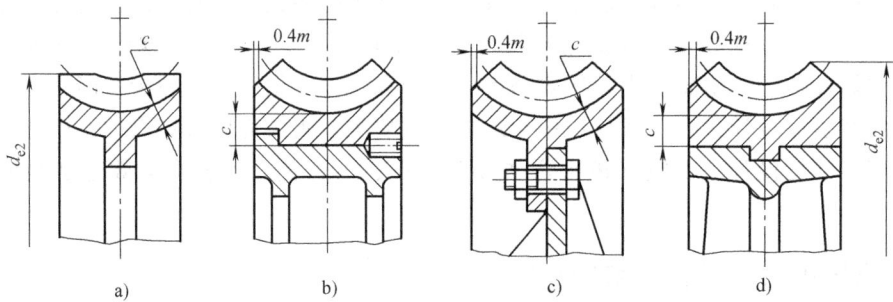

图 5-12 蜗轮的结构 ($c \approx 1.5m$)

3. 蜗杆传动精度等级的选择

GB/T 10089—2018 对普通圆柱蜗杆传动规定了 12 个精度等级。第 1 级的精度最高，第 12 级的精度最低，常用第 6、7、8、9 级。蜗杆传动的精度等级可根据表 5-3 选取。

表 5-3 蜗杆传动的精度等级选择

精度等级	蜗轮圆周速度 /(m/s)	蜗杆齿面的表面粗糙度 $Ra/\mu m$	蜗轮齿面的表面粗糙度 $Ra/\mu m$	适 用 范 围
6	≤5	≤0.4	≤0.8	中等精度的机床传动机构
7	≤7.5	≤0.8	≤0.8	中等精度的运输机或高速传动装置
8	≤3	≤1.6	≤1.6	速度较低或短时工作的传动装置
9	≤2.5	≤3.2	≤3.2	不重要的低速传动或手动传动装置

5.4 蜗杆传动的强度计算

5.4.1 蜗杆传动的受力分析

蜗杆传动的受力分析是为蜗杆传动的强度计算以及轴和轴承的设计计算准备的，其受力分析与斜齿圆柱齿轮的受力分析相似（如不计摩擦），齿面 C 上的法向力 F_n 可分解为 3 个相互垂直的分力，即圆周力 F_t、轴向力 F_a、径向力 F_r，如图 5-13a 所示。

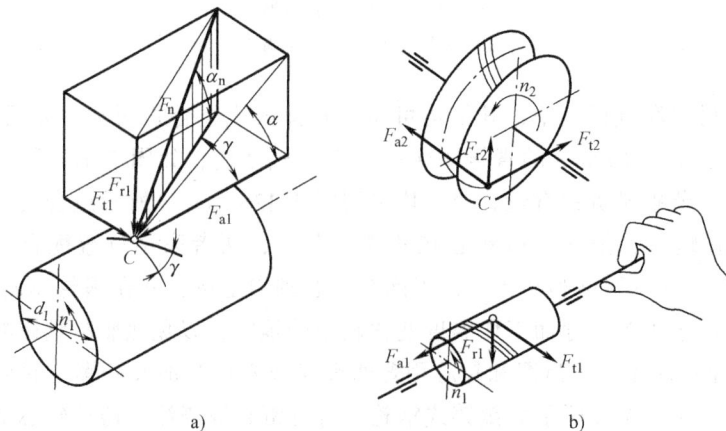

图 5-13 蜗杆传动受力分析

由于蜗杆和蜗轮轴线相互垂直教材交错，各力的大小可按下列各式计算

$$F_{t1} = F_{a2} = \frac{2T_1}{d_1} \qquad (5-7)$$

$$F_{a1} = F_{t2} = \frac{2T_2}{d_2} \qquad (5-8)$$

$$F_{r1} = F_{r2} = F_{a1} \tan\alpha \qquad (5-9)$$

$$T_2 = T_1 i\eta \qquad (5-10)$$

式中 T_1、T_2——作用在蜗杆和蜗轮上的转矩（N·mm）；

　　　η——蜗杆传动效率。

如图 5-13b 所示，以右旋蜗杆为主动件并按图示方向转动，由蜗杆右（左）手螺旋定则确定轴向力 F_{a1} 的方向，即用右手四指指向蜗杆转向，大拇指所指方向就是蜗杆所受轴向力 F_{a1} 的方向。圆周力 F_{t1} 与主动蜗杆转向相反；径向力 F_{r1} 的方向为由啮合点分别指向各自的轮心。同时 F_{a2}、F_{t2} 与 F_{r2} 可由 F_{t1} 与 F_{a2}、F_{a1} 与 F_{t2}、F_{r1} 与 F_{r2} 的作用力与反作用力关系确定。

5.4.2　蜗轮齿面接触疲劳强度计算

蜗轮齿面接触疲劳强度计算与斜齿圆柱齿轮相似，可由赫兹公式（Hertz）按主平面内斜齿圆柱齿轮与齿条啮合进行齿面接触疲劳强度计算，以此推出钢制蜗杆与青铜蜗轮配对的齿面接触疲劳强度计算公式如下。

校核公式　　　　$$\sigma_H = 480\sqrt{\frac{KT_2}{d_1 d_2^2}} = 480\sqrt{\frac{KT_2}{m^2 d_1 z_2^2}} \leqslant [\sigma_H] \qquad (5-11)$$

设计公式　　　　$$m^2 d_1 \geqslant KT_2\left(\frac{480}{z_2[\sigma_H]}\right)^2 \qquad (5-12)$$

式中 σ_H——最大接触应力（MPa）；

　　　T_2——蜗轮轴的转矩（N·mm）；

　　　K——载荷系数，一般 $K = 1 \sim 1.4$，当载荷平稳、蜗轮圆周速度 $v_2 \leqslant 3\text{m/s}$ 和 7 级精度以上时取较小值，反之取较大值；

　　　$[\sigma_H]$——铸造锡青铜蜗轮材料的许用接触应力（MPa），由表 5-4 选取；当蜗轮的材料为铸造铝青铜或铸铁时，蜗轮的主要失效形式为胶合，铸造铝青铜及铸铁蜗轮材料的许用接触应力由表 5-5 选取。

表 5-4　铸造锡青铜蜗轮的许用接触应力 $[\sigma_H]$　　　　　　（单位：MPa）

蜗轮材料	铸造方法	适用的相对滑动速度 $v_s/(\text{m/s})$	蜗杆齿面硬度	
			$\leqslant 35\text{HRC}$	$>45\text{HRC}$
ZCuSn10P1	砂　型	$\leqslant 12$	118	131
	金属型	$\leqslant 25$	131	145

表 5-5　铸造铝青铜及铸铁蜗轮的许用接触应力 $[\sigma_{\mathrm{H}}]$ 　（单位：MPa）

蜗轮材料	蜗杆材料	相对滑动速度 $v_{\mathrm{s}}/(\mathrm{m/s})$						
		0.5	1	2	3	4	6	8
ZCuAl10Fe3 ZCuAl10Fe3Mn2	淬火钢	250	230	210	180	160	120	90
HT150、HT200	渗碳钢	127	113	88.3	—	—	—	—
HT150	调质或正火钢	108	88.3	68.7	—	—	—	—

5.4.3　蜗轮轮齿的齿根弯曲疲劳强度计算

当蜗轮齿数较多（ $z_2>90$ ）及开式传动中，容易发生蜗轮齿根折断而产生失效的情况。为此需对蜗轮进行弯曲疲劳强度计算或校核计算。

由于中间平面内蜗杆、蜗轮相当于齿条与斜齿圆柱齿轮啮合，所以将蜗轮看作斜齿圆柱齿轮，由斜齿圆柱齿轮齿根弯曲应力计算，并化简后的齿根弯曲疲劳强度计算公式为

校核公式
$$\sigma_{\mathrm{F}}=\frac{1.53KT_2}{d_1 d_2 m\cos\gamma}Y_{\mathrm{Fa2}}Y_{\beta}\leqslant[\sigma_{\mathrm{F}}] \tag{5-13}$$

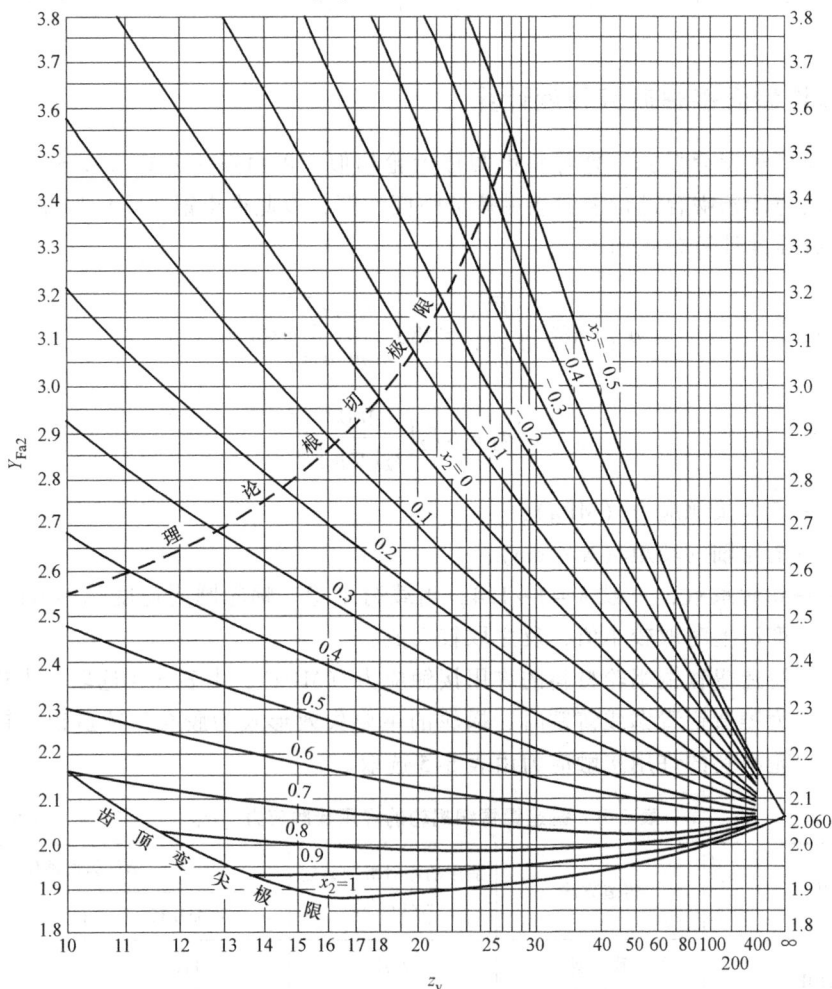

图 5-14　蜗轮的齿形系数 Y_{Fa2} （ $\alpha=20°$， $h_{\mathrm{a}}^*=1$ ）

设计公式
$$m^2 d_1 \geqslant \frac{1.53KT_2}{z_2 \cos\gamma [\sigma_F]} Y_{Fa2} Y_\beta \qquad (5-14)$$

式中　σ_F——蜗轮的齿根弯曲应力（MPa）；

　　　Y_{Fa2}——蜗轮的齿形系数，可由蜗轮的当量齿数 $z_{v2} = z_2/\cos^3\gamma$ 从图 5-14 查取；

　　　Y_β——螺旋角系数，$Y_\beta = 1 - \gamma/120°$；

　　　$[\sigma_F]$——蜗轮材料的许用弯曲应力（MPa），见表 5-6。

表 5-6　蜗轮材料的许用弯曲应力 $[\sigma_F]$　　（单位：MPa）

材　　料	铸造方法	R_m	R_{eL}	蜗杆硬度≤45HRC		蜗杆硬度>45HRC	
				单向受载	双向受载	单向受载	双向受载
ZCuSn10P1	砂　　型	200	140	51	32	64	40
	金　属　型	250	150	58	40	73	50
ZCuSn5Pb5Zn5	砂　　型	180	90	37	29	46	36
	金　属　型	200	90	39	32	49	40
ZCuAl10Fe3	金　属　型	500	200	90	80	113	100
HT150	砂　　型	150	—	38	24	48	30
HT200	砂　　型	200	—	48	30	60	38

5.5　蜗杆传动的效率、润滑和热平衡计算

5.5.1　蜗杆传动的效率

　　闭式蜗杆传动的功率损耗包括轮齿啮合摩擦损耗、油的搅动和飞溅损耗及轴承摩擦损耗。其总效率与齿轮传动的总效率类似，即

$$\eta = \eta_1 \eta_2 \eta_3 \qquad (5-15)$$

式中　η_1、η_2、η_3——啮合摩擦损失效率、搅油损耗效率及轴承摩擦损失效率。

　　当蜗杆主动时，啮合效率 η_1 可近似于按螺旋副的效率计算，即

$$\eta_1 = \frac{\tan\gamma}{\tan(\gamma + \rho_v)}$$

　　后两者的功率损失不大，一般取 $\eta_2 \eta_3 = 0.95 \sim 0.97$，故有

$$\eta = (0.95 \sim 0.97) \frac{\tan\gamma}{\tan(\gamma + \rho_v)} \qquad (5-16)$$

式中　γ——蜗杆导程角；

　　　ρ_v——当量摩擦角，$\rho_v = \arctan f_v$。

　　在设计初始，蜗杆的传动效率可按表 5-7 选取。

表 5-7　蜗杆的传动效率

闭式传动	蜗杆头数 z_1	1	2	4	6
	总效率 η	0.7	0.8	0.9	0.95
开式传动	蜗杆头数 z_1	1.2			
	总效率 η	0.6~0.7			

5.5.2 蜗杆传动的润滑

对蜗杆传动进行良好润滑特别重要。充分润滑可以降低因蜗杆传动相对滑动速度大而引起大的发热量，减少剧烈的磨损并避免胶合失效。为增强抗胶合能力，加入油性添加剂以提高油膜的刚度，减小磨损。蜗杆传动常采用黏度较大的润滑油，如在钢蜗杆配青铜蜗轮时，常用的润滑油有 L-AN68、L-AN100、L-AN150、L-AN220、L-AN320、L-AN460、L-AN680等。但青铜蜗轮不允许采用活性大的油性添加剂，以免被腐蚀。

蜗杆传动的润滑油黏度及润滑方法一般根据工作条件和相对滑动速度的大小选择，见表 5-8。

表 5-8 蜗杆传动的润滑油黏度及润滑方法

相对滑动速度 v_s/(m/s)	0~1	1~2.5	2.5~5	>5~10	>10~15	>15~25	>25
工 作 条 件	重载	重载	中载	—	—	—	—
运动粘度 ν_{40}/(mm²/s)	1000	680	320	220	150	100	68
润 滑 方 法	油　池			油池或喷油	喷油润滑,油压/MPa		
					0.07	0.2	0.3

开式传动则采用黏度较高的齿轮油或润滑脂进行润滑，闭式蜗杆传动用油浴润滑。当采用油浴润滑，$v_s \leqslant 5$m/s 时常用下置式蜗杆或侧置式蜗杆传动，如图 5-15a、b 所示；所浸油深度为齿高，但油面不得超过蜗杆轴承的最低滚动体中心。为了蜗杆传动的散热效果，在图 5-15a 所示蜗杆轴上装风扇，以加速空气流通；或者在图 5-15b 所示箱体油池内安放冷却水管，用循环水冷却。当 $v_s > 5$m/s 时常用上置式蜗杆传动，如图 5-15c 所示，允许浸油面的高度达到蜗轮半径的 1/3，并采用压力喷油循环冷却。

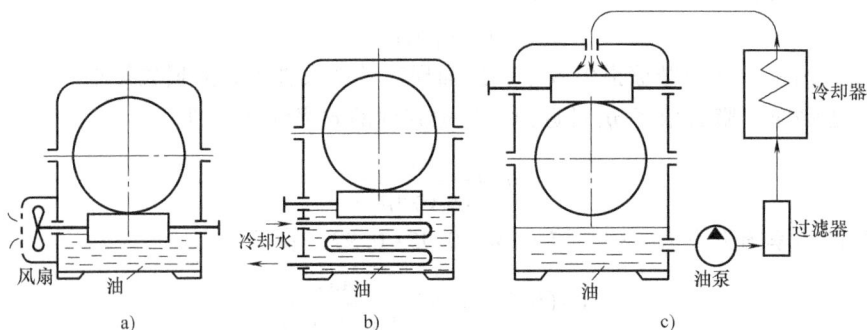

图 5-15 蜗杆传动的润滑

5.5.3 蜗杆传动的热平衡计算

由于闭式蜗杆传动效率较低，传动工作时会产生大量的摩擦热，若不及时散热，会引起箱体内油温升高、润滑油温升增加、黏度下降、润滑状态恶劣，导致轮齿磨损加剧，严重时发生胶合失效。因此，对连续工作的闭式蜗杆传动做热平衡计算，将润滑油工作温度控制在许用范围内。

在热平衡状态下，单位时间内的发热量与散热量相等，即

$$\begin{cases} Q_2 = 1000P_1(1-\eta) = hA(t_1-t_0) \\ t_1 - t_0 = \dfrac{1000(1-\eta)P_1}{hA} \leqslant [\Delta t] \end{cases} \qquad (5\text{-}17)$$

式中　P_1——蜗杆轴传递的功率（kW）；

　　　h——箱体的表面传热系数，$h = 8 \sim 17 \text{W/m}^2 \cdot \text{K}$，环境通风良好时取大值；

　　　t_0——周围环境温度，通常取 $t_0 = 20℃$；

　　　t_1——箱体内润滑油的工作温度；

　　$[\Delta t]$——许用温升，一般取许用温升 $[\Delta t] = 60 \sim 75℃$，最高不超过80℃；

　　　A——箱体表面的散热面积（m²），用近似公式 $A = 0.33 \times \left(\dfrac{a}{100}\right)^{1.75}$ 估算，a 为传动的

中心距（mm）。

【例5-1】　设计一搅拌机使用的单级闭式普通蜗杆传动。已知：蜗杆传递功率 $P_1 = 10\text{kW}$，转速 $n_1 = 1460\text{r/min}$，传动比 $i = 20$，单向长期连续运转，载荷较平稳，批量生产。

解：

计算项目	计算与说明	计算结果
1. 选择材料并确定许用接触应力	（1）选择材料　因为传递功率不大，速度不太高，故选用圆柱蜗杆传动。蜗杆材料用40Cr，表面淬火，$50 \sim 55$HRC，蜗轮材料用ZCuSn5Pb5Zn5 金属型离心铸造 （2）确定许用接触应力　查相关机械设计手册，$[\sigma_H] = 174$MPa	蜗杆材料用40Cr，表面淬火，$50 \sim 55$HRC，蜗轮材料用ZCuSn5Pb5Zn5 金属型离心铸造 $[\sigma_H] = 174$MPa
2. 确定 z_1、z_2、n_2	查表5-1，选 $z_1 = 2$，得 $z_2 = iz_1 = 20 \times 2 = 40$ $n_2 = \dfrac{n_1}{i} = \dfrac{1460}{20}\text{r/min} = 73\text{r/min}$	$z_1 = 20$，$z_2 = 40$，$n_2 = 73\text{r/min}$
3. 计算蜗轮转矩 T_2	$T_2 = 9550 \times 10^3 P_1 \eta / n_2 = 9550 \times 10^3 \times 10 \times 0.82/73\text{N} \cdot \text{mm} = 1072740\text{N} \cdot \text{mm}$（初估取 $\eta = 0.82$）	$T_2 = 1072740\text{N} \cdot \text{mm}$
4. 按齿面接触疲劳强度计算	因载荷比较平稳，取载荷系数 $K = 1.2$ 由式（5-12）得 $m^2 d_1 \geqslant \left(\dfrac{480}{[\sigma_H] z_2}\right)^2 KT_2 = \left(\dfrac{480}{174 \times 40}\right)^2 \times 1.2 \times 1072740\text{N} \cdot \text{mm}$ $= 6123\text{mm}^3$ 查表5-1，取 $m = 8\text{mm}$，得 $d_1 = 100\text{mm}$，$q = 12.5$ 蜗轮分度圆直径 $d_2 = mz_2 = 8\text{mm} \times 40 = 320\text{mm}$ 蜗杆导程角 $\gamma = \arctan\dfrac{z_1}{q} = \arctan\dfrac{2}{12.5} = 9.09°$	$m = 8\text{mm}$ $q = 12.5$ $d_1 = 100\text{mm}$ $d_2 = 320\text{mm}$ $\gamma = 9.09°$
5. 校核齿根弯曲疲劳强度（略）		
6. 验算传动效率 η	由式（5-6）求得 $v_s = [\pi d_1 n_1/(60 \times 1000 \times \cos\gamma)]$ $= [\pi \times 100 \times 1460/(60 \times 1000 \times \cos 9.09°)]\text{m/s}$ $= 7.74\text{m/s}$ 取当量摩擦角 $\rho_v = 1°$ 由式（5-16）计算蜗杆传动效率 $\eta = (0.95 \sim 0.97) \times \dfrac{\tan\gamma}{\tan(\gamma + \rho_v)} = (0.95 \sim 0.97) \times \dfrac{\tan 9.09°}{\tan(9.09° + 1°)} = 0.854 \sim 0.872$，与初估值相近	$\eta = 0.854$ 与初估值 $\eta = 0.82$ 相近

（续）

计算项目		计算与说明	计算结果
7. 几何尺寸计算	蜗杆	$d_{a1} = m(q+2) = 8 \times (12.5+2)\,mm = 116\,mm$	$d_{a1} = 116\,mm$
		$d_{f1} = m(q-2.4) = 8 \times (12.5-2.4)\,mm = 80.8\,mm$	$d_{f1} = 80.8\,mm$
		$p_x = \pi m = 8\pi\,mm = 25.13\,mm$	$p_x = 25.13\,mm$
		$b_1 \geq (11+0.06z_2)m = (11+0.06 \times 40) \times 8\,mm = 107.2$，考虑蜗杆磨削的增量，取 $b_1 = 125\,mm$	$b_1 = 125\,mm$
		蜗杆齿顶高 $h_{a1} = m = 8\,mm$	$h_{a1} = 8\,mm$
		蜗杆轴向齿厚 $s_x = \dfrac{1}{2}p_x = 4\pi = 12.56\,mm$	$s_x = 12.56\,mm$
		蜗杆法向齿厚 $s_n = s_x\cos\gamma = 12.56 \times \cos 9.09° \,mm = 12.41\,mm$	$s_n = 12.41\,mm$
	中心距	$a = (d_1+d_2)/2 = \dfrac{m}{2}(q+z_2) = [(100+320)/2]\,mm = 210\,mm$	$a = 210\,mm$
	蜗轮	$d_{a2} = m(z_2+2) = 8 \times (40+2)\,mm = 336\,mm$	$d_{a2} = 336\,mm$
		$d_{f2} = m(z_2-2.4) = 8 \times (40-2.4)\,mm = 300.8\,mm$	$d_{f2} = 300.8\,mm$
		$r_{g2} = a - \dfrac{d_{a2}}{2} = \left(210 - \dfrac{336}{2}\right)\,mm = 42\,mm$	$r_{g2} = 42\,mm$
		$d_{e2} \leq d_{a2} + 1.5m = (336 + 1.5 \times 8)\,mm = 348\,mm$，取 $d_{e2} = 345\,mm$	$d_{e2} = 345\,mm$
		$b_2 \leq 0.75d_{a1} = 0.75\,mm \times 116\,mm = 87\,mm$，取 $b_2 = 85\,mm$	$b_2 = 85\,mm$
8. 热平衡计算		取 $h = 16W/m^2 \cdot K$ $$A = 0.33\left(\dfrac{a}{100}\right)^{1.75} = 0.33 \times \left(\dfrac{210}{100}\right)^{1.75}\,m^2 = 1.21\,m^2$$ 由式（5-17）计算 $$t_1 - t_0 = \dfrac{1000P_1(1-\eta)}{hA} = \left[\dfrac{1000 \times 10 \times (1-0.854)}{16 \times 1.21}\right]℃ = 75.4℃ \leq [\Delta t]$$	$A = 1.21\,m^2$ $t_1 - t_0 = 75.4℃$，可用

9. 结构设计，绘制零件图（蜗杆、蜗轮零件图分别如图 5-16 和图 5-17 所示。其公差、偏差及标注等可参考有关资料）

总结与复习

1. 蜗杆传动是在空间交错的两轴间传递运动和动力的一种传动，轴交角常用的为 90°。蜗杆传动由蜗杆和蜗轮组成。蜗杆传动具有传动比大、结构紧凑、连续啮合、传动平稳、冲击载荷小、噪声低、有自锁性、传动效率低、蜗轮造价较高等优点。

2. 圆柱蜗杆传动可以分为普通圆柱蜗杆传动和圆弧圆柱蜗杆传动。蜗杆传动的正确啮合条件为 $m_{a1} = m_{t2} = m$、$\alpha_{a1} = \alpha_{t2} = \alpha$、$\gamma = \beta$。圆柱蜗杆传动的主要几何尺寸计算见表 5-2。

3. 蜗杆传动的受力计算：$F_{t1} = F_{a2} = \dfrac{2T_1}{d_1}$、$F_{a1} = F_{t2} = \dfrac{2T_2}{d_2}$、$F_{r1} = F_{r2} = F_{a1}\tan\alpha$、$T_2 = T_1 i\eta$。钢制蜗杆与青铜蜗轮或铸铁蜗轮校核和设计按式（5-11）、式（5-12）。蜗杆传动的效率计算按式（5-15）。蜗杆传动的热平衡计算按式（5-17）。

圆柱蜗杆副		传动类型	
z_1	2	蜗杆头数	
m	8	模数	
γ	9.09°	蜗杆螺旋线导程角	
	右旋	蜗杆螺旋线方向	
α_{a1}	20°	轴向压力角	
	8级精度	精度等级	
a	210	中心距	
		配对蜗轮图号	
代号	公差(或极限偏差)	检验项目	公差组
f_{pr}	0.025	轴向齿距极限偏差	II
f_{r1}	0.04	蜗杆齿形公差	III
s_{r1}	$12.57_{-0.312}^{-0.222}$		
(s_{n1})	$12.41_{-0.312}^{-0.222}$		
h_{a1}	8		

标题栏

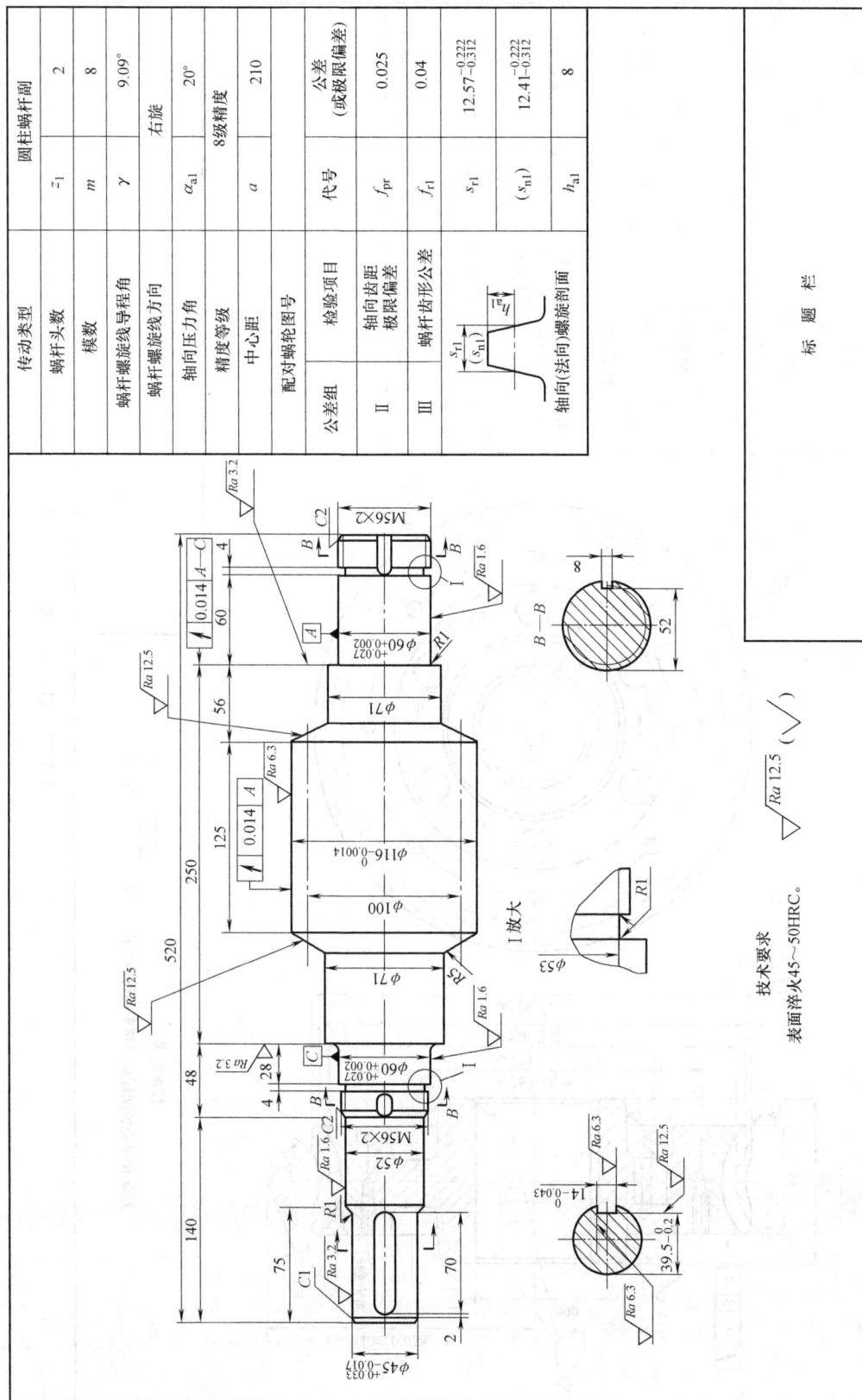

技术要求
表面淬火45～50HRC。

$\sqrt{Ra\,12.5}$ ($\sqrt{}$)

图 5-16 蜗杆零件图

传动类型		圆柱蜗杆副	
模数	m		8
螺旋线方向			右旋
轴向压力角α			20°
蜗杆齿数	z_2		40
变位系数	x		0
精度等级			8级精度
中心距	a		210
配对蜗杆图号			

公差组	检验项目	代号	公差(或极限偏差)
I	蜗轮齿距累积公差	F_p	0.125
II	齿距极限偏差	$\pm f_{pt}$	±0.032
III	蜗轮齿形公差	f_{f2}	0.028
	蜗轮齿厚及其偏差	T_{a2}	$12.566_{-0.160}^{0}$

标 题 栏

技术要求
轮缘和轮心装配好后再精车和切制轮齿。 $\sqrt{Ra\,6.3}$ ($\sqrt{}$)

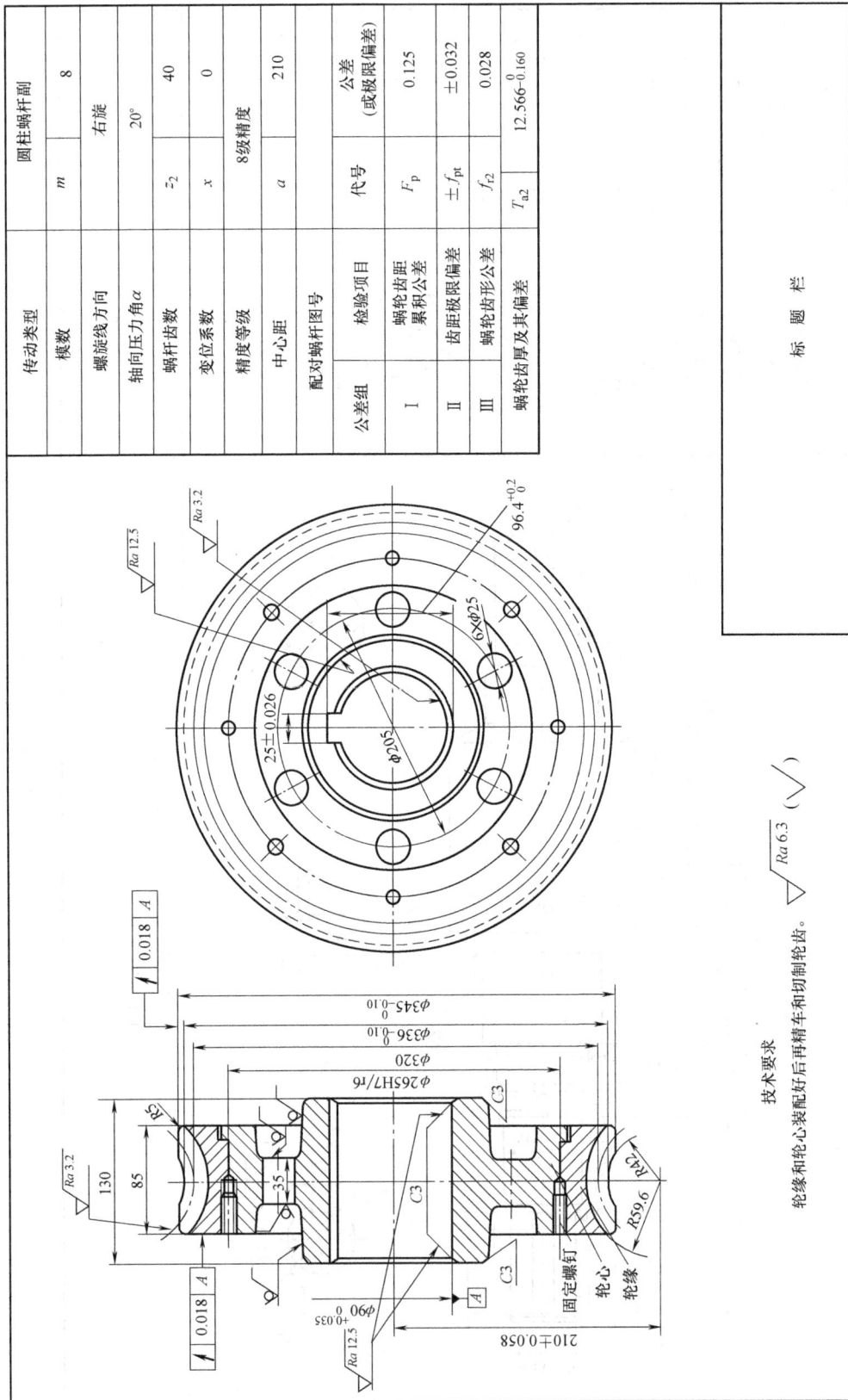

图 5-17 蜗轮零件图

【同步练习与测试】

1. 单选题

（1）与齿轮传动相比，（　　）不是蜗杆传动的优点。

A. 传动效率高　　　B. 传动比很大　　　C. 可以自锁　　　D. 传动平稳

（2）在蜗杆机构中，以蜗杆为主动件，传动比 i 等于（　　）。

A. d_2/d_1　　　B. n_1/n_2　　　C. z_2/z_1　　　D. z_1/q

（3）在蜗杆传动中最常见的是（　　）传动。

A. 阿基米德蜗杆　　B. 渐开线蜗杆　　C. 延伸渐开线蜗杆　　D. 圆弧面蜗杆

（4）在蜗杆传动中，若其他条件不变，增加蜗杆的头数，则传动效率（　　）。

A. 降低　　　B. 不变　　　C. 增加　　　D. 不确定

（5）下面几种失效形式中，不是蜗杆蜗轮主要的失效形式是（　　）。

A. 磨损　　　B. 轮齿折断　　　C. 点蚀　　　D. 胶合

（6）对于普通圆柱蜗杆，其（　　）取标准值。

A. 端面模数　　　B. 法向模数　　　C. 轴向模数　　　D. 法向和端面模数

（7）在标准蜗杆传动中，若模数 m 不变，而增大蜗杆的直径系数 q，则蜗杆的刚度将（　　）。

A. 增大　　　B. 不变　　　C. 减小　　　D. 可能增大也可能减小

（8）较理想的蜗杆和蜗轮的材料组合是（　　）。

A. 青铜和铸铁　　B. 钢和铸铁　　C. 钢和钢　　　D. 钢和青铜

2. 多选题

（1）与齿轮传动相比，蜗杆传动的特点是（　　）。

A. 传动平稳，噪声小　　　　　　B. 传动比可以很大

C. 在一定条件下能自锁　　　　　D. 制造成本较高

（2）要增大蜗杆的导程角以提高传动效率，可采取（　　）。

A. 减小 d　　　B. 减小 q　　　C. 增大 z_1　　　D. 增大 m

（3）在下列传动比的计算公式中，（　　）适用于蜗杆传动。

A. $i = n_1 /\!/ n_2$　B. $i = q/d_1$　　C. $i = z_2/z_1$　　D. $i = d_2/d_1$

（4）开式蜗杆传动常见的失效形式为（　　）。

A. 齿面胶合　　　B. 齿面磨损　　　C. 齿面点蚀　　　D. 轮齿折断

（5）当蜗杆传动减速箱的润滑油温度过高时，可采取散热措施为（　　）。

A. 增加散热面积　　　　　　　　B. 在蜗杆轴上装风扇

C. 用循环油冷却　　　　　　　　D. 在油池内装冷却水管

（6）蜗杆传动的强度计算，主要是针对（　　）进行的。

A. 蜗杆齿面接触疲劳强度　　　　B. 蜗杆齿根弯曲疲劳强度

C. 蜗轮齿面接触疲劳强度　　　　D. 蜗轮齿根弯曲疲劳强度

3. 判断题

（1）蜗杆传动适用于传递大功率、大传动比的场合。（　　）

（2）蜗杆传动中，蜗杆的头数 z_1 越多，其传动的效率越低。（　　）

（3）加工蜗轮时，只要选用滚刀的模数和压力角与被加工蜗轮的相同即可。　　（　　）

（4）蜗杆传动中，为了获得好的散热效果，常将风扇装在蜗轮轴上。　　（　　）

（5）在轴向平面上，蜗杆蜗轮啮合相当于齿条与齿轮啮合。　　（　　）

4. 简答题

（1）蜗杆传动有何特点？适用于什么场合？

（2）蜗杆传动的模数和压力角是在哪个平面上定义的？蜗杆传动正确啮合的条件是什么？

（3）设计蜗杆传动时如何确定蜗杆的分度圆直径 d_1 和模数 m？为什么要规定 m 和 d_1 的对应标准值？

（4）蜗杆传动的失效形式有哪几种？其设计准则是什么？

（5）蜗杆、蜗轮常用的材料有哪些？选择材料的主要依据是什么？

（6）为什么对连续工作的闭式蜗杆传动要进行热平衡计算？若蜗杆传动的温度过高，则应采取哪些措施？

5. 设计计算题

（1）如图 5-18 所示，蜗杆主动，$T_1 = 20\text{N} \cdot \text{m}$，$m = 4\text{mm}$，$z_1 = 2$，$d_1 = 50\text{mm}$，蜗轮齿数 $z_2 = 50$，传动的啮合效率 $\eta = 0.75$。试确定：

1）蜗轮的转向。

2）蜗杆与蜗轮上作用力的大小和方向。

（2）如图 5-19 所示，手动绞车采用蜗杆传动。已知 $m = 8\text{mm}$，$z_1 = 1$，$d_1 = 80\text{mm}$，$z_2 = 40$，卷筒直径 $D = 200\text{mm}$。

1）欲使重物 Q 上升 1m，求蜗杆应转的转数 n_1。

2）若蜗杆与蜗轮间的当量摩擦因数 $f_v = 0.18$，则该机构能否自锁？

3）若重物 $Q = 5\text{kN}$，手摇时施加的力 $F = 100\text{N}$，手柄转臂的长度 l 应是多少？

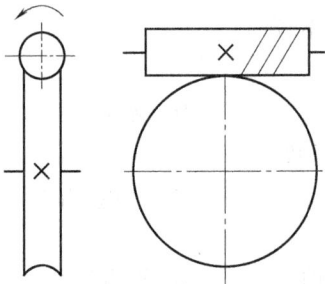

图 5-18　设计计算题（1）图

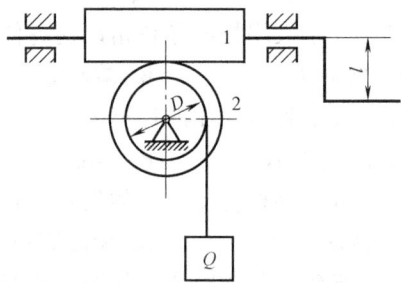

图 5-19　设计计算题（2）图

（3）试设计一闭式蜗杆传动。已知蜗杆输入功率 $P_1 = 4.5\text{kW}$，转速 $n_1 = 960\text{r/min}$，传动比 $i = 20$，载荷平稳，连续单向运转。

第6章

轮系及减速器

知识学习目标：

- 了解各类轮系的组成和运动特点，学会判断一个已知轮系属于何种轮系；
- 了解各类轮系的功能，学会根据工作要求选择轮系的类型；
- 掌握定轴轮系和周转轮系传动比的计算方法，会确定主、从动轮的转向关系；
- 理解轮系的功用、混合轮系的组成及传动比的计算方法；
- 掌握轮系的功用及应用，减速器的结构及工作过程。

技能训练目标：

掌握各种轮系的设计方法。

【应用导入例】 汽车后桥差速器

随着齿轮加工工艺及测量技术的不断改进与完善，行星齿轮传动机构的应用范围迅速扩大。它不仅可作为定传动比的减速器，而且可作为多种速度的变速器或差速器。

图 6-1 所示为汽车后桥差速器。它主要由定轴齿轮传动、差动行星齿轮传动、左右后轮及机架等组成。所有齿轮都是锥齿轮，行星架 H 与定轴圆锥齿轮 2 相连，汽车发动机的动力经变速器的输出轴传给定轴圆锥齿轮 1，通过锥齿轮传动使定轴圆锥齿轮 2 和行星架 H 做转动，再经行星齿轮传动机构使汽车的左、右后轮驱动。当汽车直线行驶时，由于左、右后轮在同一时间内所行驶的距离相等，所以左、右后轮的转速相同，这样行星架的转速与汽车后轮的转速相同；当汽车转弯或在弯道行驶时，由于 H 转速不变，使左、右后轮的转速不同，外后轮转得快，内后轮转得慢，汽车得到相符的转弯速度，并能减少轮胎的磨损。

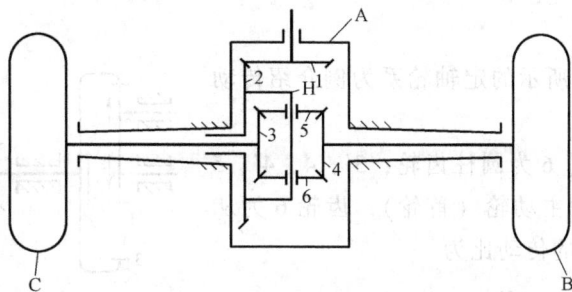

图 6-1 汽车后桥差速器
A—差速器　B—右后轮　C—左后轮　H—行星架
1、2—定轴圆锥齿轮　3、4—太阳轮　5、6—行星轮

6.1 轮系的分类

前面章节讨论的是一对齿轮的啮合原理及设计方法。在实际机械传动中，为了满足变速、换向或获得所需大传动比/多传动比要求，经常采用多对相互啮合的齿轮所组成的传动系统，该系统称为齿轮系，简称轮系。

在工程上，根据轮系传动中各齿轮轴线在空间的位置是否固定，轮系可分为定轴轮系和周转轮系两大类：

（1）定轴轮系 轮系运转时，各齿轮的几何轴线相对于机架的位置均固定不动的轮系，称为定轴轮系，如图6-2所示。

（2）周转轮系 如图6-3所示的轮系，至少有一个齿轮的轴线绕另一个齿轮的固定轴线转动的轮系，称为周转轮系。

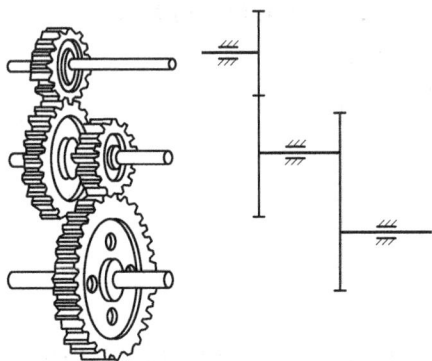

图6-2 定轴轮系

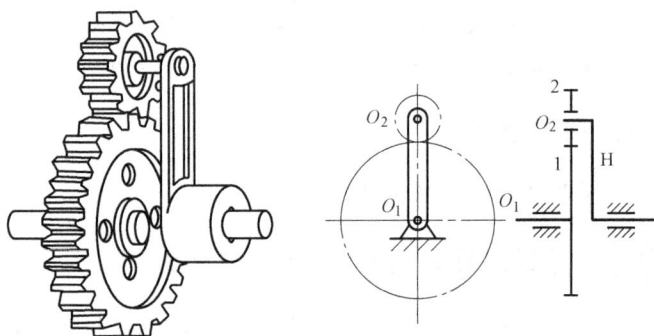

图6-3 周转轮系

6.2 定轴轮系传动比的计算

轮系传动比的计算包括两方面内容：传动比大小的计算和主、从动轮转向关系的确定。

6.2.1 计算传动比的大小

在定轴轮系中，输入、输出两轮（或两轴）的角速度（或转速）之比，称为轮系的传动比。

下面首先以图6-4所示的定轴轮系为例介绍传动比的计算。

齿轮1、2、3、5′、6为圆柱齿轮；3′、4、4′、5为锥齿轮。设齿轮1为主动轮（首轮），齿轮6为从动轮（末轮），其轮系的传动比为

$$i_{16} = \frac{\omega_1}{\omega_6}$$

从图6-1中可以看出，定轴圆锥齿轮1、2为外

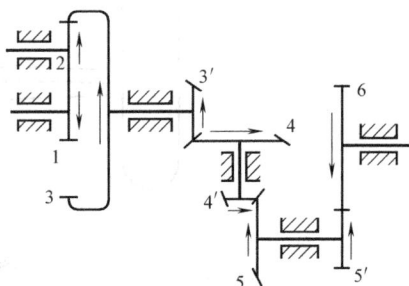

图6-4 定轴轮系传动比的计算

啮合，定轴圆锥齿轮 2、太阳轮 3 为内啮合。根据前面章节所介绍的内容，可以求得图 6-1 中各对啮合齿轮的传动比大小

$$i_{12}=\frac{\omega_1}{\omega_2}=\frac{z_2}{z_1}, i_{23}=\frac{\omega_2}{\omega_3}=\frac{z_3}{z_2}, i_{34}=\frac{\omega_3}{\omega_4}=\frac{z_4}{z_{3'}}, i_{45}=\frac{\omega_4}{\omega_5}=\frac{z_5}{z_{4'}}, i_{56}=\frac{\omega_5}{\omega_6}=\frac{z_6}{z_{5'}}$$

因为 $\omega_3=\omega_{3'}$、$\omega_4=\omega_{4'}$、$\omega_5=\omega_{5'}$，观察分析以上式子可以看出，ω_2、ω_3、ω_4、ω_5 四个参数在这些式子的分子和分母中各出现一次。所以：

$$i_{16}=\frac{n_1}{n_6}=\frac{n_1 n_2 n_3 n_4 n_5}{n_2 n_3 n_4 n_5 n_6}=i_{12}i_{23}i_{34}i_{45}i_{56}=\left(-\frac{z_2}{z_1}\right)\left(\frac{z_3}{z_2}\right)\left(-\frac{z_4}{z_{3'}}\right)\left(-\frac{z_5}{z_{4'}}\right)\left(-\frac{z_6}{z_{5'}}\right)=(-1)^4\frac{z_2 z_3 z_4 z_5 z_6}{z_1 z_2 z_{3'} z_{4'} z_{5'}}$$

以上结论可推广到一般平面定轴轮系。设 1、N 分别为定轴轮系的输入轴和输出轴，m 为外啮合次数，则

$$i_{1N}=\frac{n_1}{n_N}=(-1)^m\frac{\text{所有从动轮齿数的乘积}}{\text{所有主动轮齿数的乘积}} \tag{6-1}$$

6.2.2 各轮转向关系的确定

各齿轮传动的转向关系有用正负号表示或用画箭头表示两种方法。

1. 正负号法

在平行轴的轮系中经常用正负号法。当两轴或齿轮的轴线平行时，可以用正号"+"或负号"-"表示两轴或齿轮的转向相同或相反，并直接标注在传动比的公式中。因此，齿轮外啮合次数确定两轴或齿轮的转向。当外啮合为奇数时，主、从动轮转向相反；外啮合为偶数时，主、从动轮转向相同。

2. 箭头表示法

对于首末轮轴线不平行的定轴轮系，其首末轮及其他轮的转向关系可用箭头表示。因为任何一对啮合齿轮，其节点处圆周速度相同，则表示两轮转向的箭头应同时指向或背离节点。

1）外啮合圆柱齿轮的转向相同（图 6-5a）。

2）内啮合圆柱齿轮的转向相反（图 6-5b）。

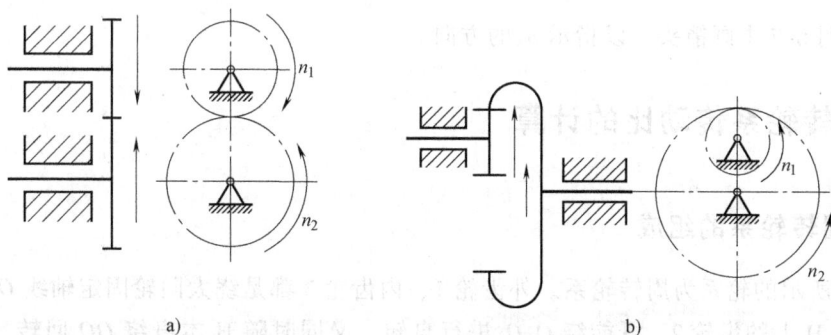

图 6-5 平行定轴轮系转向的判断
a）外啮合圆柱齿轮的转向 b）内啮合圆柱齿轮的转向

3）锥齿轮的转动方向或同时指向节点，或同时指离节点（图 6-6a）。

4）蜗杆蜗轮转向的速度矢量之和必定与螺旋线垂直（图 6-6b），可用左右手定则判断：蜗杆左（右）旋用左（右）手握住轴线，四指弯曲方向为蜗杆回转方向，拇指方向的反方

向为蜗轮圆周速度的方向。

【例 6-1】 在图 6-7 所示的轮系中，已知蜗杆的转速 $n_1 = 900 \text{r/min}$（顺时针），$z_1 = 2$，$z_2 = 60$，$z_{2'} = 20$，$z_3 = 24$，$z_{3'} = 20$，$z_4 = 24$，$z_{4'} = 30$，$z_5 = 35$，$z_{5'} = 28$，$z_6 = 135$。求 n_6 的大小和方向。

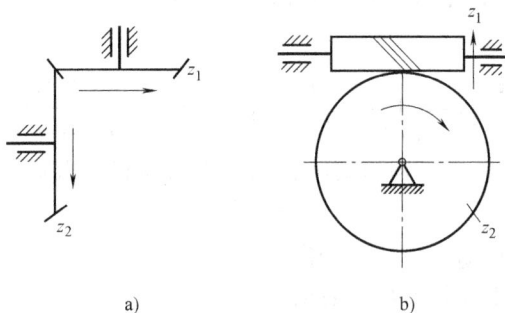

图 6-6　不平行定轴轮系转向的判断　　　图 6-7　首末两轴线不平行的定轴轮系
a）锥齿轮的转向　b）蜗杆蜗轮的转向

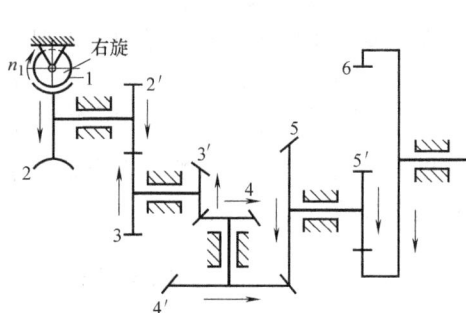

解：

1）分析传动关系。假定蜗杆 1 为主动轮，则内齿轮 6 为末轮（最末的从动轮），该轮系的传动关系为：$1 \to 2 = 2' \to 3 = 3' \to 4 = 4' \to 5 = 5' \to 6$。

2）计算传动比 i_{16}。由于该轮系含有空间齿轮，且首、末两轮轴线不平行，因此只能利用公式求出传动比的大小，即

$$i_{16} = \frac{n_1}{n_6} = \frac{z_2 z_3 z_4 z_5 z_6}{z_1 z_{2'} z_{3'} z_{4'} z_{5'}} = \frac{60 \times 24 \times 24 \times 35 \times 135}{2 \times 20 \times 20 \times 30 \times 28} = 243$$

以此求出 n_6，即

$$n_6 = \frac{n_1}{i_{16}} = \frac{900}{243} \text{r/min} = 3.7 \text{r/min}$$

3）在图 6-7 中画箭头，以指示 n_6 的方向。

6.3　周转轮系传动比的计算

6.3.1　周转轮系的组成

图 6-8 所示的轮系为周转轮系。外齿轮 1、内齿轮 3 都是绕太阳轮固定轴线 OO 回转的。安装在构件 H 上的齿轮 2，既能绕 O_1O_1 进行自转，又同时随 H 本身绕 OO 回转，就像天上的行星一样，兼有自转和公转，故称为行星轮。安装行星轮的构件 H 称为行星架（或称为系杆、转臂）。根据周转轮系的自由度数目，可以将周转轮系分为两大类。

（1）差动轮系　若轮系中有两个输入，使两个太阳轮都可以转动，则其自由度为 2，称为差动轮系。

（2）行星轮系　若轮系中有一个太阳轮是固定的，则其自由度为 1，称为行星轮系。

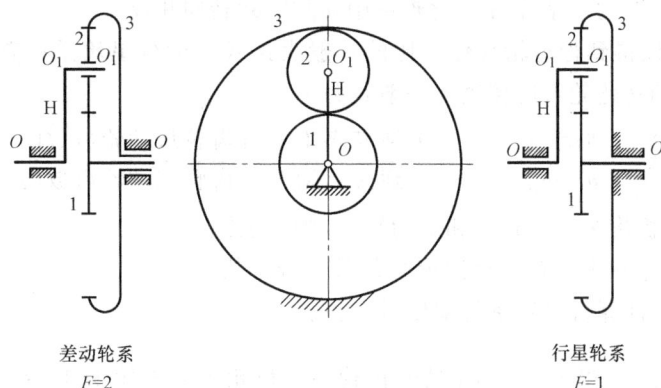

差动轮系
$F=2$

行星轮系
$F=1$

图 6-8 周转轮系

6.3.2 行星轮系传动比的计算

由于行星轮既自转又公转，因此行星轮系的传动比不能直接利用定轴轮系的方法进行计算。根据相对运动原理，如果给整个行星轮系加上一个公共的角速度 "$-\omega_H$"，这时行星架 H 的绝对运动角速度为 $\omega_H - \omega_H = 0$（变为固定不动），那么行星轮系转化为定轴轮系。按照该方法转化得到的转化轮系如图 6-9 所示。行星轮系与转化轮系各构件角速度对应表见表 6-1。

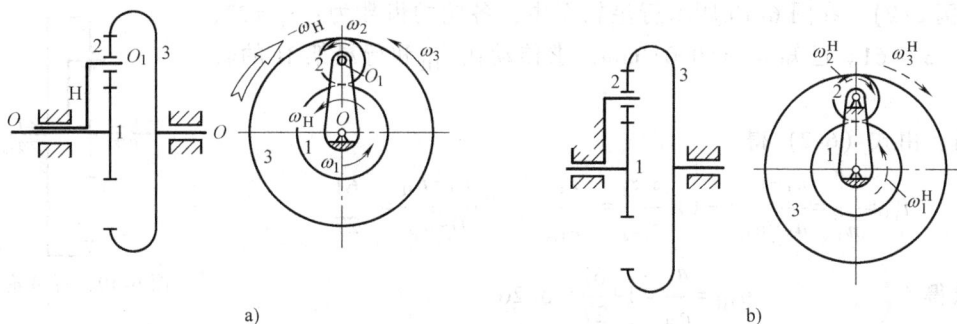

a)   b)

图 6-9 行星轮系及其转化轮系

a) 行星轮系 b) 转化轮系

表 6-1 行星轮系与转化轮系各构件角速度对应表

构　件	行星轮系中角速度	转化轮系后角速度
行星架 H	ω_H	$\omega_H^H = \omega_H - \omega_H = 0$
齿轮 1	ω_1	$\omega_1^H = \omega_1 - \omega_H$
齿轮 2	ω_2	$\omega_2^H = \omega_2 - \omega_H$
齿轮 3	ω_3	$\omega_3^H = \omega_3 - \omega_H$

由此可以求出此转化轮系的传动比 i_{13}^H 为

$$i_{13}^H = \frac{\omega_1^H}{\omega_3^H} = \frac{\omega_1 - \omega_H}{\omega_3 - \omega_H} = -\frac{z_2 z_3}{z_1 z_2} = -\frac{z_3}{z_1}$$

齿数比前的 "–" 号，表示在转化轮系中 ω_1^H 和 ω_3^H 转向相反。

综上所述，可以得到行星轮系传动比的一般表达式。设行星轮系中首、末轮分别为 1、K，行星架为 H，则转化轮系的传动比一般式为

$$i_{1K}^H = \frac{n_{1G}^H}{n_K^H} = \frac{n_1 - n_H}{n_K - n_H} = (-1)^n \frac{1\ 到\ K\ 各对啮合齿轮从动轮齿数的乘积}{1\ 到\ K\ 各对啮合齿轮主动轮齿数的乘积} \tag{6-2}$$

式中 i_{1K}^H——转化机构中主动轮 1 和从动轮 K 的传动比；

n——转化轮系中齿轮 1 至齿轮 K 的外啮合次数。

应用式（6-2）计算行星轮系传动比时应注意：

1）区分 i_{1K}^H 和 i_{1K}，$i_{1K}^H \neq i_{1K}$。i_{1K}^H 是转化轮系中齿轮 1 与齿轮 K 的传动比，$i_{1K}^H = \frac{n_1 - n_H}{n_K - n_H}$；

i_{1K} 为两齿轮的真实传动比，即 $i_{1K} = \frac{n_1}{n_K}$。

2）齿轮 1、齿轮 K 和行星架 H 三个构件的转速代入公式必须带有正负号。若已知转向为正号，则与其同向的取正号，与其反向的取负号。

3）齿轮 G、齿轮 K 和行星架 H 三个构件的轴线必须互相平行或重合，因此式（6-2）只用于平面行星轮系。

4）式（6-2）也用于由锥齿轮组成的行星轮系，但公式中正负号必须在转化轮系中用箭头表示法来表示。

【例 6-2】 在图 6-10 所示行星轮系中，各轮的齿数为：$z_1 = 27$，$z_2 = 17$，$z_3 = 61$。已知 $n_1 = 6000\text{r/min}$，求传动比 i_{1H} 和行星架 H 的转速 n_H。

解： 由式（6-2）得

$$i_{13}^H = \frac{n_1^H}{n_3^H} = \frac{n_1 - n_H}{n_3 - n_H}(-1)^1 \frac{z_2 z_3}{z_1 z_2} = -\frac{z_3}{z_1} \qquad 即\ \frac{n_1 - n_H}{0 - n_H} = -\frac{61}{27}$$

图 6-10　行星轮系

求得

$$i_{1H} = \frac{n_1}{n_H} = 1 + \frac{61}{27} \approx 3.26$$

设 n_1 的转向为正值，则

$$n_H = \frac{n_1}{i_{1H}} = \frac{6000}{3.26}\text{r/min} \approx 1840\text{r/min}$$

同时 n_H 的转向与 n_1 相同，也为正值。

根据式（6-2）可以计算出 n_2。

$$i_{12}^H = \frac{n_1 - n_H}{n_2 - n_H} = (-1)^1 \frac{z_2}{z_1}$$

代入得

$$\frac{6000 - 1840}{n_2 - 1840} = -\frac{17}{27}$$

求得

$$n_2 \approx -4767\text{r/min}$$

负号表示 n_2 的转向与 n_1 相反。

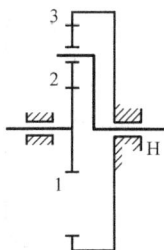

6.4 轮系的应用

由于轮系具有传动准确等其他机构无法替代的特点，因此在工程中应用十分广泛。其功用可归纳为以下几个方面：

1. 实现分路传动

利用轮系可以通过主动轴上的若干个齿轮把运动分别传给几根从动轴，以获得生产上所需的各种转速。如图 6-11 所示的滚齿机的传动装置中，在电动机的主轴上装有锥齿轮 1 和圆柱齿轮 3。锥齿轮 1 通过锥齿轮 2 将运动传给单头滚刀 A；而齿轮 3 又经齿轮 4~齿轮 7、右旋单头蜗杆 8 传至蜗轮 9，以此带动加工的齿轮坯 B，从而实现了滚刀加工齿轮的运动。

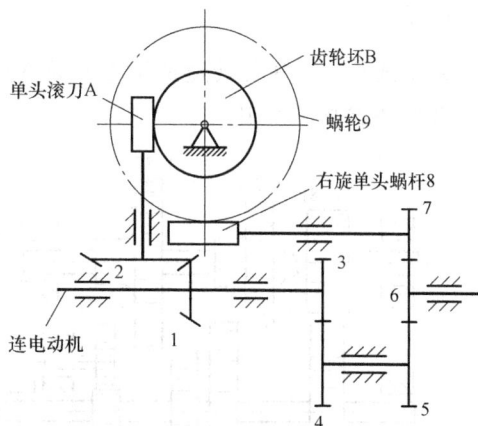

图 6-11　滚齿机的传动装置

2. 实现相距较远的两轴之间的传动

当两轴之间的距离较远时，若仅用一对齿轮传动（图 6-12 中双点画线所示），则会使两齿轮的径向尺寸都很大，制造和安装不便并浪费材料。若改用轮系来传动（图 6-12 中单点画线所示），则可以使结构紧凑，避免上述缺点，达到同样的目的。

3. 可获得大的传动比

定轴轮系和行星轮系都能获得大的传动比，尤其采用行星轮系结构更紧凑，仅需很少几个齿就可以获得很大的传动比。如图 6-13 所示大传动比行星轮系，其传动比 i_{H1} 达到 10000，因而广泛应用于航空发动机的主减速器中。在传递功率和传动比相同的情况下，行星轮系减速器的体积是定轴轮系减速器体积的 15%~60%，重量的 20%~55%。

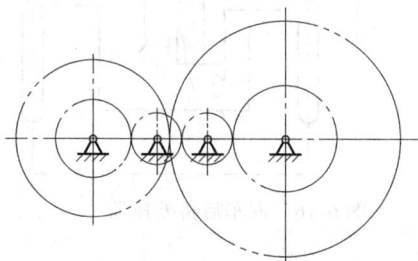

图 6-12　相距较远的两轴传动

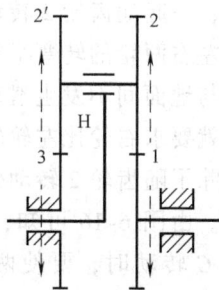

图 6-13　大传动比行星轮系

4. 实现变速和换向传动

在主轴转速不变的情况下，利用轮系可使从动轴获得多种转速。图 6-14 所示为汽车变速器的传动简图，Ⅰ轴为动力输入轴，Ⅲ轴为输出轴，C、B 为滑移齿轮，A、B 为牙嵌离合器。该变速器可使输出轴得到 4 种转速。

5. 实现合成运动

如前所述，在差动轮系中，两个太阳轮和行星架都可以转动，故常用来进行运动的合成。例如图 6-15 所示的差动轮系，如以齿轮 1 和齿轮 3 为原动件，其中 $z_1 = z_3$。由式（6-2）得

$$i_{13}^H = \frac{n_1^H}{n_3^H} = \frac{n_1 - n_H}{n_3 - n_H} = -\frac{z_3}{z_1} = -1$$

解得

$$2n_H = n_1 + n_3$$

由上式得出：H 的转速是轮 1 及轮 3 转速的合成。这种运动的合成广泛应用于计算机构、补偿装置和机床中。

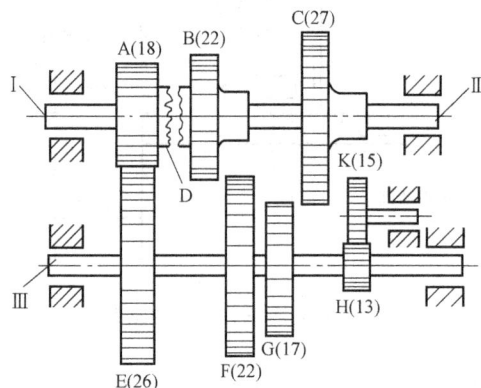

图 6-14　汽车变速器

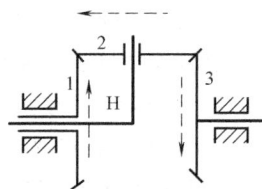

图 6-15　差动轮系

6. 实现分解运动

如图 6-16 所示的汽车后桥差速器可作为分解运动的实例。在汽车沿直线行驶时，左右两轮所滚过的距离相等，所以两轮转速也相同。这时齿轮 3~齿轮 5 如同一个固联的整体，一起随齿轮 2 转动。当汽车向左转弯时，左右两轮的转弯半径不同，为保证左右两轮与地面间不发生滑动，以降低轮胎的磨损，就要求右轮比左轮转得快。这时行星齿轮 4 除了随齿轮 2 转动外，还绕自己的轴线自转。由图 6-16 可知，当车身绕瞬时回转中心 C 转动时，要使两车轮在地面上做纯滚动，则其转速应与两车轮到中心 C 的距离成正比，即

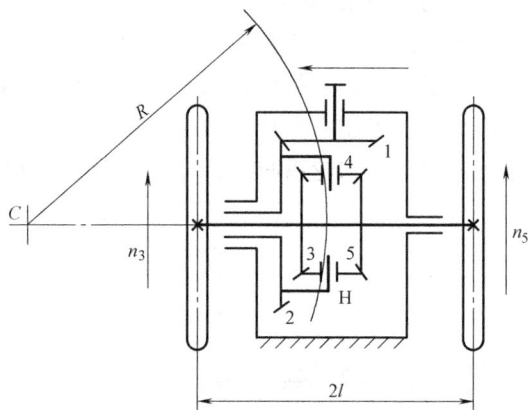

图 6-16　汽车后桥差速器

$$\frac{n_3}{n_5} = \frac{R-l}{R+l}$$

由于这个差动轮系与图 6-15 所示的机构完全相同，故

$$2n_H = n_5 + n_3$$

上述二式联立求解，可得出两轮转速 n_5 和 n_3。差动轮系可用作运动分解这一特点，已广泛应用于汽车、飞机等传动中。

6.5 减速器简介

在机械传动中，为了降低转速并相应地增大转矩，常在原动机与工作机之间安装具有固定传动比的独立部件，它通常是由封闭在箱体内的齿轮系统组成，这种独立传动的部件称为减速器。在个别机械中，也有用作增加转速的装置，称为增速器。

6.5.1 常用减速器的类型、特点和选用

减速器广泛用于各行业的机械传动中，齿轮减速器又是其中最常见的一种类型。常用减速器的类型及特性见表 6-2。

表 6-2 常用减速器的类型及特性

名 称	简 图	特 性
一级圆柱齿轮减速器	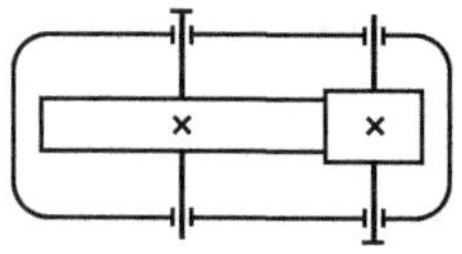	轮齿可用直齿、斜齿或人字齿。直齿用于较低速($v \leqslant$ 8m/s)或载荷较轻的传动;斜齿或人字齿用于较高速($v=$ 25~50m/s)或载荷较重的传动。箱体常用铸铁铸造,轴承常用滚动轴承。传动比范围:直齿 $i \leqslant 4$;斜齿 $i \leqslant 6$
两级展开式圆柱齿轮减速器	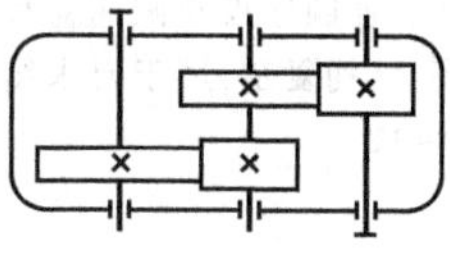	高速级常用斜齿,低速级可用直齿或斜齿。由于相对于轴承不对称布置,因此要求轴具有较大的刚度。高速级齿轮在远离转矩输入端,以减少因弯曲变形所引起的载荷沿齿宽分布不均的现象。其常用于载荷较平稳的场合,应用广泛。传动比 $i=8\sim40$
两级同轴式圆柱齿轮减速器	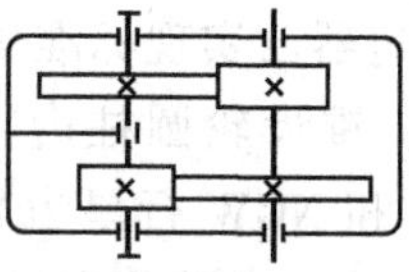	箱体长度较短,轴向尺寸及重量较大,中间轴较长,刚度差,轴承润滑困难。当两个大齿轮浸油深度大致相同时,高速级齿轮的承载能力难以充分利用。仅有一根输入轴和输出轴,传动布置受到限制。传动比 $i=8\sim40$
一级锥齿轮减速器	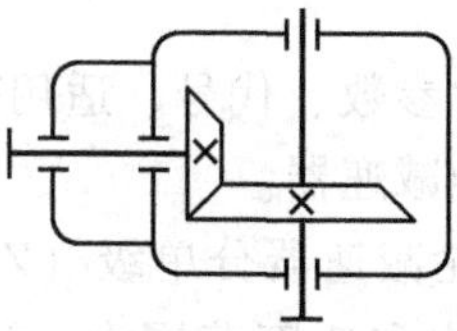	用于输入轴和输出轴的轴线垂直相交的传动。有卧式和立式两种。轮齿加工较复杂,可用直齿、斜齿或曲齿。传动比范围:直齿 $i \leqslant 3$;斜齿 $i \leqslant 5$
两级锥-圆柱齿轮减速器	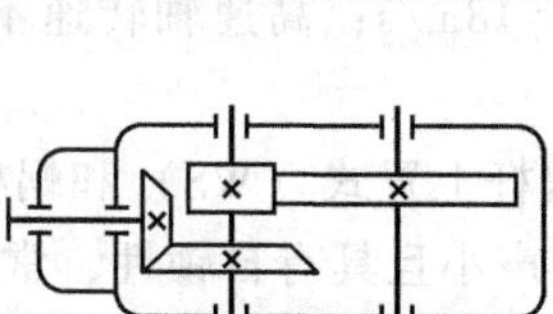	用于输入轴和输出轴的轴线垂直相交且传动比较大的传动。锥齿轮布置在高速级,以减小锥齿轮的尺寸,便于加工。传动比 $i=8\sim25$

（续）

名　称	简　图	特　性
一级蜗杆减速器	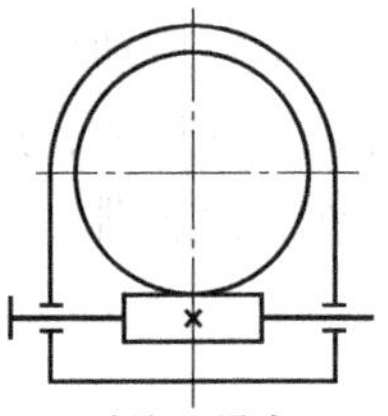 a) 蜗杆下置式 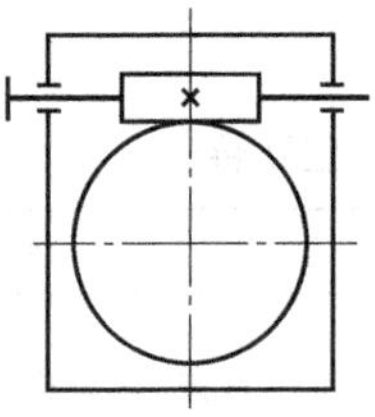 b) 蜗杆上置式	传动比大，结构紧凑，但传动效率低，用于中、小功率、输入轴和输出轴的轴线垂直交错传动。蜗杆下置式的润滑条件较好，应优先选用。当蜗杆圆周速度 $v>4\sim5\mathrm{m/s}$ 时，应采用蜗杆上置式，此时蜗杆轴承润滑条件较差。动力传动时传动比 $i=10\sim40$
NGW 单级行星齿轮减速器	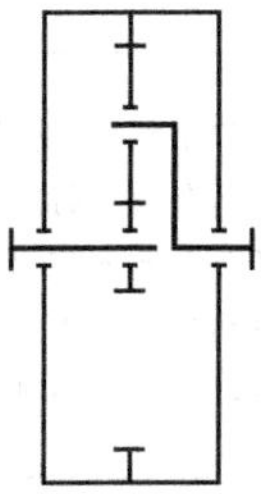	比普通圆柱齿轮减速器尺寸小、重量轻，但制造精度要求高，结构复杂，用于要求结构紧凑的动力传动。传动比 $i=3\sim12$

由于齿轮减速器在机械设备上的广泛应用，减速器已实现标准化和系列化，并由专业厂家进行生产。我国已制定出减速器的标准系列有：锥齿轮圆柱齿轮减速器（JB/T 8853—2015）、圆弧圆柱蜗杆减速器（JB/T 7935—2015）和 NGW 行星齿轮减速器（JB/T 6502—2015）等。在标准系列减速器中，规定了主要的尺寸、参数值和适用条件。使用时应优先选用合适的标准减速器。当需要自行设计时，应参考上述标准。

1. 常用标准减速器

标准减速器的系列较多，其类型、规格、尺寸参数、代号、适用范围及安装尺寸等可查有关手册和产品目录。本书中只简单介绍常用标准减速器。

（1）渐开线圆柱齿轮减速器　渐开线圆柱齿轮减速器分单级（ZDY）、两级（ZLY）和三级（ZSY）。它们的特点是制造、安装简单，功率和速度范围大，适合承受重载或连续工作的机器。其适用条件为：齿轮圆周速度不大于 18m/s；高速轴转速不大于 1500r/min；工作温度在 $-40\sim+45$℃；可用于正反向运转。

（2）普通圆柱蜗杆减速器　这类减速器分蜗杆上置式（WS）和蜗杆下置式（WD）。它们的特点是传动比大、结构紧凑、工作平稳、噪声小且具有自锁性，常用于起重、机床分度及传动比大的机械传动中。但由于蜗杆与蜗轮啮合处相对滑动较大、发热量大、效率低等不足，只用于中小功率和不连续工作的场合。其适用条件为：啮合处相对滑动速度不大于

7.5m/s；蜗杆转速不大于 1500r/min；工作温度在-40~+40℃之间。

2. 标准减速器的选择

选择标准减速器时，一般已知条件是：输入轴传动功率 P_1 或输出转矩 T、高速轴和低速轴转速、载荷特性、使用寿命、装配形式及工作环境等。各种标准减速器都按型号列有承载能力表，可按工作要求选用。一般选用步骤如下。

1) 根据工作要求确定标准减速器的类型。

2) 根据转速求传动比，选用该类型中不同级数的减速器。

3) 由输入功率 P_1（或输出转矩 T）、载荷特性、输入轴转速、传动比等条件，在减速器承载能力表中，查得所需减速器的型号及参数、尺寸。

6.5.2 齿轮减速器结构

减速器主要由传动零件（齿轮或蜗杆等）、轴、轴承、箱体及其附件所组成。现以一级圆柱齿轮减速器为例，简要介绍减速器结构。

1. 齿轮、轴及轴承组合（轴系部件）

如图 6-17 所示小齿轮与高速轴制成整体，即采用齿轮轴结构。这种结构用于齿轮直径和轴的直径相差不大的场合。大齿轮装配在低速轴上，利用平键进行周向固定。轴上零件利用轴肩、轴套和轴承盖做轴向固定。由于齿轮啮合时有轴向力，故两轴均采用一对圆锥滚子轴承支承，以承受径向载荷和轴向载荷的复合作用。轴承采用润滑油润滑，为防止齿轮传动后的热油直接进入轴承，在轴承与小齿轮之间、位于轴承座孔的箱体内壁处设有挡油环。为防止轴伸段与轴承盖接合处箱内润滑剂泄漏以及外界灰尘、异物进入箱内，在轴承盖中装有密封件（图中采用油封毡圈）。

2. 箱体

箱体是减速器的重要组成部件。它是传动件的基体，应具有足够的强度和刚度。箱体通常用灰铸铁铸造，对于受冲击载荷的重型减速器也可采用铸钢箱体。单件生产的减速器，为了简化工艺，降低成本，可采用钢板焊接箱体。

图 6-17 所示箱体是由灰铸铁铸造的。为了便于轴系部件的安装和拆卸，箱体制成沿轴线水平剖分式。上箱体和下箱体用普通螺栓联接成整体。轴承座的联接螺栓应尽量靠近轴承座，而轴承座旁的凸台应具有足够的支承面，以便放置联接螺栓，并留有旋紧螺栓时需要的扳手空间。为了保证箱体具有足够的刚度，在轴承座附近加有加强肋。为了保证减速器安置在基座上的稳定性，并尽可能减少下箱体底座平面的机加工面积，下箱体底座一般不采用完整的平面，如可采用两块矩形加工基面（开有凹槽）。

3. 减速器的附件

为了保证减速器的正常工作，除了对齿轮、轴、轴承组合和箱体的结构设计应给予足够重视外，还应考虑到为减速器润滑油池注油、排油、检查油面高度、拆装时上下箱体的精确定位、吊运等附件的合理选择和设计。

（1）观察孔及其盖板 为了检查传动件的啮合情况、接触斑点、侧隙，并向箱体内注入润滑油，应在上箱体的上部适当位置设置观察孔。图 6-17 中观察孔设在上箱体能够直接观察到齿轮啮合部位处。平时，观察孔盖板用螺钉固定在箱盖上。观察孔一般为长方形，其大小应允许将手伸入箱内，以便检查齿轮啮合情况。

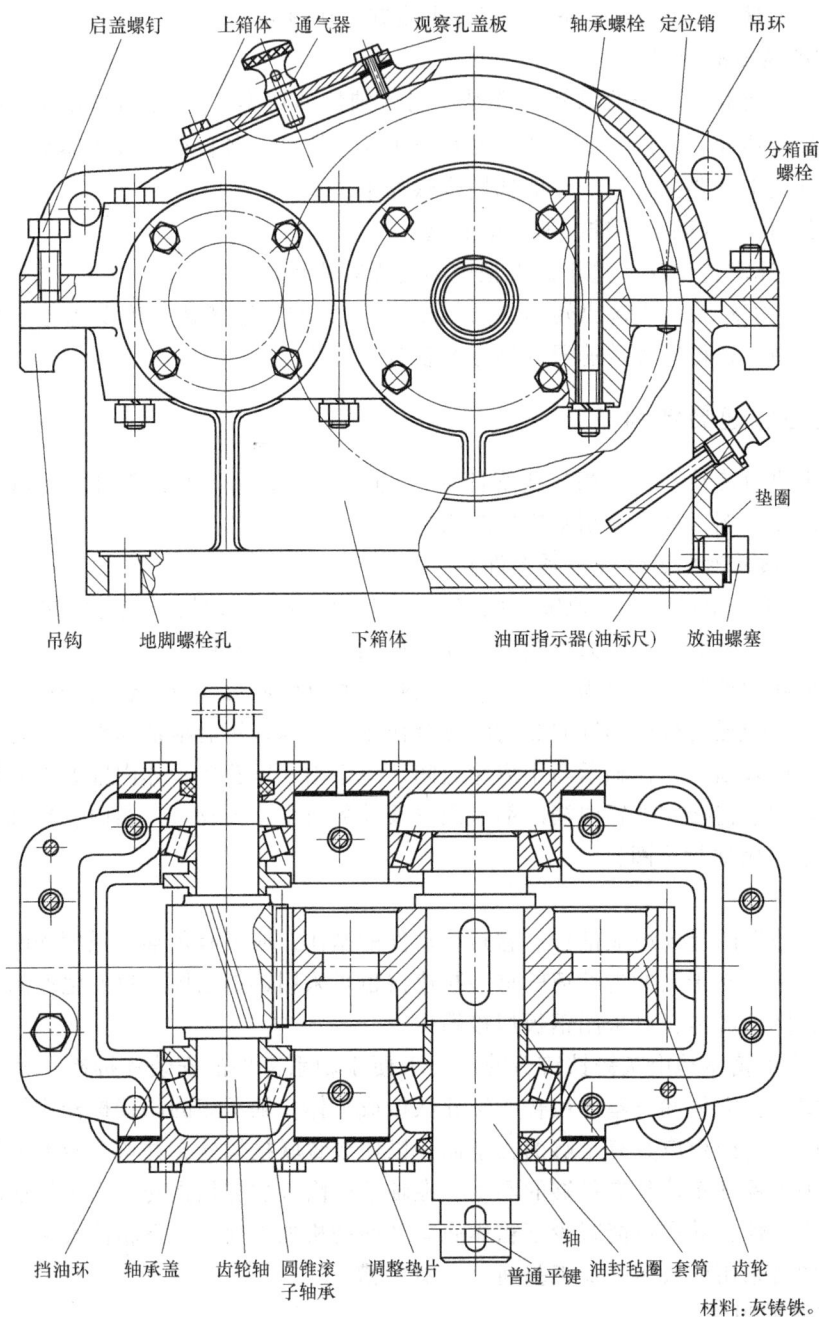

图 6-17　单级圆柱齿轮减速器

（2）通气器　减速器工作时，箱体内温度升高，气体膨胀，压力增大。为使箱内受热膨胀的空气能自由排出，以保证箱体内外压力平衡，不致润滑油沿分箱面和轴伸段或其他缝隙泄漏，通常在上箱体顶部装设通气器。图 6-17 中采用的通气器具有垂直、水平相通的气孔。

（3）轴承盖和密封装置　为了固定轴系部件的轴向位置并承受轴向载荷，轴承座孔两端用轴承盖密封。轴承盖有凸缘式和嵌入式两种。图 6-17 中采用的是凸缘式轴承盖，利用六角头螺栓固定在箱体上。在轴伸处的轴承盖是透盖，透盖中装有密封装置。凸缘式轴承盖的优点是拆装、调整轴承比较方便，但和嵌入式轴承盖相比，零件数目较多，尺寸较大，外观不够平整。

（4）挡油环 轴承用油润滑时和用脂润滑时挡油环的功能和结构都是不同的。轴承用稀油润滑时，挡油环只安装在高速齿轮轴上，其功能是防止齿轮齿侧喷出的热油进入轴承，影响轴承寿命。当齿根圆直径大于轴承座孔径时，可不必安装挡油环。当轴承用润滑脂润滑时，在每个轴承的靠近箱体内壁一侧都应安装挡油环，其作用是阻止箱体内的液体润滑油稀释轴承中的润滑脂。

（5）定位销 为了精确地加工轴承座孔，并保证每次拆装后轴承座的上、下半孔始终保持加工时的位置精度，应在精加工轴承座孔前，在上箱体和下箱体联接的凸缘上配作定位销。图6-17中采用的两个定位圆锥销安置在箱体纵向两侧联接凸缘上，并呈非对称布置，以加强定位效果。

（6）启盖螺钉 为了加强密封效果，通常在装配时于箱体分箱面上涂以水玻璃或密封胶，因而在拆卸时往往因胶结紧而难于分开。为此，常在箱盖联接处凸缘的适当位置，加工出1~2个螺孔，旋入启盖用的圆柱端或平端的启盖螺钉，旋松启盖螺钉便可将上箱体顶起。

（7）油面指示器 为了检查减速器内油池油面的高度，以保证油池内有适当的油量，一般在下箱体便于观察、油面较稳定的部位，装设油面指示器。图6-17中采用的油面指示器是油标尺。

（8）放油螺塞 换油时，为了排出污油和清洗剂，应在下箱体底部、油池的最低位置处开设放油孔。平时放油孔用带有细牙螺纹的螺塞堵住。放油螺塞和箱体接合面间应加防漏用的垫圈。

（9）油杯 当滚动轴承采用润滑脂润滑时，应经常补充润滑脂，因此箱体轴承座上应加油杯，供注润滑脂用。

（10）起吊装置 为了便于搬运，常需在箱体上设置起吊装置，如在箱体上浇注出吊环或吊钩等。图6-17中上箱体设有两个吊环，下箱体浇注出两个吊钩。

总结与复习

1. 由多对相互啮合的齿轮所组成的传动系统称为齿轮系，简称轮系。在工程上，可以根据轮系中各齿轮轴线在空间的位置是否固定，将轮系分为两大类，即定轴轮系和周转轮系。轮系运转时，各齿轮的几何轴线相对于机架的位置均固定不动的齿轮系，称为定轴轮系。至少有一个齿轮的轴线绕其他齿轮的轴线转动的轮系，称为周转轮系。

2. 定轴轮系传动比公式为 $i_{1N}=\dfrac{n_1}{n_N}=(-1)^m\dfrac{\text{所有从动轮齿数的乘积}}{\text{所有主动轮齿数的乘积}}$。行星轮系中转化轮系的传动比一般式为

$$i_{1K}^{H}=\frac{n_{1G}^{H}}{n_{K}^{H}}=\frac{n_1-n_H}{n_K-n_H}=(-1)^n\frac{1\text{到}K\text{各对啮合齿轮从动轮齿数的乘积}}{1\text{到}K\text{各对啮合齿轮主动轮齿数的乘积}}$$

3. 轮系的应用主要在于：实现分路传动；实现相距较远的两轴之间的传动；可获得大的传动比；实现变速和换向传动；实现合成运动；实现分解运动。

4. 减速器广泛用于各行业的机械传动中，齿轮减速器又是其中最常见的一种类型。常用减速器的类型及特性见表 6-2。减速器主要由传动零件（齿轮或蜗杆等）、轴、轴承、箱体及其附件所组成。减速器已实现标准化和系列化，如锥齿轮圆柱齿轮减速器（JB/T 8853—2015）等。

【同步练习与测试】

1. 单选题

（1）确定平行轴定轴轮系传动比符号的方法为（　　　）。

A. 只可用 $(-1)^m$ 确定　　　　　　　　　　　B. 只可用画箭头方法确定

C. 既可用 $(-1)^m$ 确定，又可用画箭头方法确定　D. 随意确定

（2）图 6-10 所示轮系属于（　　　）。

A. 定轴轮系　　　　B. 行星轮系　　　　C. 混合轮系　　　　D. 差动轮系

（3）如图 6-9 所示轮系，$z_1 = z_2$，当齿轮 1 的转速和转向一定，则齿轮 3 的转速和转向（　　　）。

A. 与齿轮 1 的转速和转向相同　　　　B. 与齿轮 1 的转速和转向都不相同

C. 与齿轮 1 的转速相同，转向相反　　D. 与齿轮 1 的转速不同，转向相同

2. 多选题

（1）轮系的功用是（　　　）。

A. 合成或分解运动　　　　　　　　　　B. 实现大传动比

C. 实现变速和换向传动　　　　　　　　D. 实现分路传动

（2）定轴轮系的下列情况中，有（　　　）的传动比加正负号。

A. 所有齿轮轴线平行　　　　　　　　　B. 首末两轮轴线平行

C. 首末两轮轴线不平行　　　　　　　　D. 所有齿轮轴线都不平行

（3）惰轮在轮系中的作用是（　　　）。

A. 改变从动轮转向　　　　　　　　　　B. 改变从动轮转速

C. 调节齿轮轴间距离　　　　　　　　　D. 提高齿轮强度

（4）定轴轮系的下列情况中，当（　　　）时适用 $(-1)^m$ 确定传动比的正负号。

A. 所有齿轮轴线平行　　　　　　　　　B. 所有齿轮都是圆柱齿轮

C. 首末两轮轴线平行　　　　　　　　　D. 所有齿轮之间是外啮合

3. 判断题

（1）定轴轮系中所有齿轮的轴都固定。　　　　　　　　　　　　　　　（　　　）

（2）至少有一个齿轮的几何轴线做圆周运动的轮系，称为周转轮系。　（　　　）

（3）将行星轮系转化为定轴轮系后，其各构件间的相对运动发生了变化。（　　　）

（4）惰轮是在轮系中不起作用的齿轮。　　　　　　　　　　　　　　　（　　　）

4. 简答题

（1）轮系有哪些主要功用？它是如何进行分类的？

（2）什么是行星轮系的转化轮系？i_{GK}^H 是否是行星轮系中齿轮 G 和齿轮 K 的传动比？

（3）分流式两级圆柱齿轮减速器有哪两种分流方式？哪种分流方式性能较好？

（4）在锥齿轮和圆柱齿轮传动组成的减速器中，哪种齿轮传动应位于高速级？为什么？

5. 设计计算题

（1）在图 6-18 所示的轮系中，已知 $z_1 = 15$，$z_2 = 25$，$z_{2'} = 15$，$z_3 = 30$，$z_{3'} = 15$，$z_4 = 30$，$z_{4'} = 2$（右旋），$z_5 = 60$，$z_{5'} = 20$（$m = 4\text{mm}$）。若 $n_1 = 500\text{r/min}$，求齿条 6 线速度 v_6 的大小和方向。

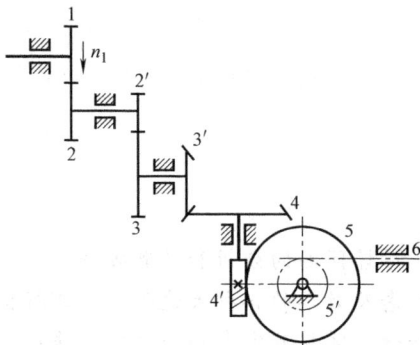

图 6-18 设计计算题（1）图

（2）在图 6-19 所示的手动葫芦中，S 为手动链轮，H 为起重链轮。已知 $z_1 = 12$，$z_2 = 28$，$z_{2'} = 14$，$z_3 = 54$，求传动比 i_{1H}。

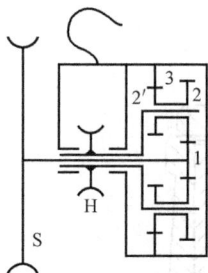

图 6-19 设计计算题（2）图

（3）在图 6-20 所示的差动轮系中，已知 $z_1 = 30$，$z_2 = 25$，$z_{2'} = 20$，$z_3 = 75$，齿轮 1 的转速为 200r/min（箭头向上），齿轮 3 的转速为 50r/min（箭头向下），求行星架转速 n_H 的大小和方向。

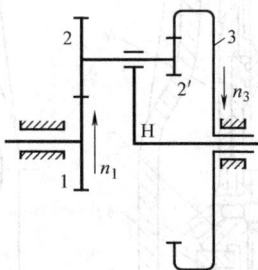

图 6-20 设计计算题（3）图

第7章

螺纹联接及螺旋传动

知识学习目标：

- 掌握螺旋副及转动副中摩擦问题的分析和计算方法；
- 熟练掌握机械效率的概念及效率的各种表达形式，掌握机械效率的计算方法；
- 正确理解机械自锁的概念，掌握确定自锁条件的方法；
- 了解考虑摩擦时机构力分析的一般方法；
- 了解螺旋副的效率及摩擦在机械中的应用。

技能训练目标：

能够进行螺栓组联接的结构设计。

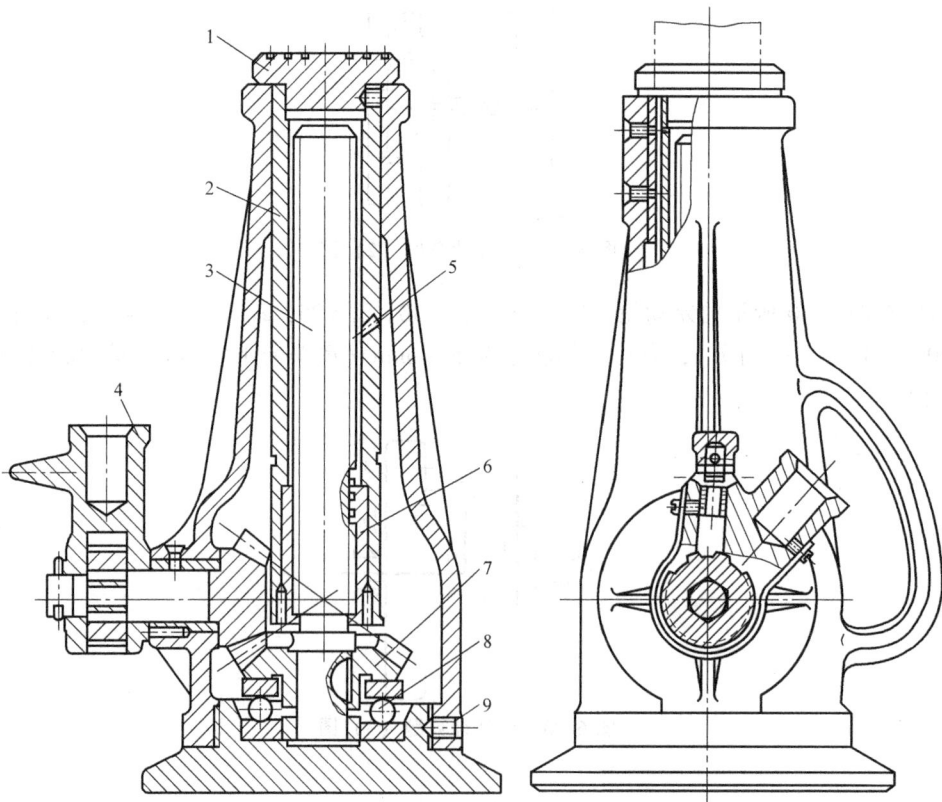

图 7-1　齿轮螺旋千斤顶
1—顶盖　2—套筒　3—丝杠　4—带棘爪的手柄　5—润滑油孔　6—螺母　7—锥齿轮　8—推力轴承　9—定位螺钉

【应用导入例】齿轮螺旋千斤顶

千斤顶是一种结构简单的起重机械，起重量一般为 0.5~50t，起重高度不超过 1m。千斤顶结构简单，工作平稳，自重小，便于携带，广泛应用于交通、工矿等行业。

如图 7-1 所示齿轮螺旋千斤顶，是一种常见的机械式千斤顶。铸铁外壳上有一个可上下移动的套筒 2，套筒由梯形或矩形螺旋副带动，通过上部的顶盖 1 顶起重物。工作时，摇动带棘爪的手柄 4，通过棘爪带动锥齿轮机构，锥齿轮 7 带动丝杠 3 旋转。由于丝杠 3 不能沿轴向移动，与其配合的螺母 6 便会沿丝杠上下移动，从而带动套筒和重物升降。

7.1 机械制造中常用螺纹

将两个或两个以上的零件联成一个整体的方式称为联接。经多次装拆仍无损于使用性能的为可拆联接，如螺纹联接、键联接和销联接等。其中螺纹联接因结构简单、装拆方便且种类繁多，成为机械结构中应用最为广泛的联接方式。

7.1.1 螺纹的类型、特点和应用

螺纹是指在圆柱或圆锥表面上，具有相同牙型、沿螺旋线连续凸起的牙体。螺纹的线数分单线、双线及多线。螺纹联接中螺纹分外螺纹和内螺纹两种，成对使用。按螺纹的旋向可分为左旋螺纹和右旋螺纹，常用的为右旋螺纹。螺纹又分为米制和英制两类，我国除管螺纹外，一般都采用米制螺纹。

按照螺纹牙型结构不同，螺纹又可分为联接螺纹和传动螺纹。常用螺纹的类型有普通螺纹、管螺纹、矩形螺纹、梯形螺纹、锯齿形螺纹。前两种主要用于联接，后三种主要用于传动，除矩形螺纹外其他螺纹已标准化。常用螺纹的类型、牙型图、特点和应用见表 7-1。

表 7-1 常用螺纹的类型、牙型图、特点和应用

类 型		牙 型 图	特点和应用
联接螺纹	普通螺纹	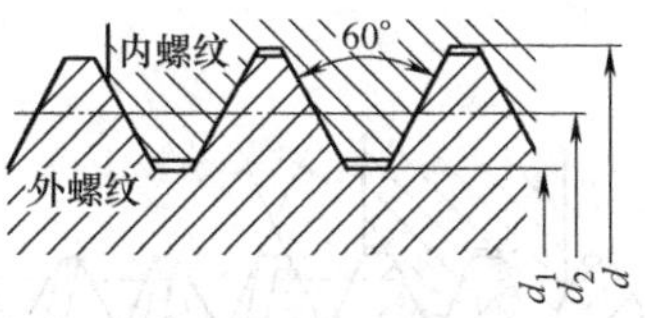	牙型角 $\alpha=60°$，当量摩擦因数大，自锁性能好。螺纹牙根部较厚、强度高，应用广泛。同一公称直径，按螺距大小分为粗牙和细牙，常用粗牙。细牙的螺距和升角小，自锁性能较好，但不耐磨、易滑扣，常用于薄壁件，或受动载荷和要求紧密性的联接，还可用于微调机构等
	55°非密封管螺纹	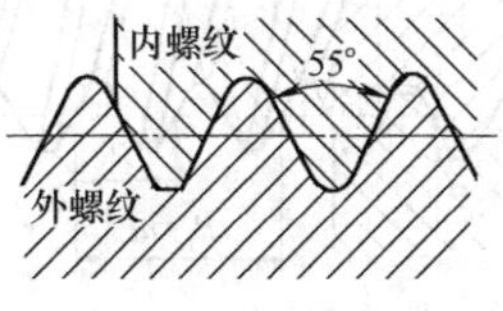	牙型角 $\alpha=55°$。牙顶、牙底呈圆弧，牙高较小。螺纹副的内、外螺纹间没有间隙，联接紧密，常用于低压的水、煤气、润滑或电气线路系统中的联接

（续）

类　型		牙　型　图	特点和应用
联接螺纹	55°密封管螺纹		牙型角 $\alpha=55°$。与55°非密封管螺纹相似，但螺纹分布在1:16的圆锥管壁上。旋紧后，依靠螺纹牙的变形使联接更为紧密，主要用于高温、高压条件下工作的管路联接。例如汽车、工程机械、航空机械，机床的燃料、油、水、气输送管路系统
传动螺纹	矩形螺纹		螺纹牙的截面多为正方形，牙厚为螺距的一半，螺纹牙根部强度较低。因其摩擦因数较小，效率较其他螺纹高，故多用于传动。但难于精加工，磨损后松动、间隙难以补偿，对中性差，常用梯形螺纹代替
	梯形螺纹		牙型角 $\alpha=30°$，效率虽较矩形螺纹低，但较易加工，对中性好，螺纹牙根部强度较高，用剖分螺母时，磨损后可以调整间隙，故多用于传动
	锯齿形螺纹		工作面的牙侧角为3°，便于铣制；非工作面的牙侧角为30°，以保证螺纹牙根部有足够的强度。它兼有矩形螺纹效率高和梯形螺纹牙根部强度高的优点，但只用于承受单向载荷的传动

7.1.2　螺纹的主要参数

螺纹的主要几何参数如图7-2所示，具体如下。

（1）大径 d　与外螺纹牙顶或内螺纹牙底相切的假想圆柱或圆锥的直径，标准中为螺纹的公称直径。

（2）小径 d_1　与外螺纹牙底或内螺纹牙顶相切的假想圆柱或圆锥的直径，常作为螺杆强度计算中危险截面的计算直径。

（3）中径 d_2　中径圆柱或中径圆锥的直径。

（4）螺距 P　相邻两牙体上的对应牙侧与中径线相交两点间的轴向距离。

（5）线数 n　螺纹的螺旋线数 n。其中单线螺纹 $n=1$，双线螺纹 $n=2$，依此类推。

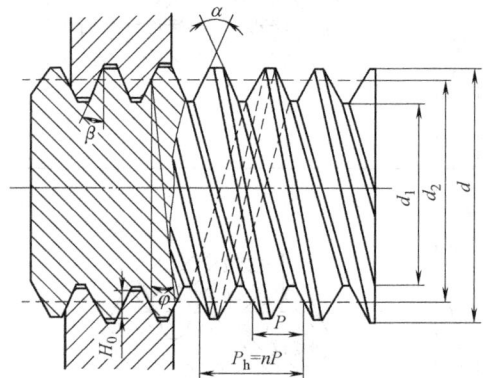

图 7-2　螺纹的主要几何参数

（6）导程 P_h　在同一条螺旋线上，位置相同、相邻的两对应点间的轴向距离，即一个点沿着螺旋线旋转一周所对应的轴向距离。导程和线数的关系为

$$P_h = nP \tag{7-1}$$

（7）螺纹升角 φ　在中径圆柱上，螺旋线的切线与垂直于螺纹轴线平面间的夹角，即

$$\varphi = \arctan \frac{P_h}{\pi d_2} = \arctan \frac{nP}{\pi d_2} \tag{7-2}$$

（8）牙型角 α　在螺纹牙型上，两相邻牙侧间的夹角称为牙型角。例如普通螺纹的牙型角 $\alpha = 60°$。

（9）螺纹接触高度 H_0　在两个同轴配合螺纹的牙型上，外螺纹牙顶至内螺纹牙顶间的径向距离，即内、外螺纹的牙型重叠径向高度。

7.2　螺旋副的受力分析、自锁和效率

7.2.1　螺旋副的受力分析

如图7-3所示，设矩形螺母在力矩 T 和轴向载荷 Q 的作用下等速回转，并沿 Q 的反方向移动。为了简化分析，可将螺母视为滑块，如图7-4所示，当旋紧螺母时，在中径上水平切向力 F 的推动下，沿螺旋面匀速上升。

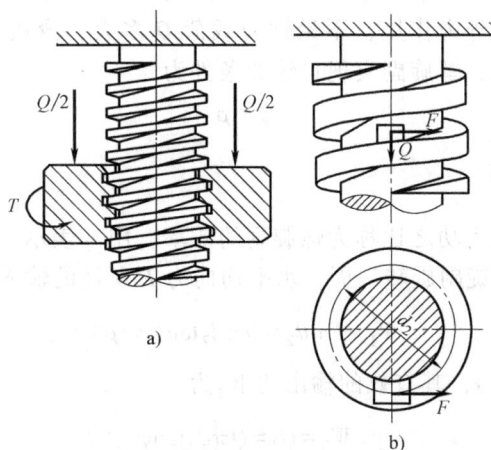

图7-3　螺旋副受力简化模型

若将螺旋面沿中径 d_2 展开成一螺纹升角为 φ 的斜面，则螺旋副的受力即相当于滑块在水平切向力 F 的推动下，克服轴向载荷 Q 和摩擦力 $F_f = Nf$，沿斜面匀速向上移动。如图7-4a所示，滑块在 Q、F 及 R 三力作用下平衡，可得

$$F = Q\tan(\varphi + \rho) \tag{7-3}$$

F 在螺纹中径 d_2 处对螺纹轴线的力矩 T 称为螺纹力矩，则有

$$T = F \frac{d_2}{2} = Q\tan(\varphi + \rho)\frac{d_2}{2} \tag{7-4}$$

当拧松螺旋副时，可视作滑块沿斜面匀速下滑，如图7-4b所示。这时，F 和 F_f 的方向

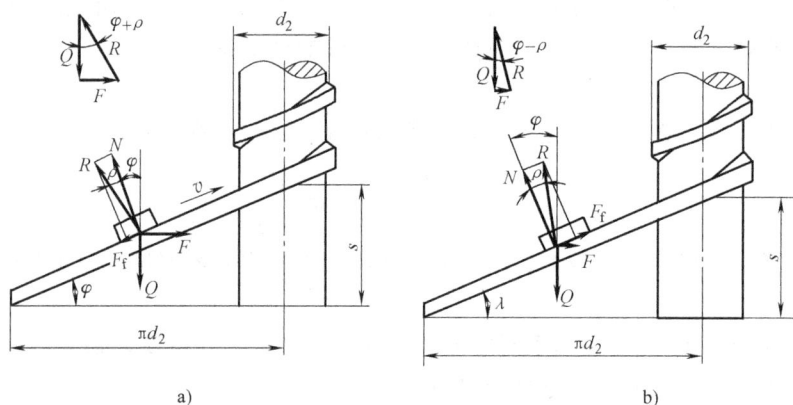

图 7-4　螺旋副的受力情况

与匀速上升时的方向相反，沿斜面匀速下滑时的水平切向力和阻力矩为

$$F = Q\tan(\varphi - \rho) \tag{7-5}$$

$$T = F\frac{d_2}{2} = Q\tan(\varphi-\rho)\frac{d_2}{2} \tag{7-6}$$

7.2.2　螺旋副的自锁

由式 (7-6) 可知，当 $\varphi \leqslant \rho$ 时，$F \leqslant 0$。这时，若不加反方向作用力，则滑块在斜面上不会自动下滑。也即没有外力作用，不论轴向载荷 Q 多大，滑块也不会自行下滑，该现象称为螺旋副的自锁。所以，螺旋副实现自锁的条件为

$$\varphi \leqslant \rho \tag{7-7}$$

7.2.3　螺旋副的效率

螺旋副的输出功与输入功之比称为螺旋副的效率，用 η 表示，即 η＝输出功/输入功。克服轴向载荷 Q，螺旋副旋转一周，水平切向力 F 所做的输入功 W_1 为

$$W_1 = F\pi d_2 = Q\pi d_2\tan(\varphi+\rho)$$

这时，滑块上升距离 s，其有效的输出功 W_2 为

$$W_2 = Qs = Q\pi d_2\tan\varphi$$

因此，旋紧螺母时螺旋副的效率为

$$\eta = \frac{W_2}{W_1} = \frac{\tan\varphi}{\tan(\varphi+\rho)} \tag{7-8}$$

7.3　螺纹联接的类型、预紧和防松

7.3.1　螺纹联接的类型

螺纹联接的基本类型、特点和应用见表 7-2。

表 7-2 螺纹联接的基本类型、特点和应用

类型	结构	尺寸关系	特点和应用
螺栓联接	 普通螺栓联接 六角头螺栓联接	1)螺纹余留长度 l_1 普通螺栓联接 静载荷 $l_1 \geqslant (0.3 \sim 0.5)d$ 变载荷 $l_1 \geqslant 0.75d$ 冲击或弯曲载荷 $l_1 \geqslant d$ 六角头加强杆螺栓联接 l_1 尽可能小 2)螺纹伸出长度 a $a \approx (0.2 \sim 0.3)d$ 3)螺栓轴线到边缘的距离 $e = d + (3 \sim 6)\text{mm}$	将螺栓穿过被联接件的孔(螺栓与螺栓孔之间留有间隙),然后拧紧螺母,结构简单、拆装方便。孔壁和螺杆之间有间隙,孔的加工精度要求较低。主要用于被联接件不太厚且两端均有装配空间的场合 六角头螺栓一般用于承受横向载荷或固定被联接件相互位置的场合。孔与螺杆之间没有间隙,常采用基孔制 H7/m6 过渡配合
双头螺柱联接	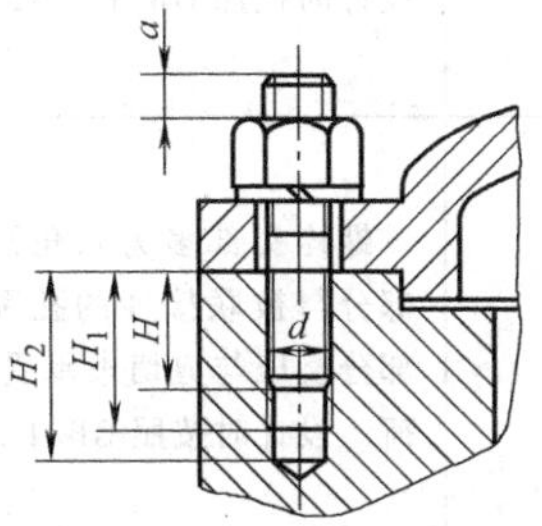	1)拧入被联接件深度 H,当螺纹孔材料为 钢或青铜 $H \approx d$ 铸铁 $H \approx (1.25 \sim 1.5)d$ 铝合金 $H \approx (1.5 \sim 2.5)d$ 2)螺纹孔深度 H_1 $H_1 = H + (2 \sim 2.5)P(P$ 为螺距) 3)钻孔深度 H_2 $H_2 = H + (0.5 \sim 1)d$ 其他同螺栓联接	利用双头螺柱的一端旋紧在被联接件的螺纹孔中,另一端则穿过另一被联接件的孔,拧紧螺母后将被联接件联接起来。适用于被联接件之一太厚、不便穿孔,结构要求紧凑或需经常装拆的场合
螺钉联接	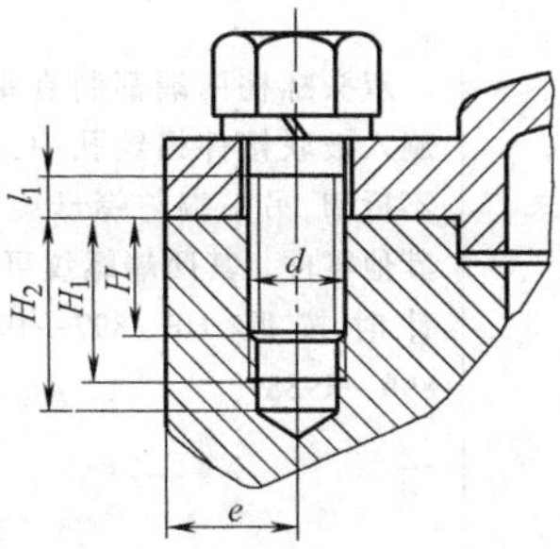		将螺钉穿过被联接件的孔并旋入另一被联接件的螺纹孔中。适用于被联接件之一太厚且不需经常拆装的场合

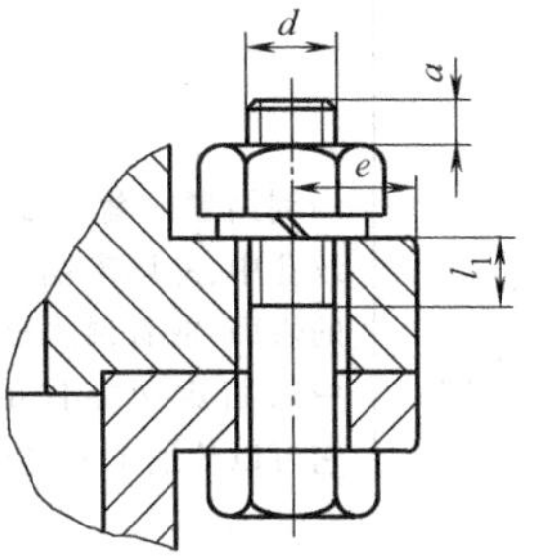

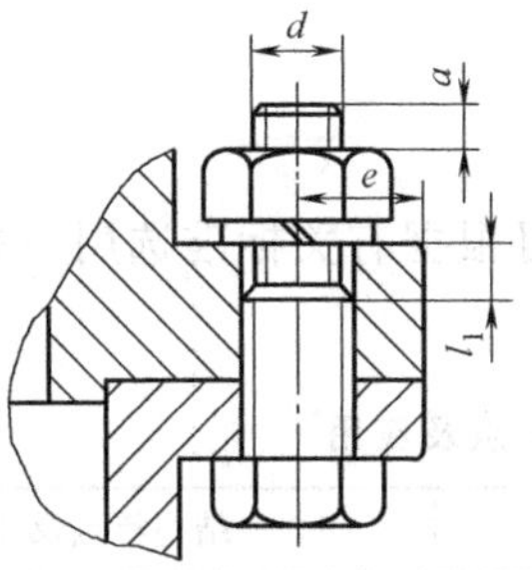

（续）

类型	结　　构	尺寸关系	特点和应用
紧定螺钉联接	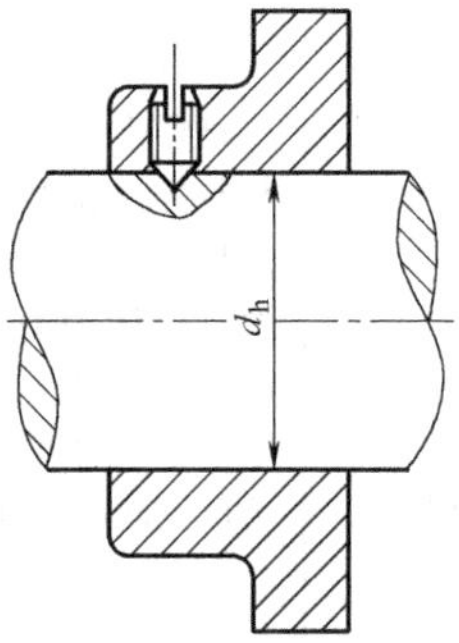	$d=(0.2\sim0.3)d_h$ 当力和转矩大时取较大值	利用紧定螺钉旋入零件的螺纹孔中，并以末端顶住另一零件的表面，或者顶入该零件的凹坑中以固定两零件的相互位置。它可以传递不大的载荷

7.3.2　螺纹联接件的主要类型

螺纹联接件的类型很多，并且大多已标准化，设计时可根据有关标准选用。常用螺纹联接件的类型、结构特点及应用见表7-3。

表7-3　常用螺纹联接件的类型、结构特点及应用

类型及名称		图　　例	结构特点及应用
螺栓	六角头螺栓	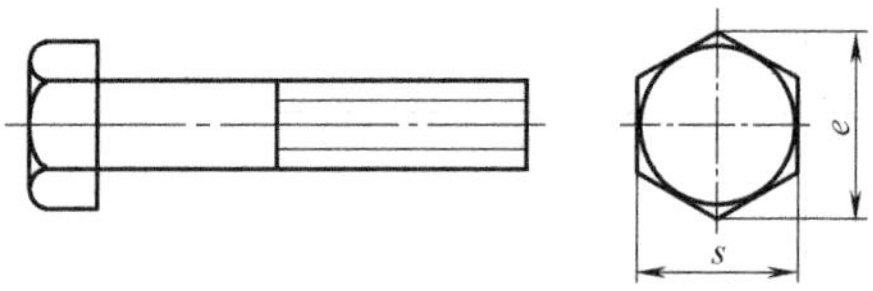	常用六角形头部，螺杆有部分螺纹和全螺纹两种，可用于螺钉联接。设计时按照 GB/T 5782—2016
	六角头螺栓	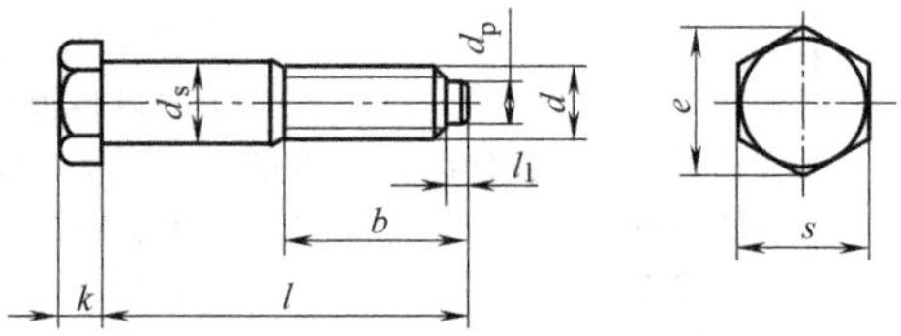	螺栓头部多为六角形，其中光杆部分与被联接件的孔配合，以光杆部分挤压与剪切来承受横向工作载荷。设计时按照 GB/T 27—2013
双头螺柱		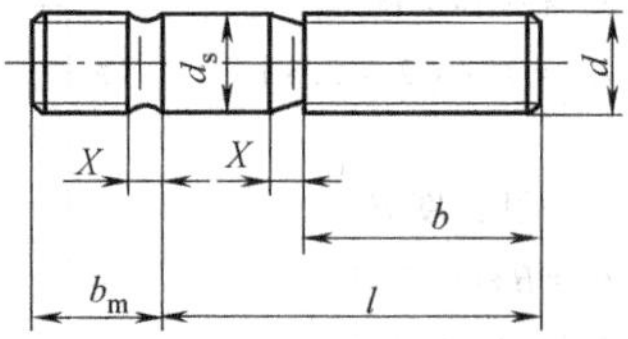 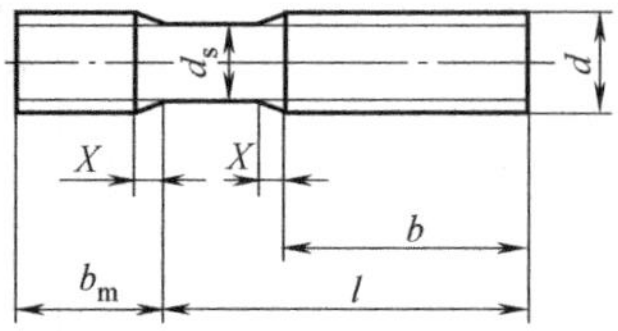	双头螺柱两端都制有螺纹，一端旋入被联接件螺纹孔中，旋入后即不拆卸，另一端与螺母旋合以固定其他零件。其两端螺纹可不同。设计时按照 GB 897—1988 ～ GB 899—1988

（续）

类型及名称		图　例	结构特点及应用
螺钉			螺钉的头部形状较多,有平圆头、扁圆头、六角头、圆柱头和沉头等,以适应不同的装配要求。头部起字槽有一字槽、十字槽和内、外六角等形式。十字槽螺钉头部强度高、对中性好,便于自动装配,但不易施加较大的预紧力;内、外六角螺钉能承受较大的预紧力,联接强度高,用于要求结构紧凑的场合
紧定螺钉			紧定螺钉头部、尾部有多种形状,并用末端顶住被联接件,以满足不同的拧紧需要,其中方头能承受较大预紧力。常用的尾部形状中,平端用于高硬度表面或经常拆卸处;圆柱端压入空心轴上的凹坑,以紧定零件位置;锥端用于低硬度表面或不经常拆卸处。其尾部均须有足够的硬度
螺母	六角螺母	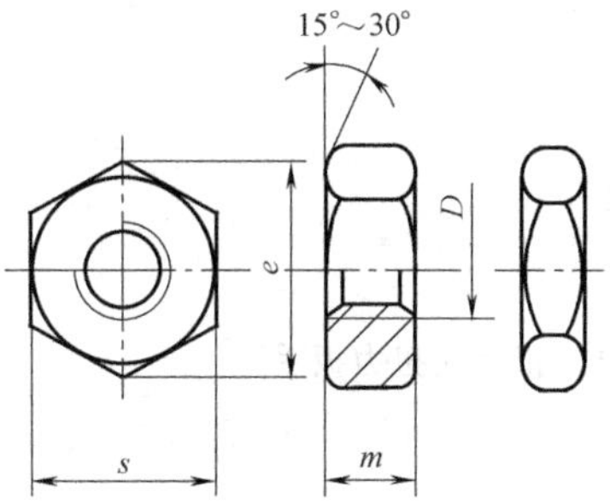	螺母与螺栓、双头螺柱配套使用。其形状有六角形、圆形、方形等,其中六角螺母最常用。按螺母的厚度不同又可分为普通螺母、薄螺母和厚螺母。此外还有圆螺母,常与止动垫圈配用,装配时垫圈内舌嵌入轴槽内,外舌嵌入螺母槽内,以防螺母松脱。圆螺母常用于滚动轴承轴向固定。常用六角螺母设计时按照GB/T 6170—2015
螺母	圆螺母		
垫圈		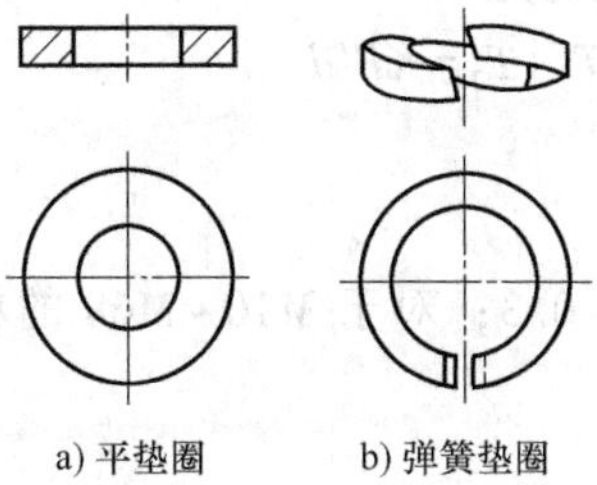 a) 平垫圈　　　b) 弹簧垫圈	常放置在螺母和被联接件之间,起保护支承面等作用。常用的有平垫圈和弹簧垫圈。平垫圈可增加被联接件的支承面积,以保护支承面。弹簧垫圈有防松的作用

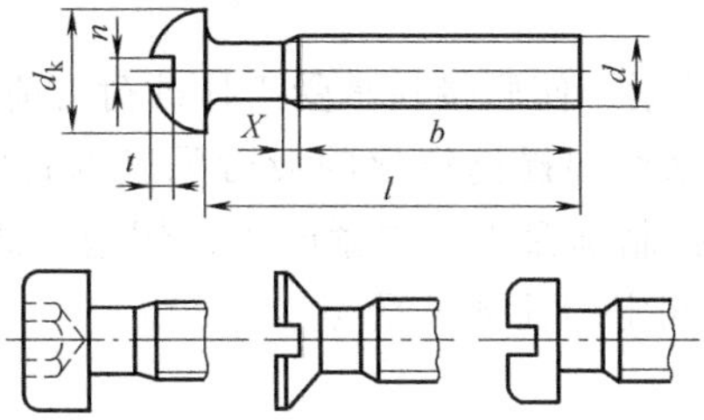

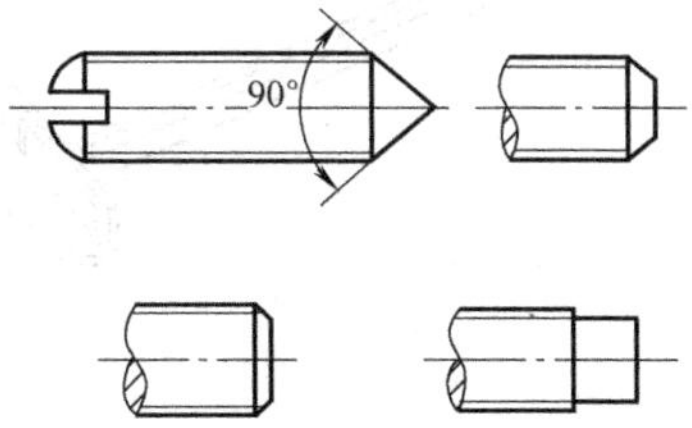

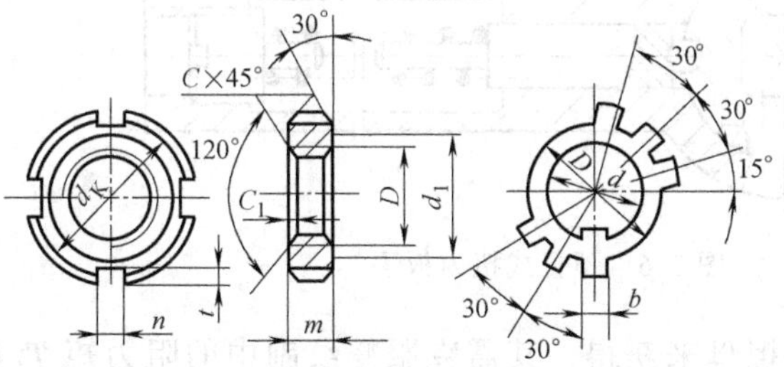

7.3.3 螺纹联接的预紧和防松

1. 螺纹联接的预紧

绝大多数螺纹联接在装配时需要拧紧，使联接在承受工作载荷之前，预先受到预紧力的作用，以达到增大联接的紧密性、可靠性和提高螺栓的疲劳强度的目的。对于重要的联接（如气缸盖的螺纹联接），装配时必须控制预紧力。拧紧时可采用指示式扭力扳手（图7-5）或预置式扭力扳手（图7-6），必要时测定螺栓伸长量等。

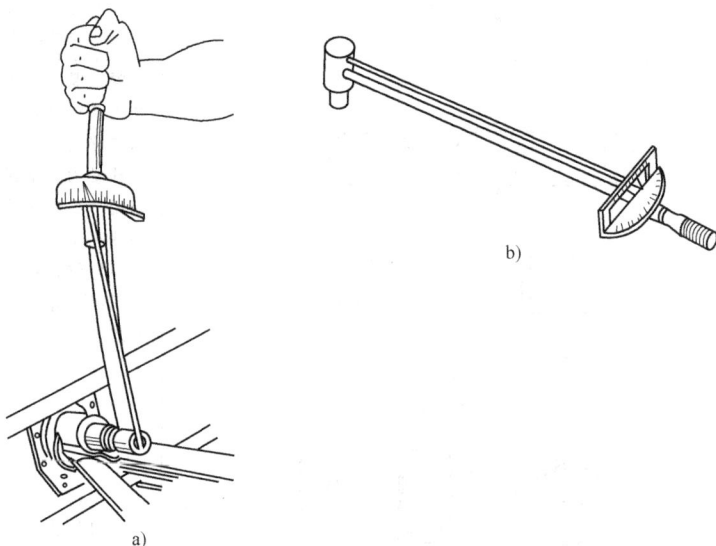

图 7-5　指示式扭力扳手

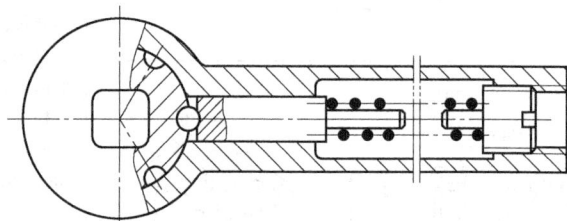

图 7-6　预置式扭力扳手

螺纹联接的预紧力通过拧紧螺母来获得，其需克服螺纹副中的阻力矩 T_1 和螺母支承面上的摩擦阻力矩 T_2，因此用扳手施加拧紧力矩

$$T = T_1 + T_2 = KF'd \tag{7-9}$$

式中　F'——预紧力（N）；

　　　d——螺纹公称直径（mm）；

　　　K——拧紧力矩系数，一般为 0.1～0.3；对于 M10～M68 的粗牙普通螺纹，无润滑时可取 $K \approx 0.2$。

2. 螺纹联接的防松

在静载荷作用下，联接螺纹的升角较小，故能满足自锁条件。但在受冲击、振动或变载荷以及温度变化大时，联接可能自动松脱，容易造成事故。因此，设计螺纹联接时必须考虑防松的问题。常用螺纹联接的防松方法见表7-4。

表7-4 常用螺纹联接的防松方法

利用增大摩擦力防松	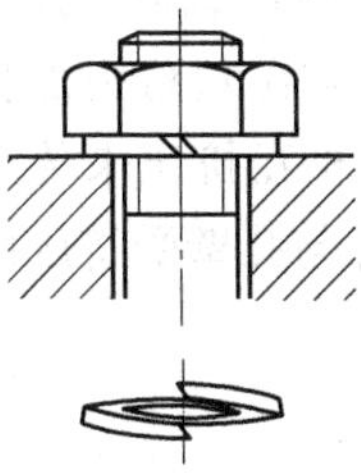	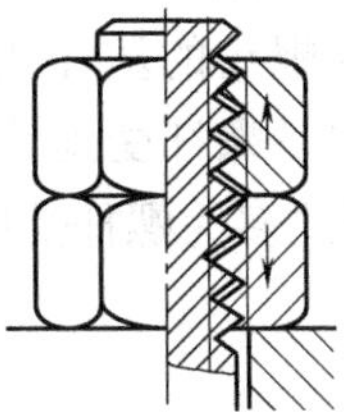	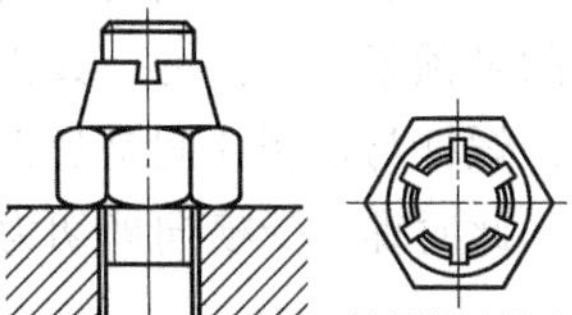 锁紧锥面螺母
	弹簧垫圈 材料为弹簧钢,装配后弹簧垫圈被压平,靠错开的尖端分别切入螺母和被联接件的支承面,以保持预紧力而防松 该方法结构简单,使用方便。但在冲击振动工作下,防松效果较差,一般用于不太重要的联接	双螺母 利用两螺母对顶预紧,使螺栓始终受到附加的拉力及摩擦力而防松 该方法结构简单,可用于低速、重载场合,但轴向尺寸较大	锁紧锥面螺母 锁紧锥面螺母一般制成非圆形收口或开缝后径向收口。当锁紧锥面螺母旋合后产生附加径向力,使螺纹压紧而防松 该方法结构简单,防松可靠,可多次装卸而不降低防松能力
采用止动元件防松	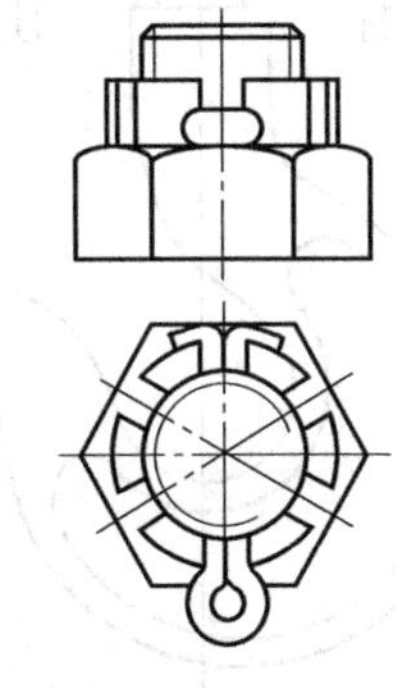	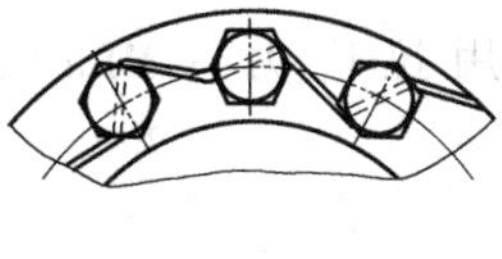	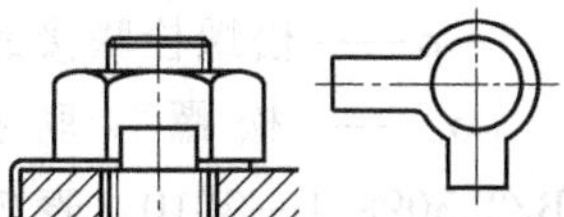 双耳止动垫圈
	六角开槽螺母与开口销 六角开槽螺母尾部开槽,拧紧后用开口销穿过螺母槽和螺栓的径向孔,从而阻止螺栓与六角开槽螺母相对转动而可靠防松 该方法装配不便,可用于变载、冲击振动较大的高速机械中	串联钢丝 用低碳钢丝穿入各螺钉头部的孔内,将各螺钉串联起来、相互制约。使用时必须注意钢丝的穿入方向 该方法适用于螺钉组联接,防松可靠,但装拆不便	双耳止动垫圈 在螺母拧紧后将双耳止动垫圈上的耳一端褶起扣压到螺母的侧平面上,另一端褶下扣紧被联接件,从而将螺母锁住 该方法结构简单,使用方便,防松可靠
其他方法防松	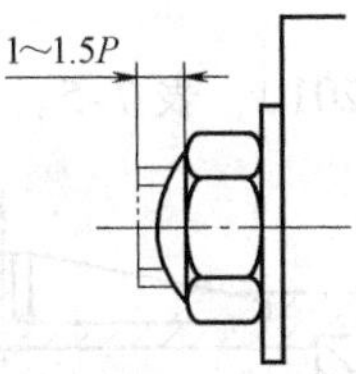	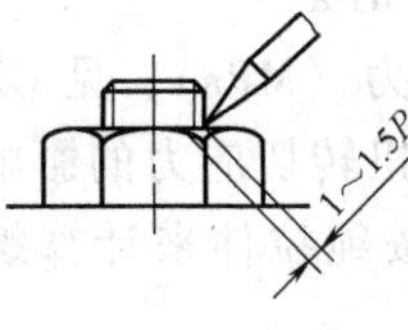	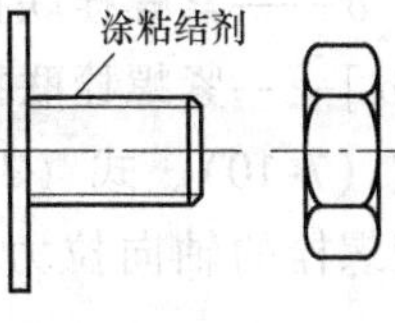 涂粘结剂
	端铆 拧紧后螺栓露出 $1\sim1.5P$,打压这部分使螺纹变大,形成永久性防松	冲点铆住 强迫螺纹副局部塑性变形,阻止其松转而永久性防松;但卸后不能重新使用	粘结剂 用粘结剂涂于螺纹旋合表面,拧紧螺母后自行固化,防松效果良好

7.4 螺栓联接的强度计算

螺栓联接的受载形式很多，单个螺栓受力主要有轴向拉力和横向剪切力两类：一类在普通螺栓中，靠螺栓联接的预紧力使被联接件接合面间产生的摩擦力来传递横向载荷，此时螺栓所受的是预紧轴向拉力，其失效形式多为螺纹的塑性变形或断裂；另一类在六角头加长杆螺栓中，螺杆与铰制孔间是过渡配合，工作时螺杆受到剪切力，杆壁与孔相互挤压来传递横向载荷，此时螺杆受横向剪切力，其失效形式多为螺杆受剪切而剪断，螺杆与孔壁受挤压而压溃。

7.4.1 普通螺栓的强度计算

在设计螺栓联接时，根据普通螺栓失效形式，对受拉螺栓主要以拉伸强度条件作为计算依据。

1. 松螺栓联接的强度计算

图 7-7 所示起重吊钩即属松螺栓联接的实例。若已知螺杆所受工作最大拉力为 F，则螺栓的强度条件为

$$\sigma = \frac{F}{\pi d_1^2/4} \leqslant [\sigma] \tag{7-10}$$

式中 F——螺栓承受的轴向工作载荷（N）；

$\quad\quad d_1$——螺纹小径（mm）；

$\quad\quad \sigma$——松螺栓联接的拉应力（MPa）；

$\quad\quad [\sigma]$——松螺栓联接的许用拉应力（MPa），见 GB/T 3098.1—2010、表 7-5。

2. 紧螺栓联接的强度计算

（1）只受预紧力作用的螺栓 紧螺栓联接装配时需拧紧螺母，所以螺杆除沿轴向受预紧力 F' 的拉伸作用外，还受螺纹力矩 T_1（式 7-9）的扭转作用。F' 和 T_1 将分别使螺纹部分产生拉应力 σ 及扭转切应力 τ，

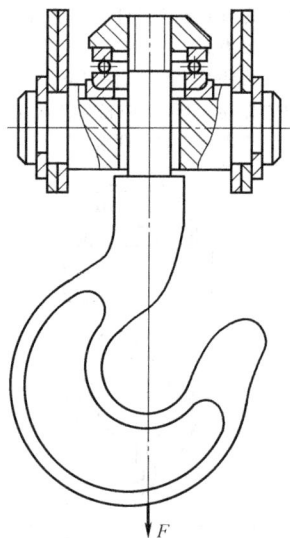

图 7-7 起重吊钩

$$\sigma = 1.3\frac{F'}{\pi d_1^2/4} \leqslant [\sigma] \tag{7-11}$$

式中 F'——螺栓承受的预紧力（N）；

$\quad\quad d_1$——螺纹小径（mm）；

$\quad\quad \sigma$——紧螺栓联接的拉应力（MPa）；

$\quad\quad [\sigma]$——紧螺栓联接的许用拉应力（MPa），见 GB/T 3098.1—2010、表 7-5。

式（7-10）、式（7-11）考虑到扭转切应力的影响，相当于把螺栓的轴向拉力增大 30% 后按纯拉伸来计算螺栓的强度。

（2）受轴向拉力的螺栓联接 这种联接比较常见，图 7-8 所示气缸盖螺栓联接就是典型的实例。由于螺栓和被联接件的弹性变形，螺栓总拉力 F_0 并不等于预紧力 F' 与工

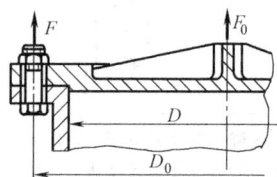

图 7-8 气缸盖联接螺栓受力情况

作拉力 F 之和，根据静力平衡条件和变形协调条件，可求出各力之间的关系式

$$F_0 = F' + \frac{\kappa_1}{\kappa_1 + \kappa_2} F \tag{7-12}$$

$$F' = F'' + \left(1 - \frac{\kappa_1}{\kappa_1 + \kappa_2}\right) F \tag{7-13}$$

式中　F'——螺栓拧紧后所受的预紧力；

　　　F''——螺栓受载变形后的剩余预紧力，其推荐值查机械设计手册；

$\kappa_1/(\kappa_1+\kappa_2)$——螺栓联接的相对刚度，其推荐值查机械设计手册。

考虑到螺栓工作时可能被补充拧紧，在螺纹部分产生扭转切应力，故将总拉力 F_0 增大30%作为计算载荷。则受拉螺栓螺纹部分的强度条件为

$$\sigma = \frac{1.3F_0}{\pi d_1^2/4} \le [\sigma] \quad \text{或} \quad d_1 \ge \sqrt{\frac{1.3F_0}{\pi[\sigma]/4}} \tag{7-14}$$

7.4.2　六角头加长杆螺栓联接的强度计算

如图 7-9 所示，六角头加长杆螺栓失效形式为：被联接件的接合面处螺杆受剪切而剪断；螺杆表面与孔壁之间受挤压而产生压溃。因此，六角头加长杆螺栓联接必须分别按抗剪强度和挤压强度计算。

螺杆的抗剪强度条件

$$\tau = \frac{F_s}{m\pi d_s^2/4} \le [\tau] \tag{7-15}$$

螺杆与孔壁的挤压强度条件

$$\sigma_p = \frac{F_s}{d_s h_{lim}} \le [\sigma_p] \tag{7-16}$$

式中　d_s——螺杆剪切面的直径（mm）；

　　　F_s——单个螺杆所受的横向工作载荷（N）；

　　　m——螺栓受剪切面的数目；

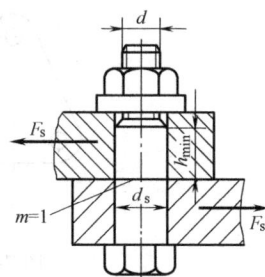

图 7-9　六角头加长杆螺栓联接

　　　h_{lim}——螺杆与孔壁挤压面的最小高度（mm）；

　　　$[\tau]$——螺栓材料的许用切应力（MPa），见 GB/T 3098.1—2010、表 7-5；

　　　$[\sigma_p]$——螺栓或孔壁材料中较弱者的许用挤压应力（MPa），见 GB/T 3098.1—2010、表 7-5。

表 7-5　螺栓联接的许用应力和安全系数

联接情况	受载情况	许用应力和安全系数
松螺栓联接		$[\sigma] = \sigma_s/S, S = 1.2 \sim 1.7$
紧螺栓联接	静载荷	$[\sigma] = \sigma_s/S, S$ 取值:控制预紧力时 $S = 1.2 \sim 1.5$
六角头加长杆螺栓联接		$[\tau] = \sigma_s/2.5$ 被联接件为钢时，$[\sigma_p] = \sigma_s/1.25$;被联接件为铸铁时，$[\sigma_p] = \sigma_s/2 \sim 2.5$
	变载荷	$[\tau] = \sigma_s/3.5 \sim 5$ $[\sigma_p]$ 按静载荷的 $[\sigma_p]$ 值降低 20% ~ 30%

7.5 螺栓组联接的结构设计

机械设备中通过成组使用螺栓联接，力求各螺栓和接合面间受力均匀，是加工和装配螺栓联接的重要问题。由此设计螺栓组联接结构时，应选择合适接合面的几何形状和螺栓的布置形式，确定螺栓的数量等。布置同组内各个螺栓的位置时，应综合考虑以下几方面的问题。

1. 螺栓（钉）孔的布置

为了便于加工制造和对称布置螺栓，接合面的几何形状通常设计成轴对称的简单几何形状；同时也与机器的结构形状相适应，如圆形、环形、矩形和三角形等，如图 7-10 所示。这样可以使螺栓组的对称中心和接合面的形心重合，达到接合面受力比较均匀的目的。

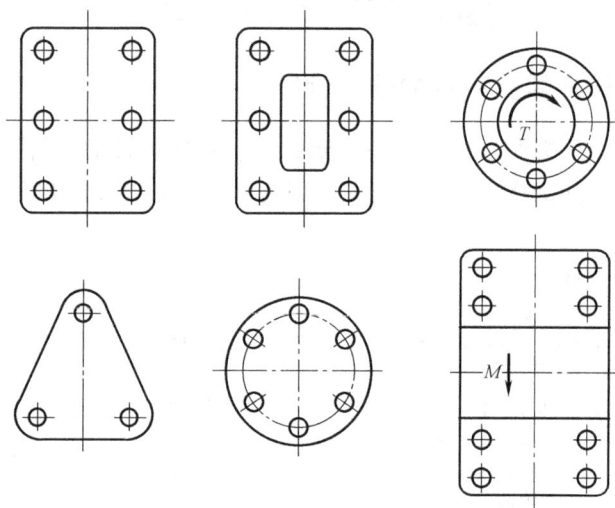

图 7-10 螺栓组接合面的几何形状及螺栓组的布置

2. 各螺栓受力均匀

为了避免各螺栓的受力分布过于不均，对于六角头加长杆螺栓联接，不要在平行于工作载荷的方向上成排地布置 8 个以上的螺栓。同时当螺栓联接承受弯矩或扭矩时，应使螺栓的位置适当靠近接合面的边缘，以远离形心而减小螺栓的受力（图 7-10）。

3. 便于分度和划线

分布在同一圆周上的螺栓数目，应采用 3、4、6、8、12 等，以便在圆周上钻孔时的分度和划线，如图 7-10 所示。同一螺栓组中螺栓的材料、直径和长度均应相同。

4. 避免承受偏心载荷

被联接件上与螺母或螺栓头接触的支承面应平整，并且要求与螺栓轴线垂直，以避免螺栓承受偏心载荷而削弱螺栓强度。对于铸件、锻件、焊件等的粗糙表面，应加工成凸台（图 7-11a）、沉孔（图 7-11b），或采用球面垫圈（图 7-11c）。支承面倾斜时应采用斜面垫圈（图 7-11d），这样可使螺栓轴线垂直于支承面，避免承受偏心载荷。

5. 螺栓排列应有合理的扳手空间

在布置螺栓时，螺栓中心线与机体壁、螺栓之间的距离，间距与边距要依据扳手所需的活动空间大小来决定，如图 7-12 所示扳手空间，其最小尺寸可查阅有关手册。

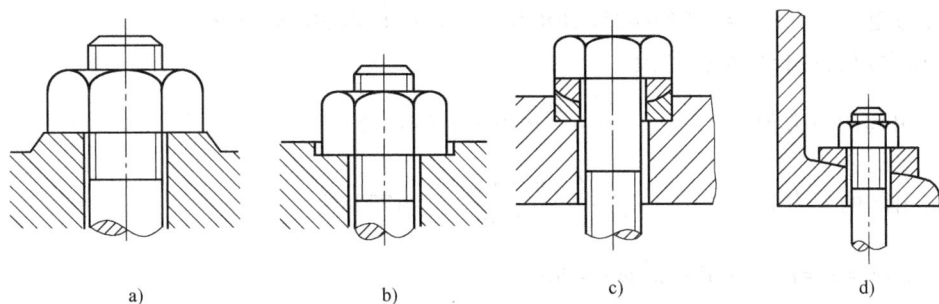

a)　　　b)　　　c)　　　d)

图 7-11　避免螺栓承受偏心载荷的措施

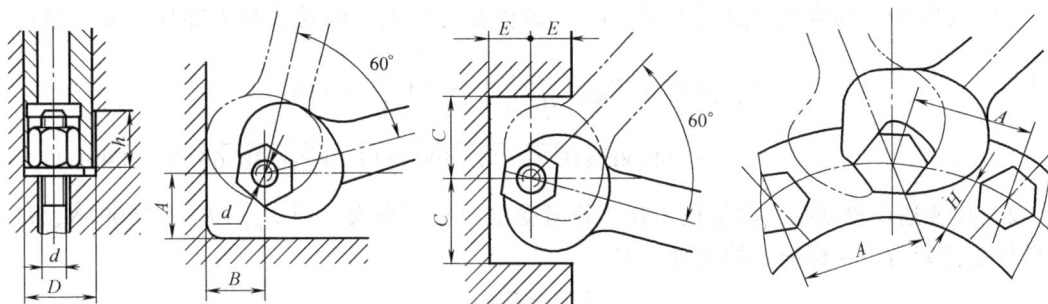

图 7-12　扳手空间

6. 螺栓规格的选择

在通用机械中，为了便于采购、管理和安装，对同一螺栓组内的螺栓及零部件，不论其受力的大小，应采用同样材料、直径、长度和相同标准的螺栓。

【例 7-1】 如图 7-13 所示，用 4 个螺栓将矩形钢板固定在 250mm 宽的槽钢上，悬臂载荷 $F=16$kN。试求：

1）用六角头加长杆螺栓联接，受载最大的螺栓所受的横向剪力。（其中摩擦因数 $f=0.3$，可靠性系数 $K_f=1.1$）

2）用普通螺栓联接，螺栓所需的预紧力。

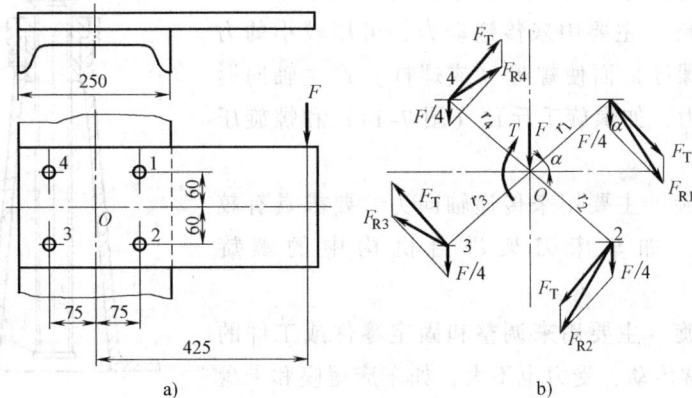

a)　　　　　　　b)

图 7-13　用螺栓联接矩形钢板

解： 为了简化计算，将力 F 移向接合面形心，得

悬臂载荷 $\qquad\qquad\qquad\qquad F = 16\text{kN}$

旋转力矩 $\qquad T = 425F = 425 \times 16 \times 10^3 \text{N} \cdot \text{mm} = 6.8 \times 10^6 \text{N} \cdot \text{mm}$

1）用六角头加长杆螺栓联接

由 F 引起的剪力为 $\qquad\qquad \dfrac{F}{4} = \dfrac{16}{4} \times 10^3 \text{N} = 4 \times 10^3 \text{N}$

由 T 引起的剪力为 $\qquad\qquad F_T = \dfrac{T}{4r} = \dfrac{6.8 \times 10^6}{4 \times 96}\text{N} = 17708\text{N}$

式中 $r_1 = r_2 = r_3 = r_4 = r = \sqrt{60^2 + 75^2}\,\text{mm} = 96\text{mm}$

由图 7-13b 可知 $\qquad\qquad \alpha = \arctan\dfrac{60}{75} = 38.66°$

图 7-13b 所示的合成剪力图表明，1、2 螺栓受力最大，即受载最大螺栓所受的横向剪

力为 $\qquad\qquad F_{Rmax} = F_{R1} = F_{R2} = \sqrt{\left(\dfrac{F}{4}\right)^2 + F_T^2 + \dfrac{2F}{4}F_T\cos\alpha}$

$$= \sqrt{4000^2 + 17708^2 + 2 \times 4000 \times 17708 \times \cos 38.66°}\,\text{N} = 20981\text{N}$$

2）用普通螺栓联接　因螺栓 1 和 2 处所受横向载荷最大，即 $F_{R1} = F_{R2} = 20981\text{N}$，每个螺栓仅受预紧力。求螺栓 1 的预紧力 F'

$$fF'm \geq K_f F_{R1}$$

螺栓所需的预紧力 $\qquad F' \geq \dfrac{K_f F_{R1}}{fm} = \dfrac{1.1 \times 20981}{0.3 \times 1}\text{N} = 76930\text{N}$

7.6　螺旋传动

螺旋传动利用由螺杆和螺母组成的螺旋副将旋转运动变为直线运动，同时进行动力和运动的传递。

7.6.1　螺旋传动机构的组成和类型

螺旋传动按其用途和受力情况分为如下 3 类。

（1）传力螺旋　主要用来传递动力，可用较小的力矩转动螺杆（或螺母）而使螺母（或螺杆）产生轴向运动和较大的轴向力，如螺旋千斤顶（图 7-14）和螺旋压力机的螺旋等。

（2）传导螺旋　主要用来传递轴向力，要求具有较高的传动精度，如车床刀架进给机构中的螺旋（图 7-15a）等。

（3）调整螺旋　主要用来调整和固定零件或工件的相互位置，不经常传动，受力也不大，如车床尾座和卡盘的螺旋、量具的测量螺旋（图 7-15b）等。

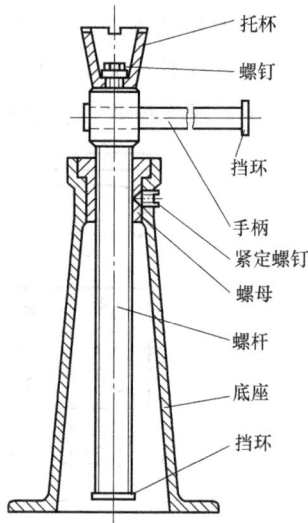

图 7-14　螺旋千斤顶

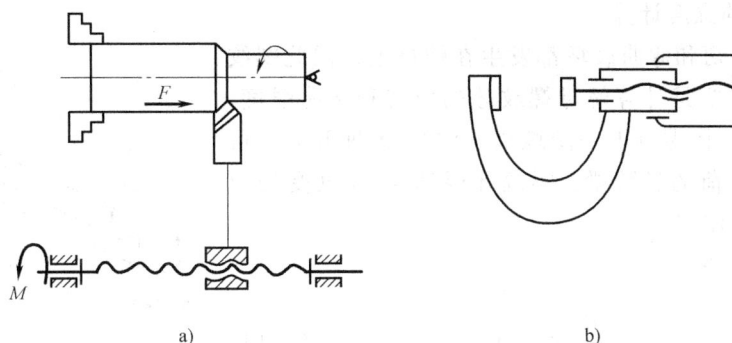

图 7-15 螺旋传动

a）车床刀架进给机构中的螺旋 b）量具的测量螺旋

7.6.2 滑动螺旋传动的设计计算

1. 根据耐磨性计算螺杆直径

螺母所用的材料一般比螺杆的材料软，所以磨损主要发生在螺母的螺纹表面。故通常用限制螺纹表面的压强不超过材料的许用压强来进行计算，即

校核公式
$$p = \frac{F}{\pi D_2 hz} \leqslant [p] \tag{7-17}$$

螺杆直径计算公式

$$D_2 \geqslant \sqrt{\frac{Fp}{\pi \psi h [p]}} \tag{7-18}$$

式中 F——轴向载荷（N）；

D_2——螺纹中径（mm）；

z——旋合圈数，一般不宜超过 10 圈；

$[p]$——许用压强（MPa），见表 7-6；

h——螺纹的工作高度（mm），对矩形、梯形螺纹 $h = 0.5P$，锯齿形螺纹 $h = 0.75P$，P 为螺距（mm）；

ψ——螺母高度系数，对整体螺母，为使受力比较均匀，旋合圈数不易太多，取 $\psi = 1.5 \sim 2.5$；剖分式螺母或受载较大的取 $\psi = 2.5 \sim 3.5$；传动精度较高、载荷较大、要求寿命较长时，取 $\psi = 4$。

表 7-6 滑动螺旋传动的许用压强 $[p]$

配对材料	许用压强/MPa	
	滑动速度 $v < 12\text{m/min}$	低速，如人力驱动等
钢对铸铁	4~7	10~18
钢对青铜	7~10	15~25
淬火钢对青铜	10~13	—

注：对于精密传动或要求寿命长时，可取表中值的 1/3~1/2。

2. 螺纹牙的强度计算

螺纹牙的剪切和弯曲破坏都发生在螺母上，因此螺纹牙的强度计算主要是计算螺母螺纹牙的剪切和弯曲强度。如图 7-16 所示，将螺母上一圈螺纹在中径 D_2 展开后，可看作是受均布载荷的悬臂梁，螺纹牙根部 a—a 处受切应力和弯曲正应力作用。

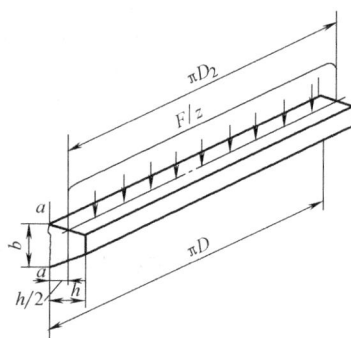

图 7-16 螺母上一圈螺纹展开后的受力分析

抗剪强度条件

$$\tau = \frac{F}{z\pi Db} \leqslant [\tau] \qquad (7\text{-}19)$$

弯曲强度条件

$$\sigma_b = \frac{M}{W} = \frac{3Fh}{\pi Dzb^2} \leqslant [\sigma_b] \qquad (7\text{-}20)$$

式中　F——轴向载荷（N）；

　　　h——螺纹的工作高度（mm）；

　　　D——螺纹的公称直径（mm）；

　　　z——旋合圈数；

　　　b——螺纹牙根部的厚度（mm），矩形螺纹 $b=0.5P$、锯齿形螺纹 $b=0.74P$、梯形螺纹 $b=0.65P$，P 为螺距（mm）；

　　$[\tau]$——许用切应力（MPa），见表 7-7；

　　$[\sigma_b]$——许用弯曲正应力（MPa），见表 7-7。

表 7-7　螺杆和螺母的许用应力

用　途	材　料	许　用　应　力	
螺杆	钢	$[\sigma]=\sigma_s/(3\sim5)$	
螺母	青铜	$[\sigma_b]$ 为 $40\sim60$	$[\tau]$ 为 $30\sim40$
	灰铸铁	$[\sigma_b]$ 为 $45\sim55$	$[\tau]$ 为 40
	耐磨铸铁	$[\sigma_b]$ 为 $50\sim60$	$[\tau]$ 为 40
	钢	$[\sigma_b]$ 为 $(1\sim1.2)[\sigma]$	$[\tau]$ 为 $0.6[\sigma]$

3. 螺杆的强度计算

由于螺杆受压应力和切应力的复合作用，根据第四强度理论可求出危险截面的强度条件为

$$\sigma_e = \sqrt{\left(\frac{4F}{\pi d_1^2}\right)^2 + 3\left(\frac{T}{0.2d_1^3}\right)^2} \leqslant [\sigma] \qquad (7\text{-}21)$$

式中　$[\sigma]$——许用应力（MPa），见表 7-7；

　　　T——螺杆危险截面的扭矩（MPa）。

4. 螺杆的稳定性计算

对于长径比大的细长螺杆，承受较大的轴向力时，可能失稳而破坏，故需进行稳定性验

算。其校核计算式为

$$F_c/F \geqslant 2.5 \sim 4 \tag{7-22}$$

式中 F_c——螺杆的临界载荷，其值可参见有关手册。

总结与复习

1. 螺纹有外螺纹和内螺纹之分，共同组成螺纹副使用。起联接作用的螺纹称为联接螺纹，起传动作用的螺纹称为传动螺纹。按螺纹的旋向可分为左旋螺纹和右旋螺纹，常用的为右旋螺纹。螺纹的线数分单线、双线及多线，联接螺纹一般用单线。

2. 常用螺纹的类型主要有普通螺纹、管螺纹、矩形螺纹、梯形螺纹、锯齿形螺纹。前两种主要用于联接，后三种主要用于传动，除矩形螺纹外其他螺纹已标准化。常用螺纹的类型、特点和应用见表 7-1。

3. 螺纹的主要几何参数有：大径 d、小径 d_1、中径 d_2、螺距 P、牙型角 α、螺纹接触高度 H_0、导程 P_h 和线数 n（$P_h = nP$）、升角 $\varphi = \arctan \dfrac{P_h}{\pi d_2} = \arctan \dfrac{nP}{\pi d_2}$。

4. 矩形螺纹的自锁条件为 $\lambda \leqslant \rho$。螺旋副的效率为 $\eta = \dfrac{W_2}{W_1} = \dfrac{\tan\varphi}{\tan(\varphi+\rho)}$。普通螺纹自锁条件和螺旋副的效率，只要将矩形螺纹摩擦因数 ρ 改为当量摩擦因数 ρ_v 计算即可，式中 $\rho_v = \arctan f_v$。

5. 常见的螺纹联接件有螺栓、双头螺柱、螺钉、螺母和垫圈等，设计时可根据有关标准选用。螺纹联接的基本类型、特点和应用见表 7-2。常用螺纹联接的防松方法见表 7-4。

6. 松螺栓联接的强度条件为 $\sigma = \dfrac{F}{\pi d_1^2/4} \leqslant [\sigma]$。紧螺栓联接可按式（7-9）、式（7-11）进行强度计算。六角头加长杆螺栓联接：螺杆的抗剪强度计算按式（7-15），螺杆与孔壁的挤压强度计算按式（7-16）。

7. 螺旋传动由螺杆和螺母组成，主要将旋转运动变为直线运动。螺旋传动按其用途和受力情况分为：传力螺旋、传导螺旋、调整螺旋。在滑动螺旋传动的设计计算中，根据耐磨性计算螺杆直径 $d_2 \geqslant \sqrt{\dfrac{Fp}{\pi \psi h [p]}}$。螺纹牙的强度按式（7-19）和式（7-20）计算。螺杆的强度计算和稳定性计算分别按式（7-21）和式（7-22）。

【同步练习与测试】

1. 单选题

（1）在常用的螺旋传动中，传动效率最高的螺纹是（　　）。

A. 普通螺纹　　　　　B. 梯形螺纹　　　　　C. 锯齿形螺纹　　　　　D. 矩形螺纹

（2）在螺栓强度计算中，常用作危险截面的计算直径是（　　）。

A. 螺纹的大径 d 　　　　　　　　　　B. 螺纹的中径 d_2

C. 螺纹的小径 d_1 　　　　　　　　　D. 螺纹的平均直径 $\dfrac{d+d_1}{2}$

（3）螺纹联接防松的实质在于（　　）。

A. 增加螺纹联接的轴向力   B. 增加螺纹联接的刚度

C. 增加螺纹联接的强度   D. 防止螺纹副相对转动

（4）为提高螺栓的强度，可采取（   ）的措施。

A. 增大螺栓刚度   B. 适当减小预紧力

C. 减小螺栓刚度   D. 减小被联接件刚度

（5）若螺纹的直径和螺旋副的摩擦因数一定，则拧紧螺母时的效率取决于螺纹的（   ）。

A. 螺距和牙型角   B. 升角和线数   C. 导程和牙侧角   D. 螺距和升角

（6）计算普通螺纹的紧螺栓联接的拉伸强度时，考虑到拉伸与扭转的复合作用，应将拉伸载荷增加到原来的（   ）倍。

A. 1.1   B. 1.3   C. 1.25   D. 0.3

（7）当两个被联接件之一太厚，不易制成通孔，且联接不需要经常拆卸时往往采用（   ）。

A. 螺栓联接   B. 螺钉联接   C. 双头螺柱联接   D. 紧定螺钉联接

（8）相同公称尺寸的细牙普通螺纹和粗牙普通螺纹相比，因细牙普通螺纹的螺距小、小径大，故细牙普通螺纹（   ）。

A. 自锁性好，强度低   B. 自锁性好，强度高

C. 自锁性差，强度高   D. 自锁性差，强度低

2. 多选题

（1）常用螺纹的类型中，主要用于联接的是（   ）。

A. 普通螺纹   B. 管螺纹   C. 矩形螺纹   D. 梯形螺纹

（2）主要用于传动的螺纹有（   ）。

A. 锯齿形螺纹   B. 管螺纹   C. 矩形螺纹   D. 梯形螺纹

（3）螺旋传动按其用途和受力情况分为（   ）。

A. 传力螺旋   B. 传导螺旋   C. 矩形螺旋   D. 调整螺旋

3. 判断题

（1）普通螺纹的牙型角 $\alpha = 0°$，适用于联接。   （   ）

（2）螺纹联接防松的实质是螺纹在受冲击、振动或变载荷以及温度变化大时，防止联接自动松脱。   （   ）

（3）受轴向拉力 F 的紧螺栓联接，螺栓所受的总拉力 F_0 等于预紧力 F' 与工作拉力之和。   （   ）

（4）滑动螺旋传动螺母所用的材料一般比螺杆的材料硬。   （   ）

4. 简答题

（1）常用螺纹有哪些类型？其中哪些用于联接，哪些用于传动，为什么？哪些是标准螺纹？

（2）螺纹有哪些主要几何参数？

（3）螺纹的导程和螺距有何不同？两者之间有什么关系？

（4）螺纹联接的基本形式有哪几种？各有何特点？适用于哪些场合？

（5）螺纹联接一般都符合自锁条件，为什么还要采用防松措施？常用的防松方法有哪些？

（6）松、紧螺栓联接有何区别？它们的强度计算有何区别？

5. 设计计算题

（1）图 7-17 所示为一钢制液压缸，油压 $p=3\mathrm{MPa}$，液压缸内径 $D=160\mathrm{mm}$。为保证气密性，螺栓间距 l 不得大于 $4.5d$（螺纹大径），试计算此液压缸的螺栓联接和螺栓分布圆直径 D_0。

（2）如图 7-18 所示，一升降机构承受载荷 Q 为 $100\mathrm{kN}$，采用梯形螺纹 $d=70\mathrm{mm}$，$d_2=65\mathrm{mm}$，螺距 $P=10\mathrm{mm}$，线数 $n=4$。支承面采用推力球轴承，升降台采用滚轮导向，它们的摩擦阻力近似为零。试计算：

1）工作台稳定上升时的效率（已知螺旋副当量摩擦因数为 0.01）。

2）稳定上升时加于螺杆上的力矩。

3）工作台上升速度 $800~\mathrm{mm/min}$，试按稳定运转条件求螺杆所需功率。

4）欲使工作台在载荷 Q 作用下等速下降，加于螺杆上的制动力矩应为多大？

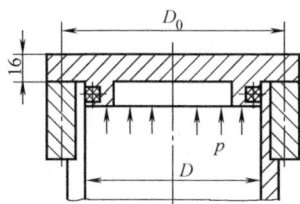

图 7-17 设计计算题（1）图

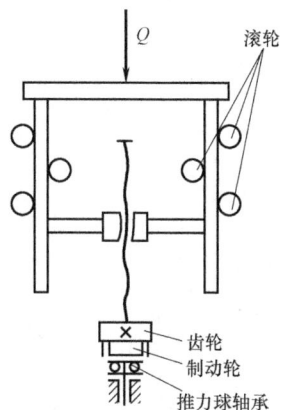

图 7-18 设计计算题（2）图

（3）如图 7-19 所示，用 $2\times\mathrm{M}10$ 的螺钉固定一牵拽钩，已知螺钉材料为 Q235，装配时控制预紧力，接合面摩擦因数 $f=0.15$，求其允许的牵拽力。

（4）如图 7-20 所示，一托架用 4 个螺栓固定在钢柱上，已知静载荷 $F=3\mathrm{kN}$，距离 $l=150\mathrm{mm}$，接合面摩擦因数 $f=0.2$，试设计此螺栓联接。提示：在 F 作用下托架不应滑移；在倾覆力矩作用下，托架有绕螺栓组形心轴线 O—O 翻转的趋势，此时接合面不应出现缝隙。

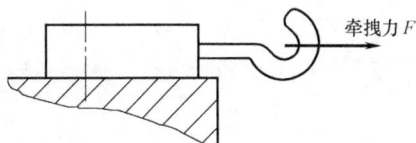

图 7-19 设计计算题（3）图

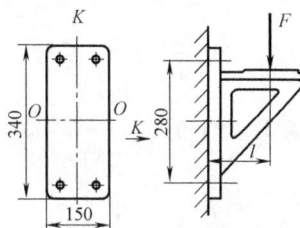

图 7-20 设计计算题（4）图

（5）试设计计算一螺旋起重器（千斤顶）的螺杆和螺母的主要尺寸（图 7-21）。已知起重量 $Q=40\mathrm{kN}$，最大起重高度 $L=180\mathrm{mm}$。

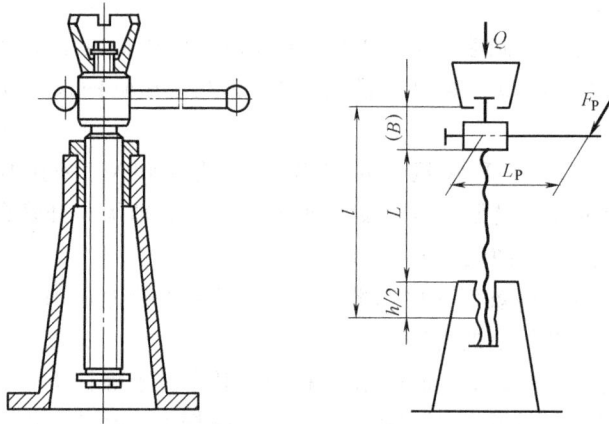

图 7-21　设计计算题（5）图

第8章
轴的设计及轴毂联接

知识学习目标：

- 熟悉转轴、心轴和传动轴的载荷和应力的特点；
- 了解轴的设计特点，学会进行轴结构设计的方法；
- 熟悉轴上零件的轴向和周向定位方法及其特点，明确轴的结构设计中应注意的问题及提高轴的承载能力的措施；
- 掌握轴的3种强度计算方法，分清各自的计算特点和适用场合；
- 掌握轴的刚度计算方法。

技能训练目标：

能够进行轴的结构设计和强度校核计算。

【应用导入例】 135系列柴油机的凸轮轴

图8-1所示为135系列柴油机的凸轮轴，它用球墨铸铁制成。凸轮轴由若干个进气和排气凸轮及支承轴颈构成。凸轮轴通过支承轴颈支承在机体的轴承上。凸轮轴上各凸轮的位置在圆周方向都错开一定的角度，它是根据气缸的工作顺序而确定的。凸轮轴上装有正时齿轮，由曲轴通过齿轮而驱动。在四冲程柴油机中，曲轴每旋转两周，进、排气门开闭一次，故凸轮只需要转一周。

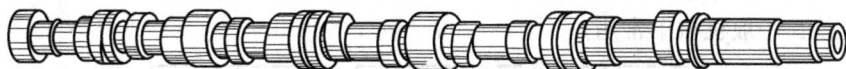

图8-1　凸轮轴

8.1　轴的概述

轴是组成机器和机械装置的重要零件之一，其应用非常广泛。例如各种做旋转（或摆动）运动的零件（如齿轮、带轮、凸轮等）都必须安装在轴上才能进行运动及动力的传递。轴的功能在于支承旋转运动的零件，使旋转运动的零件具有确定的工作位置，并传递运动和动力。因此，轴能否安全、可靠地工作，对机器和机械装置的整体性能起着决定性的作用。

8.1.1　轴的分类

1）按轴工作时承受载荷的不同，轴可分为转轴、传动轴和心轴3类。

① 转轴。工作时既传递转矩又承受弯矩的轴。它是机器中常见的一种轴，如齿轮减速器中的轴（图8-2）。

② 传动轴。只传递转矩，不承受弯矩或弯矩很小的轴，如汽车的传动轴（图8-3a）和直升机中将动力传至尾桨的轴（图8-3b）。

③ 心轴。只承受弯矩而不传递转矩的轴。它可以是不随传动件一起旋转的固定轴，即固定心轴，如自行车的前轴（图8-4）；也可以是随转动零件一起转动的轴，即转动心轴，如火车轮轴（图8-5）。

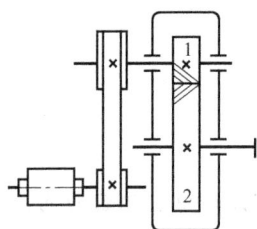

图8-2　转轴

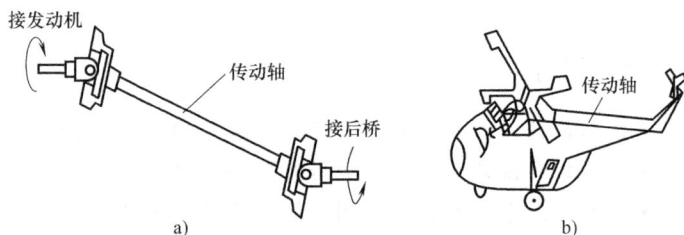

图8-3　传动轴

a）汽车的传动轴　b）直升机的传动轴

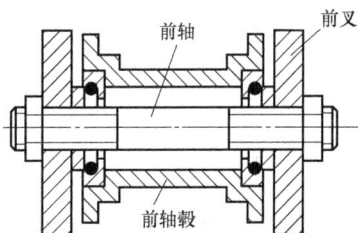

图8-4　自行车的前轴

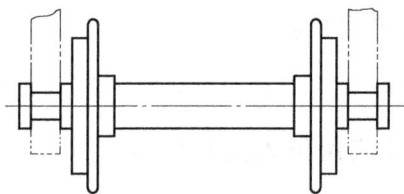

图8-5　火车轮轴

2）按轴的形状不同，轴还可以分为直轴、曲轴和软轴3类。

① 直轴。根据外形可分为光轴和阶梯轴。如图8-6a所示光轴，各截面的直径相等，制造简单，但轴上零件不易定位。而图8-6b所示阶梯轴，各截面的直径不等，便于轴上零件的装拆和定位，一般机械中常用。

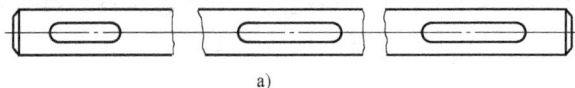

a）

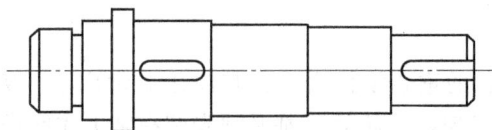

b）

图8-6　直轴

a）光轴　b）阶梯轴

轴一般都制成实心的，但为了减轻大直径轴的重量、增加刚度（如大型水轮机轴、航空发动机轴）或满足工作要求（如需要在轴中心穿过其他零件或输送润滑油、切削液），则可用空心轴（图8-7），如车床主轴就是典型的空心轴。

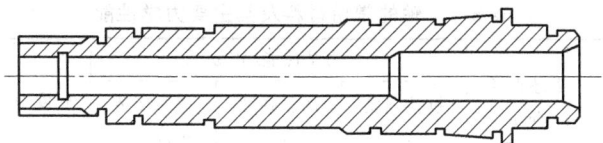

图8-7 空心轴

② 曲轴。曲轴（图8-8）常用于往复式机械（如空气压缩机、曲柄压力机、内燃机等）中，是一种专用零件，以实现运动方式的转换和动力的传递。

③ 软轴。软轴又称钢丝挠性轴，通常由几层紧贴在一起的钢丝卷绕而成（图8-9a），可以将转矩和回转运动传递到空间任意位置（图8-9b）。常用于振动器、医疗设备及仪表中。

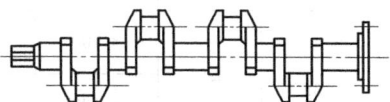

图8-8 曲轴

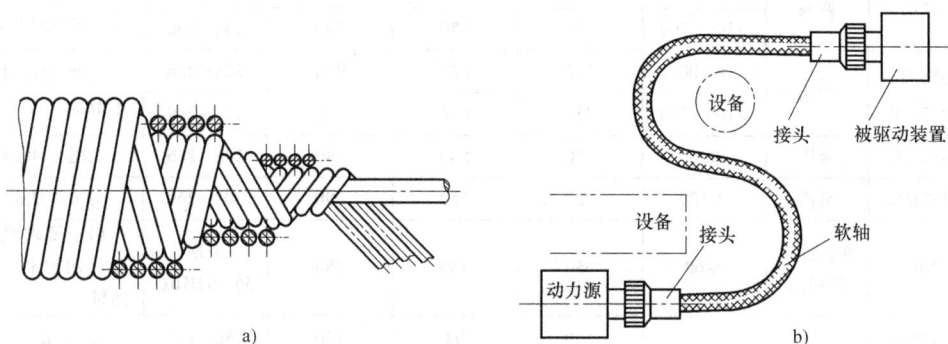

图8-9 软轴
a）软轴的绕制 b）软轴的应用

8.1.2 轴的材料

由于轴工作时产生的应力多为变应力，所以轴的失效多为疲劳破坏。因此，轴的材料除具有足够的强度外，还应具有足够的塑性、冲击韧性、耐磨性和耐蚀性，较小的应力集中敏感性和良好的加工性能等，并能通过不同的热处理方式提高疲劳强度。

轴的主要材料是碳素钢和合金钢。一般机器中的轴常用优质中碳钢（如35钢~50钢），其中应用最广的是45钢。优质中碳钢比合金钢价廉，一般应对其进行正火或调质处理，以保证其力学性能。对于受载较小或不重要的轴，也可用Q235、Q275等普通碳素钢。

对于承受较大载荷、要求强度高、结构紧凑、尺寸小或有其他特殊要求的轴，可采用合金钢。例如对于耐磨性要求较高的轴可采用20Cr等低碳合金钢，轴颈部分进行渗碳淬火处理；又如对于要求高强度的轴可采用40Cr（或用35SiMn、42SiMn和40MnB代替）并进行热处理。应注意：用合金钢代替碳素钢并不能提高轴的刚度。

球墨铸铁，如QT400-15和QT600-3等，适于制造如曲轴、凸轮轴等结构形状复杂的轴，具有价廉、良好的制造工艺性、吸振性较好、对应力集中敏感性低等优点，但铸造质量较难控制，可靠性较差。

轴的常用材料及其主要力学性能见表 8-1。

表 8-1 轴的常用材料及其主要力学性能

材料类别	材料牌号	热处理类型	毛坯直径/mm	力学性能/MPa			硬度 HBW	应用说明
				抗拉强度 R_m	屈服强度 R_{eL}	弯曲疲劳强度 σ_{-1}		
碳素钢	Q235		≤20	440	240	200		用于不重要或载荷较小的轴
	Q275		≤40	580	275	230		
	35 45	正火	≤100	520	270	250	150~185	用于一般的轴,如曲轴
			≤100	590	295	255	170~217	用于强度高、冲击中等的较重要的轴,应用最广泛
		调质	≤200	650	355	275	217~255	
合金钢	40Cr	调质	≤100	736	539	344	241~286	用于载荷较大而无很大冲击的重要轴
			>100~300	700	550	340	241~266	
	35SiMn 42SiMn	调质	≤100	785	510	350	229~286	代替 40Cr,用作中小型轴
			>100~300	736	441	318	217~269	
	40MnB	调质	≤100	750	500	340	241~286	性能与 40Cr 接近
	35CrMo	调质	≤100	750	550	390	207~269	用于重载荷的轴
	20Cr	渗碳淬火并回火	≤60	650	400	280	表面 56~62HRC	用于要求强度、韧性及耐磨性均较高的轴
球墨铸铁	QT400-15			400	380	180	156~197	用于制造结构形状复杂的轴
	QT600-3			600	420	215	197~269	

8.2 轴的结构设计

8.2.1 轴径的初步估算

在开始设计轴时,轴的长度及结构形式往往是未知的,轴上零件位置及支点位置也没确定,无法求出支承反力和弯矩,因此只有在轴的结构设计基本完成后,才能进行轴的强度计算和刚度校核。所以,一般在结构设计前,先按纯扭转情况对轴径进行初步估算,并采用降低许用扭转切应力的方法来考虑弯矩的影响。由材料力学可知,实心圆轴的扭转强度条件为

$$\tau = \frac{T}{W_T} = \frac{9.55 \times 10^6 \times \dfrac{P}{n}}{0.2d^3} \leqslant [\tau_T] \tag{8-1}$$

由此得到扭转强度条件的轴径估算式为

$$d \geqslant \sqrt[3]{\frac{9.55 \times 10^6 P}{0.2[\tau_T]n}} = C\sqrt[3]{\frac{P}{n}} \tag{8-2}$$

式中　d——轴的估算基本直径(mm);

τ、$[\tau_T]$——轴的扭转切应力和许用扭转切应力（MPa）；

T——轴传递的转矩（N·mm）；

P——轴传递的功率（kW）；

W_T——轴的抗扭截面系数（mm³），$W_T = \dfrac{\pi d^3}{16} \approx 0.2d^3$；

n——轴的转速（r/min）；

C——计算常数，取决于轴的材料和$[\tau_T]$，见表8-2。

表8-2 轴常用材料的$[\tau_T]$值和C值

轴的材料	Q235、20	35、Q275	45	40Cr、35SiMn、38SiMnMo
$[\tau_T]$/MPa	12~20	20~30	30~40	40~52
C	135~160	118~135	106~118	98~106

注：1. 表中所给出的$[\tau_T]$值是已考虑弯矩的影响而降低了的许用扭转切应力。

2. 用Q235、Q275、35SiMn材料，C取较大值。

3. 若轴有一个键槽，则d值应增大5%；若轴有两个键槽，则d值应增大10%。

按式（8-2）计算的轴径，一般作为轴最小处的直径，还需要将轴径圆整为标准值或与轴系零件（如轴承、联轴器、带轮等）的孔径相匹配。

8.2.2 轴的结构设计概述及其步骤

轴的结构设计就是确定轴的合理形状和全部结构尺寸。由于影响轴的结构因素很多，必须设法在轴的结构设计时考虑：尽量采用等强度外形和高刚度的截面形状；零件在轴上的良好定位及固定方法；轴的较好加工工艺及装配方法等，以满足轴传递动力和支承传动零件的要求。

图8-10所示为典型的阶梯轴结构，其主要由轴颈、轴头、轴身3部分组成。轴上安装轮毂部分的轴段称为轴头，如图8-10中①④段；与轴承相配的轴段称为轴颈，如图8-10中③⑦段；连接轴颈和轴头部分的轴段称为轴身，如图8-10中②⑥段。

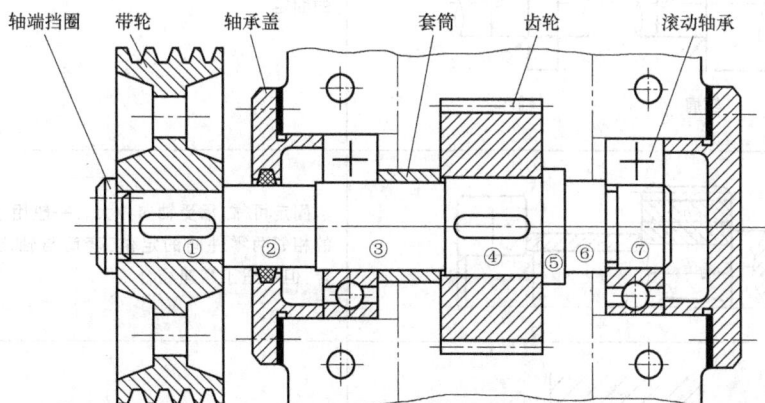

图8-10 典型的阶梯轴结构

设计轴的结构时，需要考虑以下几个主要方面。

1. 拟订轴上零件的装配方案

轴上零件的装配方案往往有多种，在设计时应考虑拟订几种不同的装配方案，从中选出较为合理的一种。图 8-11 所示为输出轴的两种不同装配方案的轴结构。图 8-11a 所示方案中，从轴的左端依次装入齿轮、套筒、左端滚动轴承、轴承盖和联轴器，右端装入右端滚动轴承，这很便于轴上零件的装拆；而图 8-11b 所示方案中，齿轮从左端装入，比图 8-11a 所示方案增加了一个用于轴向定位的长套筒，使机器的零件增多，质量增大。综合比较得出，图 8-11a 所示方案较为合理。

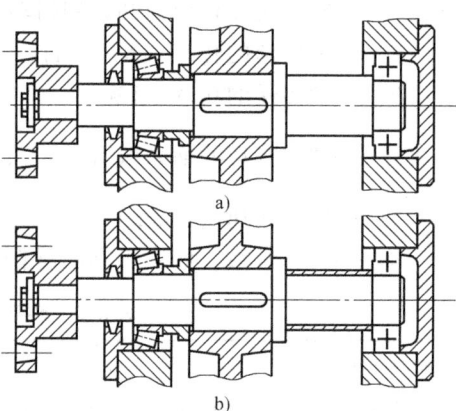

a)

b)

图 8-11　拟订轴上零件的装配方案

2. 轴上零件的定位及固定

轴上零件必须可靠地固定，才能传递运动与动力。轴上零件的定位及固定可分为轴向定位及固定和周向定位及固定两种情况。

1）轴上零件的轴向定位及固定方式常用的有轴肩、轴环、套筒、锁紧挡圈、圆螺母和止动垫圈、弹性挡圈、轴端挡圈及锥面等。轴上零件轴向的定位和固定的常用方法、特点及其应用见表 8-3。

2）轴上零件周向的定位及固定的方法常用的有键、花键和销联接等，以达到传递转矩和防止零件与轴产生相对转动的目的。

表 8-3　轴上零件轴向的定位和固定的常用方法、特点及其应用

轴向固定方法及结构简图	特点及其应用
轴肩及轴环　　轴肩　　轴环	固定可靠，承受轴向力大，广泛用于各种轴上零件的固定
套筒	固定可靠，承受轴向力大。一般用于轴上间距较小的相邻两零件间的定位，套筒与轴之间用较松的配合，但不适于高速场合
锥面	对中性好，常用于调整轴端零件位置或需经常拆卸的场合

（续）

轴向固定方法及结构简图	特点及其应用
弹性挡圈	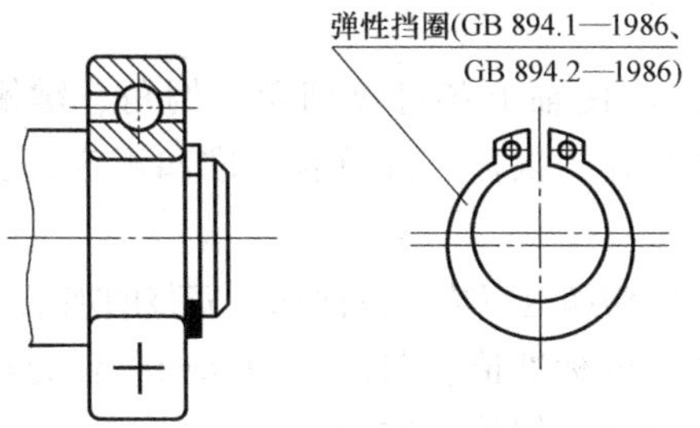 弹性挡圈(GB 894.1—1986、GB 894.2—1986) 结构紧凑，装拆方便，但可靠性差，只用于承受较小的轴向力或不承受较小轴向力的场合，大多同轴肩联合使用。常用于滚动轴承的轴向固定
双螺母	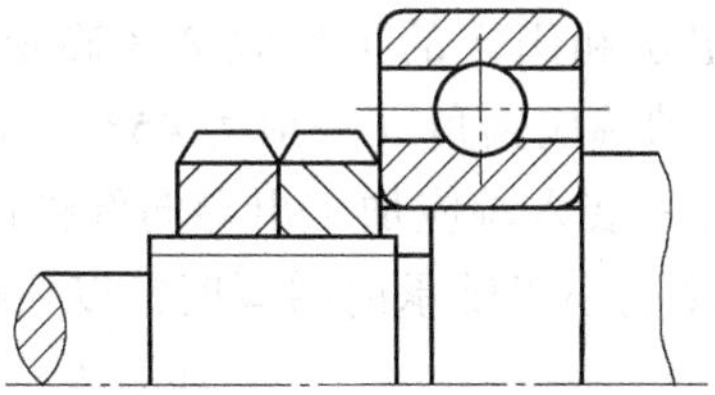 可承受较大的轴向力，由于螺纹引起引力集中，对轴的强度削弱较大，故一般采用细牙螺纹，防松采用双螺母
圆螺母与止动垫圈	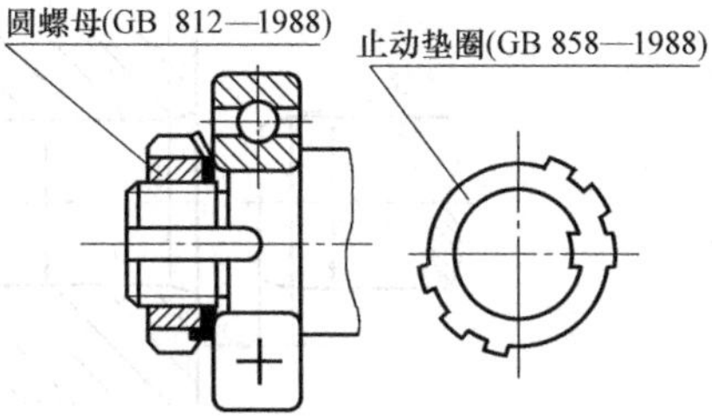 圆螺母(GB 812—1988) 止动垫圈(GB 858—1988) 固定可靠，装拆方便，可承受较大的轴向力，也可承受剧烈的振动和冲击载荷。常用于零件与轴承之间距离较大，轴上允许车螺纹的场合。防松采用止动垫圈
紧定螺钉与锁紧挡圈	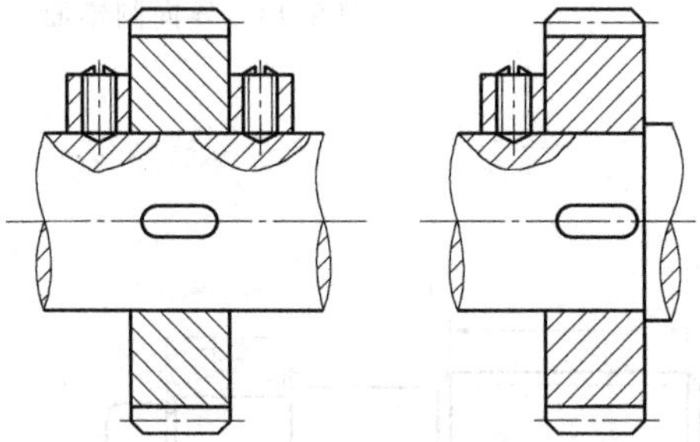 零件位置可调，但不能承受大的轴向力。适用于载荷很小、转速很低或仅为防止轴向圆跳动的场合；同时可起周向固定作用。常用于光轴上零件的固定
轴端挡圈	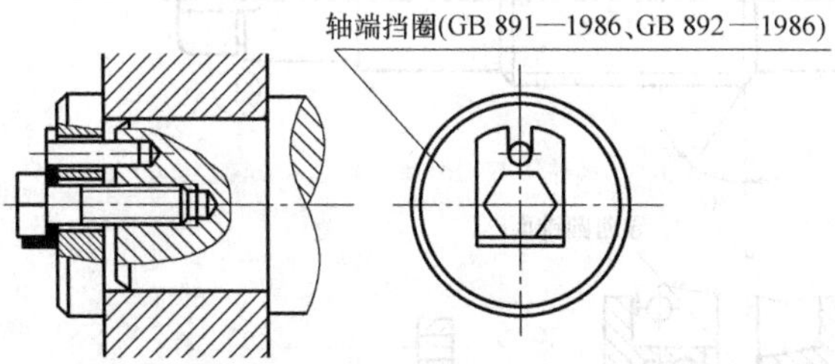 轴端挡圈(GB 891—1986、GB 892—1986) 能消除轴与轮毂间的径向间隙，装拆较方便，适于承受冲击载荷和同轴度要求较高的轴端零件，还可用于周向固定

3. 确定各轴段的直径和长度

初步确定轴的直径后，可按轴上零件的装配方案和定位要求，逐步确定各轴段的直径，并根据轴上零件的轴向尺寸、各零件的相互位置关系以及零件装配所需的装配和调整空间，确定轴的各段长度。轴上与齿轮、联轴器等零件相配合部分的轴段长度，应比轮毂长度略短 2~3mm，以保证零件轴向定位可靠。轴上各零件之间应留有适当的间隙，以防止运转时相碰。

4. 轴的结构工艺性

轴的结构工艺性是指在进行轴的结构设计时，使轴形状简单，便于加工和装配轴上的零件。

（1）可加工工艺性　为了便于切削加工，应使轴上各过渡圆角、倒角、键槽、砂轮越程槽、退刀槽及中心孔等尺寸分别相同，以减少换刀次数，并符合标准和规定，以利于加工和检验。

轴上要磨削与车螺纹的轴段，应留有砂轮越程槽和退刀槽，以便保证完整的加工（图 8-12）。

为了便于加工和检验，轴上配合轴段直径应取标准值；与滚动轴承相配合的轴颈直径应符合滚动轴承内径标准；轴有螺纹的部分直径应符合螺纹标准等。

（2）可装配工艺性　除用作轴上零件轴向定位和固定的可按表 8-3 确定轴肩高度外，其他安装轴肩高度常取 1~3mm。为了便于装配，轴端应倒角（一般为 45°），以去掉毛刺而避免装配时把轴上零件的孔壁擦伤；过盈配合零件的装入端应加工出导向圆锥面（图 8-13），以便零件能顺利地压入。固定滚动轴承的轴肩高度应小于轴承内圈厚度，以便拆卸。

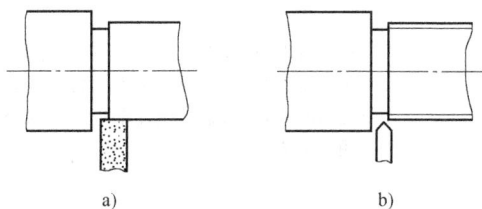

图 8-12　砂轮越程槽和退刀槽

a）砂轮越程槽　b）退刀槽

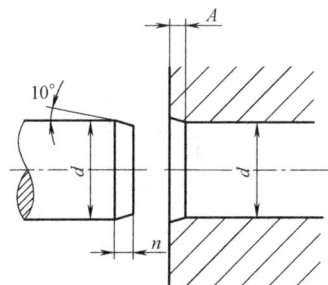

图 8-13　导向圆锥面

【例 8-1】　轴的结构工艺性示例。

图 8-14 所示轴结构如下：

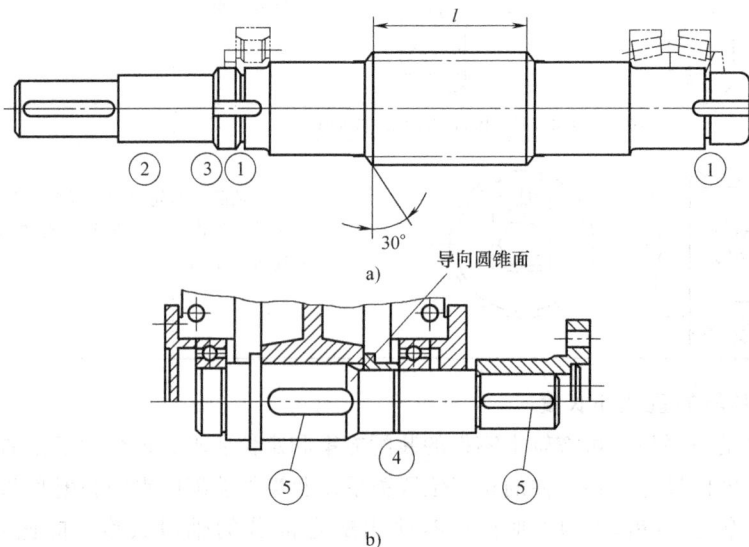

图 8-14　轴的结构工艺性示例

1) 螺纹段留有退刀槽 (图 8-14a 中的①)。

2) 磨削段要留砂轮越程槽 (图 8-14b 中的④)。

3) 同一轴上的圆角、倒角应尽量相同；同一轴上的几个键槽应开在同一母线上 (图 8-14b 中的⑤)。

4) 螺纹前导段 (图 8-14a 中的②) 直径应小于螺纹小径 (图 8-14a 中的③)。

5) 轴上零件 (如图 8-14b 中齿轮、带轮、联轴器) 的轮毂长度大于与其配合的轴段长度 2~3mm。

6) 轴上各段的精度和表面粗糙度根据装配要求而不同。

5. 提高轴疲劳强度的结构措施

轴一般在变应力下因工作疲劳而失效，因此设计轴的结构设计时应尽量减小应力集中，以提高其疲劳强度，这对合金钢轴尤为重要 (因合金钢对应力集中较为敏感)。常采取的措施有：

(1) 改进轴的结构形状 由于轴截面尺寸突变处会造成应力集中，所以对阶梯轴应尽量使轴径变化处平缓过渡，且过渡圆角半径不宜过小。例如：在相配合零件内孔倒角或圆角很小时，可采用凹切圆角 (图 8-15a) 或过渡肩环 (图 8-15b)，以增加轴肩处过渡圆角半径和减小应力集中。为减小轮毂和轴段配合引起的应力集中，可开卸载槽 (图 8-15c)。键槽端部与阶梯处距离不宜过小，键槽根部圆角半径不宜过小，以免损伤过渡圆角及减小应力集中。

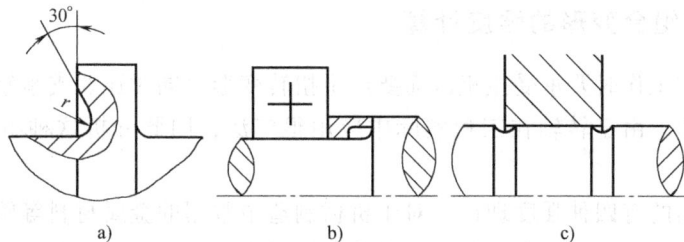

图 8-15 减小应力集中的措施

(2) 改善轴的表面质量 对轴表面采用碾压、喷丸或渗碳、碳氮共渗、渗氮、高频感应淬火等强化处理，以提高轴的表面质量，降低表面粗糙度，从而提高轴的疲劳强度。

(3) 改善轴的受力情况 在结构设计时，可采用改变零件在轴上的位置。如图 8-16a 所示，若将输入轮布置在一端改成输入轮布置在中间 (图 8-16b)，则最大扭矩由输入扭矩 T_1 和 T_2 之和减小为 T_1，以改善轴的受力情况。又如图 8-17 所示的起重机卷筒机构，大齿轮和卷筒装配在一起，使卷筒轴只受弯矩，不受扭矩，减低了卷筒轴所受的力。以上两例较好地提高了轴的强度。

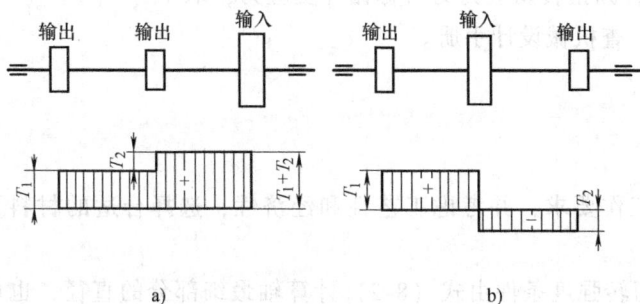

图 8-16 轴上零件的合理布置

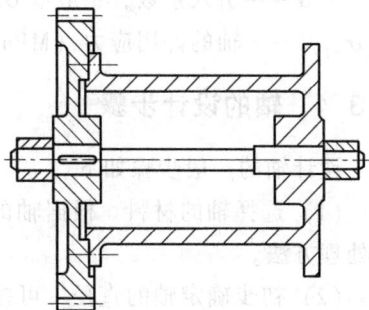

图 8-17 起重机卷筒

8.3 轴的设计计算

8.3.1 按轴的扭转强度计算

先按式（8-1）对轴的强度进行校核计算。经过校核计算后，判断轴的强度是否满足需要，结构、尺寸是否需要修改。

8.3.2 按轴的刚度计算

圆轴在扭转时，除了需满足强度条件外，还应具有足够的刚度，以免产生过大的变形，影响机器的精度；尤其对一些精密机械，刚度条件往往是主要条件。因此，对于圆轴扭转时的刚度条件往往要加以限制。通常要求单位长度扭转角 φ 不得超过许用单位长度扭转角 $[\varphi]$，即

$$\varphi = \frac{180° M_n}{G I_p \pi} \leqslant [\varphi] \tag{8-3}$$

8.3.3 按弯扭组合变形的强度计算

对于转轴，在工作时要承受扭矩因而要产生扭转变形，同时还要支承轴上传动零件故而还要产生弯曲变形。由于转轴在工程实际中应用很广泛，因此分析这种组合变形问题十分必要。

目前广泛使用的有四种强度理论。对于机械制造中常用的金属材料等塑性材料，第三强度理论与实际较吻合。下面仅介绍用得较多的第三强度理论。

按照弯扭组合强度校核轴的危险截面强度

$$\sigma_e = \frac{M_e}{W} = \frac{\sqrt{M^2 + (\alpha T)^2}}{0.1 d^3} \leqslant [\sigma_{-1b}] \tag{8-4}$$

由此得设计公式为

$$d \geqslant \sqrt[3]{\frac{10 M_e}{[\sigma_{-1b}]}} \tag{8-5}$$

式中　W——轴的抗弯截面模数（mm^3）；

　　　M_e——计算弯矩（$N \cdot m$）；

　　　α——引入系数，一般取 0.6，如扭转切应力为对称循环变应力，取 1；

　　$[\sigma_{-1b}]$——轴的许用应力（MPa），查机械设计手册。

8.3.4 轴的设计步骤

设计轴的一般步骤如下。

（1）选择轴的材料　根据轴的工作要求，并考虑工艺性和经济性，选择合适的材料及热处理方法。

（2）初步确定轴的直径　可按扭转强度条件由式（8-2）计算轴最细部分的直径，也可用类比法确定。

（3）**轴的结构设计** 根据轴上安装零件的数量、工况及装配方案，画出阶梯轴零件草图。由轴最细部分的直径递推各段轴径，相邻两段轴径之差，通常可取为 5~10mm。各段轴的长度由轴上各零件的宽度及装配空间确定。

（4）**轴的强度校核** 首先对轴上传动零件进行受力分析，画出轴弯矩图和扭矩图，判断危险截面，然后用式（8-4）对轴的危险截面进行强度校核。有刚度要求的轴还要按式（8-3）进行刚度校核。当校核不合格时，还要改变危险截面尺寸，进而修改轴的结构，直至校核合格为止。因此，轴的设计过程是反复、交叉进行的。

【例 8-2】 设计某带式输送机（图 8-18）单级直齿圆柱齿轮减速器的从动轴（Ⅱ轴）。已知数据如下：

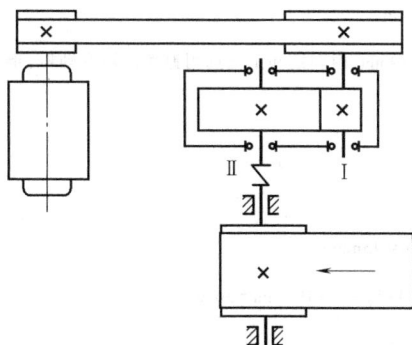

图 8-18 带式输送机传动简图

参 数 名 称	数 据	其 他 条 件
功率 P_2	3.15kW	
转速 n_2	79.8r/min	
小齿轮分度圆直径 d_1	72mm	1）工作年限为 10 年，两班制，载荷平稳，单向传动
大齿轮分度圆直径 d_2	288mm	2）大齿轮与轴的配合为 H7/r6
模数 m	3mm	3）滚动轴承采用脂润滑
大齿轮齿宽 b_2	72mm	
大齿轮切向力 F_{t2}	2615.3N	
大齿轮径向力 F_{r2}	952N	

解：

计 算 项 目	计 算 结 果
1. 按扭转强度估算轴径 （1）由表 8-1，选轴材料为 45 钢正火 （2）由表 8-2，查取系数 C 为 106~118 （3）轴径 $d \geqslant C\sqrt[3]{\dfrac{P_2}{n_2}} = (106 \sim 118) \times \sqrt[3]{\dfrac{3.15}{79.8}} \text{mm} = 36.09 \sim 40.18\text{mm}$	$d_1 = 40\text{mm}$
2. 轴的结构设计 参看图 8-19a，根据轴的结构设计原则，轴段①与②、②与③、…、⑤与⑥之间应有定位及装配轴肩，经查相关表格确定 d_2、d_3、d_4、d_5、d_6（d_2、d_3 采用不同的配合）	$d_2 = d_3 = d_6 = 45\text{mm}$ $d_4 = 48\text{mm}$ $d_5 = 60\text{mm}$

（续）

计　算　项　目	计　算　结　果
大齿轮侧端面至箱体内壁距离，取 $a_1 = 10\text{mm}$	$a_1 = 10\text{mm}$
为使轴承中的润滑脂与箱体内润滑油隔绝采用挡油环，取 $a_2 = 10\text{mm}$	$a_2 = 10\text{mm}$
为保证齿轮轴向固定可靠，取 $a_3 = 4\text{mm}$	$a_3 = 4\text{mm}$
根据箱体的加工和安装要求，取 $a_4 = 48\text{mm}$	$a_4 = 48\text{mm}$
调整垫片厚度，取 $a_5 = 2\text{mm}$	$a_5 = 2\text{mm}$
根据轴承盖结构要求，取其厚度 $a_6 = 10\text{mm}$	$a_6 = 10\text{mm}$
轴承盖与联轴器端面距离，取 $a_7 = 5\text{mm}$	$a_7 = 5\text{mm}$
两端支承采用深沟球轴承6209，$B = 19\text{mm}$，由转矩和工况选用弹性柱销联轴器，半联轴器毂长 $A = 82\text{mm}$	$B = 19\text{mm}$ $A = 82\text{mm}$
各轴段长可初步确定如下	
$l_4 = d_2 - a_3 = (72-4)\text{mm} = 68\text{mm}$	$l_4 = 68\text{mm}$
$l_3 = a_1 + a_2 + a_3 + B = (10+10+4+19)\text{mm} = 43\text{mm}$	$l_3 = 43\text{mm}$
$l_2 = a_4 + a_5 + a_6 + a_7 - B - a_2 = [(48+2+10+5)-19-10]\text{mm} = 36\text{mm}$	$l_2 = 36\text{mm}$
$l_1 < A$	$l_1 = 75\text{mm}$
$l_5 = 8\text{mm}$	$l_5 = 8\text{mm}$
$l_6 = a_1 + a_2 + B - l_5 = (10+10+19-8)\text{mm} = 31\text{mm}$	$l_6 = 31\text{mm}$
3. 按弯扭复合强度对轴进行验算 （1）求支承反力。由图8-19b得支承跨距 $L_{AC} = L_{CB} = (d_2+B)/2+a_1+a_2 = [(72+19)/2+10+10]\text{mm} = 65.5\text{mm}$ 垂直面支承反力 $R_{Ay} = R_{By} = F_{t2}/2 = 2615.3/2\text{N} = 1307.65\text{N}$ 水平面支承反力 $R_{Ax} = R_{Bx} = F_{r2}/2 = 952/2\text{N} = 476\text{N}$ （2）求垂直面弯矩 M_y 和水平面弯矩 M_x，并做弯矩图和合成弯矩 M 图，如图8-19c～g所示 （3）求转矩 T，并做扭矩图，如图8-19h所示 $\qquad T_2 = 9550P_2/n_2 = 9550\times3.15/79.8\text{N}\cdot\text{m} = 376.973\text{N}\cdot\text{m}$ （4）验算轴的强度。由式(8-4)得 I—I 截面处的当量应力 $$\sigma_e = \frac{\sqrt{M^2+(\alpha T_2)^2}}{0.1d_4^3} = \frac{\sqrt{91.8^2+(0.6\times376.973)^2}\times10^3}{0.1\times48^3}\text{MPa} = 22\text{MPa}$$ $$< [\sigma_{-1b}] = 95\text{MPa}$$ 故轴 I—I 截面疲劳强度足够	$R_{Ax} = R_{Bx} = 476\text{N}$ $T_2 = 376.973\text{N}\cdot\text{mm}$ $\sigma_e = 22\text{MPa} < [\sigma_{-1b}]$，I—I 截面疲劳强度足够
4. 轴的零件图如图8-20所示	

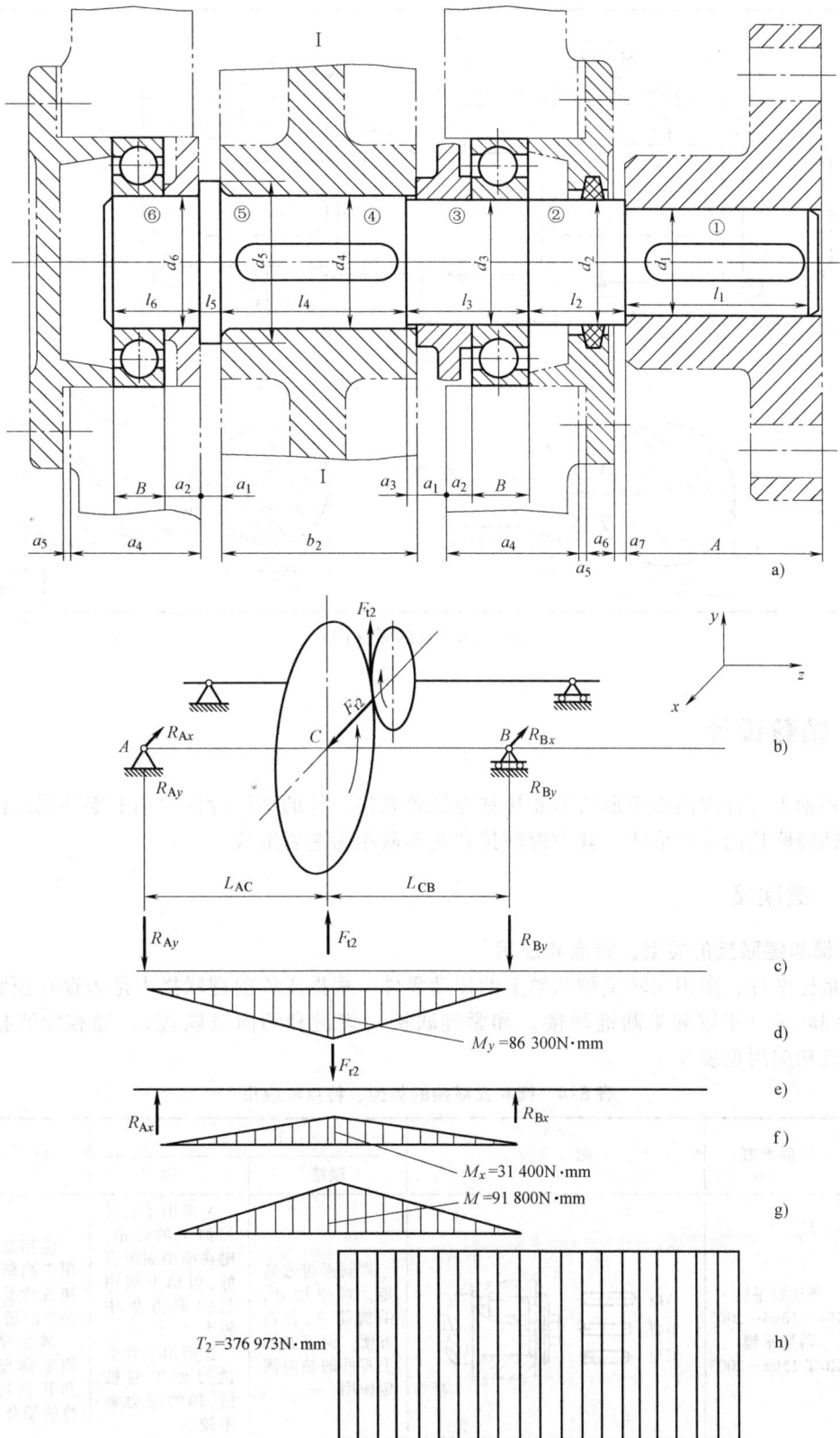

图 8-19 轴的强度计算例

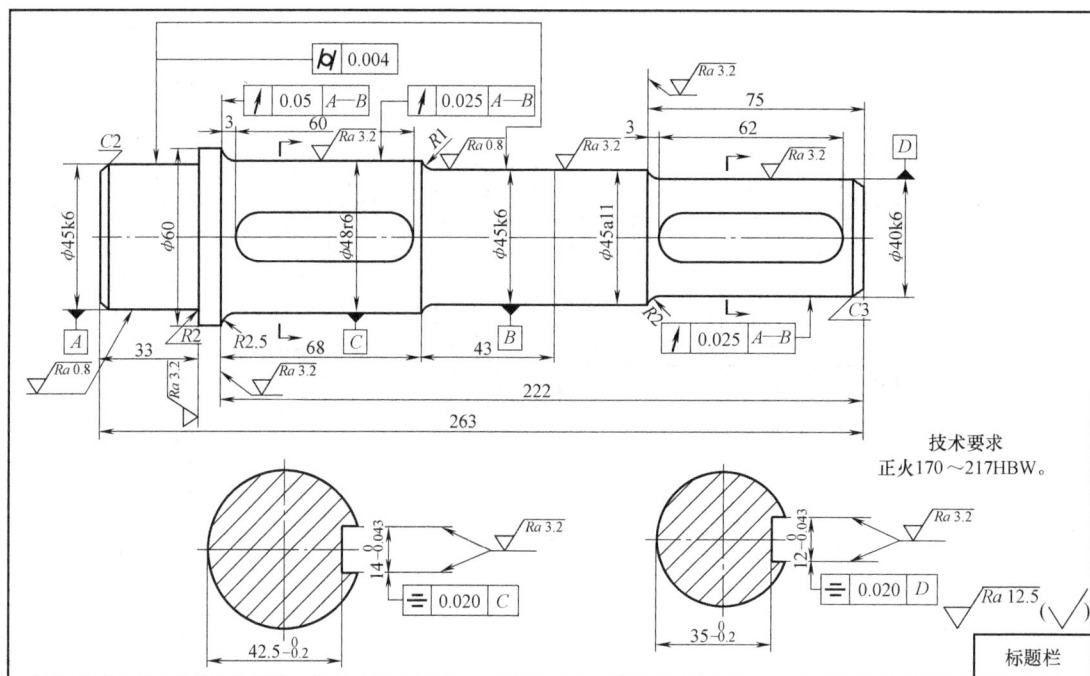

图 8-20　轴的零件图

8.4　轴毂设计

　　轴和轴上零件周向固定形成的联接称为轴毂联接。轴的结构设计中轴上零件周向固定的方式是轴毂联接的常见形式，其中键联接和花键联接为主要形式。

8.4.1　键联接

1. 键和键联接的类型、特点和应用

　　键是标准件，多用来联接轴和轴上的传动零件。根据工作前键联接中是否存在预紧力而分为松键联接（平键和半圆键联接）和紧键联接（楔键和切向键联接）。键和键联接的类型、特点和应用见表 8-4。

表 8-4　键和键联接的类型、特点和应用

键联接类型	键的类型	图　例	特　点		应　用
			联接	键	
平键联接	普通型平键 GB/T 1096—2003 薄型平键 GB/T 1566—2003	A型 B型 C型	靠侧面传递转矩。对中性好，结构简单、装拆方便。但不起轴上零件的轴向固定作用	A 型用于面铣刀加工的轴槽，键在槽中固定良好，但轴上槽引起的应力集中较大 B 型用于盘形铣刀加工的轴槽，轴的应力集中较小 C 型用于轴端	应用最广，也用于高精度、高速或承受变载、冲击的场合 薄型平键适用于薄壁结构和其他特殊用途的场合

（续）

键联接类型	键的类型	图　例	特　点		应　用
			联接	键	
平键联接	导向型平键 GB/T 1097—2003	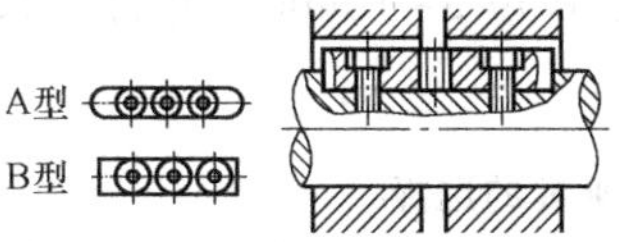 A型 B型	靠侧面工作,对中性好,结构简单。轴上零件可沿轴向移动	键用螺钉固定在轴上,键与毂槽为间隙配合,轴上零件能做轴向移动。为了拆卸方便,设有起键螺钉	用于轴上零件轴向移动量不大的场合,如变速箱中的滑移齿轮
	滑键联接	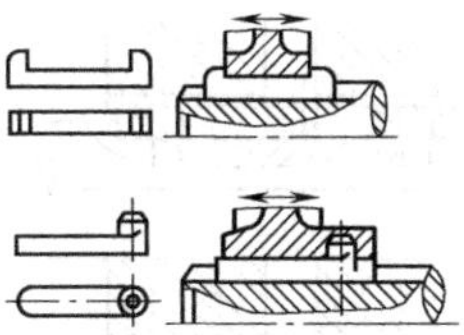	靠侧面传递转矩,对中性好,结构简单	键固定在轮毂上,轴上零件带键在轴上的键槽中做轴向移动	用于轴上零件轴向移动量较大的场合
半圆键联接	普通型半圆键 GB/T 1099.1—2003	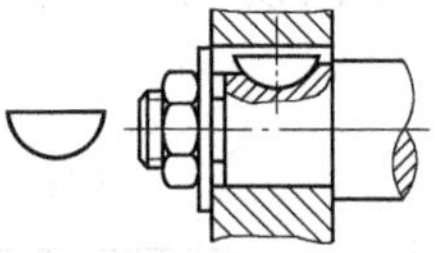	靠侧面传递转矩。键在轴槽中能绕槽底圆弧曲率中心摆动,装配方便。键槽较深,对轴的削弱较大		一般用于轻载,也用于轴的锥形端部
楔键联接	普通型楔键 GB/T 1564—2003 钩头型楔键 GB/T 1565—2003	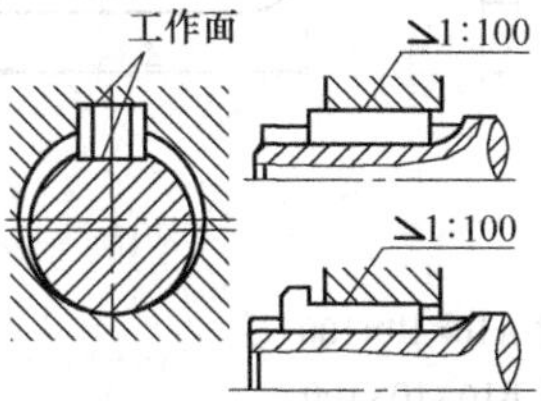 工作面 1:100 1:100	键的上下两面是工作面。键的上表面和毂槽的底面各有1:100的斜度,装配时需打入,靠楔紧作用传递转矩。能轴向固定零件和传递单方向的轴向力,但使轴上零件与轴的配合产生偏心与偏斜		用于精度要求不高、转速较低时传递较大的、双向的或有振动的转矩 钩头型楔键用于不能从另一端将键打出的场合。钩头供拆卸用,应注意加保护罩
切向键联接	切向键 GB/T 1974—2003	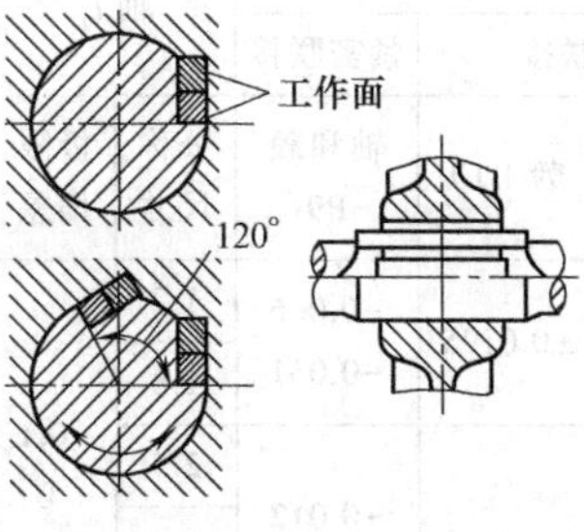 工作面 120°	由两个斜度为1:100的楔键组成。其上下两面(窄面)为工作面,其中一面在通过轴线的平面内。工作面上的压力沿轴的切线方向作用,能传递很大的转矩 单组切向键只能传递一个方向的转矩,传递双向转矩时,须用互成120°双组切向键		用于载荷很大,对中要求不严的场合 由于键槽对轴削弱较大,常用于直径大于100mm的轴上。例如大型带轮及飞轮、矿用大型绞车的卷筒及齿轮等与轴的联接

2. 平键的选择

键联接的设计计算是先根据联接的结构特点、使用要求和工作条件，确定键的类型，再根据轴和轮毂尺寸从标准中选取键的尺寸，必要时进行强度校核。

根据轴的公称直径 d，从 GB/T 1095—2003 和 GB/T 1096—2003 中查得键宽和键高 $b×h$，再根据轮毂宽度 B 选出键的长度 L，一般 L 比 B 短 $5~10mm$，并符合长度系列。平键的选择见表 8-5。

表 8-5　平键的选择　　　　　　　　　　　　（单位：mm）

键和键槽的剖面尺寸及公差（GB/T 1095—2003）

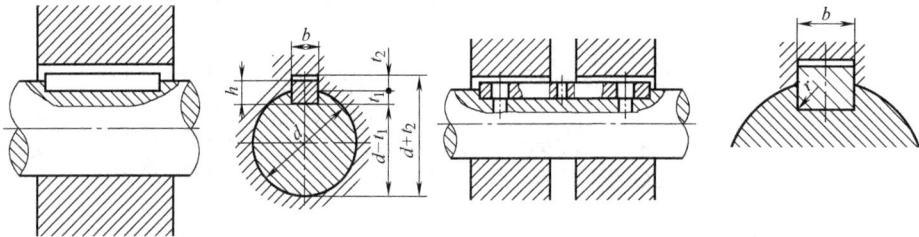

普通型平键的形式与尺寸（GB/T 1096—2003）

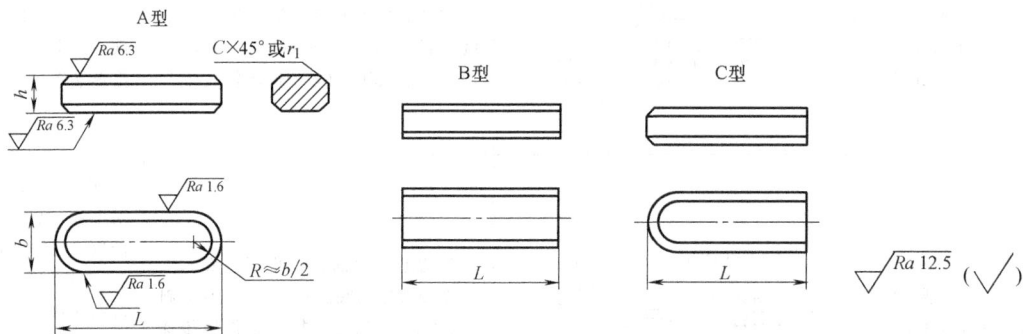

标记示例：

普通 A 型平键，$b=16mm,h=10mm,L=100mm$；GB/T 1096　键 A16×10×100
普通 B 型平键，$b=16mm,h=10mm,L=100mm$；GB/T 1096　键 B16×10×100
普通 C 型平键，$b=16mm,h=10mm,L=100mm$；GB/T 1096　键 C16×10×100

轴	键	键　槽										
		宽度 b						深度				
		公称尺寸 b	极限偏差					轴 t_1		轴 t_2		半径 r
公称直径 d	公称尺寸 $b×h$		松联接		正常联接		紧密联接					
			轴 N9	毂 JS9	轴 H9	毂 D10	轴和毂 P9	公称尺寸	极限偏差	公称尺寸	极限偏差	最小	最大
自 6~8	2×2	2	+0.025 0	+0.060 +0.020	−0.004 −0.029	±0.0125	−0.006 −0.031	1.2	+0.10	1.0	+0.10	0.08	0.16
>8~10	3×3	3						1.8		1.4		
>10~12	4×4	4	+0.030 0	+0.078 +0.030	0 −0.030	±0.015	−0.012 −0.042	2.5		1.8		
>12~17	5×5	5						3.0		2.3		0.16	0.25
>17~22	6×6	6						3.5		2.8		

（续）

轴	键	键　槽											
			宽度 b					深度				半径 r	
		公称尺寸 b		极限偏差				轴 t_1		轴 t_2			
公称直径 d	公称尺寸 b×h		松联接		正常联接		紧密联接	公称尺寸	极限偏差	公称尺寸	极限偏差	最小	最大
			轴 N9	毂 JS9	轴 H9	毂 D10	轴和毂 P9						
>22~30	8×7	8	+0.036 0	+0.098 +0.040	0 −0.036	±0.018	−0.015 −0.051	4.0	+0.2 0	3.3	+0.2 0	0.16	0.25
>30~38	10×8	10						5.0		3.3			
>38~44	12×8	12	+0.043 0	+0.120 +0.050	0 −0.043	±0.0215	−0.018 −0.061	5.0		3.3		0.25	0.40
>44~50	14×9	14						5.5		3.8			
>50~58	16×10	16						6.0		4.3			
>58~65	18×11	18						7.0		4.4			
>65~75	20×12	20	+0.052 0	+0.149 +0.065	0 −0.052	±0.026	−0.022 −0.074	7.5		4.9		0.40	0.60
>75~85	22×14	22						9.0		5.4			
>85~95	25×14	25						9.0		5.4			

注：1. $(d-t_1)$ 和 $(d+t_2)$ 两组组合尺寸的极限偏差按相应的 t_1 和 t_2 的极限偏差选取，但 $(d-t_1)$ 的极限偏差值应取负号。

2. 键的长度 L 系列（单位：mm）：6，8，10，12，14，16，18，20，22，25，28，32，36，40，45，50，56，63，70，80，90，100，110，125，140，160，180，200，220，250，280，320，360，400，450，500。

3. 轴槽和轮毂槽对轴及轮毂中心线的对称度公差等级，按 GB/T 1184—1996 中的 7~9 级选取。

3. 轴毂联接的失效分析与剪切、挤压强度计算

（1）轴毂联接的失效分析　如图 8-21a 所示的轴毂联接以普通平键实现周向固定，轴传递的转矩为 M，现对键进行受力分析。以键为研究对象画出受力图（图 8-21b），可知键在两侧面分别受到两个分布力系的作用，将产生两种变形：键沿轴与轮毂的交界面发生相对错动，这种变形称为剪切变形；而键与轴的键槽或与轮毂的键槽在相互接触面上产生挤压，因挤压力过大而造成的局部塑性变形，称为挤压变形。工程中，键联接会发生剪切变形和挤压变形。大量实践证明，键联接的主要失效形式为挤压破坏，一般只需进行挤压强度计算。除了这两种变形外，对于导向型平键和滑键联接这样的动联接来说，磨损也是其主要的失效形式之一。

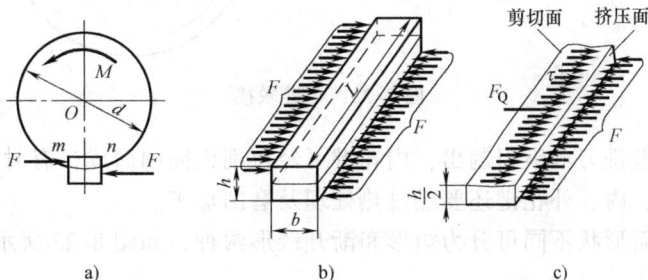

图 8-21　键的受力分析

（2）剪切的强度校核　为保证受剪切构件能安全工作，应将切应力 τ 限制在许用范围内。因此，抗剪强度条件为

$$\tau = \frac{F_Q}{A_j} \leqslant [\tau] \tag{8-6}$$

式中　F_Q——剪切面上的内力，称为剪力；

　　　τ——剪切面上的切应力；

　　　A_j——剪切面面积；

　　　$[\tau]$——许用切应力，一般塑性材料的许用切应力为 $[\tau] = (0.6 \sim 0.8)[\sigma]$。

利用抗剪强度条件，同样可以解决工程上受剪构件的强度校核、截面设计和许用载荷计算三类问题。

（3）挤压的强度校核　假设挤压应力在挤压面上均匀分布，同样可得到挤压强度条件公式

$$\sigma_{jy} = \frac{F_{jy}}{A_{jy}} \leqslant [\sigma_{jy}] \tag{8-7}$$

式中　F_{jy}——挤压力；

　　　A_{jy}——挤压面积，当接触面为平面时，挤压面即为实际接触面；对于圆柱形联接件，接触面为半圆柱面，则用接触面在挤压力垂直方向上的投影面积作为挤压面积；

　　　$[\sigma_{jy}]$——许用挤压应力，其值可查有关手册。

8.4.2　花键联接的类型、特点和应用

图 8-22 所示为花键联接，其是利用轴上纵向凸出部分（即外花键）置于轮毂相应的凹槽（即内花键）中的联接。花键联接工作面为键侧面，承载能力高、定心和导向性好、对轴削弱小，适用于载荷较大和定心精度要求高的动联接或静联接。

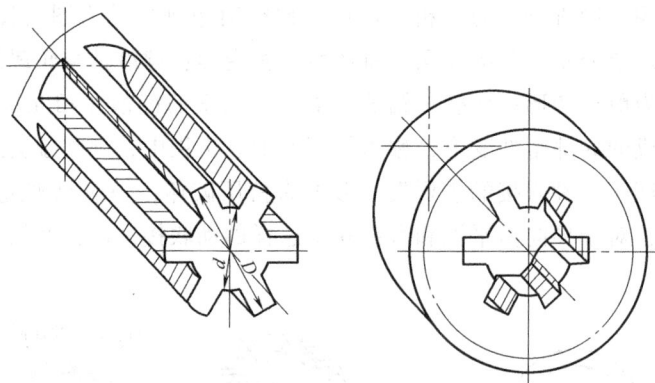

图 8-22　花键联接

外花键可用成型铣刀或滚刀制出，内花键可经拉削或插削而成，有时为了增加花键表面的硬度以降低磨损，内、外花键还要经过热处理及磨削加工。

花键联接按剖面形状不同可分为矩形和渐开线形两种，如图 8-23 所示。

1. 矩形花键

矩形花键因对中性好、导向性好、承载能力高，广泛应用于飞机、汽车、机床及一

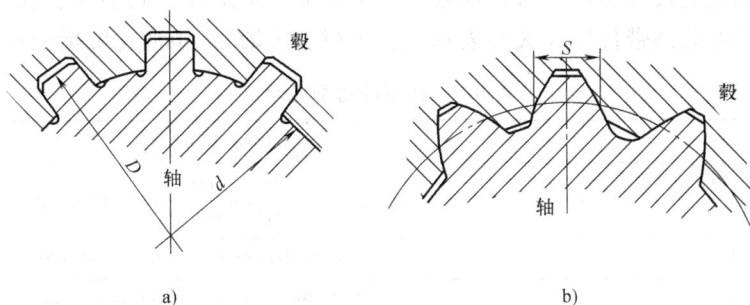

图 8-23 花键种类

a) 矩形花键 b) 渐开线形花键

般机械传动装置，其互换性由小径 d、大径 D 和键宽 B 三个联接尺寸相互位置关系所确定。GB/T 1144—2001 中规定小径 d 为定心尺寸，内、外花键的小径尺寸均可通过磨削得到保证，以得到高精度定心。矩形花键基本尺寸系列见表 8-6。

表 8-6 矩形花键基本尺寸系列 （单位：mm）

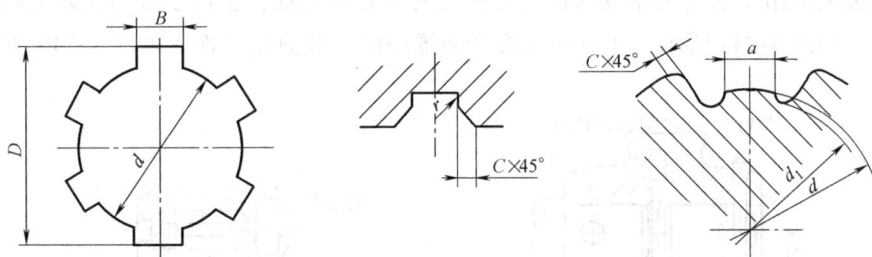

轻 系 列					中 系 列				
规格 $N{\times}d{\times}D{\times}B$	C	r	参 考		规格 $N{\times}d{\times}D{\times}B$	C	r	参 考	
			d_{1min}	a_{min}				d_{1min}	a_{min}
					6×11×14×3	0.2	0.1		
					6×13×16×3.5				
					6×16×20×4			14.4	1.0
					6×18×22×5	0.3	0.2	16.6	1.0
					6×21×25×5			19.5	2.0
6×23×26×6	0.2	0.1	22	3.5	6×23×28×6			21.2	1.2
6×26×30×6			24.5	3.8	6×26×32×6			23.6	1.2
6×28×32×7			26.6	4.0	6×28×34×7			25.8	1.4
6×32×36×6	0.3	0.2	30.3	2.7	8×32×38×6	0.4	0.3	29.4	1.0
8×36×40×7			34.4	3.5	8×36×42×7			33.4	1.0
8×42×46×8			40.5	5.0	8×42×48×8			39.4	2.5
8×46×50×9			44.6	5.7	8×46×54×9			42.6	1.4
8×52×58×10	0.4	0.3	49.6	4.8	8×52×60×10	0.5	0.4	48.6	2.5
8×56×62×10			53.5	6.5	8×56×65×10			52.0	2.5

注：d_1 和 a 值仅用于展成法加工。

矩形花键标记的代号和顺序为：键数 N、小径 d、大径 D 和键宽 B，在各尺寸之后内、注外花键各尺寸的公差带代号（大写表示孔，小写表示轴）。矩形花键标记示例见表 8-7。

表 8-7 矩形花键标记示例

花键规格	$N×d×D×B$，如 $6×23×26×6$
花键副	$6×23\dfrac{H7}{f7}×26\dfrac{H10}{a11}×6\dfrac{H11}{d10}$ GB/T 1144—2001
内花键	$6×23H7×26H10×6H11$ GB/T 1144—2001
外花键	$6×23f7×26a11×6d10$ GB/T 1144—2001

2. 渐开线形花键

采用渐开线作为花键齿廓，能起自动定心作用，强度高、寿命长，齿面接触好，并可用加工齿轮的方法进行加工，互换性好，因此在航天、航空、船舶、汽车等行业中应用广泛。它的压力角有 30° 和 45° 两种，前者用于重载和尺寸较大的联接，后者用于轻载和小直径的静联接，特别适用于薄壁零件的联接。

8.4.3 销联接

销联接主要用于固定机器或部件上零件之间的相对位置，也用于轴与轮毂的传递不大载荷的联接，如图 8-24a 所示，还可作为安全装置中的过载剪断元件，如图 8-24b 所示。

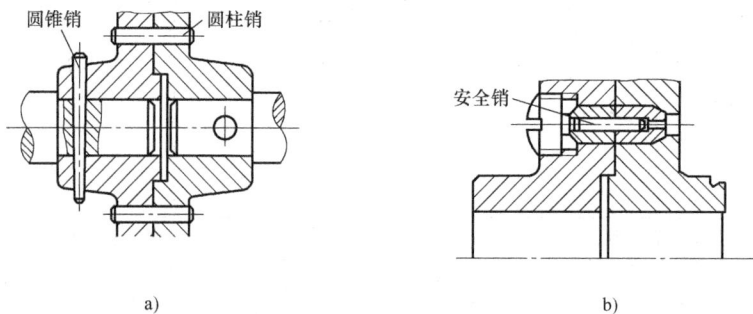

图 8-24 销联接的功用
a) 定位销和联接销 b) 安全销

销的常用材料为 Q235、35 钢、45 钢。销可分为圆柱销、圆锥销和开口销等。圆柱销利用过盈配合固定在铰制孔（通常配作该孔）中，可以承受不大的载荷。若多次拆装，过盈量减小，则会降低联接的紧密性和定位精度。

圆锥销具有 1:50 的锥度，使其在受横向载荷时有可靠的自锁性，安装方便、定位可靠，多次拆装对定位精度的影响较小，所以应用较为广泛。它有 A、B 两种型号，A 型表面粗糙度小。圆锥销的小端直径为公称直径。当直径 $d=10\text{mm}$，长度 $l=60\text{mm}$，A 型普通圆锥销的标记为：销 GB/T 117—2000 10×60。

开口销是标准件，它具有结构简单、工作可靠、装拆方便的特点，主要用于螺纹联接的防松，不能用于定位，不可重复使用。常用销的类型、特点和应用见表 8-8。

表 8-8 常用销的类型、特点和应用

类 型		图 形	标 准	特点和应用
圆柱销	普通圆柱销		GB/T 119.1—2000 GB/T 119.2—2000	只能传递不大的载荷。内螺纹圆柱销多用于不通孔;弹性圆柱销用于冲击、振动的场合
	内螺纹圆柱销		GB/T 120.1—2000 GB/T 120.2—2000	
	弹性圆柱销		GB/T 879.1~5—2000	
圆锥销	普通圆锥销	1:50	GB/T 117—2000	在联接件受横向力时能自锁。螺纹供拆卸用
	内螺纹圆锥销	1:50	GB/T 118—2000	
	螺尾锥销		GB/T 881—2000	
开口销			GB/T 91—2000	工作可靠,拆卸方便、用于锁定其他紧固件

【例 8-3】 图 8-25 所示为拖车挂钩用销联接,已知挂钩联接部分的厚度 $t = 15\text{mm}$,销的材料为 45 钢,许用切应力 $[\tau] = 60\text{MPa}$,许用挤压应力 $[\sigma_{jy}] = 180\text{MPa}$,拖车所受的拉力 $F = 100\text{kN}$,试确定销的直径 d。

解:1)计算销的剪切力和挤压作用力,销有两个剪切面,每个剪切面上的剪切力为

$$F_Q = \frac{F}{2} = \frac{100}{2}\text{kN} = 50\text{kN}$$

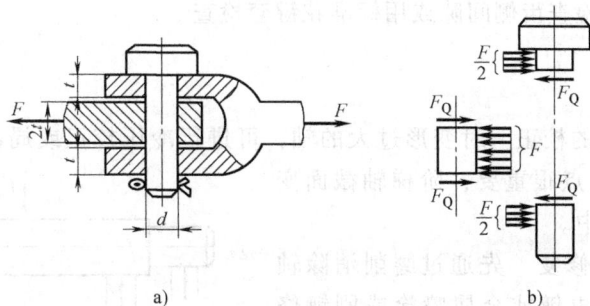

图 8-25 拖车挂钩用销联接

挤压作用力为

$$F_{jy} = \frac{F}{2} = \frac{100}{2}\text{kN} = 50\text{kN}$$

2）销所需的剪切面面积和挤压面面积

$$A_j = \frac{\pi d^2}{4} \qquad A_{jy} = td$$

3）按抗剪强度条件确定销的直径

$$\tau = \frac{F_Q}{A_j} = \frac{F_Q}{\frac{\pi d^2}{4}} \leqslant [\tau]$$

$$d \geqslant \sqrt{\frac{4F_Q}{\pi[\tau]}} = \sqrt{\frac{4 \times 50 \times 10^3}{3.14 \times 60}} \text{mm} = 32.6 \text{mm}$$

4）按挤压强度条件确定销的直径

$$\sigma_{jy} = \frac{F_{jy}}{A_{jy}} = \frac{F_{jy}}{td} \leqslant [\sigma_{jy}]$$

$$d \geqslant \frac{F_{jy}}{t[\sigma_{jy}]} = \frac{50 \times 10^3}{15 \times 180} \text{mm} = 18.5 \text{mm}$$

所以取销的直径 $d \geqslant 32.6$mm。

8.5　轴的使用与维护

8.5.1　轴的使用

轴在使用前，应检查轴上零件的安装质量，轴和轴上零件固定应可靠，有相对运动的零件应有适当的间隙，保证轴颈的润滑要求。

轴系修理时，应检验轴有无裂纹、弯曲及轴颈磨损等，如不符合要求应进行修复和更换。轴上裂纹可用放大镜和磁力探伤器检查。轴颈最大磨损量超过规定时，应进行修磨。轴上花键磨损，可通过检查齿侧间隙或用标准花键套检查。

8.5.2　轴的维护

（1）轴弯曲变形的校正　对变形过大的轴，可进行冷压校正或局部火焰加热校正。如图 8-26 所示，选择支点很重要，阶梯轴截面变化处不应发生应力集中。

（2）轴颈磨损的修复　先通过磨削消除轴的形状误差，然后用电镀或金属喷涂或刷镀修复，严重时可堆焊或镶套修理（图 8-27）。

（3）轴上花键、键槽和螺纹的修复　用气焊或堆焊法修复磨损的齿侧面，然后铣出花键，

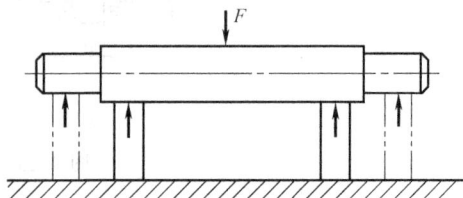

图 8-26　轴弯曲变形的校正

如图 8-28a 所示。键槽损伤，可适当加大键槽或将键槽焊堵，另配新键，如图 8-28b 所示。

轴上螺纹损坏，可加焊一层金属重车螺纹。

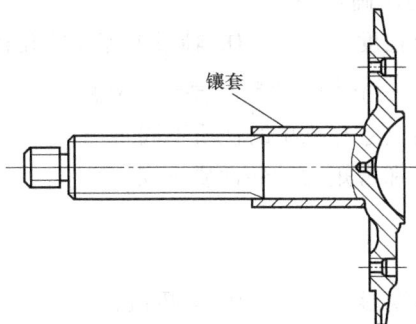

图 8-27 轴颈磨损的镶套修理

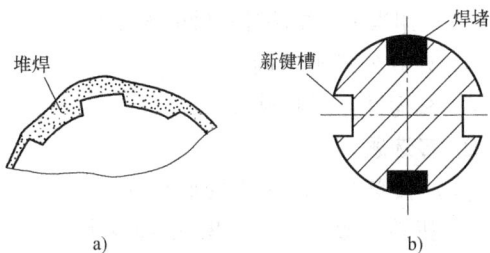

图 8-28 轴上花键、键槽的修复

总结与复习

1. 轴的功用主要是支承旋转运动的零件，传递运动和动力。按承载情况不同，轴可分为转轴、传动轴和心轴 3 种。轴的主要材料是碳素钢（如 35 钢～50 钢）和合金钢（耐磨性要求较高的轴可采用 20Cr、20CrMnTi；要求高强度的轴可采用 40Cr）。

2. 轴主要由轴颈、轴头、轴身 3 部分组成。轴的结构设计包括定出轴的合理外形和全部结构尺寸，主要要求有：①轴上零件的定位、固定；②轴上零件的拆装、调整；③轴的制造工艺性；④轴上零件的结构和位置的安排。

3. 按圆轴扭转的强度计算为 $\tau = \dfrac{T}{W_T} = \dfrac{9.55 \times 10^6 \times \dfrac{P}{n}}{0.2d^3} \leq [\tau_T]$；按圆轴的刚度计算为

$\varphi = \dfrac{180° M_n}{GI_p \pi} \leq [\varphi]$；按弯扭组合变形的强度计算为式（8-5）。

4. 键和键联接的类型、特点和应用见表 8-4。平键的选择见表 8-5。平键的剪切的强度校核和挤压的强度校核按式（8-6）和式（8-7）。矩形花键基本尺寸系列见表 8-6。常用销的类型、特点和应用见表 8-8。

【同步练习与测试】

1. 单选题

（1）心轴主要承受（　　）载荷作用。

A. 拉伸　　　　　　　B. 扭转　　　　　　　C. 弯曲　　　　　　　D. 弯曲和扭转

（2）阶梯轴应用最广的主要原因是（　　）。

A. 便于零件装拆和固定　　　　　　　B. 制造工艺性好

C. 传递载荷大　　　　　　　D. 疲劳强度高

（3）工作时以传递转矩为主，不承受弯矩或弯矩很小的轴，称为（　　）。

A. 心轴　　　　　　　B. 转轴　　　　　　　C. 传动轴　　　　　　　D. 中轴

（4）轴环的用途是（　　）。

A. 作为轴加工时的定位面　　　　　　　B. 提高轴的强度

C. 提高轴的刚度　　　　　　　　　　D. 使轴上零件获得轴向定位

（5）在轴的初步计算中，轴的直径是按（　　　）初步确定的。

A. 抗弯强度　　　　　B. 扭转强度　　　　　C. 复合强度　　　　　D. 轴段上零件的孔径

（6）用当量弯矩法计算轴的强度时，公式 $M_e = \sqrt{M^2 + (\alpha T)^2}$ 中的系数 α 是为了考虑（　　　）。

A. 计算公式不准确　　　　　　　　　　B. 材料抗弯与抗扭的性质不同

C. 载荷计算不精确　　　　　　　　　　D. 转矩和弯矩的循环性质不同

2. 多选题

（1）轴受力后的主要变形有（　　　）。

A. 扭转变形　　　　　B. 拉伸变形　　　　　C. 弯曲变形　　　　　D. 弯扭组合变形

（2）按形状不同，轴可分为（　　　）。

A. 光轴　　　　　　　B. 直轴　　　　　　　C. 曲轴　　　　　　　D. 软轴

（3）轴的常用材料有（　　　）。

A. 铸铁　　　　　　　B. 非铁合金　　　　　C. 合金钢　　　　　　D. 优质碳素钢

（4）轴上零件轴向定位的方法有（　　　）定位等。

A. 锥面、轴环和轴肩　　　　　　　　　B. 套筒和轴承端盖

C. 轴端挡圈和弹性挡圈　　　　　　　　D. 圆螺母和紧定螺钉与锁紧挡圈

（5）提高轴的强度和刚度的措施有（　　　）。

A. 减小应力集中　　　　　　　　　　　B. 提高轴的表面质量

C. 增设键槽和退刀槽　　　　　　　　　D. 合理布置轴上传动件，改善轴的受力状况

（6）轴的强度计算步骤有（　　　）。

A. 绘制轴的受力简图　　　　　　　　　B. 计算支承反力

C. 绘制弯矩图、扭矩图和当量弯矩图　　D. 进行强度校核

3. 判断题

（1）为使轴上零件与轴肩端面紧密贴合，应保证轴的圆角半径 r、轮毂孔的倒角高度 C（或圆角半径 R、轴肩高度 n 之间的关系为：$r > C > n$ 或 $r > R > n$。　　　　　　　　（　　　）

（2）为提高轴的刚度，一般采用的措施是用合金钢代替碳素钢。　　　　　　　　（　　　）

4. 简答题

（1）轴的功用是什么？根据所受的载荷不同，轴可分为哪几种类型？

（2）轴的常用材料有哪些？同一工作条件下，如果不改变轴的结构和尺寸，而将材料由碳素钢改为合金钢，能否提高轴的强度？为什么要对轴进行热处理？

（3）轴结构设计的主要内容有哪些？

（4）轴的强度计算方法有哪几种？它们各用于何种情况？

（5）轴在什么条件下会发生疲劳破坏？如何提高轴的疲劳强度？

（6）轴上最常用的轴向定位结构是什么？轴肩与轴环有何异同？

（7）自行车的中轴和后轴是什么类型的轴？为什么？

5. 设计计算题

（1）一钢制传动轴，受到转矩 $T = 4000 \mathrm{N} \cdot \mathrm{m}$ 的作用。已知轴的许用扭转切应力 $[\tau_T] = 40 \mathrm{MPa}$，许用单位长度扭转角 $[\varphi] = 0.25 (°/\mathrm{m})$，切变模量 $G = 8 \times 10^4 \mathrm{MPa}$，试确定该传动轴的直径 d。

（2）试设计图 8-29 所示单级斜齿圆柱齿轮减速器的从动轴。已知传递的功率 $P_2 = 10\text{kW}$，从动齿轮的转速 $n_2 = 202\text{r/min}$，分度圆直径 $d_2 = 356\text{mm}$，齿轮上所受的力 $F_{t2} = 2656\text{N}$、$F_{r2} = 985\text{N}$、$F_{a2} = 522N$，齿轮轮毂的长度 $L = 80\text{mm}$，齿轮单向传动，采用轻窄系列深沟球轴承。

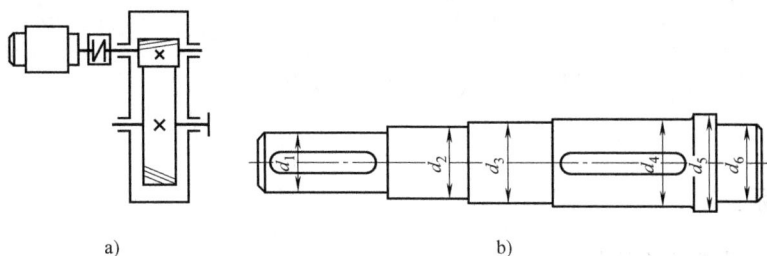

a)   b)

图 8-29 设计计算题（2）图

a）单级斜齿圆柱齿轮减速器传动简图 b）从动轴结构简图

第9章

轴　承

知识学习目标：

- 了解径向滑动轴承的构造；
- 熟悉滚动轴承的主要类型特点代号，能正确选型，进行寿命计算；
- 了解滑动轴承特点、分类和主要结构，滑动轴承的材料、润滑方式。

技能训练目标：

能够进行滚动轴承组合设计。

【应用导入例】 D 型泵的泵轴用滚动轴承

D 型泵适用于矿山或工厂供水。用于输送温度低于 80℃ 的不含固体颗粒的清水或性质接近清水的液体，该泵流量小、扬程高。

D 型泵是单吸多级节段式离心泵，泵入口为水平方向，出口为垂直方向。分成吸入段、中段、压出段，各段通过螺栓联接，如图 9-1 所示。转子由泵轴、叶轮、平衡盘及轴套等组

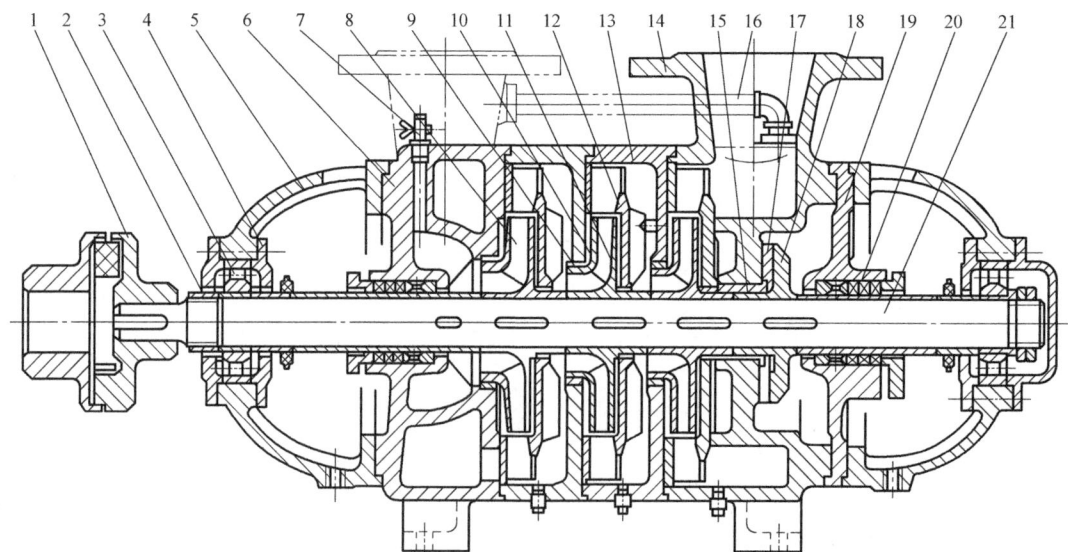

图 9-1　D 型单吸多级节段式离心泵
1—联轴器　2—轴套螺母　3—轴承　4—轴承盖　5—轴承体　6—吸入体　7—气嘴　8—首级叶轮
9—密封环　10—次级叶轮　11—导叶套　12—导叶　13—中段　14—压出段　15—平衡套
16—平衡水管　17—衬套　18—平衡盘　19—尾盖　20—轴套　21—泵轴

成，泵轴采用滚动轴承支承，轴承用脂润滑，泵的轴向推力由平衡盘平衡。泵运行时，液体经导叶逐级进入叶轮，最后由螺壳形的压出段流至泵的出水口。

轴承是用来支承轴及轴上零件的重要部件，能减少转轴与支承间的摩擦和磨损，保证轴的回转精度。根据摩擦性质，轴承可分为滑动轴承和滚动轴承两大类。本章主要介绍这两类轴承的类型、特点、设计及其应用。

9.1　滚动轴承的结构、类型

滚动轴承是一种现代机器中应用十分广泛的重要通用部件。它依靠主要元件间的滚动接触来支承转动零件，具有摩擦阻力小、效率高、起动灵活、轴向尺寸小、易于互换和制造成本低等优点，并已经标准化，由专门的工厂进行大量标准化生产。

9.1.1　滚动轴承的结构与材料

滚动轴承的基本结构如图 9-2 所示，它由内圈 1、外圈 2、滚动体 3 和保持架 4 等组成。通常其内圈用来和轴颈配合装配，外圈用来与轴承座装配。当内外圈做相对转动时，滚动体即在滚道间滚动。滚动体的形状如图 9-3 所示，有球形、圆柱滚子形、滚针形、圆锥滚子形、鼓形等。保持架的主要作用是均匀地隔开滚动体，避免滚动体相互接触，以减小摩擦和降低磨损。

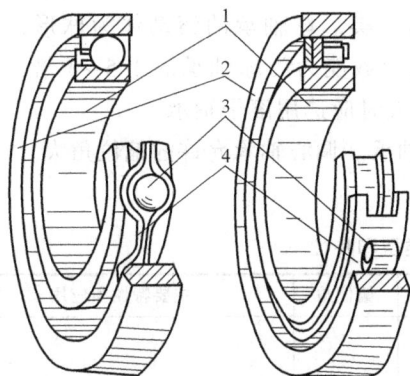

图 9-2　滚动轴承的基本结构　　　　图 9-3　滚动体的形状
1—内圈　2—外圈　3—滚动体　4—保持架

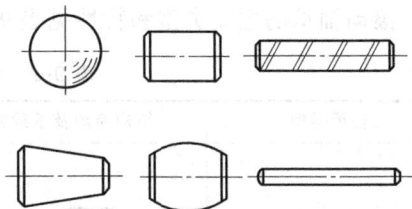

由于滚动体与内外圈之间是点线接触，接触应力较大，因此轴承的内、外圈和滚动体一般用强度高、耐磨性好、接触疲劳强度高的滚动轴承钢制造，如 GCr15、GCr15SiMn 等。经热处理后硬度一般不低于60HRC，工作表面需经过磨削和抛光。

9.1.2　滚动轴承的类型

滚动轴承的类型很多，可以按照不同的方法分类。

1）按所能承受载荷的方向或轴承公称接触角的不同，滚动轴承可分为向心轴承和推力轴承两类（表 9-1）。表 9-1 中 α 为滚动体与套圈滚道接触处的公法线方向与轴承的径向平面（垂直于轴承轴线的平面）之间的夹角，称为公称接触角。α 是轴承的性能参数，接触角越大，承受轴向载荷的能力也越大。

表 9-1　各类轴承的公称接触角

轴承种类	向 心 轴 承		推 力 轴 承	
	径向接触	角接触	角接触	轴向接触
公称接触角 α	α = 0°	0°<α≤45°	45°<α<90°	α = 90°
图例（以球轴承为例）	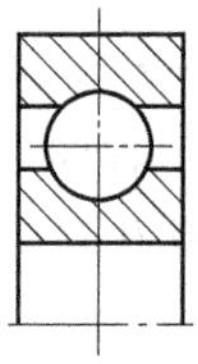	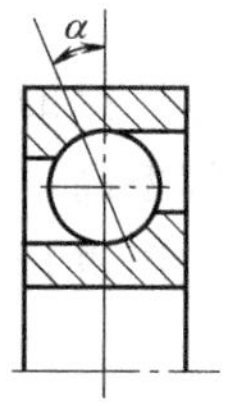	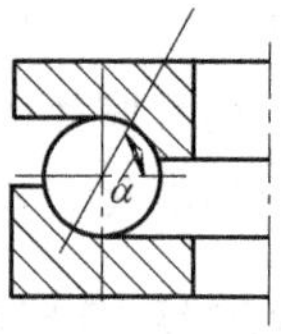	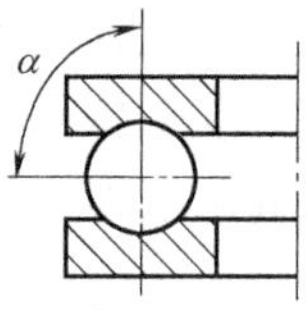

向心轴承可分为径向接触轴承和角接触向心轴承：径向接触轴承主要承受径向载荷，公称接触角为 0；角接触向心轴承的公称接触角范围为 0°<α≤45°，能同时承受径向载荷和轴向载荷。推力轴承可分为角接触推力轴承和轴向接触轴承，角接触推力轴承的公称接触角为 45°<α<90°，主要承受轴向载荷，也可承受较小的径向载荷。轴向接触轴承公称接触角 α = 90°，只能承受轴向载荷。

2）按滚动体的形状可分为球轴承和滚子轴承两大类。球轴承的滚动体为球形，摩擦小、高速性能好。而在同样外形尺寸下，滚子轴承的承载能力为球轴承的 1.5～3 倍，比球轴承承载能力和承受冲击能力都好。所以，在载荷较大时应选用滚子轴承。

3）按工作时能否调心可分为调心轴承和非调心轴承。调心轴承允许的偏位角大。

滚动轴承的主要类型和特性见表 9-2。

表 9-2　滚动轴承的主要类型和特性

轴承类型	结构简图及承载方向	极限转速	偏位角	主要特性和应用
调心球轴承 10000	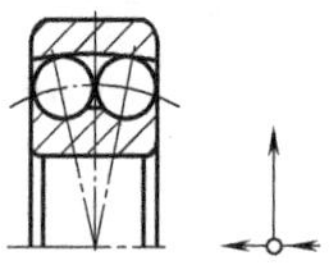	中	2°～3°	双排球，外圈滚道表面是以轴承中点为圆心的球面，故可调心。主要承受径向载荷，也能承受较小的双向轴向载荷
调心滚子轴承 20000C	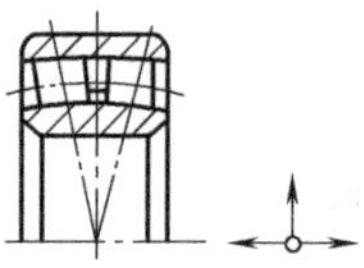	低	0.5°～2°	能承受较大的径向载荷而偏位角较小，具有调心性能

（续）

轴承类型	结构简图及承载方向	极限转速	偏位角	主要特性和应用
圆锥滚子轴承 30000	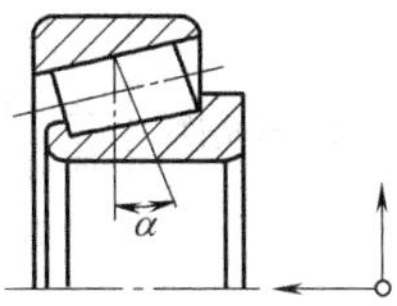	中	2′	能同时承受径向、单向轴向载荷。内、外圈可分离,便于调整游隙,需成对使用
推力球轴承 50000	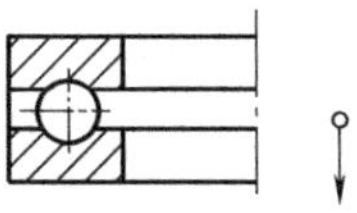 a) 单向 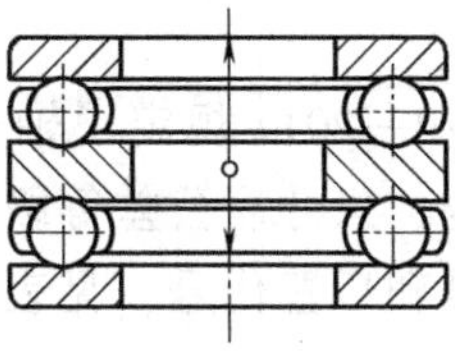 b) 双向	低	不允许	载荷作用线必须与轴线相重合,不允许有偏位角。高速时,由于离心力大,钢球与保持架摩擦发热严重,允许的极限转速较低,可用于轴向载荷大、转速不高处。有两种类型:a为单向结构,只能承受单向轴向载荷;b为双向结构,能承受双向轴向载荷
深沟球轴承 60000	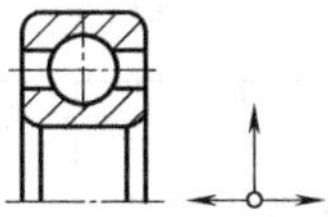	高	8′~16′	主要承受径向载荷,也能承受一定的双向轴向载荷;价格低,应用广泛
角接触球轴承 7000C(α=15°) 7000AC(α=25°) 7000B(α=40°)	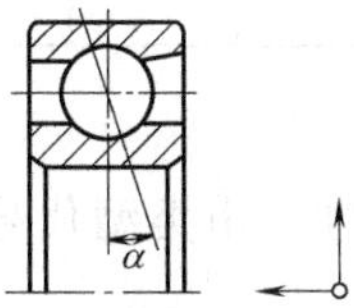	较高	2′~10′	能同时承受较大径向和单向轴向载荷;公称接触角 α 有 15°、25° 和 40° 三种,随着公称接触角的增大,其轴向承载能力也提高;需成对使用,可以安装在两个支点或同装在一个支点上
推力圆柱滚子轴承 80000	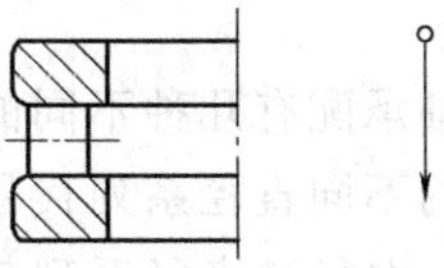	低	不允许	能承受较大的单向轴向载荷
圆柱滚子轴承 N0000(外圈无挡边) NU0000(内圈无挡边) NF0000(外圈单挡边)	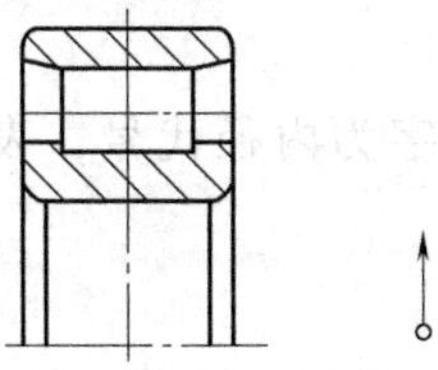	较高	2′~4′	由于是线接触,能承受较大的径向载荷。其内、外圈可分离,所以不能承受轴向载荷;装拆方便

（续）

轴承类型	结构简图及承载方向	极限转速	偏位角	主要特性和应用
滚针轴承 NA0000（有内圈） RNA0000（无内圈）	a) b)	低	不允许	只能承受较大的径向载荷；一般无保持架，径向尺寸极小，因而滚针间有摩擦，轴承极限转速低。这类轴承不允许有偏位角

9.2　滚动轴承类型代号及类型选择

9.2.1　滚动轴承的类型代号

为了便于组织生产和使用，国家标准 GB/T 272—2017 规定了轴承代号及表示方法。滚动轴承代号是用字母加数字来表示滚动轴承的结构、尺寸、公差等级、技术性能等特征的产品符号。其由三部分所组成：前置代号、基本代号和后置代号，见表 9-3。

表 9-3　滚动轴承的代号

前置代号	基本代号					后置代号								
轴承分部件（轴承组件）	五	四	三	二	一	内部结构	密封与防尘与外部形状	保持架及其材料	轴承零件材料	公差等级	游隙	配置	振动及噪声	其他
	类型代号	尺寸系列代号		内径代号										

1. 基本代号

基本代号用来表示轴承的基本类型、结构和尺寸，由类型代号、尺寸系列代号和内径代号组成。

（1）类型代号　用数字或大写拉丁字母表示。

（2）尺寸系列代号　包括直径系列代号和宽度（对推力轴承为高度）系列代号。

轴承的直径系列代号是指对内径相同的同类轴承配有几种不同的外径和宽度，用右起第三位数字表示。深沟球轴承的不同直径系列代号的对比如图 9-4 所示。轴承的宽度系列代号指结构、内径和直径系列都相同的轴承，用右起第四位数字表示。向心轴承和推力轴承的尺寸系列代号见表 9-4。

（3）内径代号：用自右至左起第一、二位数字为内径代号，表示方法见表 9-5。

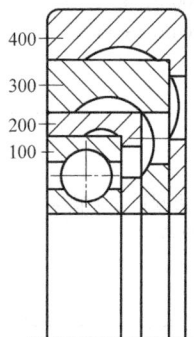

图 9-4　深沟球轴承的不同直径系列代号的对比

2. 前置代号

前置代号是用字母说明成套轴承部件的特点。例如 L 表示可分离轴承的可分离内圈或外圈，K 表示轴承的滚动体和保持架组件等。具体表示方法可查轴承手册。

表 9-4 向心轴承和推力轴承的尺寸系列代号

直径系列代号		向心轴承			推力轴承	
		宽度系列代号			高度系列代号	
		(0)	1	2	1	2
		窄	正常	宽	正常	
				尺寸系列代号		
0	特轻	(0)0	10	20	10	—
1		(1)1	11	21	11	
2	轻	(0)2	12	22	12	22
3	中	(0)3	13	23	13	23
4	重	(0)4	—	24	14	24

注：宽度系列代号为零时，不标出。

表 9-5 滚动轴承常用内径代号

内径代号（两位数）	00	01	02	03	04~96
轴承内径/mm	10	12	15	17	代号数字×5

注：轴承内径小于 10mm 及 500mm 以上的轴承内径代号另有规定。

3. 后置代号

后置代号是用字母或字母加数字等表示轴承的内部结构、公差等级及材料的特殊要求等。下面介绍几个常用后置代号。

（1）内部结构代号 例如以 C、AC、B 分别表示公称接触角 $\alpha = 15°$、$25°$、$40°$ 的角接触球轴承。

（2）公差等级 公差等级按照由低到高，其代号为/P0、/P6、/P6x、/P5、/P4、/P2，公差等级中 6x 级仅用于圆锥滚子轴承，0 级为普通级，在轴承代号中不标出。例如：6203/P6。

（3）游隙 如图 9-5 所示，轴承的游隙为滚动体与内、外圈滚道之间的最大间隙，有径向游隙和轴向游隙。可分为 1、2、0、3、4、5，共 6 个组别，依次由小到大。其中，0 游隙组是常用的游隙组别，在轴承代号中不标出，其余的游隙组别在轴承代号中分别用/C1、/C2、/C3、/C4、/C5 表示。例如：6210/C4。

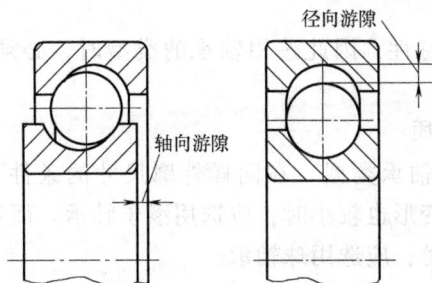

图 9-5 滚动轴承的游隙

【例 9-1】 试说明如图 9-6 所示轴承代号 32315E、51410/P6 的含义。

解：

a)

b)

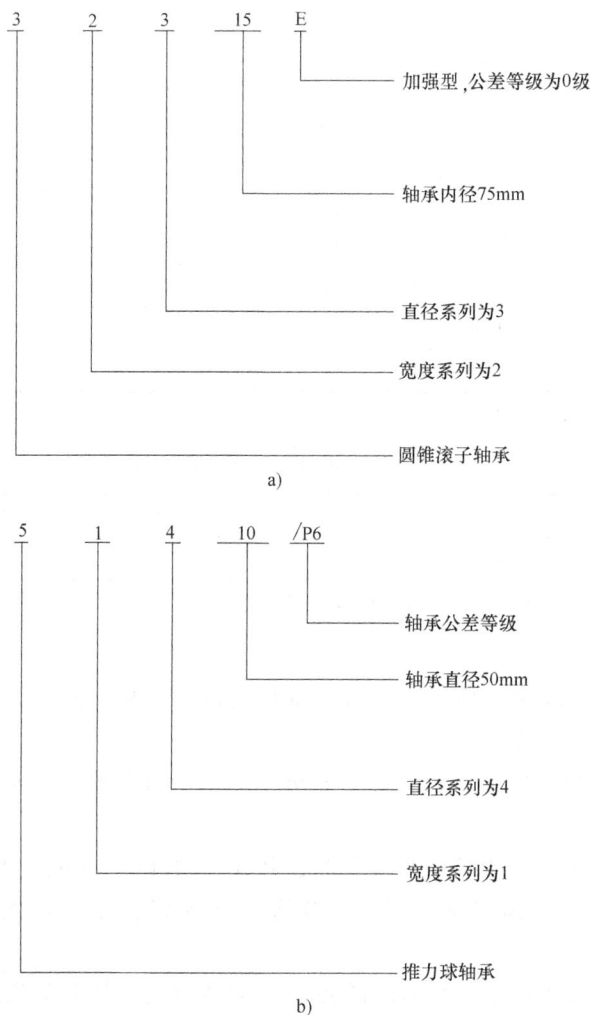

图 9-6 轴承代号的含义

9.2.2 滚动轴承的类型选择

各类滚动轴承有不同的特性，因此选用轴承的类型时，必须根据轴承实际工况合理选择，应考虑以下因素：

1. 载荷大小、方向和性质

（1）根据载荷大小选择轴承类型 在同样外廓尺寸的条件下，对于承受较大的载荷、有振动和冲击，且承载后的变形也较小时，应选用滚子轴承。而对于承受载荷小，无振动和冲击，并要求旋转精度较高时，应选用球轴承。

（2）根据载荷方向选择轴承类型 若只承受纯径向载荷，应选用向心轴承（如 60000、N0000、NU0000 型）；若只受纯轴向载荷，应选用推力球轴承（如 50000 型，如承受较大的单向轴向载荷可选用推力圆柱滚子轴承；若同时承受径向载荷和轴向载荷时，应选用深沟球轴承（如 60000 型）、角接触球轴承（如 70000C 型）、圆锥滚子轴承（如 30000B 型），如轴向载荷比径向载荷大很多，应选用向心轴承和推力轴承的组合结构。

2. 轴承的转速

选择轴承类型时应注意其允许的极限转速 $n_{\lim}$。在轴承手册中列出了各类轴承的极限转速 $n_{\lim}$ 值，以保证轴承在低于极限转速下工作。当工作转速较高而轴向载荷较小时，可以采用角接触球轴承或深沟球轴承。在高速时，应选用超轻、特轻、极轻系列的轴承。

3. 轴承的自动调心性能

对于支承跨距大而使轴刚性较差、多支点轴或轴受力而弯曲时，为了减少轴承的内外圈轴线所发生相对倾斜的情况，应选用允许内、外圈有较大偏位角且有一定调心性能的调心球轴承。

4. 轴承的安装和拆卸要求

选择轴承类型时，还应考虑到轴承装拆和调整的方便性。例如，考虑选用圆锥滚子轴承和圆柱滚子轴承等内圈、外圈可分离的轴承；在轴承的轴向尺寸受到安装限制时，应选择同一类型、轴向尺寸较小的轴承。

5. 轴承的经济性

在满足使用要求的情况下应尽量选用价格低廉的轴承，如在同精度的轴承中可选用价格最低的深沟球轴承。

9.3 滚动轴承的设计计算

9.3.1 滚动轴承的失效形式和设计准则

1. 失效形式

滚动轴承的失效形式主要有 3 种：疲劳点蚀、塑性变形和磨损。

（1）疲劳点蚀 如图 9-7 所示，当轴承受径向载荷 F_r 作用时，上半圈为一个径向载荷是零的非承载区；下半圈为承载区，但不同方位处的载荷大小是不同的，导致滚动体与内、外圈的接触表面产生脉动循环的接触变应力，经一定时间运转后，内、外圈滚道及滚动体表面会出现麻点状剥落现象，形成疲劳点蚀。该疲劳点蚀会使滚动轴承引起冲击、振动和噪声，最终导致失效。因此，疲劳点蚀是滚动轴承的主要失效形式。

（2）塑性变形 当滚动轴承转速很低或仅做摆动时，一般不会发生疲劳点蚀。这时在很大的静载荷或冲击载荷的作用下，会使轴承滚道和滚动体接触处产生较大的局部应力而超过材料的屈服强度，产生较大的塑性变形，导致失效。

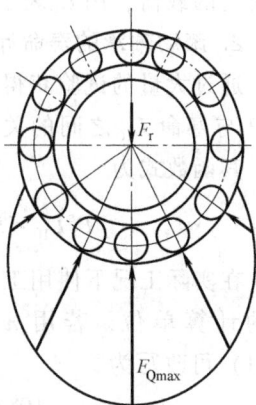

图 9-7 滚动轴承的受力分析

（3）磨损 由于滚动轴承使用、维护不当或密封、润滑不良等，均会导致轴承滚动体或套圈滚道产生过度磨损。

此外，轴承还会出现腐蚀、锈蚀，高速运转时胶合失效，内、外套圈和保持架破损等失效形式，从而使轴承不能正常工作。

2. 设计准则

在选择滚动轴承类型后要确定其型号和尺寸，需根据以上滚动轴承不同的失效形式进行设计计算，其设计准则是：

1）对于一般转速的轴承，其主要失效形式为疲劳点蚀，因此只需进行以疲劳强度为依据的寿命计算。

2）对于不转动、摆动或转速低的轴承，其主要失效形式为塑性变形，因此可以进行以不发生塑性变形为准则的静强度计算。

3）对于高速轴承，除疲劳点蚀外其工作表面因过热而导致轴承失效，因此除需进行以疲劳强度为依据的寿命计算外，还应验算其极限转速。

9.3.2 滚动轴承寿命的计算

1. 基本额定寿命和基本额定动、静载荷

（1）轴承寿命　轴承寿命是指单个轴承出现疲劳点蚀前运转的总转数，或在一定转速下的工作小时数。

（2）滚动轴承的基本额定寿命　滚动轴承的基本额定寿命是指一批相同型号、相同材料的轴承，在完全相同条件下运转，因轴承的制造工艺、材料及热处理等方面的差异，其寿命常有很大的差距。其中，以 10% 发生疲劳点蚀而 90% 的轴承不产生疲劳点蚀前的总转数或在一定转速下所能运转的总工作小时数，作为轴承寿命，即标准规定用 L_{10} 表示基本额定寿命（L_{10h} 表示以小时计的基本额定寿命）。

（3）基本额定动载荷　轴承的基本额定动载荷是指轴承的基本额定寿命为 $10^6 r$ 时所能承受的最大载荷值，用 C 表示。基本额定动载荷，对向心轴承，指的是纯径向载荷，用 C_r 表示；对推力轴承，指的是纯轴向载荷，用 C_a 表示（这两者都可从滚动轴承手册中查得）。

（4）基本额定静载荷　基本额定静载荷是指当内外圈之间相对转速为零时，受载荷最大的滚动体与滚道接触处的最大接触应力达到一个定值（如调心轴承为 4600MPa）时，轴承所受的载荷，用 C_0 表示。具体可以查阅手册或产品样本。

2. 滚动轴承的寿命计算

通过大量的试验获得滚动轴承所承受的载荷 P 与寿命 L_{10} 之间的关系曲线，如图 9-8 所示，其函数式为

$$P^\varepsilon L_{10} = 常数 \qquad (9-1)$$

在实际工况下使用工作小时数作为轴承寿命的计算单位，若用 n 表示轴承转速，式（9-1）可改写为

$$L_{10h} = \frac{10^6}{60n}\left(\frac{C}{P}\right)^\varepsilon$$

图 9-8　滚动轴承的 L_{10}-P 曲线

由于轴承标准中列出的是一般轴承的基本额定动载荷 C，当轴承的工作温度高于 100℃时，应引入温度系数 f_t（表 9-6）对 C 进行修正；考虑到工作时的冲击、振动对轴承的寿命

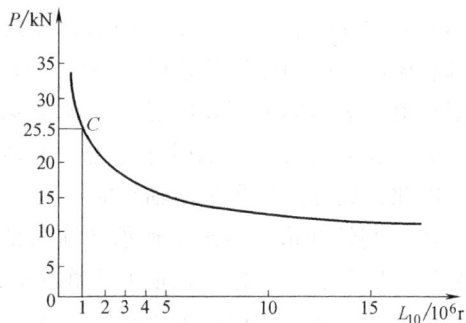

会产生影响，引入载荷系数 f_P（表9-7）对 P 进行修正。修正后的轴承寿命计算公式为

$$L_{10h}=\frac{10^6}{60n}\left(\frac{f_t C}{f_P P}\right)^\varepsilon \tag{9-2}$$

由式（9-2）可得到所需轴承的基本额定动载荷为

$$C=\frac{f_P P}{f_t}\left(\frac{60n}{10^6}L_{10h}\right)^{1/\varepsilon} \tag{9-3}$$

式中　P——当量动载荷（kN）；

$\quad\quad f_t$——温度系数，见表9-6；

$\quad\quad f_P$——载荷系数，见表9-7；

$\quad\quad L_{10h}$——以小时计的基本额定寿命（h）；

$\quad\quad n$——转速（r/min）；

$\quad\quad \varepsilon$——寿命指数，球轴承 $\varepsilon=3$，滚子轴承 $\varepsilon=10/3$。

表9-6　温度系数 f_t

轴承工作温度/℃	100	125	150	200	250	300
温度系数 f_t	1	0.95	0.90	0.80	0.70	0.60

表9-7　载荷系数 f_P

载荷性质	f_P	举　例
无冲击或轻微冲击	1~1.2	电动机、汽轮机、通风机、水泵
中等冲击	1.2~1.8	机床、车辆、内燃机、冶金机械、起重机械、减速器
较大冲击	1.8~3.0	轧钢机、破碎机、钻探机、剪板机

3. 滚动轴承的当量动载荷的计算

在轴承的寿命计算公式中，P 为当量动载荷，对于向心轴承，只承受纯径向载荷，其当量动载荷 $P=F_r$；对于推力轴承，只承受纯轴向载荷，其当量动载荷 $P=F_a$。对于同时承受径向载荷 F_r 和轴向载荷 F_a 的轴承（如深沟球轴承、调心球轴承和角接触球轴承），其当量动载荷 P 为与实际作用的复合外载荷有同样效果的载荷，其计算公式为

$$P=XF_r+YF_a \tag{9-4}$$

式中　X、Y——径向动载荷系数和轴向动载荷系数，见表9-8；

$\quad\quad F_r$、F_a——轴承所承受的实际径向载荷（N）和轴向载荷（N）。

表9-8　径向动载荷系数 X 和轴向动载荷系数 Y（单列轴承）

轴承类型	F_a/C_0	e	$F_a/F_r>e$		$F_a/F_r\leqslant e$	
			X	Y	X	Y
深沟球轴承	0.014	0.19	0.56	2.30	1	0
	0.028	0.22		1.99		
	0.056	0.26		1.71		
	0.084	0.28		1.55		
	0.11	0.30		1.45		
	0.17	0.34		1.31		
	0.28	0.38		1.15		
	0.42	0.42		1.04		
	0.56	0.44		1.00		

（续）

轴承类型		F_a/C_0	e	$F_a/F_r>e$		$F_a/F_r\leqslant e$	
				X	Y	X	Y
角接触球轴承	$\alpha=15°$	0.015	0.38	0.44	1.47	1	0
		0.029	0.40		1.40		
		0.058	0.43		1.30		
		0.087	0.46		1.23		
		0.12	0.47		1.19		
		0.17	0.50		1.12		
		0.29	0.55		1.01		
		0.44	0.56		1.00		
		0.58	0.56		1.00		
	$\alpha=25°$	—	0.68	0.41	0.87	1	0
	$\alpha=40°$	—	1.14	0.35	0.57	1	0
圆锥滚子轴承		—	$1.5\tan\alpha$	0.4	$0.4\cot\alpha$	1	0

注：1. C_0 为额定静载荷，具体可以查阅手册或产品样本。

2. e 反映了轴向载荷对轴承承载能力的影响，其值与轴承类型和 $\dfrac{F_a}{C_0}$ 有关。

4. 角接触轴承的轴向载荷的计算

角接触轴承的结构特点是在滚动体与外圈滚道接触处存在公称接触角 α。当角接触球轴承和圆锥滚子轴承在承受径向载荷 F_r 时，载荷作用线会偏离轴承宽度的中点，作用在滚动体上的法向力可分解为径向分力和轴向分力，而其所受轴向分力的总和就是轴承派生的内部轴向力 F_S，其大小可按表 9-9 所列公式计算。

表 9-9　角接触轴承的内部轴向力 F_S

圆锥滚子轴承	角接触球轴承		
	7000C（$\alpha=15°$）	7000AC（$\alpha=25°$）	7000B（$\alpha=40°$）
$F_S=F_r/(2Y)$	$F_S=eF_r$	$F_S=0.68F_r$	$F_S=1.14F_r$

为了使角接触向心轴承派生的内部轴向力得到平衡，以免轴窜动，所以常成对使用。

图 9-9 所示为角接触轴承安装方式。图 9-9a 中两端轴承外圈窄边相对，称为正装（即面对面配置），图 9-9b 中两端轴承外圈宽边相对，称为反装（即背对背配置）。

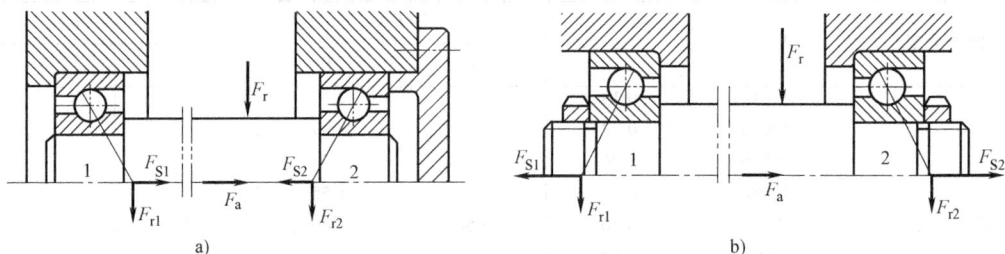

图 9-9　角接触轴承安装方式
a）正装（面对面）　b）反装（背靠背）

由图 9-9 可以看出，当在轴上作用外载轴向力 F_a 时，如果把内部轴向力的方向与 F_a 的方向相一致的轴承记作 2，另一端的轴承记作 1，那么达到轴向平衡，应满足

$$F_a + F_{S2} = F_{S1}$$

若按表 9-9 中的公式求出 F_{S2}、F_{S1} 不满足上述关系时，就会出现两种情况：

1）当 $F_a + F_{S2} > F_{S1}$ 时，则轴有向左窜动趋势，相当于轴承 1 被"压紧"，轴承 2 被"放松"。这时在轴承 1 的内部必然由外圈通过滚动体对轴施加一个轴向平衡反力。所以，被"压紧"的轴承 1 实际承受的轴向载荷为

$$F_1 = F_a + F_{S2}$$

而被"放松"的轴承 2 实际承受的轴向载荷为

$$F_2 = F_{S2}$$

2）当 $F_a + F_{S2} < F_{S1}$ 时，同理分析可以知道：被"放松"的轴承 1 只承受其本身派生的轴向载荷，即 $F_1 = F_{S1}$；被"压紧"的轴承 2 实际承受的总轴向载荷为

$$F_2 = F_{S1} - F_a$$

综合以上分析可得

$$F_1 = \max\{F_a + F_{S2};\ F_{S1}\} \tag{9-5}$$

$$F_2 = \max\{F_{S1} - F_a;\ F_{S2}\} \tag{9-6}$$

5. 滚动轴承的静强度计算

对于不转动、转速很低（$n < 10\text{r/min}$）、摆动或承受重载的轴承，其主要失效形式是在滚动体和滚道上产生局部塑性变形，因此设计时应按轴承的静强度来选择轴承。静强度计算公式为

$$C_0 \geqslant S_0 P_0 \tag{9-7}$$

式中 C_0——基本额定静载荷（N）；

P_0——当量静载荷（N）；

S_0——静强度安全系数，一般取 $S_0 = 0.8 \sim 1.2$。

当量静载荷 P_0 是一个假想的等效载荷，它表示在此假想载荷作用下受载最大的滚动体与滚道接触处的塑性变形量之和与实际径向力和轴向力共同作用下所产生的塑性变形量之和相等。当量静载荷的计算公式为

$$P_0 = X_0 F_r + Y_0 F_a \tag{9-8}$$

式中 F_r、F_a——轴承所承受的实际径向载荷（N）和轴向载荷（N）；

X_0、Y_0——径向静载荷系数和轴向静载荷系数（表 9-10），当按式（9-8）计算出的 $P_0 < F_r$ 时，则取 $P_0 = F_r$。

表 9-10 径向静载荷系数 X_0 和轴向静载荷系数 Y_0（单列轴承）

轴承类型		X_0	Y_0
深沟球轴承（60000 型）		0.6	0.5
角接触球轴承	7000C（$\alpha = 15°$）	0.5	0.46
	7000AC（$\alpha = 25°$）		0.38
	7000B（$\alpha = 40°$）		0.26
圆锥滚子轴承（30000 型）		0.5	$0.22\cot\alpha$

9.4 滚动轴承的组合设计

为了保证轴承在机器中正常工作，除了正确选择轴承的类型和尺寸外，还应正确、合理进行轴承的组合设计，即解决轴承的轴向位置固定、轴承与其他零件的配合、装拆、游隙调整、润滑、密封和配合等一系列问题。

9.4.1 滚动轴承的轴向固定

机器中的轴的位置是靠轴承来定位的。为此，轴在正常工作时，应使轴承在轴或轴承座上轴向固定，以防止轴向窜动。轴承内圈轴向固定的常用方法见表 9-11。轴承外圈轴向固定的常用方法见表 9-12。

表 9-11　轴承内圈轴向固定的常用方法

名　　称	图　　例	应　　用
轴肩固定	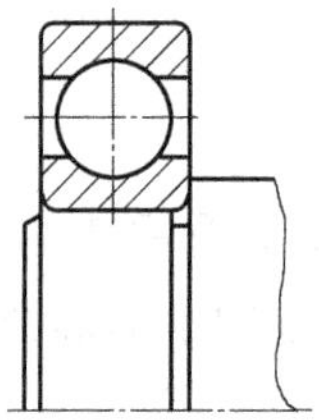	轴承主要由轴肩实现单向固定。用于承受单方向轴向力或全固式支承结构
轴肩和弹性挡圈双向固定	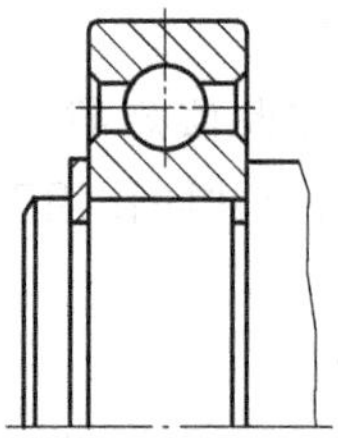	轴承内圈由弹性挡圈实现轴向固定。轴向尺寸小，挡圈只能承受较小的轴向载荷，一般用于游动支承处，主要用于深沟球轴承
轴端挡板和轴肩固定	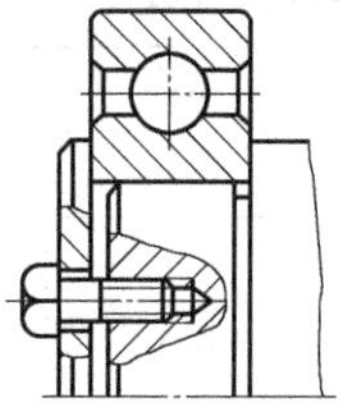	轴承内圈由轴端挡板实现轴向固定。挡板能承受中等的轴向力，用于直径较大，轴端车螺纹有困难的场合

（续）

名　　称	图　　例	应　　用
锁紧螺母与轴肩固定	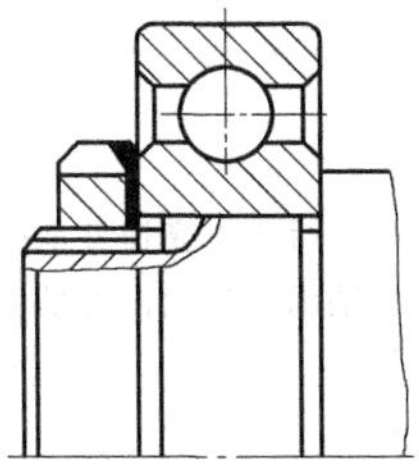	轴承内圈由锁紧螺母实现轴向固定,装拆方便,适用于轴向载荷较大的场合
开口圆锥紧定套和锁紧螺母在光轴上固定	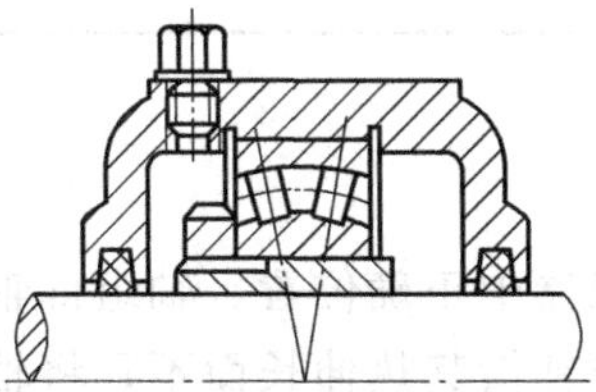	依靠开口圆锥紧定套径向压缩而夹紧,以实现轴向固定。此法装拆方便,适用于轴向载荷不大、转速不高的场合

表 9-12　轴承外圈轴向固定的常用方法

名　　称	图　　例	应　　用
轴承端盖固定	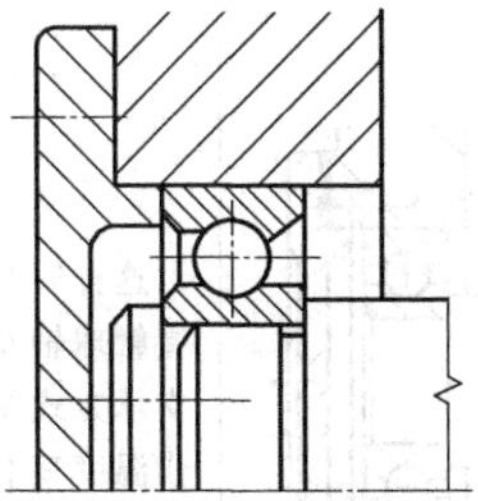	轴承端盖固定,用于两端固定式支承结构或承受单向轴向载荷的各类向心、推力和角接触轴承
孔内凸肩和孔用弹性挡圈固定	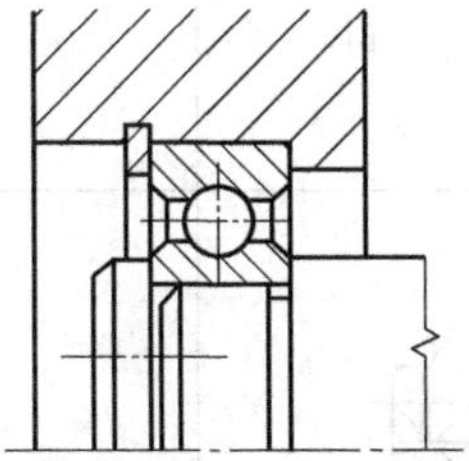	用嵌入外壳槽内的孔用弹性挡圈固定。此法轴向尺寸小,用于转速不高、轴向载荷不大且需减小轴承装置尺寸的场合
止动环嵌紧固	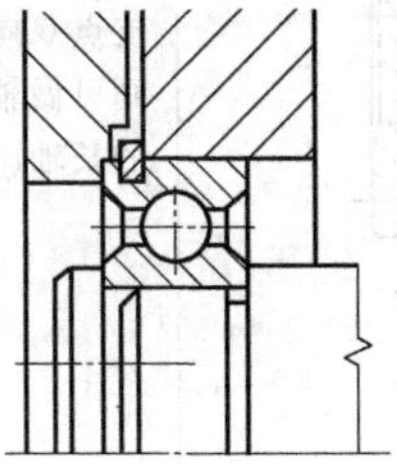	用止动环嵌入轴承外圈的止动槽内紧固。用于机座不便制作凸台且外圈带有止动槽的深沟球轴承

（续）

名　称	图　例	应　用
螺纹环固定	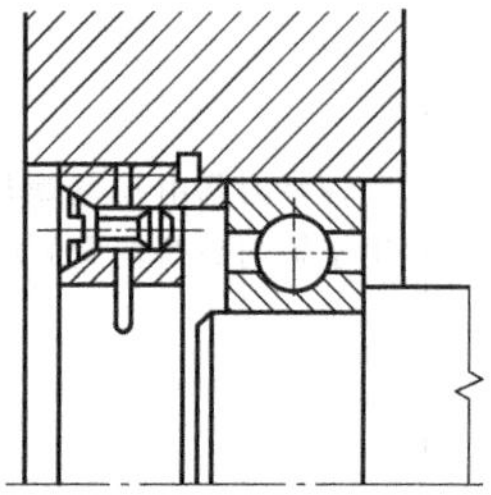	适用于高速并承受很大的轴向载荷,且不适于使用轴承端盖紧固的场合

9.4.2　滚动轴承轴系的支承结构形式

　　滚动轴承轴系的支承结构必须满足轴在机器中正确位置、轴组件轴向定位可靠、准确的要求，防止轴向窜动，并要考虑轴在工作中可补偿其热伸长而不致将轴卡死等。常用滚动轴承轴系的支承结构形式及其特点与应用见表 9-13。

表 9-13　常用滚动轴承轴系的支承结构形式及其特点与应用

名称	图　例	特点与应用
两端单向固定	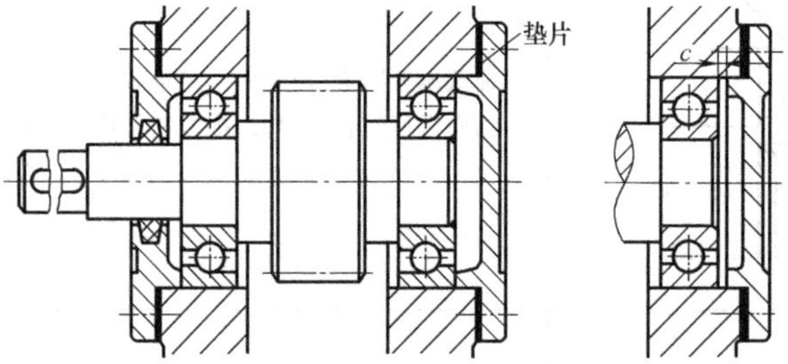	这种安装主要用在两个对称布置的角接触球轴承或圆锥滚子轴承的场合。其支承方式结构简单,便于安装,适用于工作温度变化小的短轴(即两支点跨距≤350mm)
一端固定、一端游动	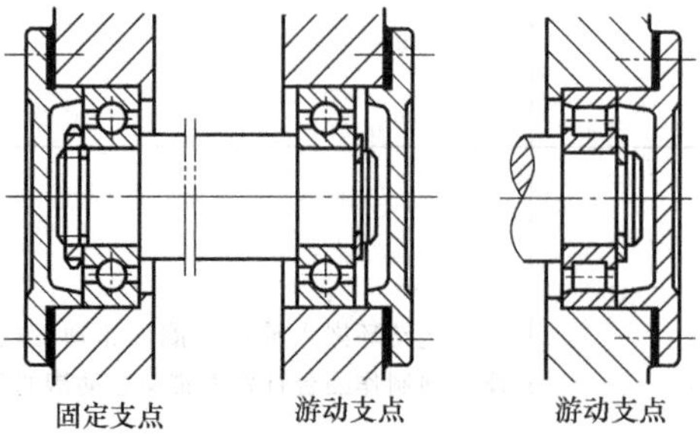	这种固定方式是在两个支点中使一个支点双向固定以承受轴向力,另一个支点则可做轴向游动。适用于工作温度较高的长轴(支承跨距>350mm)

（续）

名称	图　例	特点与应用
两端游动支承	孔用弹性挡圈	这种固定方式是两支承均无轴向约束，使轴的外表面做左右的轴向游动。适用于轴的轴向位置由轴上其他零件限制的场合。例如对于一对人字齿轮轴，其中一根轴相对机座有固定的轴向位置，而另一根轴上的两个圆柱滚子轴承都必须是游动的，以防止齿轮卡死或人字齿的两侧受力不均匀

9.4.3　滚动轴承组合结构的调整

（1）轴承游隙的调整　为了保证轴承的正常运转，在装配时轴承一般要留有适当的间隙。常用的调整方法有：

1）调整垫片的厚度。图 9-10a 所示为锥齿轮轴承组合位置的调整，靠加减套杯与机座间的垫片厚度来调整锥齿轮轴的轴向位置，而套杯与轴承盖之间的垫片则用来调整轴承游隙。

2）可调压盖。如图 9-10b 所示，利用螺钉通过轴承外圈压盖移动外圈位置进行调整，调整后用螺母锁紧防松。

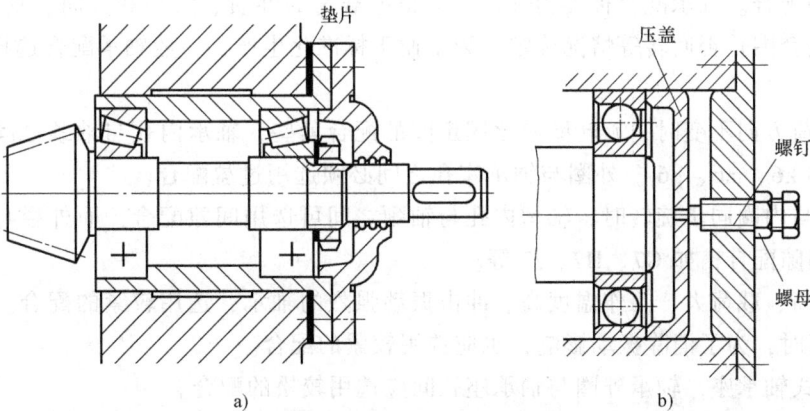

垫片　压盖　螺钉　螺母

a)　b)

图 9-10　轴承游隙的调整
a）轴承组合位置的调整　b）利用压盖调整轴承的游隙

（2）滚动轴承的预紧　为了提高轴承的刚度和旋转精度，减小机器工作时的振动，滚动轴承一般都要有预紧措施。图 9-11 所示为常见的几种滚动轴承预紧方法，使轴承产生并保持一定的轴向力，以消除轴承中轴向游隙。

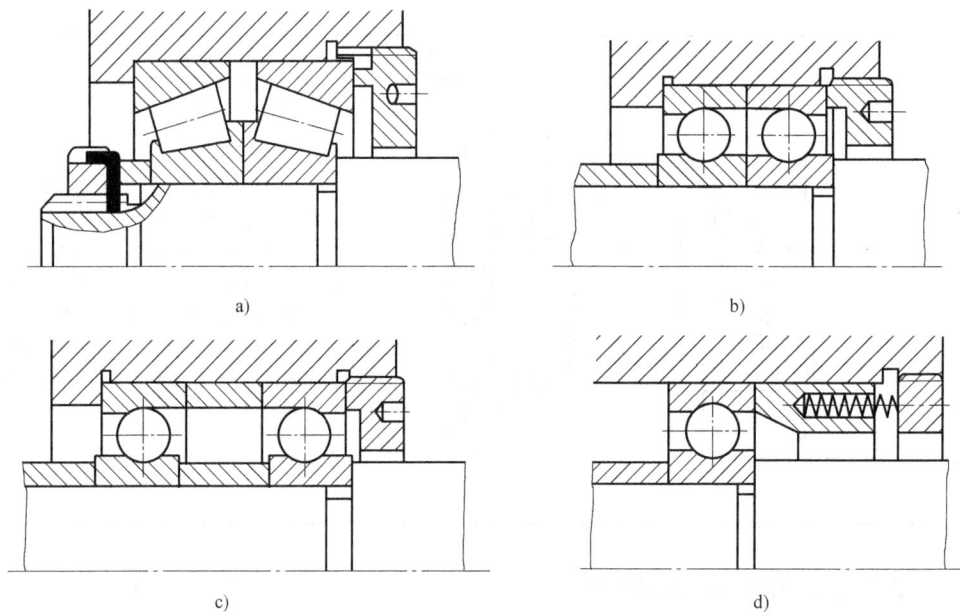

a)

b)

c)

d)

图 9-11　常见的几种滚动轴承预紧方法

a）面对面配置圆锥滚子轴承，并夹紧外圈　　b）修磨内圈或外圈，并夹紧窄边

c）使用不同厚度垫环，并夹紧较薄垫环所间隔的套圈　　d）靠弹簧压紧

9.4.4　滚动轴承的配合及拆装

1. 滚动轴承的配合选择

滚动轴承是标准件，轴承内孔与轴颈的配合采用基孔制配合，轴承外圈与轴承座孔的配合采用基轴制配合。轴承配合种类的选择，应根据载荷的性质、大小和方向、轴承的类型、转速和尺寸及套圈是否回转等情况确定。为了便于标准化生产，一般轴承配合选择应考虑以下原则：

1）当载荷方向不变时，旋转圈应比固定圈的配合紧些，轴承内孔与轴颈之间必须选用过盈配合，如 k6、m6、n6 。外圈与轴承座孔之间必须选用过盈配合。

2）外圈与内圈同步旋转时，轴承内孔与轴颈之间可选用间隙配合，而外径与轴承座孔之间可选用间隙配合，如 G7、H7、J7 等。

3）转速高、载荷大、工作温度高、冲击振动强烈的轴承，选用较紧的配合。对于要求旋转精度较高时，为了消除振动影响，也应选用较紧的配合。

4）剖分式轴承座，轴承外圈与轴承座孔间应选用较松的配合。

5）不动套圈、游动套圈或需经常拆卸的轴承套圈，则应采用较松的配合。

2. 滚动轴承的装配与拆卸

滚动轴承的装配和拆卸是轴承组合设计中的一部分重要内容。装拆方法不当，会损坏轴承或其他零件。因此，设计轴承组合时，应考虑便于轴承装拆。如图 9-12a 所示，采用压力机在内圈上施加压力将轴承压套在轴颈上。对于较紧、旋转精度较高和尺寸较大的轴承，可将轴承放入油池中，加热至 80～120℃ 后套装在轴上。轴承内圈拆卸应使用拆卸工具，如图

9-12b 所示。对于轴承外圈的拆卸，要借助外圈露出的端面和必要的拆卸高度 h（图 9-13a、b）或在壳体上制出能放置拆卸螺钉的螺孔（图 9-13c），将其取出。

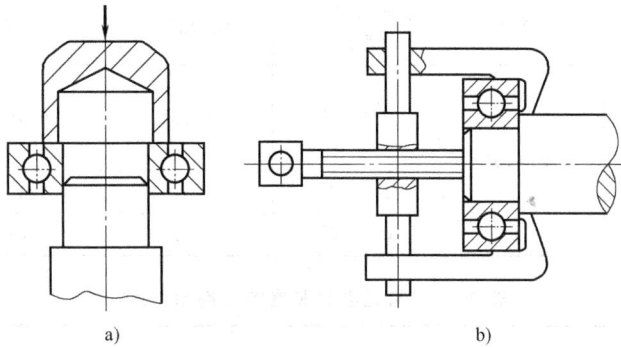

图 9-12 轴承的安装与拆卸

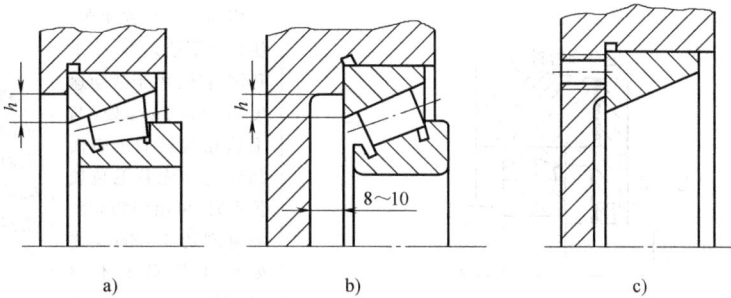

图 9-13 轴承外圈的拆卸

9.4.5 滚动轴承的润滑与密封

润滑对滚动轴承的使用寿命有着至关重要的意义。润滑不仅能够减小摩擦和降低磨损，且能起到散热、减小接触应力、吸振和防锈等作用。

滚动轴承所用润滑剂有润滑油和润滑脂。润滑油润滑，不易污染、散热效果好、使用周期长，但有时需要较复杂的润滑系统及密封装置。润滑脂润滑，其装置结构简单、易密封，常用于转速较低的场合。合适的润滑脂应根据轴承工作温度、dn 值及使用环境，从表 9-14 中选择。润滑方式可按轴承类型与 dn 值，从表 9-15 中选择。

轴承密封装置的作用在于既能防止灰尘、水、酸气和其他杂物进入轴承，又能阻止润滑剂的流失。滚动轴承可分为接触式及非接触式两大类，其密封方法可以根据润滑剂的种类、工作环境、温度以及密封表面的圆周速度进行选择。常见密封装置的结构和特点见表 9-16。

表 9-14 滚动轴承润滑脂的选择

轴承工作温度/℃	dn/(mm·r/min)	使用环境	
		干 燥	潮 湿
0~40	>80000	2 号钙基脂、2 号钠基脂	2 号钙基脂
	<80000	3 号钙基脂、3 号钠基脂	3 号钙基脂
40~80	>80000	2 号钠基脂	3 号钡基脂、3 号锂基脂
	<80000	3 号钠基脂	

表 9-15　滚动轴承润滑方式的选择

轴承类型	dn/(mm·r/min)				
	脂润滑	滴油润滑 飞溅润滑	滴油润滑	喷油润滑	油雾润滑
深沟球轴承 角接触球轴承 圆柱滚子轴承	≤2×10^5	2.5×10^5	4×10^5	6×10^5	>6×10^5
圆锥滚子轴承		1.6×10^5	2.3×10^5	3×10^5	—
推力球轴承		0.6×10^5	1.2×10^5	1.5×10^5	—

表 9-16　常见密封装置的结构和特点

密封类型	图　例	适用场合	说　明
接触式密封	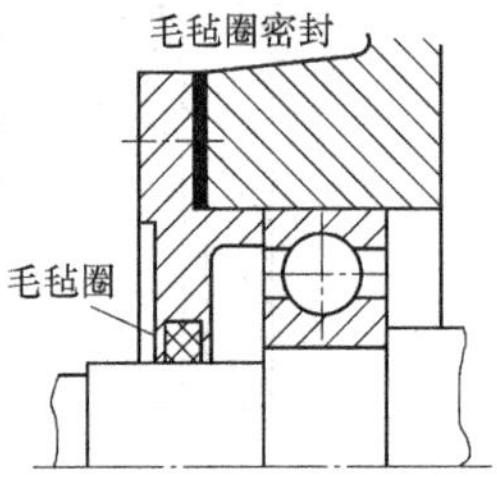 毛毡圈密封 毛毡圈	脂润滑。结构简单,压紧力不能调整,要求环境清洁,用于滑动速度小于 4~5m/s 处(与毛毡相接触的轴表面如经过抛光且毛毡质量高时,可用到相对滑动速度达 7~8m/s 之处),工作温度不超过 90℃	利用矩形截面的毛毡圈弹性变形后对轴表面的压力,封住轴与轴承盖间的间隙,起到密封作用
	 唇形密封圈密封 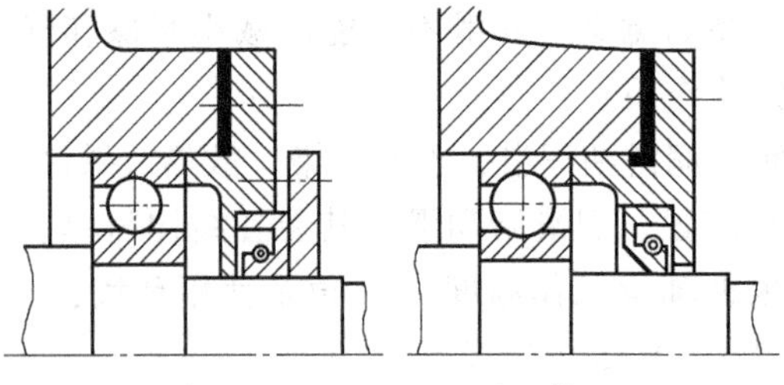 a)　　b)	脂或油润滑。用于接触轴段圆周速度 $v<$ 7m/s,工作温度范围为 −40~100℃	一般由橡胶(皮革、塑料或耐油橡胶)、毡圈密封金属骨架和弹簧圈 3 部分组成,依靠唇部自身的弹性和环形圆柱螺旋弹簧的压力压紧在轴上实现密封。图 a 所示密封唇朝里,目的是防止油的泄漏;图 b 所示密封唇朝外,主要目的是防止灰尘、杂质进入
非接触式密封	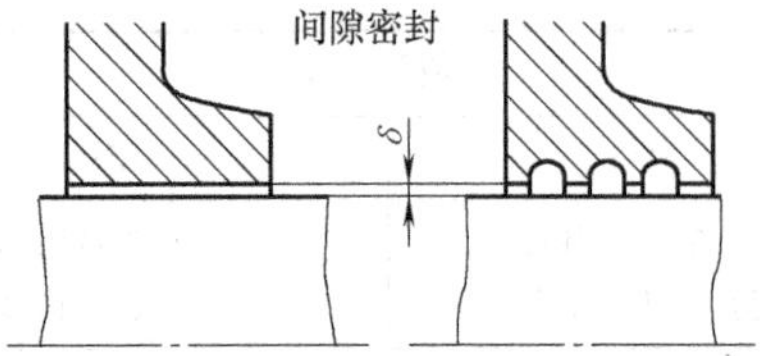 间隙密封 δ	结构简单,沟内填脂润滑,用于脂润滑或低速油润滑	靠轴与盖间的细小环形间隙密封,间隙 δ 为 0.1~0.3mm,沟槽宽 3~4mm,深 4~5mm。间隙越小越长,效果越好

（续）

密封类型	图　例	适用场合	说　明
非接触式密封	迷宫式密封 a）　　　　b）	缝隙中填脂或油润滑。工作温度不高于密封用脂的滴点。这种密封效果可靠	将旋转件与静止件之间的间隙做成迷宫（曲路）形式，并在间隙中充填润滑脂或润滑油，以加强密封效果。分径向和轴向两种，图 a 所示为径向曲路，径向间隙 δ 不大于 0.1 ~ 0.2mm；图 b 所示为轴向曲路，因考虑到轴受热后会伸长，间隙应取大些（δ 应为 1.5 ~ 2mm）
组合密封	毛毡加迷宫密封 	适用于脂润滑或油润滑	组合方式很多，这是毛毡加迷宫的一种组合密封的形式，可充分发挥各自优点，提高密封效果

【例 9-2】 在蜗杆减速器中，拟用一对圆锥滚子轴承来支承蜗杆轴工作（图 9-14）。已知轴的转速 $n = 320\text{r/min}$，轴颈直径 $d = 40\text{mm}$，两轴承径向载荷分别为 $F_{r1} = 6000\text{N}$、$F_{r2} = 3000\text{N}$，外加轴向力 $F_x = 2500\text{N}$，工作中有中等冲击，温度低于 100℃，预期使用寿命 10000h。试确定轴承型号。

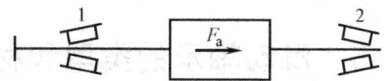

图 9-14　例 9-2 图

解：

计算与说明	主要结果
1. 初选轴承型号 根据已知工作条件和轴颈，由手册初选轴承 30208 基本额定动载荷 $C = 63000\text{N}$ 计算系数 $e = 0.37$ 轴向动载荷系数 Y	轴承 30208 $C = 63000\text{N}$ $e = 0.37$ $Y = 1.6$
2. 计算轴承内部轴向力 （1）轴承 1 的内部轴向力　由表 9-9 $$F_{S1} = \frac{F_{r1}}{2Y} = \frac{6000}{2 \times 1.6}\text{N} = 1875\text{N}，方向 \rightarrow$$ （2）轴承 2 的内部轴向力　由表 9-9 $$F_{S2} = \frac{F_{r2}}{2Y} = \frac{3000}{2 \times 1.6}\text{N} = 938\text{N}，方向 \leftarrow$$	$F_{S1} = 1875\text{N}，方向 \rightarrow$ $F_{S2} = 938\text{N}，方向 \leftarrow$
3. 计算轴承的轴向载荷 （1）轴承 2 的轴向载荷　由图 9-9 知，F_{S1} 与 F_x 方向相同，其和	

（续）

计算与说明	主要结果
$F_{S1} + F_x = (1875 + 2500)\text{N} = 4375\text{N} > F_{S2}$（轴承 2 为"压紧"端） 所以 $\qquad F_{a2} = F_{S1} + F_x = 4375\text{N}$	$F_{a2} = 4375\text{N}$
（2）轴承 1 的轴向载荷 $F_{a1} = F_{S1} = 1875\text{N}$（轴承 1 为"放松"端）	$F_{a1} = 1875\text{N}$
4. 计算当量动载荷	
（1）轴承 1 的载荷系数 根据 $\dfrac{F_{a1}}{F_{r1}} = \dfrac{1875}{6000} = 0.313 < e$，由表 9-8 得 $X_1 = 1$，$Y_1 = 0$	$X_1 = 1$，$Y_1 = 0$
（2）轴承 2 的载荷系数 根据 $\dfrac{F_{a2}}{F_{r2}} = \dfrac{4375}{3000} = 1.46 > e$，由表 9-8 得 $X_2 = 0.4$，$Y_2 = 1.6$	$X_2 = 0.4$，$Y_2 = 1.6$
（3）轴承 1 的当量动载荷 $P_1 = X_1 F_{r1} + Y_1 F_{a1} = (1 \times 6000 + 0 \times 1875)\text{N} = 6000\text{N}$	$P_1 = 6000\text{N}$
（4）轴承 2 的当量动载荷 $P_2 = X_2 F_{r2} + Y_2 F_{a2} = (0.4 \times 3000 + 1.6 \times 4375)\text{N} = 8200\text{N}$	$P_2 = 8200\text{N}$
（5）轴承的当量动载荷 取 P_1、P_2 中较大者，即 8200N	$P = 8200\text{N}$
5. 计算以小时计的基本额定寿命	
（1）温度系数 由表 9-6 得 $f_t = 1$	$f_t = 1$
（2）载荷系数 由表 9-7 取 $f_P = 1.5$	$f_P = 1.5$
（3）寿命指数 滚子轴承 $\varepsilon = \dfrac{10}{3}$	$\varepsilon = \dfrac{10}{3}$
（4）以小时计的基本额定寿命 $L_{10h} = \dfrac{10^6}{60n}\left(\dfrac{f_t C}{f_P P}\right)^{\varepsilon}$ $\qquad\qquad = \left[\dfrac{10^6}{60 \times 320} \times \left(\dfrac{1 \times 63000}{1.5 \times 8200}\right)^{\frac{10}{3}}\right]\text{h} = 11998\text{h}$	$L_{10h} = 11998\text{h}$ 轴承 30208 满足要求
（5）预期使用寿命为 10000h	
（6）结论 由于 $L_{10h} > 10000\text{h}$，故	

9.5 滑动轴承的类型和材料

9.5.1 滑动轴承的类型

滑动轴承在工作时与轴的接触表面间存在压力并有相对滑动，因而存在滑动摩擦。根据工作时摩擦表面间的润滑情况，其摩擦状态分为干摩擦状态、非液体摩擦状态及液体摩擦状态 3 种。

（1）干摩擦状态 两摩擦表面直接接触，其间无任何润滑剂或保护膜。此时，摩擦因数 f 很大，通常为 0.1~0.5，产生强烈的升温、大量的摩擦功损耗和严重的磨损，甚至导致烧瓦。所以滑动轴承必须润滑，不允许出现干摩擦状态。

（2）非液体摩擦状态 两摩擦面间注入少量润滑油后，在金属表面会形成一层边界油膜（厚度小于 1μm），使两金属表面微观的凸峰部分在相互运动时仍能相互接触，有较好的润滑作用，故摩擦因数较小（$f = 0.1 \sim 0.3$），具有一定的承载能力，也能减少摩擦、降低磨损。

（3）液体摩擦状态 若两摩擦表面有充足的润滑油，使两摩擦表面被液体完全隔开，其摩擦因数最小（$f = 0.001 \sim 0.13$），故摩擦阻力很小，不会发生金属表面的磨损，是最好的摩擦状态。

根据滑动轴承的摩擦状态不同，滑动轴承可分为液体摩擦滑动轴承和非液体摩擦滑动轴承。本节只介绍非液体摩擦滑动轴承。按所受载荷的方向，滑动轴承可分为径向滑动轴承和止推滑动轴承。

滑动轴承的典型结构有如下两种。

(1) 径向滑动轴承　径向滑动轴承在工作时只承受径向载荷，这类轴承结构形式可分为整体式、剖分式和自动调心式 3 种。

1) 整体式滑动轴承。图 9-15 所示为整体式滑动轴承，其由轴承座和整体轴瓦组成，轴承座和整体轴瓦为过盈配合。轴套上开有供油孔和用于分配润滑油的油槽，轴承座顶部设有装油杯的螺纹孔，并用螺栓与机座联接。

整体式滑动轴承结构简单、成本低，其轴承座已标准化 (JB/T 2560—2007)；但在磨损后无法调整间隙，且轴颈只能从端部装入，对于粗重的轴或具有中轴颈 (如内燃机曲轴) 的轴则装拆不便或无法安装。因此，整体式滑动轴承常用

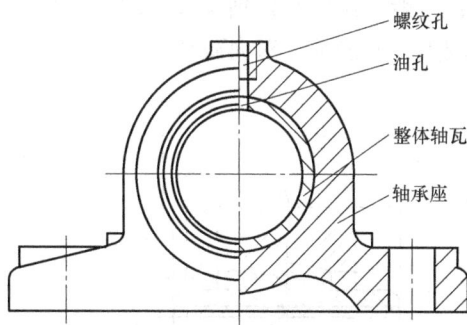

图 9-15　整体式滑动轴承

于低速轻载、间歇工作且不需要经常装拆的场合，如手动机械、农业机械等。

2) 剖分式滑动轴承。图 9-16 所示为剖分式滑动轴承，它主要由轴承座 1、轴承盖 2、螺栓 3、剖分的上、下轴瓦 4 等零件组成 (为防止轴瓦转动还装有轴套 5)。在轴承盖与轴承座的剖分面上常做出阶梯形的定位止口，以便安装时定位；剖分面间还装有少量的垫片，以调整轴颈与轴瓦之间由于轴瓦磨损而产生的间隙。剖分式轴承座已标准化，见 JB/T 2561—2007 和 JB/T 2562—2007。

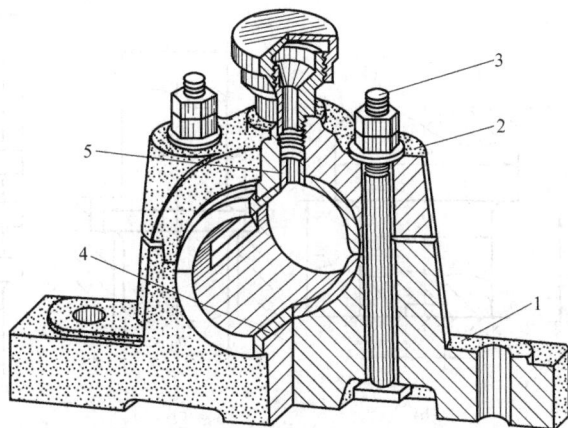

图 9-16　剖分式滑动轴承

1—轴承座　2—轴承盖　3—螺栓　4—轴瓦　5—轴套

3) 调心式滑动轴承。当轴颈的宽径比 $B/d > 1.5 \sim 1.75$ (B 为轴承有效宽度，d 为轴颈直径) 时，或轴的刚性较小，因受载后使轴的产生变形或加工及装配的误差，造成轴与轴瓦端部的局部接触，使轴瓦局部急剧磨损。为此，可采用调心式滑动轴承 (图 9-17)。这种轴承的轴瓦支承表面和轴承座的接触部分为球面，轴承可绕球心转动而自动调整位置，保证

轴瓦和轴颈均匀接触。调心式滑动轴承须成对使用。

（2）止推滑动轴承 止推滑动轴承如图9-18所示，用于承受轴向载荷。主要由轴承座1、止推瓦块2、防转销3和径向瓦块4组成，止推瓦块2与轴承座1以球面接触，起自动调心作用。轴承座上设有油孔，以便润滑。按轴颈止推面类型不同，可分为实心式、空心式、单环式和多环式，如图9-19所示。实心式结构简单，其端面止推轴颈因支承面距中心较远，工作时轴心与边缘磨损不同，以至于压力分布很不均匀，靠近轴心压强很高，所以很少使用；一般采用空心式轴颈和单环式轴颈；工程上多采用多环式轴颈，虽结构简单，但轴向载荷较大，并能承受双向载荷。

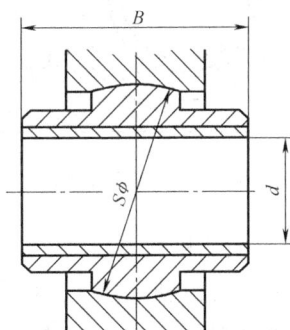

图 9-17 调心式滑动轴承

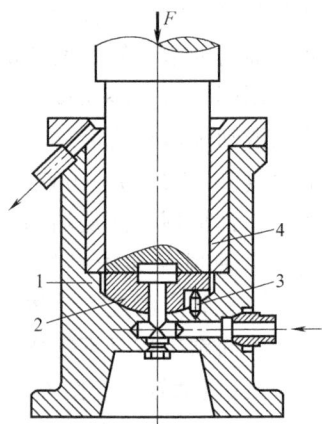

图 9-18 止推滑动轴承
1—轴承座 2—止推瓦块
3—防转销 4—径向瓦块

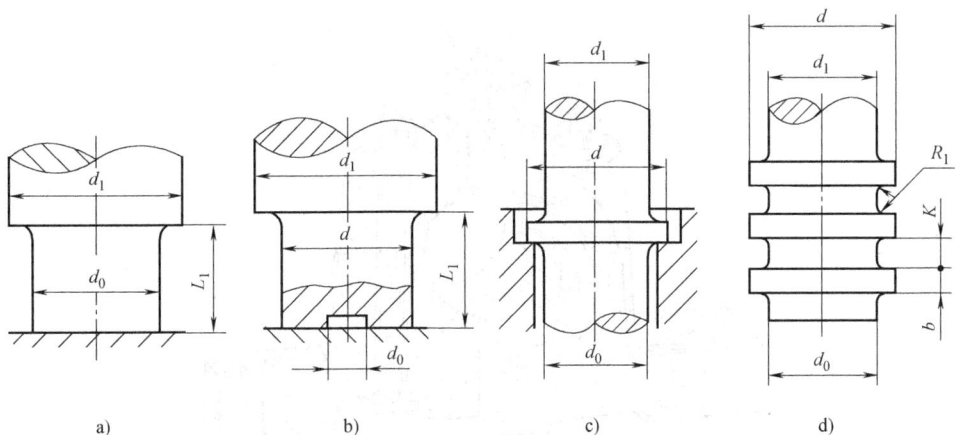

图 9-19 止推面类型
a）实心式 b）空心式 c）单环式 d）多环式

9.5.2 轴瓦结构与轴承材料

1. 轴瓦的结构

轴瓦是滑动轴承中与轴直接接触的重要零件。轴瓦可分为整体式轴瓦和剖分式轴瓦两种：整体式轴瓦用于整体式滑动轴承，如图9-20a所示，有带有油槽的轴套，便于向工作表面供油，故广泛应用；剖分式轴瓦用于剖分式滑动轴承，如图9-20b所示，两端的凸缘用以限制轴瓦的轴向窜动并承受一定的轴向载荷。

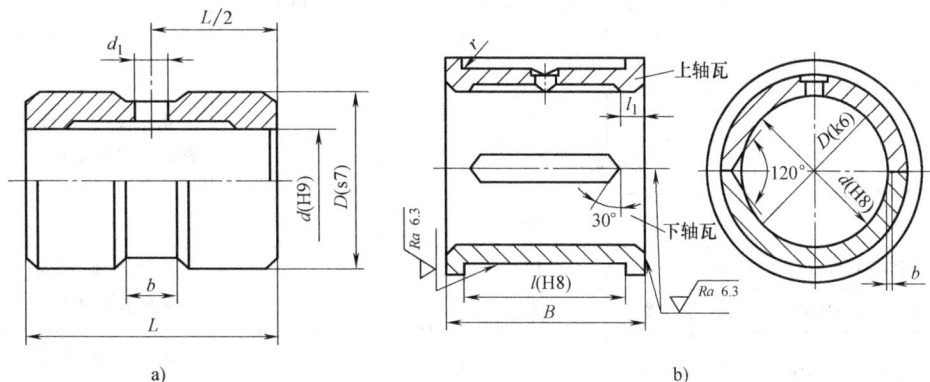

图9-20　轴瓦的结构

a）整体式轴瓦　b）剖分式轴瓦

为改善轴瓦表面的摩擦性质及节约贵金属，常在轴瓦内表面浇注一层减摩性好的材料（如轴承合金），称为轴承衬，并贴合在轴瓦基体表面上。为了把润滑油导入并均匀分布于轴瓦摩擦表面，一般在轴瓦内壁上应开油孔和油槽。油槽的常见形式有纵向、环向和斜向，如图9-21a~c所示。油孔和油槽一般应开在非承载区内，或压力较小的区域，以免降低油膜的承载能力。纵向油槽的轴向长度通常为轴瓦宽度的80%，以免端部润滑油流失过多。一些重型机器的轴瓦上还开设油腔（图9-21d）使润滑空间增大，以便储油和保证供油稳定。有关轴瓦的结构尺寸和制造标准，可以查阅《机械设计手册》中轴瓦相关资料。

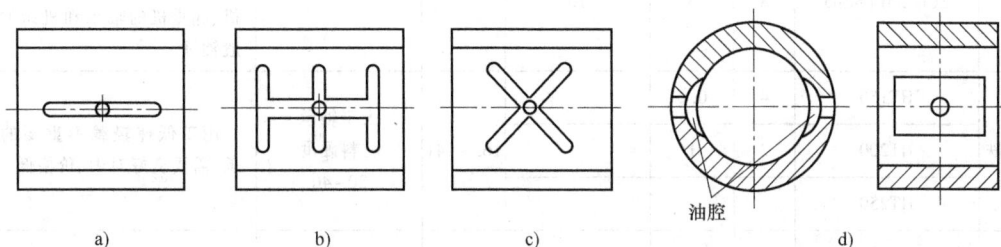

图9-21　油孔、油槽和油腔

2. 滑动轴承材料

滑动轴承材料是指与轴颈直接接触的轴瓦或轴承衬的材料。由于轴瓦磨损、刮伤、胶合、疲劳脱落和腐蚀，导致滑动轴承的失效，因此其材料性能应具有良好的耐磨性、足够的冲击强度、抗压强度、承载性能、抗咬粘性和抗疲劳性等。

常用滑动轴承的材料有以下几种。

（1）金属材料　金属材料主要有轴承合金（如锡基轴承合金、铅基轴承合金和铜基轴承合金）、铸造青铜（铸造锡青铜、铸造铝青铜）、灰铸铁等。常用滑动轴承材料及性能见表9-17。

表 9-17　常用滑动轴承材料及性能

轴 承 材 料		最大许用值			最高工作温度 $t/℃$	最小轴颈硬度（HBW）	应用范围
		$[p]$ /MPa	$[v]$ /(m/s)	$[pv]$ /(MPa·m/s)			
锡基轴承合金	ZSnSb11Cu6	平稳载荷			150	130~170	用于高速、重载轴承。循环载荷下容易疲劳
		25	80	20			
	ZSnSb8Cu4	冲击载荷					
		20	60	15			
铅基轴承合金	ZPbSb16Sn16Cu2	15	12	10	150	130~170	用于中速、中载、轻微冲击的循环载荷轴承
	ZPbSb15Sn5Cu3Cd2	5	8	5			
	ZPbSb15Sn10	20	15	15			用于中速、中载、受冲击的轴承
铜基轴承合金	ZCuSn10P1	15	10	15	280	30~40HRC	用于中速、中到重载，承受循环载荷的轴承
	ZCuSn5Pb5Zn5	8	3	15			
	ZCuPb30	24	12	30		300	用于重载、变载及冲击载荷的轴承
	ZCuAl10Fe3	15	4	12	150	280	用于润滑充分的低速重载轴承
铸造青铜	ZCuSn10P1	15	10	15			铸造锡青铜。用于中速、重载、高温及冲击条件下工作的轴承
	ZCuSn5Pb5Zn5	8	3	10			铸造锡青铜。用于中速、中载条件下工作的轴承，如减速机、起重机的轴承和机床的一般轴承
灰铸铁	HT150	4	0.5		163~241	大于轴承材料硬度 20~40	用于低速轻载不重要的轴承，需要良好对中、价格低
	HT200	2	1				
	HT250						
粉末冶金	铁-石墨	21	2	1	80		用于中、低速轻载的轴承
	青铜-石墨	14	6	1.8			
非金属材料	酚醛材料	40	12	0.5	110		抗咬粘性好、强度好、耐磨、耐酸、导热性差
	尼龙	7	5	0.1	110		耐磨、无噪声，较常用
	聚四氟乙烯	3.5	0.25	0.035	280		自润滑性好、耐腐蚀、适用温度范围广、强度低

　　此外还有粉末冶金，即用不同金属的粉末加石墨后经压制、烧结而成，具有多孔组织。若使用前将轴承浸在润滑油中，使材料孔隙中充满润滑油，则可以长期在不供油的条件下工

作，故称为多孔质自润滑轴承或烧结轴承。此类轴承材料强度和韧性小，适用于轻载、低速、载荷不大、工作平稳和不易注润滑油的场合，如食品机械、纺织机械。

（2）非金属材料　非金属材料有石墨、塑料、尼龙、橡胶和硬木，其中塑料应用较广，因为塑料轴承具有摩擦因数小、抗压强度高、耐磨性好、塑性和磨合性良好等优点，但其耐热能力差，容易变形。因此，可将薄层塑料作为轴承材料黏附在金属轴瓦上使用。

9.6　非液体摩擦滑动轴承的计算

非液体摩擦滑动轴承主要用作速度较低、载荷不大、工作要求不高、难于维护等条件下工作的轴承，其可用润滑油或润滑脂。若在润滑油、润滑脂中加入少量鳞片状石墨或二硫化钼粉末，则有助于形成更坚韧的边界油膜，可降低磨损。为了维持边界油膜不破裂，目前采用的计算方法是简化的条件性计算，若能限制压强 $p \leqslant [p]$ 和压强与轴颈圆周速度的乘积 $pv \leqslant [pv]$，则轴承是能够很好地工作的。

1. 轴承的压强 p

限制轴承压强 p，以保证润滑油不被过大的压力挤出，从而保证轴瓦不致过度磨损。即

$$p = \frac{F}{Bd} \leqslant [p] \tag{9-9}$$

式中　F——轴承的径向载荷（N）；

　　　B——轴承有效宽度（mm）；（根据宽径比 B/d 来确定 B，一般取 $B/d > 0.5 \sim 1.5$）

　　　d——轴颈直径（mm）；

　　　$[p]$——轴瓦材料的许用压强（MPa），见表9-17。

2. 轴承的 pv 值

pv 值与摩擦功率损耗成正比，其越高，轴承温升越高，容易引起边界油膜的破裂。所以，为了限制轴承的温升，必须对 pv 值进行限制，pv 值的验算式为

$$pv = \frac{F}{Bd} \frac{\pi dn}{60 \times 1000} \leqslant [pv] \tag{9-10}$$

式中　n——轴颈转速（r/min）；

　　　$[pv]$——轴瓦材料的许用值（MPa·m/s），见表9-17。

3. 轴颈圆周速度 v

当 p 较小时，对于 p 和 pv 验算均合格的轴承，由于轴颈圆周速度过高，也会加速磨损而使轴承报废；同时对于跨距较大的轴，轴与轴瓦在边缘接触压强很大，引起局部摩擦功也很大。这时只验算 p 和 pv 并不能保证轴承安全可靠，故还应验算 v 值

$$v = \frac{\pi dn}{60 \times 1000} \leqslant [v] \tag{9-11}$$

式中　$[v]$——轴承材料的许用滑动速度（m/s），见表9-17。

【**例9-3**】　已知一起重机卷筒的滑动轴承所承受的径向载荷 $F = 10^5$N，轴颈直径 $d = 85$mm，转速 $n = 10$r/min，试按非液体摩擦状态计算此轴承。

解：

计算与说明	计算结果
1. 选择轴承类型和材料	
（1）轴承类型　轴承承受径向载荷,可选剖分式径向滑动轴承	剖分式径向滑动轴承
（2）轴承材料　此轴承的载荷大、速度低,由表 9-12 选 ZCuAl10Fe3	ZCuAl10Fe3
（3）轴承材料的 $[p]$ 和 $[pv]$ 值	$[p]=15\text{MPa}$
2. 选取轴承的宽径比	$[pv]=12\text{MPa}\cdot\text{m/s}$
（1）宽径比　取 $B/d=1$	$B=85\text{mm}$
（2）轴承宽度　$B=d$	
3. 校核轴承的工作能力	
（1）轴承的压强　$p=\dfrac{F}{Bd}=\dfrac{10^5}{85\times85}\text{MPa}=13.84\text{MPa}$	$p=13.84\text{MPa}$
（2）轴承的 pv 值　$pv=\dfrac{p\pi dn}{60\times1000}=13.84\times\dfrac{\pi\times10\times85}{60\times1000}\text{MPa}\cdot\text{m/s}=0.62\text{MPa}\cdot\text{m/s}$	$pv=0.62\text{MPa}\cdot\text{m/s}$
（3）判断轴承工作能力　由于 $p<[p]$,$pv<[pv]$,故工作能力满足要求	工作能力满足要求

9.7　滑动轴承的润滑

保证滑动轴承良好的润滑状态，减少轴与轴承之间的摩擦与磨损、噪声，起到散热、防锈的作用，合理地选择润滑剂、润滑方法和润滑装置显得十分重要。

在滑动轴承中，润滑剂主要有润滑油和润滑脂。最常用的润滑油是矿物油，可在其中加入少量抗氧化剂、清净剂和修复剂等多种添加剂，用以防锈、防腐蚀（对于特殊工况还可采用合成油）。对于重载、高温、有冲击的轴承应选用黏度大的润滑油；而对于轻载、高速轴承宜选用黏度小的润滑油。最常用的润滑脂有钙基润滑脂、钠基润滑脂和锂基润滑脂 3 种，通常可按轴承压强、轴颈线速度和工作温度来选择。

正确选择润滑剂后，通常需要根据轴承压强、轴颈线速度等值确定润滑方法和相应润滑装置。几种常见润滑方法和相应润滑装置见表 9-18。

表 9-18　几种常见润滑方法和相应润滑装置

轴承压强/MPa	润滑剂	润滑装置	润滑方法	适用场合
≤2	润滑脂	 脂润滑装置 a）旋盖注油杯　b）压注油杯 1—杯盖　2—杯体	图 a 所示为旋盖注油杯，油杯中填满润滑脂，定期旋转杯盖，杯内润滑脂注入轴承内 图 b 所示为压注油杯，靠油枪压注润滑脂注入轴承内	适用场合:低速、轻载和次要的轴承或带有冲击机器中的轴承

（续）

轴承压强 /MPa	润滑剂	润滑装置	润滑方法	适用场合
<2～16	润滑油	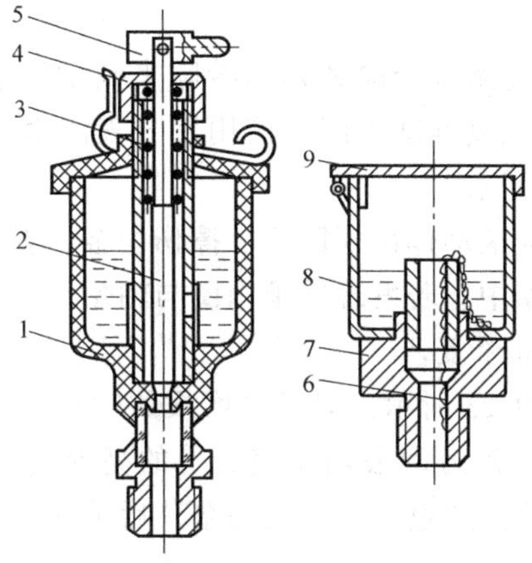 油杯滴油润滑装置 a)针阀油杯 b)芯捻油杯 1—杯体 2—针阀 3—弹簧 4—调节螺母 5—手柄 6—油芯 7—接头 8—杯体 9—杯盖	针阀油杯（图 a）可调节滴油速度以改变供油量。针阀上提，下端油孔打开，润滑油流进轴承。调节螺母通过调节油孔开口大小以控制流量 芯捻油杯（图 b）利用毛细管作用将油引到轴承工作表面上，这种方法不易调节供油量	中低速、轻中载轴承
≤16～32	润滑油	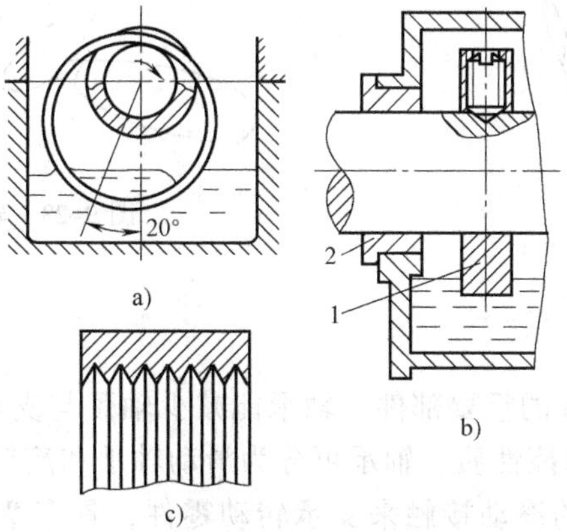 飞溅润滑装置 a)松环润滑 b)固定环润滑 c)沟槽环 1—甩油环 2—轴承	飞溅润滑主要用于润滑如减速器、内燃机等机械中的轴承。通常直接利用传动齿轮或甩油环，将油池中的润滑油溅到轴承上或箱壁上，再经油槽导入轴承 当油环浸在油池内的深度约为直径的 1/4 时，供油量足以维持润滑状态	这种装置只能用于水平而连续运转的轴颈。常用于大型发电机的滑动轴承

9.8 轴承的使用与维护

9.8.1 轴承的正确使用

除按要求正确选择润滑剂的种类和牌号，对油浴与飞溅或压力润滑系统应按规定及时更换润滑油和注意数量，并及时清洗油池。

对于轴承运转不平稳、噪声异常、运转沉重或温升过高等情况，应及时分析问题并采取相应措施。例如：更换损坏或游隙过大的轴承；修配调整损坏或间隙过大的轴瓦；消除滚动轴承滚动面损坏、轴承过紧、润滑不良等。

9.8.2 轴承的维护

（1）滚动轴承的检验和维修　通过测量径向和轴向游隙来判定轴承磨损情况，如检查径向游隙（图9-22）时可压住内圈而往复推动外圈，使用百分表测出轴承径向游隙的最大差值，其值应控制在 0.10~0.15 mm 范围内。

一旦发现滚动轴承内、外圈滚道与滚动体出现凹痕、擦伤、金属剥落、保持架损坏及滚动体脱出等现象，应及时更换。在维修中，若发现轴承内圈与轴颈松动或外圈与机座孔松动时，可采取金属喷（或刷）镀进行表面修复。

（2）滑动轴承的轴瓦刮配　如图9-23所示，对于已磨损的轴瓦，在轴颈表面涂上红丹油，装入轴瓦中转动之后取出，并使用刮刀刮去轴瓦表面上的亮处（为凸点），刮大留小、刮重留轻，直到接触斑点均匀，从而达到通过减薄轴瓦间垫片后重新刮配而修复。

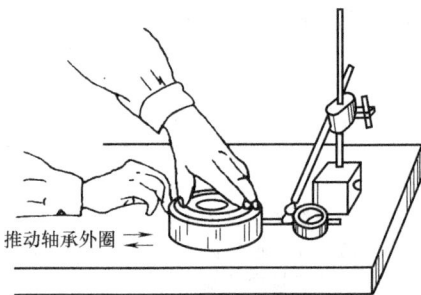

图 9-22　检查径向游隙

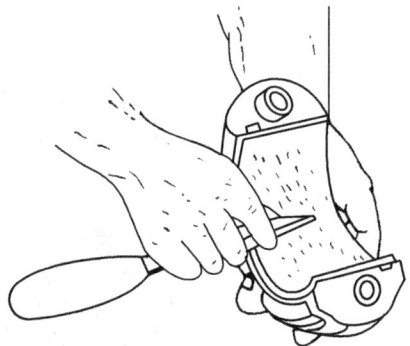

图 9-23　轴瓦的刮配

总结与复习

1. 轴承是用来支承轴和轴上零件的重要部件，轴承能减少轴颈与支承间的摩擦和磨损，保证正常工作所需的回转精度。按摩擦性质，轴承可分为滑动轴承和滚动轴承两大类。

2. 滚动轴承是依靠主要元件间的滚动接触来支承转动零件，具有摩擦阻力小、容易起动、效率高、轴向尺寸小等优点。滚动轴承的基本结构由内圈、外圈、滚动体和保持架4部分组成。按轴承承受主要载荷的方向或轴承公称接触角的不同，滚动轴承可分为向心轴承和推力轴承两类。滚动轴承的主要类型和特性见表9-2。滚动轴承的代号见表9-3。

3. 轴承寿命计算公式为 $L_{10h} = \dfrac{10^6}{60n}\left(\dfrac{f_t C}{f_P P}\right)^\varepsilon$；滚动轴承的当量动载荷计算公式为 $P = XF_r + YF_a$；角接触轴承轴向载荷的计算按式（9-5）和式（9-6）。

4. 滑动轴承按所受载荷的方向分为：径向滑动轴承和止推滑动轴承。前者主要承受径向载荷，这类轴承结构形式又分整体式、剖分式和调心式3种；后者主要承受轴向载荷，主要由轴承座、止推瓦块、防转销、径向瓦块组成。滑动轴承常用的材料有：轴承合金、铸造青铜、灰铸铁等。常用滑动轴承材料及性能见表9-17。

5. 对于径向滑动轴承，在进行非液体摩擦滑动轴承的设计计算时，按式（9-9）~式

（9-11）验算轴承的压强 p、验算轴承的 pv 值和验算轴颈圆周速度 v。

【同步练习与测试】

1. 单选题

（1）滚动轴承基本代号左起第一位是（　　）。

A. 类型代号　　　　B. 宽度系列代号　　　　C. 直径系列代号　　　　D. 内径代号

（2）下列轴承中，（　　）能同时承受径向载荷和轴向载荷的联合作用。

A. N210　　　　B. 1210　　　　C. 30210　　　　D. 51110

（3）转轴的转速高、受较大的径向载荷时，选用（　　）。

A. 深沟球轴承　　B. 圆锥滚子轴承　　C. 推力圆柱滚子轴承　　D. 推力球轴承

（4）滚动轴承采用轴向固定措施的主要目的是（　　）。

A. 提高轴承的承载能力　　　　　　　　B. 提高轴的旋转精度和刚度

C. 降低轴承的运转噪声　　　　　　　　D. 防止轴的窜动

（5）滚动轴承基本额定寿命的可靠度是（　　）。

A. 99%　　　　B. 95%　　　　C. 90%　　　　D. 10%

（6）滑动轴承计算中限制 p 和 pv 值是考虑限制轴承的（　　）。

A. 磨损　　　　B. 发热　　　　C. 胶合　　　　D. 塑性变形

（7）润滑油在温升时，内摩擦力是（　　）的。

A. 增加　　　　　　　　　　　　　　B. 始终不变

C. 减少　　　　　　　　　　　　　　D. 随压力增加而减小

2. 多选题

（1）按滚动体的形状分，可分为（　　）。

A. 球轴承　　　　B. 向心轴承　　　　C. 滚子轴承　　　　D. 推力轴承

（2）按轴承承受主要载荷的方向或轴承公称接触角的不同，滚动轴承可分为（　　）两类。

A. 向心轴承　　B. 球轴承　　　　C. 推力轴承　　　　D. 滚子轴承

（3）径向滑动轴承结构形式可分为（　　）。

A. 整体式　　　　B. 调节式　　　　C. 剖分式　　　　D. 调心式

3. 判断题

（1）载荷方向不变时，对于内圈回转而外圈固定不动的轴承，轴承内孔与轴颈之间必须选过盈配合。（　　）

（2）外圈与内圈同步旋转时，轴承内孔与轴颈之间可选过盈配合，而外圈与轴承座孔之间必须选间隙配合。（　　）

（3）对于六角头加长杆螺栓联接，勿在平行于工作载荷的方向上成排地布置8个以上的螺栓，以免载荷分布过于不均。（　　）

4. 简答题

（1）滚动轴承的主要类型有哪些？各有什么特点？

（2）何谓滚动轴承的基本额定寿命？何谓当量动载荷？如何计算？

（3）试说明下列滚动轴承代号的含义：30308、LN203、6210/C3、7208AC/P5。

（4）滚动轴承主要失效形式有哪些？计算准则是什么？

（5）滚动轴承内、外圈的固定形式有几种？适用于哪些场合？

（6）试说明角接触轴承内部轴向力产生的原因及其方向的判断方法。

（7）滑动轴承分哪几类？各适用什么场合？

（8）试说明滑动轴承对轴瓦材料的主要要求及常用材料。

（9）非液体摩擦滑动轴承的失效形式是什么？它的计算准则是什么？

5. 设计计算题

（1）指出图 9-24 中的结构错误（在有错处编号，并分析错误原因），并在轴线下侧画出其正确结构图（齿轮油润滑，轴承脂润滑）。

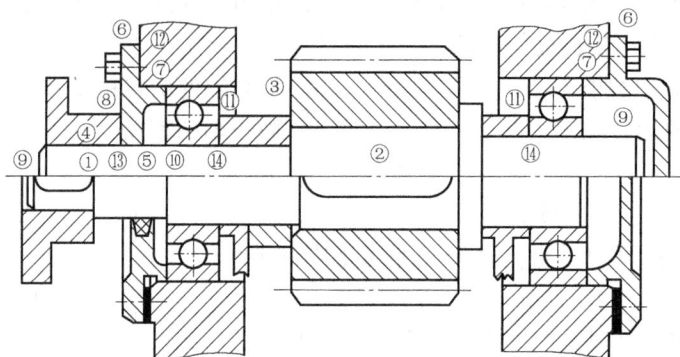

图 9-24　设计计算题（1）图

（2）某非液体润滑径向滑动轴承，已知：轴颈直径 $d = 200$mm，轴承有效宽度 $B = 200$mm，轴颈转速 $n = 300$r/min，轴瓦材料采用 ZCuAl10Fe3，试问可以承受的最大径向载荷是多少？

（3）一水泵选用深沟球轴承，已知轴颈 $d = 35$mm，转速 $n = 2900$r/min，轴承所受径向载荷 $F_r = 2300$N，轴向载荷 $F_a = 540$N。要求以小时计的基本额定寿命 $L_{10h} = 5000$h，试选择轴承型号。

第10章

联轴器和离合器

知识学习目标：

- 了解联轴器和离合器的功用和分类；
- 熟悉常用联轴器的结构特点、工作原理、使用场合；
- 掌握常用联轴器的选用与计算方法；
- 熟悉常用离合器的结构、工作原理、性能特点；
- 掌握常用离合器的选择及计算方法。

技能训练目标：

能够进行联轴器的选用与设计。

【应用导入例】带式制动器

带式制动器（图 10-1）是靠挠性钢带抱紧制动轮而产生的摩擦制动装置。由于带式制动器的包角较大（通常为 250°~270°），因此制动转矩大，可装在低速轴上使机构布置紧凑。但是制动带所产生的合力使制动轮轴受弯曲载荷，并且不同的带式制动器制动转矩还随

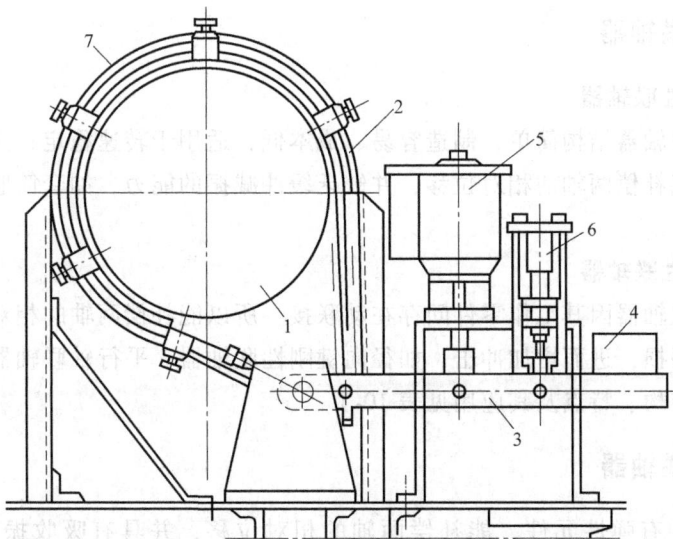

图 10-1 简单带式制动器

1—制动轮 2—制动带 3—杠杆 4—重锤 5—电磁铁 6—缓冲器 7—护板

制动轮转速发生变化，因此主要用在移动式起重机或操纵式制动装置中。

联轴器、离合器用于联接不同部件之间的两根轴或轴与其他回转件，以便使它们一起回转并传递动力。其中，联轴器联接的两轴，须在机器停止运转后才能拆卸分离；而离合器联接的两轴，则在机器运转过程中就可随时接合和分离，从而达到操纵机器传动系统的起停，以便进行变速和换向等。联轴器、离合器是机械传动中通用的部件，而且大多数已经标准化、系列化。

10.1　联轴器

10.1.1　联轴器的种类和特性

联轴器所联接的两轴，由于制造及安装误差、承载后变形以及热变形等温度变化的影响，往往很难使轴线保证严格的对中，而且会产生某种形式的相对位移（图10-2），因此要求所设计的联轴器，要从结构上采取各种措施，使其具有传递转矩的能力，还应具有一定范围的轴线偏移的补偿能力。此外，在冲击、振动的工作场合，还要求联轴器具有缓冲减振的能力。

图 10-2　联轴器所联两轴的偏移形式

a）轴向位移 x　b）径向位移 y
c）角位移 α　d）综合位移 x、y、α

常用联轴器的分类如下：

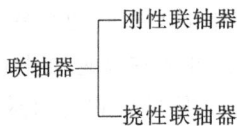

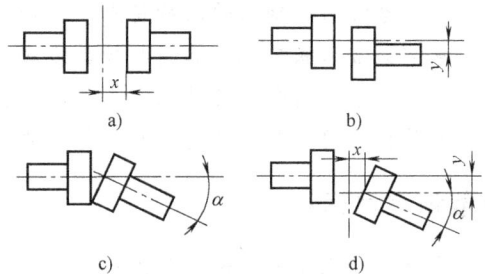

联轴器 —— 刚性联轴器
联轴器 —— 挠性联轴器

10.1.2　刚性联轴器

1. 固定式刚性联轴器

固定式刚性联轴器结构简单，制造容易、成本低，适用于转速稳定、无冲击、轴对中良好的场合。但不能补偿两轴的相对位移，并缺乏缓冲减振的能力，如套筒联轴器、夹壳联轴器、凸缘联轴器。

2. 可移式刚性联轴器

可移式刚性联轴器因其工作零件间存在动联接，所以能补偿两轴的相对位移，但会造成相关零件摩擦与磨损，进而增加冲击，如径向键刚性联轴器、平行轴联轴器等。

刚性联轴器结构、特点及其应用见表10-1。

10.1.3　挠性联轴器

挠性联轴器中有弹性元件，能补偿两轴的相对位移，并具有吸收振动及缓和冲击的能力，如弹性套柱销联轴器、弹性柱销联轴器等。挠性联轴器结构、特点及其应用见表10-2。

表 10-1 刚性联轴器结构、特点及其应用

名　　称	图　　示	结构、特点及其应用
凸缘联轴器	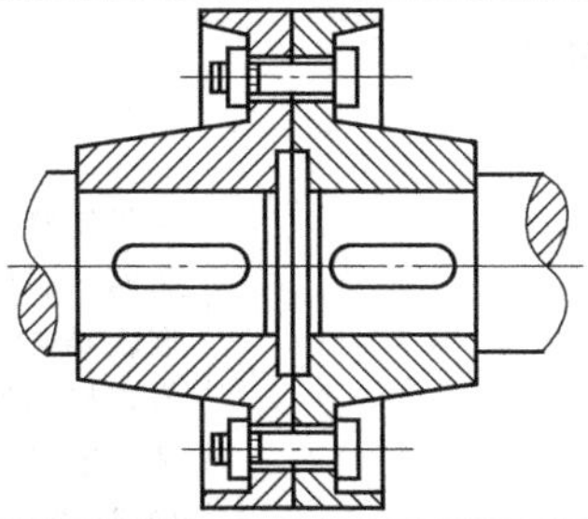	由两个带有凸缘的半联轴器用螺栓联接而成。按其对中方法的不同,可分为两种结构形式:一种是靠两半联轴器的凸肩和凹槽相配对中;另一种是靠配合螺栓组对中及联接。该联轴器使用维护方便,刚性好,承载能力大,适用于安装时对中性要求高、转速较低、传动平稳的场合
夹壳联轴器	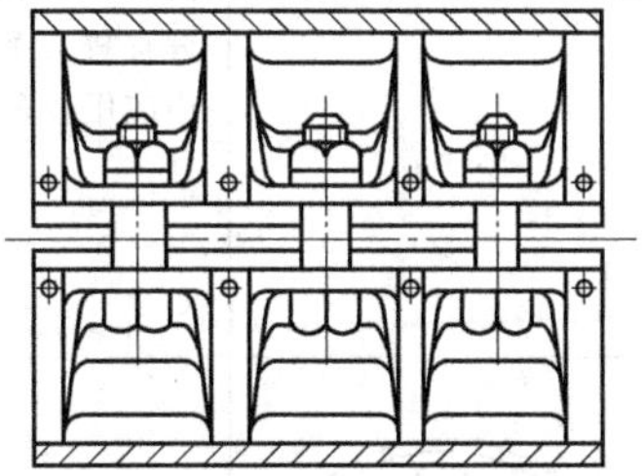	靠上、下两半联轴器的剖分面及普通螺栓组将两轴联在一起。该联轴器安装方便,两轴直径相等,适用于低速传动、水平轴或垂直轴的联接
套筒联轴器	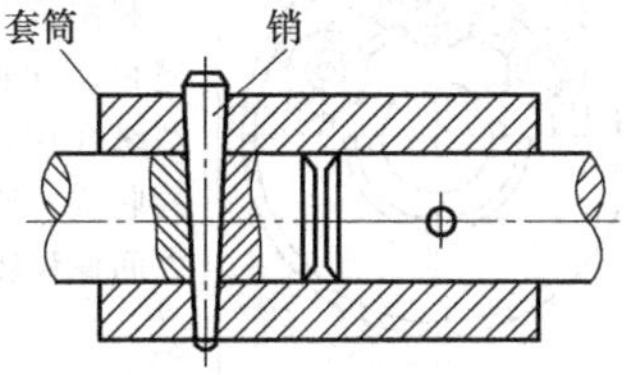 套筒　　销	靠一个套筒与被联接两轴的轴端分别用平键(或销钉)联接成一体,可传递较大转矩。这种联轴器的结构简单,制作方便,径向尺寸小,但其装配拆卸时需做轴向移动,适用于要求径向尺寸小、同轴度较高、起动频繁、低转速的场合

表 10-2 挠性联轴器结构、特点及其应用

名　　称	图　　示	结构、特点及其应用
梅花形弹性联轴器	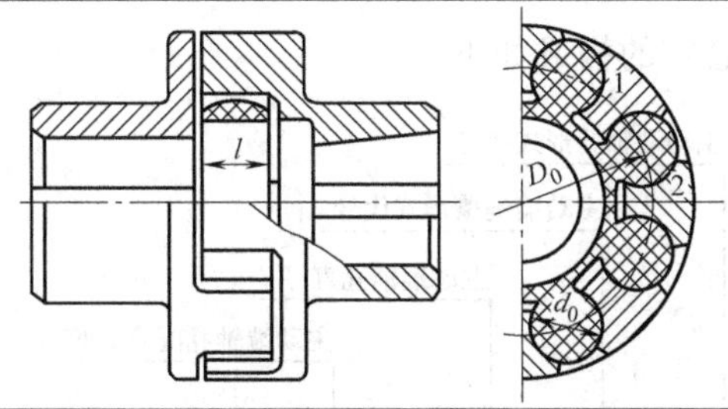	靠两半联轴器齿间的梅花形片弹簧(6 或 8 段),将两轴联接在一起,该联轴器为非金属弹性元件挠性联轴器,用于两轴线之间有轴向偏移 1.2~5mm,径向偏移 0.5~1.8mm 的场合
弹性套柱销联轴器	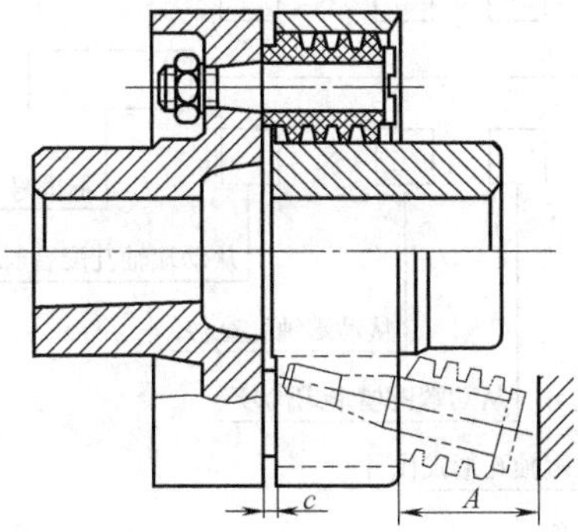	在结构上与凸缘联轴器近似,所不同的是用带橡胶弹性套的柱销代替了联接螺栓。为了补偿较大的轴向位移,安装时应留出相应的间隙,其两轴线之间轴向偏移为 2~6 mm,径向偏移为 0.2~0.6mm,倾斜角为 30′~1°30′。该联轴器结构简单,利用弹性套圈可以补偿两轴的偏移,吸收、减小振动和缓冲,适用于正反向变化多、起动频繁的中小转矩的中、高速轴传动

（续）

名　称	图　示	结构、特点及其应用
轮胎联轴器	轮胎环　压板　切口	靠特型的轮胎环、压板、螺钉将两半联轴器联接在一起,该联轴器结构简单、工作可靠,具有良好的综合位移补偿能力,适用于潮湿多尘、频繁起动、换向、冲击载荷大及两轴线之间偏移较大的传动,在起重机械中应用较多
芯型弹性联轴器		利用若干带金属芯棒的非金属弹性元件,置于两半联轴器凸缘孔中,以实现两半联轴器的联接。该联轴器用于两轴线之间偏移较大的场合

10.1.4　联轴器的标记方法

联轴器标记（键联接形式标记）的构成如下：

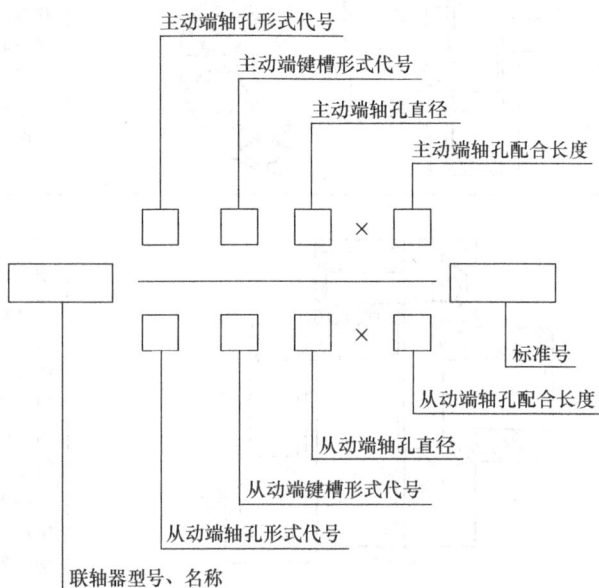

10.1.5 联轴器的选择

联轴器的种类很多，大多数常用联轴器已标准化和系列化，只需直接从标准中选用。一般联轴器的选用步骤是，先按工作条件选择联轴器的类型，再选联轴器型号，然后再根据转矩、轴径及转速查有关手册选择尺寸。因此，联轴器的选择主要包括联轴器的类型选择和尺寸选择。

1. 联轴器的类型选择

联轴器的类型可以根据工作特点和要求，结合各类联轴器的性能进行选择。例如：对于两轴能精确对中，轴的刚度较高时，可选用凸缘联轴器；对于对中困难，两轴刚度较低时，可选用具有补偿能力的弹性柱销联轴器；大功率重载传动，可选用齿式联轴器；中小功率，受冲击载荷作用，可选用挠性联轴器；当两轴间的径向位移较大、转速较低时，可选用滑块联轴器；角位移较大或相交两轴的联接，可选用万向联轴器等。

2. 联轴器的尺寸选择

在选择型号时，应考虑机械运转速度变动时（如起停）的惯性力和工作过载的影响，按以下要求进行联轴器的选择和校核。

联轴器的计算转矩为

$$T_c = KT_n \tag{10-1}$$

式中　T_c——计算转矩（N·m）；

T_n——公称转矩（N·m），即 $T_n = 9550\dfrac{P}{n}$，P 为联轴器传递的功率（kW）；

K——工况系数，见表 10-3。

表 10-3　工况系数 K

工作机名称	K	工作机名称	K
发电机、小型通风机	1.0~2.0	活塞式压缩机、往复式泵	2.0~2.5
鼓风机、木工机械、带式运输机	1.25~2.0	造纸机械、破碎机	2.5~3.0
离心水泵、链式运输机、混砂机	1.5~2.0		
往复运动的金属切削机床	2.0~2.5	压延机械、重型初轧机、升降机	3.0.~3.5

选择型号时，应满足以下条件：

1）计算转矩 T_c 应小于或等于所选联轴器的许用转矩 $[T]$，即

$$T_c \leqslant [T] \tag{10-2}$$

2）转速 n 应小于或等于所选联轴器的许用转速 $[n]$，即

$$n \leqslant [n] \tag{10-3}$$

3）轴的直径 d 应在所选联轴器允许的孔径范围内，即

$$d_{min} \leqslant d \leqslant d_{max} \tag{10-4}$$

式中　$[T]$——许用转矩（N·m）；

$[n]$——许用转速（r/min），$[T]$ 与 $[n]$ 由机械设计手册或有关标准中查得。

【例 10-1】　在图 10-3 所示的轻型起重机中，已知蜗杆减速器的传动效率 $\eta = 0.8$，传动比 $i = 25$；减速器输入轴端直径 $d_1 = 35\text{mm}$，通过联轴器与 Y160L-6 型电动机相联；输出轴端直径 $d_2 = 95\text{mm}$，通过另一联轴器与直径 $d_3 = 95\text{mm}$ 的卷筒轴相联。试选择减速器输入轴

端和输出轴端的联轴器（查手册知，Y160L-6 型电动机额定功率 $P = 11\text{kW}$，转速为 $n = 970\text{r/min}$，轴径 $d = 42\text{mm}$，轴外伸端长度 $L = 110\text{mm}$）。

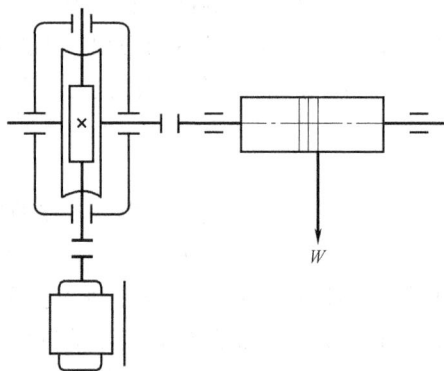

图 10-3　起重机传动系统图

解：

计 算 与 说 明	计 算 结 果
1. 选择联轴器类型	
考虑到起重机起动频繁且负载起动，蜗杆轴工作时受热伸长量较大，输入端拟采用弹性套柱销联轴器；蜗轮轴转速低、转矩大，与卷筒轴的安装也不易对中，输出端拟采用滚子链联轴器	
2. 选择联轴器型号	
（1）计算公称转矩	
蜗杆轴公称转矩　$T_1 = 9550\dfrac{P}{n} = 9550 \times \dfrac{11}{970}\text{N} \cdot \text{m} = 108.3\text{N} \cdot \text{m}$	$T_1 = 108.3\text{N} \cdot \text{m}$
蜗轮轴转速　　　$n_2 = \dfrac{n}{i} = \dfrac{970}{25}\text{r/min} = 38.8\text{r/min}$	$n_2 = 38.8\text{r/min}$
蜗轮轴公称转矩　$T_2 = 9550\dfrac{P\eta}{n_2} = 9550 \times \dfrac{11 \times 0.8}{38.8}\text{N} \cdot \text{m} = 2166\text{N} \cdot \text{m}$	$T_2 = 2166\text{N} \cdot \text{m}$
（2）确定计算转矩　起重机械的载荷经常变化，按中等冲击载荷考虑，取工况系数 $K = 1.9$，则	
蜗杆轴计算转矩　$T_{c1} = KT_1 = 1.9 \times 108.3\text{N} \cdot \text{m} = 205.77\text{N} \cdot \text{m}$	$T_{c1} = 205.77\text{N} \cdot \text{m}$
蜗轮轴计算转矩　$T_{c2} = KT_2 = 1.9 \times 2166\text{N} \cdot \text{m} = 4115.4\text{N} \cdot \text{m}$	$T_{c2} = 4115.4\text{N} \cdot \text{m}$
（3）选择联轴器型号　按照 GB/T 4323—2017，蜗杆轴输入端选用 LT6 型弹性套柱销联轴器	
联轴器标记　　　LT6 联轴器 $\dfrac{42 \times 84}{\text{J}35 \times 60}$　GB/T 4323—2017	LT6 联轴器
公称转矩　　　　$T_n = 355\text{N} \cdot \text{m}$	$T_n = 355\text{N} \cdot \text{m}$
许用转速　　　　$[n] = 3800\text{r/min}$	$[n] = 3800\text{r/min}$
按照 GB/T 6069—2017，蜗轮轴输出端选用 GL12 型滚子链联轴器（不装罩壳）	
联轴器标记　GL12 联轴器 $\text{J}_1 95 \times 132$ GB/T 6069—2017	GL12 联轴器
公称转矩　　　　$T_n = 6300\text{N} \cdot \text{m}$	$T_n = 6300\text{N} \cdot \text{m}$
许用转速　　　　$[n] = 250\text{r/min}$	$[n] = 250\text{r/min}$

10.2　离合器

10.2.1　离合器分类、特点与应用

离合器在机器运转中能使主、从动轴之间接合和分离，并传递运动和动力。对离合器的基本要求是：接合平稳、分离迅速彻底；质量轻；外廓尺寸小，维护和调整方便，操纵省力方便，耐磨性和散热性好等。离合器类型很多，主要有牙嵌离合器和片式离合器两种，其结构、特点与应用见表10-4。

10.2.2　离合器的选择

离合器的选择与联轴器相同，根据工作条件和使用条件，先确定离合器的类型；然后根据已有的标准或计算转矩和转速来选用具体型号。

表 10-4　常用离合器结构、特点与应用

常用离合器	结构、特点与应用
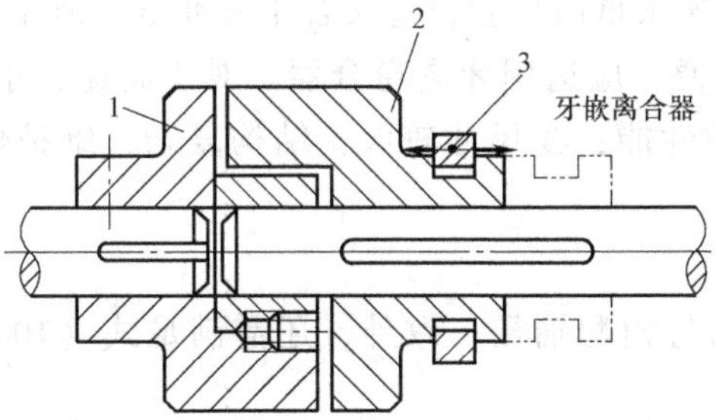 1、2—半离合器　3—滑环	利用操纵杆带动滑环 3 可使两半离合器 1、2 接合或分离 牙嵌离合器结构简单，外廓尺寸小，能传递较大的转矩，故应用较多。离合器牙的形状有三角形、梯形和锯齿形。三角形牙的强度低、易损坏，只能传递中、小载荷。梯形牙强度高，能传递较大的转矩；能自动补偿磨损后的牙侧间隙，减少冲击，故应用较广。锯齿形牙强度高，但只能传递单向转矩，一般用于停机或低速接合、分离不频繁及要求传动比准确的场合
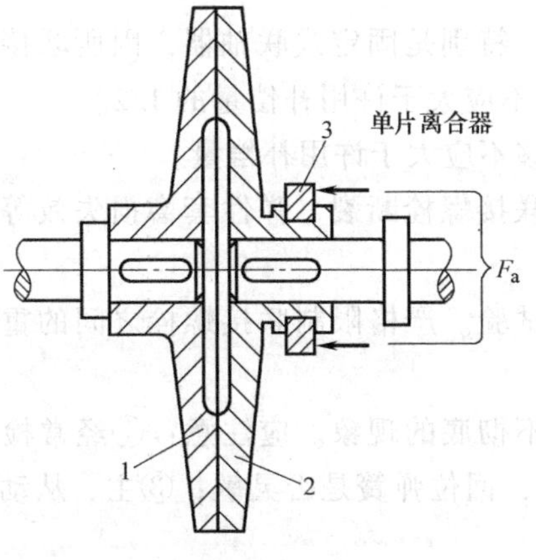 1、2—摩擦片　3—操纵环	主、从动轴上分别安装摩擦片 1、2，操纵环 3 可以使摩擦片 2 沿导向平键在从动轴上移动，使两圆盘接合或分离 单片离合器结构简单，散热性能好，易于接合和分离，但传递转矩大时两盘直径很大，多用于转矩在 200N·m 以下的轻型机械

（续）

常用离合器	结构、特点与应用
多片离合器 1—主动轴　2—外鼓轮　3—从动轴　4—套筒　5、6—摩擦片 7—滑环　8—杠杆　9—压板　10—调节螺母	当滑环 7 向左或向右移动时，使杠杆 8 作用，通过压板 9 将两组摩擦片压紧或放松，实现接合和分离 　　由于径向尺寸小，承载能力大，联接平稳，便于调整，但结构复杂，接合、分离动作缓慢，发热、磨损较严重；适用于高速传动，特别在机床和一些变速器中得到广泛应用

1. 离合器的类型选择

对于低速、大扭矩：①只能停机或相对转速很低时接合；②接合中有冲击，但无过载保护性能；③尺寸较小，结构简单，维护修理方便，应选用牙嵌离合器。对于高速、小扭矩：①运转时即能随时接合、分离；②有过载保护性能；③尺寸较大，结构复杂，维护修理不便，应选用片式离合器。

2. 离合器的型号选择

选取离合器的类型以后，除离合器的轴孔与相配轴径一致外，还需满足式（10-2）和式（10-3）的条件。

10.3　联轴器、离合器的使用与维护

1）应严格控制联轴器与离合器的安装误差，特别是固定式联轴器，因所联接两轴的相对偏移在负载后还可能增大，为此要求安装误差不应大于许用补偿量的 1/2。

2）应检查工作后两轴对中情况，其相对偏移不应大于许用补偿量。

3）应定期检查传力零件有无损坏，如发现联接螺栓断裂、弹性套磨损失效等，应立即更换。

4）对于转速较高的联轴器，要进行动平衡试验。严格限制联接螺栓之间的重量差，并不得任意更换。

5）多片离合器在工作时不应有打滑或分离不彻底的现象。应注意：①经常检查作用在摩擦片上的压力是否足够；②摩擦片的磨损情况，回位弹簧是否灵敏；③主、从动片之间的间隙应注意调整。

6）应定期检查离合器的操纵系统是否操作灵活，工作可靠。

7）对有润滑要求的，要定期检查润滑情况。

总结与复习

1. 联轴器、离合器使用的目的是实现两轴的联接，以便于共同回转并传递动力。联轴器可分为刚性联轴器和挠性联轴器。

2. 离合器在工作时需随时分离或接合被联接的两轴，常用离合器结构、特点与应用见表 10-4。

3. 选择联轴器类型时应考虑两轴对中性要求、两轴传递的转矩、联轴器的工作转速、联轴器的制造、安装、维护和成本。确定联轴器的型号时，应根据式（10-2）~式（10-4）选择和校核计算转矩、转速、轴的直径，从联轴器标准中选取。

【同步练习与测试】

1. 单选题

（1）在载荷具有冲击、振动，且轴的转速较高、刚度较小时，一般选用（　　　）。

A. 固定式刚性联轴器　　　　　　　　B. 可移式刚性联轴器

C. 挠性联轴器　　　　　　　　　　　D. 凸缘联轴器

（2）两轴的角位移达 30°，这时宜采用（　　　）。

A. 万向联轴器　　　　　　　　　　　B. 齿式联轴器

C. 弹性套柱销联轴器　　　　　　　　D. 凸缘联轴器

（3）一般情况下，为了联接电动机轴和减速器轴，要求联轴器有弹性而且尺寸较小，下列联轴器中最适宜采用（　　　）。

A. 凸缘联轴器　　　　　　　　　　　B. 万向联轴器

C. 轮胎联轴器　　　　　　　　　　　D. 弹性套柱销联轴器

（4）联轴器与离合器的主要作用是（　　　）。

A. 缓冲、减振　　　　　　　　　　　B. 传递运动和转矩

C. 防止机器发生过载　　　　　　　　D. 补偿两轴相对位移

（5）使用（　　　）时，只能在停机后或两轴转速差较小时接合，否则会因撞击而损坏离合器。

A. 牙嵌离合器　　　　　　　　　　　B. 片式离合器

C. 磁粉离合器　　　　　　　　　　　D. 超越离合器

（6）下列（　　　）特点，不属于片式离合器。

A. 接合时有冲击　　　　　　　　　　B. 在任何转速下均可接合

C. 接合平稳　　　　　　　　　　　　D. 过载保护

（7）汽车发动机变速器输出轴与汽车后桥间的联接采用的是（　　　）。

A. 齿式联轴器　　　　　　　　　　　B. 万向联轴器

C. 弹性柱销联轴器　　　　　　　　　D. 弹性套柱销联轴器

（8）自行车后轮上的飞轮相当于一个离合器，它属于（　　　）。

A. 牙嵌离合器　　　　　　　　　　　B. 片式离合器

C. 超越离合器　　　　　　　　　　　D. 离心离合器

（9）联轴器联接的两轴：主动轴直径为 d_1，从动轴直径为 d_2，则（　　　）。

A. $d_1 > d_2$ B. $d_1 = d_2$

C. $d_1 < d_2$ D. d_1、d_2 可相等也可不相等

2. 多选题

（1）在载荷平稳、转速稳定、两轴对中性差的情况下，可以考虑采用的联轴器有（　　　）。

A. 滑块联轴器   B. 齿式联轴器

C. 万向联轴器   D. 弹性柱销联轴器

（2）弹性套柱销联轴器的特点是（　　　）。

A. 价格低廉   B. 结构简单、装拆方便

C. 能吸收振动和补偿两轴的综合位移

D. 弹性套不易损坏、使用寿命长

（3）牙嵌离合器可以在（　　　）情况下接合。

A. 高速转动   B. 停机   C. 低速转动   D. 正反转工作

3. 判断题

（1）联轴器与离合器都是靠啮合来联接两轴，传递回转运动和转矩。（　　　）

（2）机器过载时，片式离合器具有一定的安全保护作用。（　　　）

（3）片式离合器可在任何不同的转速下接合、分离。（　　　）

（4）若两轴刚性较好，安装时能精确对中，则应选用弹性套柱销联轴器。（　　　）

4. 简答题

（1）联轴器与离合器的功用是什么？两者有何区别？

（2）常用联轴器有哪些类型？各有何特点？试举例说明各应用场合。

（3）牙嵌离合器和片式离合器各有什么特点？试举例说明其实际应用。

5. 设计计算题

（1）一齿轮减速器的输出轴用联轴器与破碎机的输入轴联接，已知传动功率 $P = 40 \text{kW}$，转速 $n = 140 \text{r/min}$，轴的直径 $d = 80 \text{mm}$，试选择联轴器。

（2）某电动机与油泵之间用弹性套柱销联轴器联接，功率 $P = 4 \text{kW}$，转速 $n = 960 \text{r/min}$，轴的直径 $d = 32 \text{mm}$，试确定该联轴器的型号（只要求与电动机轴联接的半联轴器满足直径要求）。

第11章

弹 簧

知识学习目标：

- 了解各类弹簧的工作原理、特点及应用；
- 掌握圆柱螺旋弹簧的设计方法。

技能训练目标：

能够进行圆柱螺旋弹簧的设计计算。

【应用导入例】 氮气弹簧应用

我国采用氮气弹簧技术已有很多年历史，现在在我国汽车、电子、仪表、轻工等行业中，都在不同程度地将氮气弹簧技术应用到模具中，使模具设计、制造均上了一个新台阶，提高了模具制造水平，取得了较好的技术经济效益，推动了该项技术的发展。

如图11-1所示，氮气弹簧和螺旋弹簧相比的优势：在更小的空间内提供更大的力，如一个紧凑型氮气弹簧 BKH50.0-025-135 相当于 14 个 SSWH50-300 超重载螺旋弹簧预压力；减小安装面积，降低安装高度；氮气弹簧通过软管连成一个管路系统后，每个氮气弹簧内部气体的压力相同，从而使整个系统达到平衡，使用螺旋弹簧无法实现这些功能；应用在模具中，由于氮气弹簧寿命是普通弹簧的 5 倍，所以可延长冲头和其他部件的寿命，不需要修模、维修，不会导致停产。

图11-1　氮气弹簧

11.1　弹簧的功用、类型和特点

11.1.1　弹簧的功用

弹簧是利用材料的弹性和结构特点，通过变形和储存能量工作的一种弹性零件，应用广泛，具有下列功用。

(1) 缓和冲击吸收振动　如汽车上的减振弹簧（图11-2）和各种缓冲器用的弹簧。

(2) 储存或释放能量　如定位控制机构中的弹簧和发条（图11-3）。

(3) 测量力的大小　如测力器和弹簧秤中的弹簧（图11-4）。

(4) 控制机构的运动　如单缸内燃机凸轮机构气门弹簧以及离合器、制动器等。

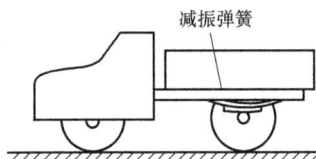

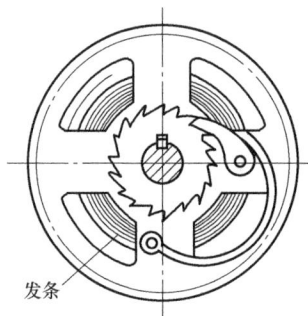

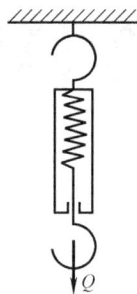

图 11-2　减振弹簧　　　　　图 11-3　发条　　　　　图 11-4　弹簧秤

11.1.2　弹簧的主要类型和特点

　　弹簧的类型较多，按受载性质不同，弹簧可分为拉伸弹簧、压缩弹簧、扭转弹簧和弯曲弹簧等；按弹簧的形状不同又可分为螺旋弹簧、环形弹簧、碟形弹簧、板弹簧、涡卷弹簧等。圆柱螺旋弹簧已经标准化，其标准号为 GB/T 1239—2009。各种弹簧的类型、特点和应用见表 11-1。

表 11-1　各种弹簧的类型、特点和应用

类型	简　图	特　性　线	特点和应用
圆柱螺旋弹簧	圆柱螺旋压缩弹簧		特性线为直线,刚度稳定,结构简单,制造方便,应用最广
	变节距压缩弹簧		当弹簧压缩到有一部分簧圈开始接触后,特性线变为非线性,刚度及自振频率均为变值,利于消除或缓和共振的影响。可用于支承高速变载机构
	拉伸弹簧		特性线为直线,刚度稳定,结构比较简单,应用广泛
	扭转弹簧		主要作为扭紧或储能装置
变径螺旋弹簧	截锥螺旋弹簧		当压缩到有一部分簧圈开始接触以后,特性线变为非线性,自振频率为变值,防共振能力比变节距压缩弹簧强。稳定性好,结构紧凑

（续）

类型	简 图	特 性 线	特点和应用
变径螺旋弹簧	截锥涡卷弹簧 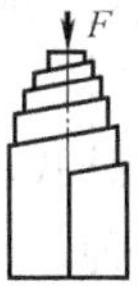	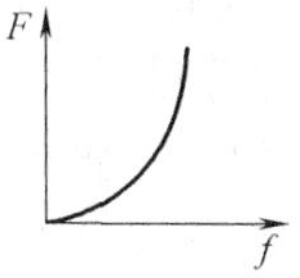	比截锥螺旋弹簧吸收的能量大,但制造困难。只在空间受限制时,用以代替截锥螺旋弹簧
板弹簧	多板弹簧 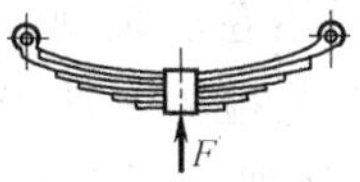	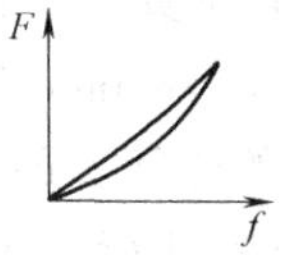	分为单板弹簧和多板弹簧,多板弹簧缓冲和减振性能好。主要用于汽车、拖拉机和铁路车辆的悬挂装置
碟形弹簧	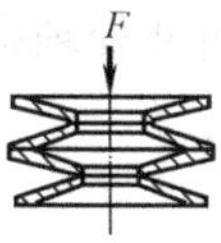	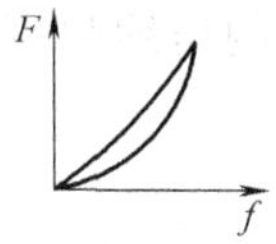	缓冲和减振能力强。采用不同的组合(叠合或对合)可以得到不同的特性线。多用于重型机械的缓冲及减振装置
平面涡卷弹簧	非接触形平面涡卷弹簧 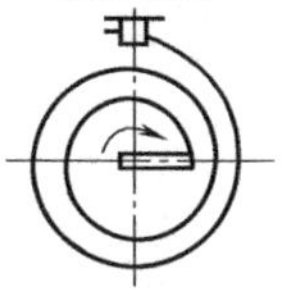	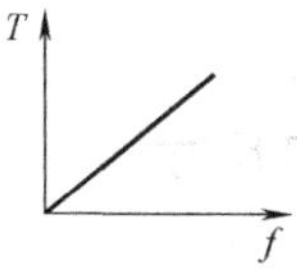	圈数多,变形角大,能储存的能量大。多用作扭紧弹簧和仪器、钟表中的发条
环形弹簧	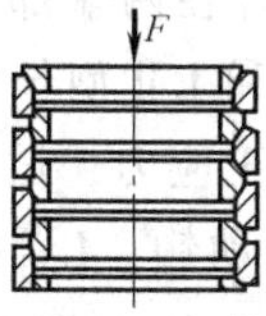	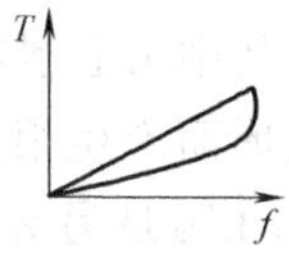	减振能力很强,用于重型设备的缓冲装置

11.2 弹簧的材料与制造

11.2.1 弹簧的材料

　　弹簧在机器中常受到变载荷或冲击载荷的作用，所以选择的弹簧材料应具有足够的屈服强度 、疲劳极限、一定的冲击韧性、塑性和良好的热处理性能等。

　　常用的弹簧材料有优质碳素弹簧钢、合金弹簧钢和有色金属合金。碳素弹簧钢价廉易得，热处理后具有较高的强度、适宜的韧性和塑性，常用在静载或重要性低的变载条件下。合金弹簧钢多用在承受变载荷、冲击载荷或耐高温、耐腐蚀的场合，如硅锰钢和铬矾钢等。有色金属合金适用在受力较小而又要求防潮湿、防腐蚀、防磁等场合，如硅青铜、锡青铜、铍青铜等。此外，还有用非金属材料制成的弹簧，如橡胶、塑料、软木等。

　　在选择弹簧材料时，应充分考虑弹簧的用途、重要程度、使用条件、弹簧的工作条件（载荷的大小及性质、工作温度和周围介质的情况）、材料质量、热处理方法及经济性等因素。常用弹簧材料力学性能、用途和许用应力见 GB/T 23935—2009《圆柱螺旋弹簧设计计算》。

11.2.2　弹簧的制造

螺旋弹簧的制造工艺包括：卷制、两端面磨平（指压缩弹簧）或挂钩的制作（指拉伸弹簧和扭转弹簧）、热处理和工艺性试验和强压处理等过程。

大批生产时，弹簧的卷制是在自动机床上进行的。小批生产则常在卧式车床上或者手工卷制。弹簧通常用卷制成型方法制造，其绕制方法分冷卷法与热卷法两种。当材料直径小于8mm时，常用冷卷法。冷卷时，一般用冷拉的碳素弹簧钢丝在常温下卷成，不再淬火，只经低温回火消除内应力。当材料直径较大（材料直径>8mm）时则要用热卷法绕制。在热态的弹簧，卷好后要进行淬火和回火处理。对于重要的弹簧，还要进行工艺检验和冲击疲劳等试验。为了提高承载能力，可将弹簧在超过工作极限载荷下进行强压处理（受载6~48h），但强压处理产生的残余应力是不稳定的。受变载荷的压缩弹簧，可采用喷丸处理提高其疲劳寿命。

11.3　圆柱螺旋拉伸、压缩弹簧的设计计算

11.3.1　圆柱螺旋拉伸、压缩弹簧的结构和尺寸

1. 圆柱螺旋拉伸弹簧的结构

圆柱螺旋拉伸弹簧如图11-5a所示，其在卷制时，各圈互相并紧，并在两端部制有挂钩供安装和加载用。常用挂钩形式如图11-5b所示，其中LⅠ型半圆钩环和LⅡ型长臂半圆钩环制造方便，应用广泛，但在挂钩过渡处因弯曲成形而产生很大的弯曲正应力，适用于材料直径小于10mm、中小载荷和不重要的场合。LⅦ和LⅧ是另装上去的活动钩，LⅧ挂钩可任意转动，安装方便。但制造成本高，宜用于受力较大或变载的重要场合。

2. 圆柱螺旋压缩弹簧的结构

图11-6a所示为圆柱螺旋压缩弹簧，其端部结构形式（图11-6b）很多，常用弹簧两端至少有2圈并紧，只起支承作用，不参与变形，称为支承圈。YⅠ型为两端圈并紧磨平，

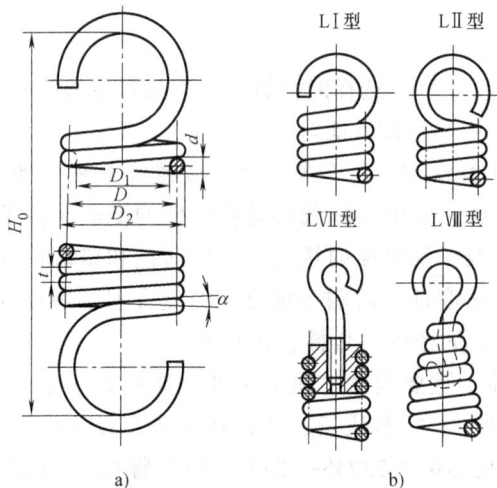

图 11-5　圆柱螺旋拉伸弹簧

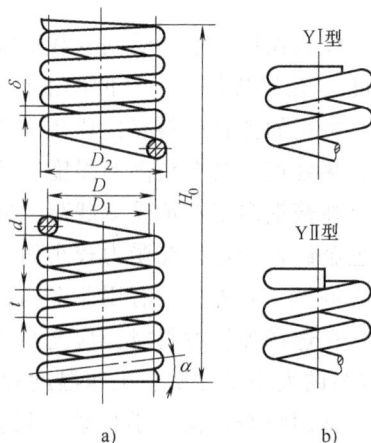

图 11-6　圆柱螺旋压缩弹簧

YⅡ型为两端圈并紧不磨。重要场合应采用YⅠ型结构,以保证两支承端面与弹簧的轴线垂直,从而使弹簧受压时不致歪斜。

3. 弹簧主要几何尺寸

弹簧主要几何尺寸主要有材料直径 d、弹簧内径 D_1、弹簧外径 D_2、弹簧中径 D、节距 t、螺旋角 α、自由高度(压缩弹簧)或长度(拉伸弹簧)H_0,如图11-5所示,此外还有有效圈数 n、总圈数 n_1、间距 δ。圆柱螺旋弹簧的几何参数计算公式见表11-2。

表11-2 圆柱螺旋弹簧的几何参数计算公式

参数名称及代号	压 缩 弹 簧	拉 伸 弹 簧
弹簧中径 D	$D=Cd$	
弹簧内径 D_1	$D_1=D-d$	
弹簧外径 D_2	$D_2=D+d$	
螺旋角 α	$\alpha=\arctan\dfrac{t}{\pi D}$,对压缩弹簧为 5°~9°	
有效圈数 n	根据工作条件和支承圈数 n_z 确定	
总圈数 n_1	$n_1=n+(1.5\sim2.5)$	$n_1=n$
间距 δ	$\delta=t-d$	$\delta=0(t=d)$
自由高度或长度 H_0	两端圈不磨 $H_0=nt+(n_z+1)d$ 两端圈并紧、磨平 $H_0=nt+(n_z-0.5)d$	$H_0=nd+$钩环尺寸
弹簧展开长度 L	$L=\dfrac{\pi Dn_1}{\cos\alpha}\approx\pi Dn_1$	$L\approx\pi Dn+$钩环展开长度
节距 t	$t=d+\dfrac{f_n}{n}+0.1d$	$t\approx d$

11.3.2 圆柱螺旋压缩、拉伸弹簧的设计

1. 强度计算

圆柱螺旋拉伸弹簧受拉(无初拉力)或圆柱螺旋压缩弹簧受压时,簧丝受力情况相同。现以受轴向载荷的压缩弹簧(图11-7)为例进行介绍。在弹簧轴线为椭圆的截面上,由于螺旋角小于9°,可近似地用圆形截面代替。在此截面上作用着剪切力 F 和扭矩 $T=FD/2$,从而在弹簧丝截面上引起的切应力最大,其计算公式为

$$\tau=K\frac{8FD}{\pi d^3} \tag{11-1}$$

式中 K——曲度系数,可按下式计算

$$K=\frac{4C-1}{4C-4}+\frac{0.615}{C} \tag{11-2}$$

则弹簧丝的强度校核公式

$$\tau_{max}=K\frac{8F_{max}D}{\pi d^3}=K\frac{8F_{max}C}{\pi d^2}\leqslant[\tau]$$

或

$$d \geqslant 1.6 \sqrt{\frac{KF_{max}C}{[\tau]}} \qquad (11\text{-}3)$$

式中　　$[\tau]$——许用切应力；

　　　　F_{max}——弹簧的最大工作载荷；

　　　　C——旋绕比，$C = D/d$（即弹簧中径 D 和材料直径 d 的比值）。

材料直径 d 相同时，C 值越小则弹簧中径 D 越小，其刚度较大；反之则刚度较小。通常 C 值可按表 11-3 选取。

表 11-3　圆柱螺旋弹簧常用旋绕比 C

材料直径 d/mm	0.2~0.5	>0.5~1.1	>1.1~2.5	>2.5~7	>7~16	>16
C	7~14	5~12	5~10	4~9	4~8	4~16

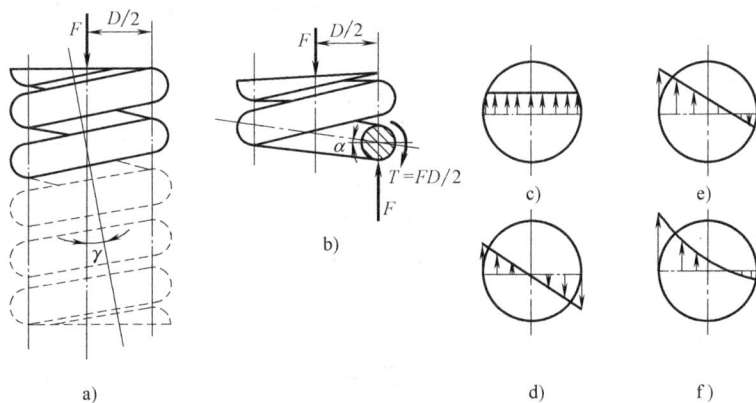

图 11-7　受轴向载荷的压缩弹簧

2. 刚度计算

由材料力学可导出圆柱螺旋弹簧受轴向载荷后的轴向变形量的计算公式为

$$f = \frac{8FC^3 n}{Gd} \qquad (11\text{-}4)$$

式中　　n——弹簧的有效圈数；

　　　　G——弹簧材料的切变模量。

由此可得弹簧刚度计算公式

$$F' = \frac{F}{f} = \frac{Gd}{8C^3 n} \qquad (11\text{-}5)$$

式中　　F'——弹簧的刚度，表示使弹簧产生单位变形所需的载荷。

由式（11-5）可求出弹簧的有效圈数

$$n = \frac{Gd}{8C^3 F'} = \frac{Gf_{max}d}{8F_{max}C^3} \qquad (11\text{-}6)$$

为便于制造，当 $5<n<15$ 时，应将 n 圆整为 0.5 的整数倍；当 $n>15$ 时，n 取整数。通常应取 $n>2~2.5$（具体按照 GB/T 1358—2009）。

3. 稳定性校核

当弹簧所受载荷达到一定数值时，可能发生侧向弯曲而失稳。因此，为保证弹簧获得所需的稳定性，使弹簧工作时轴线的偏移尽可能小，通常以高径比 b 来衡量弹簧的稳定性。如图 11-8a 所示，不失稳条件

$$b = H_0/D \leqslant [b] \tag{11-7}$$

式中　$[b]$——许用高径比，当弹簧两端固定时，$[b] = 5.3$；

当弹簧一端固定一端回转时，$[b] = 3.7$；

当弹簧两端均回转时，$[b] = 2.6$。

当所设计弹簧高径比无法满足式（11-7）要求时，如图 11-8b 所示，可在弹簧内部安装导向心杆，在弹簧外部加导套或重选弹簧参数（如降低 H_0，增大 D）。

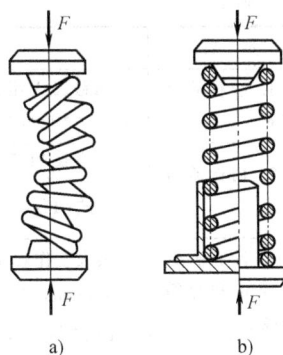

图 11-8　弹簧的失稳和改善措施

4. 圆柱螺旋拉伸、压缩弹簧的设计方法

弹簧设计的任务是要确定弹簧的材料、合理的结构、材料直径 d、有效圈数 n、弹簧展开长度 L 和其他几何尺寸等。圆柱螺旋拉伸、压缩弹簧的具体设计步骤如图 11-9 所示。如果所得结果与设计条件不符合，那么必须要重复进行以上过程，直到求得一个可行方案为止。

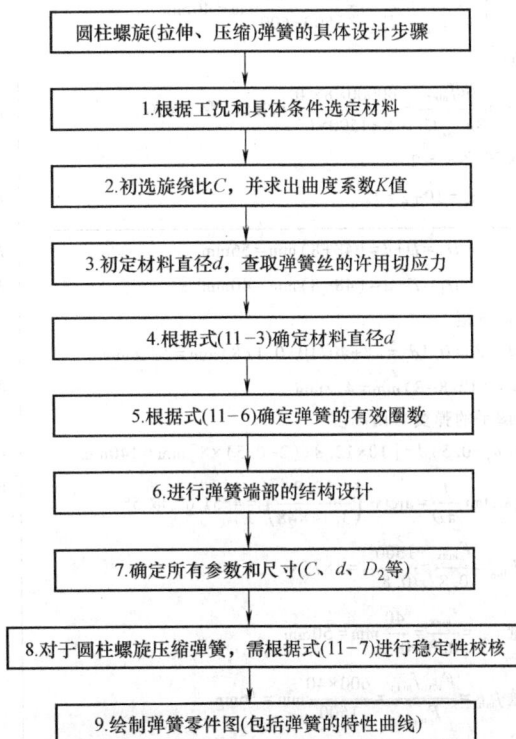

图 11-9　圆柱螺旋拉伸、压缩弹簧的具体设计步骤

【例 11-1】　设计一在静载荷下工作的圆柱螺旋压缩弹簧。已知条件：安装初始载荷 $F_{\min} = 600N$，工作载荷 $F = 900N$，工作行程 $h = 24mm$，弹簧外径不大于 60mm，一端固定一端回转。

解:

步 骤	计 算 与 说 明	计 算 结 果
1. 选择弹簧材料	由题意选 A 组Ⅲ类碳素弹簧钢丝,由机械设计手册查得 $[\tau]=0.5\sigma_b$,$G=80000$MPa	A 组Ⅲ类碳素弹簧钢丝
2. 初选旋绕比 C	参考表 11-3,初选 $C=6$ 由式(11-2)得曲度系数 $K=\dfrac{4C-1}{4C-4}+\dfrac{0.615}{C}=\dfrac{4\times6-1}{4\times6-4}+\dfrac{0.615}{6}=1.25$	$C=6$ $K=1.25$
3. 计算材料直径 d 和弹簧中径 D	最大工作载荷 $F_{max}=F_{min}+F=(600+900)N=1500$N 假定材料直径 $d=6$mm,由机械设计手册查得 $\sigma_b=1200$MPa,则 $[\tau]=0.5\sigma_b=600$MPa,由式(11-3)得材料直径 $$d'\geqslant1.6\sqrt{\dfrac{KF_{max}C}{[\tau]}}=1.6\times\sqrt{\dfrac{1.25\times1500\times6}{600}}\text{mm}=6.93\text{mm}$$ $d'>d$,说明所需要直径比假定值大,不安全 再次假定 $d=8$mm,按上述步骤求得 $[\tau]=537.5$MPa,$d'=7.32$mm,$d'<d$ 安全可用,故中径 $D=Cd=6\times8$mm$=48$mm	$d=8$mm $D=48$mm
4. 弹簧的有效圈数 n 和总圈数 n_1	根据弹簧特性线为斜直线,可得其关系为 $$\dfrac{F_{max}-F_{min}}{F_{max}}=\dfrac{h}{f_{max}}$$ $$f_{max}=\dfrac{hF_{max}}{F_{max}-F_{min}}=\dfrac{24\times1500}{1500-600}\text{mm}=40\text{mm}$$ 由式(11-6)得 $$n=\dfrac{Gdf_{max}}{8F_{max}C^3}=\dfrac{80000\times8\times40}{8\times1500\times6^3}=9.88,\text{取 }n=10$$ 取两端支承圈数 $n_z=2$ 总圈数 $n_1=n+n_z=10+2=12$	$n=10$ $n_1=12$
5. 弹簧的几何尺寸计算	外径 $\qquad D_2=D+d=(48+8)$mm$=56$mm 内径 $\qquad D_1=D-d=(48-8)$mm$=40$mm 由表 11-2 得节距 $\qquad t=d+f_{max}/n+0.1d=(8+40/10+0.1\times8)mm=12.8$mm 间距 $\delta=t-d=(12.8-8)$mm$=4.8$mm 两端并紧、磨平的弹簧自由高度 $\qquad H_0=nt+(n_z-0.5)d=[10\times12.8+(2-0.5)\times8]mm=140$mm 螺旋角 $\alpha=\arctan\dfrac{t}{\pi D}=\arctan\left(\dfrac{12.8}{3.14\times48}\right)=4°51'6'',\text{取 }5°$ 极限载荷 $F_{lim}=\dfrac{F_{max}}{0.8}=\dfrac{1500}{0.8}N=1875$N 极限变形量 $f_{lim}=\dfrac{f_{max}}{0.8}=\dfrac{40}{0.8}mm=50$mm 最小变形量 $f_{min}=\dfrac{F_{min}f_{max}}{F_{max}}=\dfrac{600\times40}{1500}mm=16$mm 弹簧展开长度 $L=\dfrac{\pi D n_1}{\cos\alpha}=\dfrac{3.14\times48\times12}{\cos5°}=1816.5$mm	$D_2=56$mm $D_1=40$mm $t=12.8$mm $\delta=4.8$mm $H_0=140$mm $\alpha=5°$ $L=1816.5$mm
6. 验算弹簧的稳定性	由式(11-7) $$b=\dfrac{H_0}{D}=\dfrac{140}{48}=2.92\leqslant[b]=3.7$$	满足一端固定一端回转的要求

7. 弹簧零件图如图 11-10 所示。弹簧的极限偏差和公差可查 GB/T 1239.2—2009 标准。

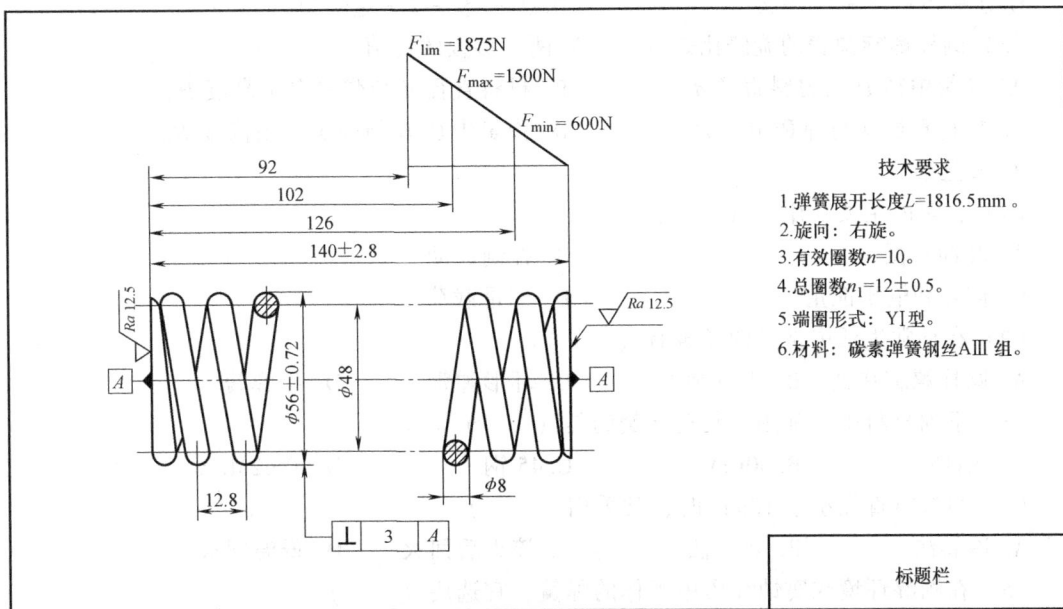

图 11-10 弹簧零件图

总结与复习

1. 弹簧是机械中应用十分广泛的弹性元件，工作时把机械功或动能转变为变形能，当卸载时又能将变形能转变为动能或机械功。各种弹簧的类型特点和应用见表 11-1。

2. 圆柱螺旋拉伸、压缩弹簧如图 11-5 和图 11-6 所示。圆柱螺旋弹簧的几何参数计算公式见表 11-2。圆柱螺旋拉伸、压缩弹簧的设计方法：先根据工作条件、要求等，试选弹簧材料、旋绕比 C；确定材料直径 d、有效圈数 n 以及其他几何尺寸，使得满足强度约束（式 11-3）、刚度约束（式 11-6）及稳定性约束条件（式 11-7）。

【同步练习与测试】

1. 单选题

(1) 钟表和仪器中的发条属于（　　）。

A. 螺旋弹簧　　　　B. 涡卷弹簧　　　　C. 碟形弹簧　　　　D. 环形弹簧

(2) 用碳素弹簧钢丝卷制螺旋弹簧时，采用冷卷法或热卷法，主要取决于（　　）。

A. 弹簧的使用要求　　　　　　　B. 现有的卷制设备

C. 钢丝直径的大小　　　　　　　D. 热处理的条件

(3) 螺旋压缩弹簧支承圈并紧磨平的目的是（　　）。

A. 减少弹簧变形　　　　　　　　B. 提高弹簧强度

C. 保证弹簧的稳定性　　　　　　D. 提高弹簧的刚度

(4) 螺旋弹簧制造时的工艺项目有：①卷制；②强压处理；③热处理；④工艺试验；⑤制作端部钩环或加工支承圈。正确的工艺顺序应是（　　）。

A. ①—②—③—④—⑤　　　　　　B. ①—③—⑤—②—④

C. ①—⑤—③—④—②   D. ①—③—②—④—⑤

(5) 圆柱螺旋弹簧的旋绕比是 (　　) 两个参数的比值。

A. 弹簧中径 D 与材料直径 d B. 材料直径 d 与弹簧自由高度 H_0

C. 材料直径 d 与弹簧中径 D D. 弹簧中径 D 与弹簧自由高度 H_0

2. 多选题

(1) 弹簧的主要功用是 (　　)。

A. 缓冲吸振   B. 控制运动

C. 储存和输出能量   D. 测量载荷

(2) 在日常生活中常见的弹簧有 (　　)。

A. 圆柱螺旋弹簧   B. 涡卷弹簧   C. 环形弹簧   D. 板弹簧

(3) 下列材料中，常用于制造弹簧的是 (　　)。

A. GCr15   B. 50CrVA   C. 45 钢   D. 60Si2MnA

(4) 当材料直径小于 10mm 时，常采用 (　　)。

A. 冷卷法   B. 热卷法   C. 淬火后回火   D. 低温回火

(5) 在潮湿环境或腐蚀介质中工作的弹簧，宜选用 (　　)。

A. 65Mn   B. 50CrVA   C. 40Cr13   D. QSi3-1

3. 判断题

(1) 汽车、拖拉机和火车等交通工具上使用的板弹簧，都是用来储存能量的。　(　　)

(2) 冷卷后的弹簧，为了消除卷绕时产生的内应力，要进行低温回火处理。　(　　)

(3) 弹簧材料必须具有高屈服强度、疲劳极限、低韧性和良好的热处理性能。　(　　)

(4) 弹簧工作时反复变形、钢丝承受交变应力，因而失效形式主要是疲劳破坏。

　(　　)

(5) 弹簧特性线表示弹簧所受载荷与变形量之间的关系。　(　　)

4. 简答题

(1) 制造材料直径 $d = 4$mm、半圆钩环形的拉伸弹簧，其制造工艺可能有：①热卷；②冷卷；③回火处理；④淬火及回火处理；⑤镀锌；⑥工艺检验；⑦两半圆钩环加工。请写出此弹簧的工艺路线。

(2) 在什么情况下要验算弹簧的稳定性？采用什么措施可提高其稳定性？

5. 计算题

(1) 某牙嵌离合器用的圆柱螺旋压缩弹簧，已知：$D = 36$mm，$d = 3$mm，$n = 5$，弹簧材料为碳素弹簧钢丝（C 级），最大工作载荷 $F_{max} = 100$N，载荷性质为 II 类，试校核此弹簧的强度，并计算其最大变形量 f_{max}。

(2) 设计一圆柱螺旋压缩弹簧，材料截面为圆形。已知最小载荷 $F_{min} = 200$N，最大载荷 $F_{max} = 500$N，工作行程 $h = 10$mm，弹簧 II 类工作，要求弹簧外径不超过 28mm，端部并紧磨平。

第12章

机械的平衡与调速

知识学习目标：

- 了解机械平衡的目的及其分类，掌握机械平衡的方法；
- 熟练掌握刚性转子的平衡设计方法，了解静平衡的原理及方法；
- 掌握机械运转过程的 3 个阶段中，机械系统的功、能量和原动件运动速度的特点；
- 掌握飞轮调速原理及飞轮设计的基本方法；
- 了解机械非周期性速度波动调节的基本概念和方法。

技能训练目标：

刚性转子的平衡设计方法及飞轮设计的基本方法。

【应用导入例】风机调速节能

风机（图 12-1）是使用面广、耗电量大的设备。风机的最大特点是负载转矩与转速的平方成正比，轴功率与转速的立方成正比。因此，若在电动机与风机之间加装调速装置，将电动机输出的固定转速调节为根据流量需求的风机转速，即当生产工艺参数需要变化时，采用改变风机转速来调节风机的流量，则可节约大量的电能。因此，调速是风机其节能的重要途径，调速技术的选择事关投资效益，从性能价格比的角度出发，优选机械调速装置是节能的最好选择。

图 12-1 风机

12.1 机械的平衡

机械的调速与平衡在现代机械工程中，特别是在高速机械及精密机械中具有更为重要的意义。

在机械运动中，各回转件回转时因结构不对称、制造、装配误差，材质不均匀等原因，会使其质心偏离回转轴线，造成质量分布不均，质心做变速运动，产生大小及方向呈周期性变化的离心惯性力、离心惯性力矩和附加的动反力，加速轴承的磨损，还会引起机械的构件和基础振动，产生噪声，从而降低机械的工作精度、效率及可靠性，缩短机器的使用寿命，当振动频率接近系统的共振范围时，将会影响周围的设备及厂房建筑。因此，必须采取措施、调整回转件的质量分布，解决回转件的平衡问题。

12.1.1 刚性回转件的静平衡

对于轴向尺寸较小的盘状回转件，如宽径比（B/D），即轴向宽度 B 与其直径 D 之比小于 0.2 的齿轮、带轮及盘形凸轮等，它们的质量分布可视为分布在同一回转平面内。因此，如果在回转件上有偏心质量，就会在转动过程中产生离心惯性力、离心惯性力矩和附加动反力而无法静止。

为了使回转件的惯性力得以平衡，必须采用在刚性回转件上加减平衡质量的方法，使其质心回到回转轴线上，即刚性回转件的静平衡。如图 12-2 所示盘形回转件，各不平衡偏心质量 m_1、m_2、m_3 分布在同一回转平面内，其质心到回转中心的距离分别为 r_1、r_2、r_3。当回转件以等角速度 ω 回转时，各质量所产生的离心惯性力分别为

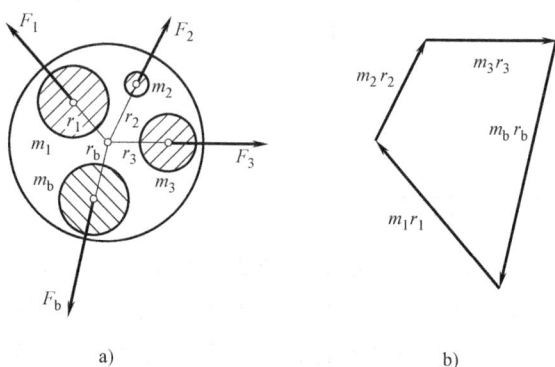

图 12-2 回转件的静平衡

$$F_1 = m_1 r_1 \omega^2$$
$$F_2 = m_2 r_2 \omega^2$$
$$F_3 = m_3 r_3 \omega^2$$

由平面力系平衡的原理，在该平面内加一平衡质量 m_b，其质心到回转中心的距离为 r_b。根据平衡条件，有

$$F_1 + F_2 + F_3 + F_b = 0$$

因为 $F_i = m_i r_i \omega^2$，故有

$$m_1 r_1 + m_2 r_2 + m_3 r_3 + m_b r_b = 0 \tag{12-1}$$

式中　　　m_i——校正质量（kg）；

m_1、m_2、m_3——不平衡质量（kg）；

　　　　r_b——校正质量的质心到回转中心的距离（m）；

r_1、r_2、r_3——不平衡质量的质心到回转中心的距离（m）。

由以上分析可知，对于静不平衡回转件无论含有多少个偏心质量，均可在一个平面内的适当位置加上一个平衡质量即可获得平衡，因此静平衡又可称为单面平衡。

图 12-3a 所示为导轨式静平衡架，其两根相互平行的钢制刀口形导轨安装在同一水平面上。试验时将欲平衡的回转件放到已调好水平的轨道上。如果回转件质心不在包含回转轴线的铅垂面内，由于重力对回转件轴线的静力矩的作用，回转件沿着轨道滚动，直至回转件的质心处于轴心正下方，才停止滚动。由此确定质心偏移方向，然后再在其相反方向试着增加（减）一次适当的平衡质量，然后再重复上述试验，直到回转件在任意位置都能保持静止时为止。导轨式静平衡架简单可靠，能满足一般生产的精度需要，故被广泛使用。图 12-3b 所示为圆盘式静平衡架，其试验方法与上述相同，被平衡回转件放置在分别由两个圆盘组成的支承上进行静平衡，可以自由调整一端圆盘的高度，以适用于两端轴径不相等的回转件。

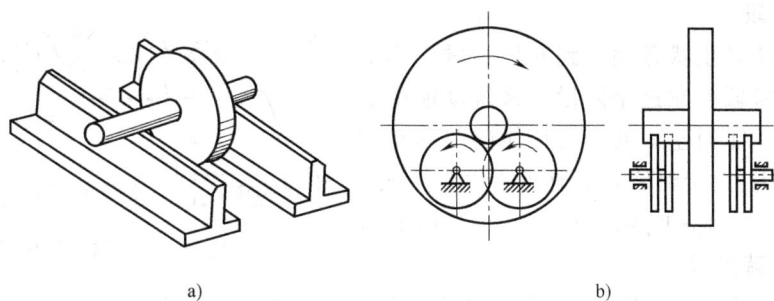

图 12-3 静平衡试验示意图

a) 导轨式静平衡架 b) 圆盘式静平衡架

12.1.2 刚性回转件的动平衡

对于回转件的轴向尺寸较大（宽径比 B/D 大于 0.2），如多缸发动机的曲轴、电动机转子和机床主轴等，其质量就不能被认为分布在同一平面内了，而其偏心质量可看成是分布在几个垂直于轴线的相互平行的回转平面内。

如图 12-4 所示的长回转件，具有偏心质量 m_1、m_2 并分别位于两个不同的平面上。虽然回转件的质心位于转轴上，满足静平衡条件 $m_1 r_1 + m_2 r_2 = 0$，但是由于两个不平衡质量不在同一个回转平面内，当其回转时也将产生不可忽略的惯性力矩，因这种状态只有在回转件转动时才能显示出来，故称为动不平衡。因此，对质量分布不在同一回转平面内的回转件，要达到完全平衡，其条件是：① $\sum F_i = 0$，即各偏心质量产生的惯性力的总和等于零；② $\sum M_i = 0$，即这些惯性力所产生的惯性力矩的总和等于零。

回转件的动平衡一般需在专门的动平衡机上进行，其详细内容可参阅有关产品样本。

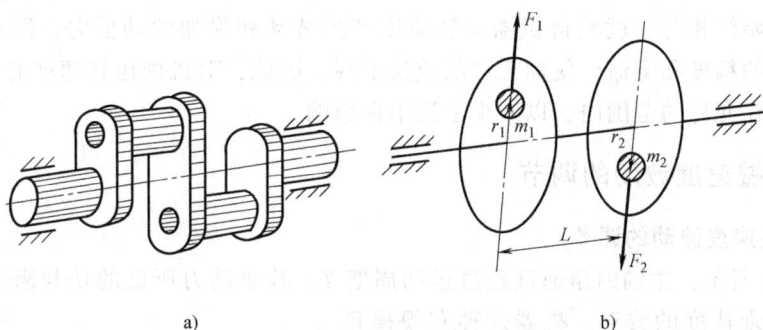

图 12-4 长回转件

12.2 机械速度的波动及调节

12.2.1 机械的运转过程及速度波动

机械系统从开始运动到停止运动的整个过程称为机械的运转过程。该过程一般可分为 3 个阶段：起动阶段、稳定运转阶段和停机阶段，如图 12-5 所示。

1. 起动阶段

机械系统从静止状态起动到开始正常工作的过程称为起动阶段。在这个阶段，系统动能由零上升到 E，原动件加速运动。功和能的关系是驱动力所做的功 W_d 大于阻抗力所消耗的功 W_r，即

$$W_d - W_r = E > 0 \qquad (12\text{-}2)$$

2. 稳定运转阶段

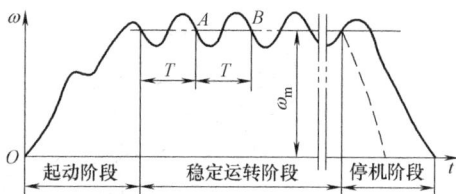

图 12-5 机械的运转过程

机械系统以平均角速度 ω_m 保持稳定运转或在其正常工作速度所对应的均值附近周期性波动运转，机器正常工作，这一阶段称为稳定运转阶段。但瞬时速度会随外力等因素的变化而产生周期性的波动或非周期性波动。

对于周期性速度波动，在一个周期始末系统（如图 12-5 中的 A、B 两点之间）驱动力所做的功 W_d 和阻抗力所消耗的功 W_r 相等，且 A、B 两点的动能 E_A、E_B 也相等，通常把这种稳定运转称为周期性变速稳定运转，即

$$W_d - W_r = E_B - E_A = 0 \qquad (12\text{-}3)$$

3. 停机阶段

在阻抗力作用下，原动件的角速度从工作速度 ω_m 逐渐下降为零的过程称为停机阶段。在这一运动过程中，撤去驱动力，即 $W_d = 0$。原动件的速度由工作速度 ω_m 逐渐下降为零，机械系统的动能 E 逐渐减少至零，机械便停止运转。即

$$W_r = E \qquad (12\text{-}4)$$

由以上可以得出，机器在驱动力作用下运转时，如果驱动力所做的功始终等于阻力所做的功，机器的主轴就能保持匀速运转。但是，大多数机器在运转中，其驱动力所做的功与阻力所做的功非始终相等，就使得机器运转速度产生波动和附加的动反力，还会引起机器振动，降低机器的精度和寿命，使加工产品质量下降。因此，对机械运转速度的波动必须进行调节，以限制在允许的范围内，以减少上述不良影响。

12.2.2 机械速度波动的调节

1. 周期性速度波动的调节

如图 12-6 所示，主轴的角速度经过运动周期 T，其驱动力所做的功与阻力所做的功不相等，因而出现速度的波动。机器这种有规律且周期性的速度变化，称为周期性速度波动的调节。在工程中常用最大角速度与最小角速度的算术平均值来近似计算平均角速度，即

$$\omega_m \approx \frac{\omega_{max} + \omega_{min}}{2} \qquad (12\text{-}5)$$

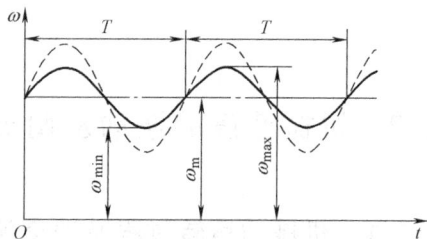

图 12-6 周期性速度波动

这个近似的平均角速度为一般机器铭牌上的"额度转速"。

机械速度波动的程度可以用机械运转速度不均匀系数 δ 来表示，即

$$\delta = \frac{\omega_{max} - \omega_{min}}{\omega_m} \tag{12-6}$$

从式（12-6）可知，δ 越小，机械运转的速度波动越小。设计时应满足如下条件

$$\delta \leqslant [\delta] \tag{12-7}$$

几种常见的机械运转速度不均匀系数的许用值见表12-1。

表 12-1　几种常见的机械运转速度不均匀系数的许用值

机械名称	$[\delta]$	机械名称	$[\delta]$
直流发电机	0.005 ~ 0.01	汽车、拖拉机	0.016 ~ 0.05
交流发电机	0.002 ~ 0.003	纺纱机	0.01 ~ 0.016
轧钢机	0.04 ~ 0.1	压缩机	0.03 ~ 0.05
农业机械	0.02 ~ 0.2	内燃机	0.007 ~ 0.005
织布、印刷、磨粉机	0.02 ~ 0.1	破碎机	0.1 ~ 0.2
金属切削机床	0.02 ~ 0.05	冲、剪、锻机	0.05 ~ 0.15

机械稳定运转时，在机械运转速度不均匀系数的许用值内，必须确定机器所需的飞轮转动惯量。如在一个周期内，系统动能的最大变化量，其值应等于同一周期内外力对系统所做的最大有用功，如图12-7所示，最大盈亏功为

$$A_{max} = E_{max} - E_{min} = \frac{1}{2}J(\omega_{max}^2 - \omega_{min}^2) = J\omega_m^2\delta$$

式中　J——飞轮转动惯量。

将 $\omega_m = \dfrac{\pi n}{30}$ 代入上式，得

$$J = \frac{A_{max}}{\omega_m^2\delta} \geqslant \frac{900A_{max}}{\pi^2 n^2 [\delta]} \tag{12-8}$$

由式（12-8）分析知：

1）当 A_{max} 与 ω_m 一定时，若 δ 很小，则飞轮的转动惯量 J 增加很多。但过于追求机械运动速度均匀性，将导致飞轮过大，使机器笨重并增加成本。

2）当 J 与 ω_m 一定时，A_{max} 与 δ 成正比，即最大盈亏功越大，机器运转越不均匀。

3）当 A_{max} 与 δ 一定时，J 与 ω_m^2 成反比。因此，应将飞轮安装在机械的高速轴上。

【例 12-1】　如图12-8所示，已知 $\omega_m = 25\text{rad/s}$，$\delta = 0.02$，求：$M$、$A_{max}$、$J$。

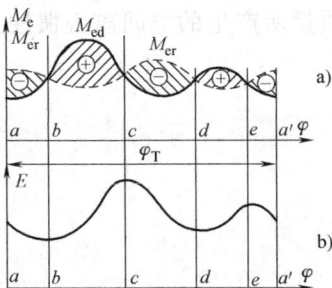

图 12-7　机器 $M_e(\varphi)$、$E(\varphi)$ 曲线

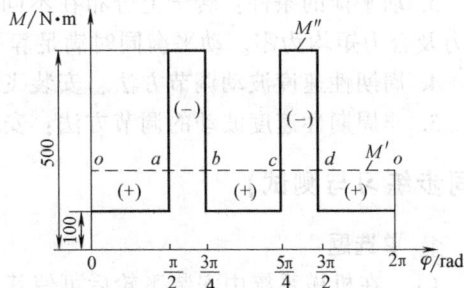

图 12-8　机器的 $M(\varphi)$ 曲线

解：

1） $2\pi M = 100 \times 2\pi + 400 \times \dfrac{\pi}{4} \times 2M = 200\text{N} \cdot \text{m}$

2） $A_{max} = (200 - 100) \times \pi \text{N} \cdot \text{m} = 100\pi \text{N} \cdot \text{m}$

3） $J = \dfrac{A_{max}}{\omega_m^2 \delta} = \dfrac{100\pi}{25^2 \times 0.02}\text{kg} \cdot \text{m}^2 = 25.12\text{kg} \cdot \text{m}^2$

2. 非周期性速度波动的调节

在机器的稳定运转时期，若驱动力所做的功在很长时间内总大于或小于阻力所做的功，或者生产阻力或有害阻力突变，则机器的主轴转速将不断增大或减小，以致机器速度过高而损毁，或迫使机器停机。例如在内燃机驱动发电机的机组中，当所供给的能量远远超过发电机的需要就会出现这种情况。这种速度波动不是周期性的，而是随机的、不规则的且其作用不是连续的，称为非周期性速度波动。

对于非周期性速度波动的机械，不能依靠飞轮来进行调节，需用特殊的装置，即专用调速器使驱动力所做的功趋于平衡，以达到新的稳定运转。图 12-9 所示为离心调速器，它是利用离心力来控制介质的输入，起到调速作用的。若负荷突然减小，原动机 2 及工作机 1 的主轴转速升高，由锥齿轮驱动的调速器的主轴转速也随之升高，重球因离心力的增加而飞向上方，通过连杆机构将节流阀关小，使蒸汽进入量下降；反之，负荷突然增加时，原动机及工作机主轴转速随之下降，工作机 1 和原动机 2 的主轴转速将下降，由锥齿轮驱动的调速器

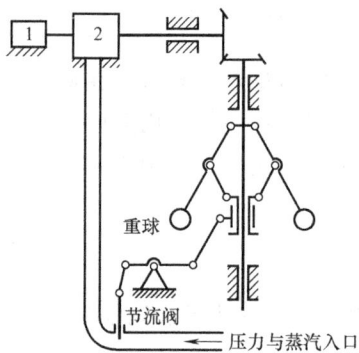

图 12-9 离心调速器

的主轴转速也随之减小，使得重球因离心力的减小而下降，从而节流阀开大，使蒸汽输入量增加，从而达到调节非周期性速度波动的目的。

总结与复习

1. 机械平衡的目的就是消除惯性力和惯性力矩的影响，改善机构工作性能。机械平衡问题为绕固定轴回转构件的惯性力的平衡（回转件的平衡或转子的平衡）、以合力和合力矩的形式作用在机架上的平衡。

2. 静平衡的条件：各个偏心质量的离心惯性力的合力为零或质径积的向量和为零。

3. 动平衡的条件：转子上分布在不同平面内的各个质量所产生的空间离心惯性力系的合力及合力矩均为零。动平衡同时满足静平衡条件。

4. 周期性速度波动调节方法：安装飞轮。

5. 非周期性速度波动的调节方法：安装离心调速器。

【同步练习与测试】

1. 单选题

(1) 在机械系统中安装飞轮后可使其周期性速度波动（　　　　）。

A. 增强　　　　　　B. 减小　　　　　　C. 消除　　　　　　D. 不变

（2）为了减小周期性速度波动，常在系统中安装（　　）；为了减小非周期性波动，常在系统中安装（　　）。

A．离心调速器　　B．飞轮　　　　　C．变速装置　　　　D．常速装置

（3）在机械系统速度波动的一个周期中的某一时段内，当系统出现（　　）时，系统的运动速度（　　），此时飞轮将（　　）。

A．亏功，加快，释放　　　　　　　B．盈功，加快，释放

C．亏功，减慢，储存　　　　　　　D．盈功，加快，储存

（4）周期性速度波动的机械系统中，在一个周期内输入功和输出功（　　）相等。

A．一定　　　　　B．不一定　　　　C．一定不　　　　D．近似

2．多选题

（1）周期性变化的惯性力会使机械的构件和基础产生振动，从而（　　）。

A．降低机器的工作精度　　　　　　B．缩短机器的使用寿命

C．延长机器的使用寿命　　　　　　D．提高机器的工作精度，降低机械效率及可靠性

（2）机械运动的过程一般可分为：（　　）。

A．停机阶段　　　B．起动阶段　　　C．中间停顿阶段　　D．稳定运转阶段

（3）调速器种类很多，有（　　）。

A．机械式的　　　B．电气式的　　　C．机电式的　　　D．手动式的

3．判断题

（1）由于机器运转速度的波动不是周期性的，且其作用不是连续的，故称为周期性速度波动。　　　　　　　　　　　　　　　　　　　　　　　　　　　　　　（　　）

（2）动平衡不仅要平衡各偏心质量产生的惯性力，还要平衡这些惯性力所产生的惯性力矩。　　　　　　　　　　　　　　　　　　　　　　　　　　　　　　　（　　）

（3）停机阶段驱动力所做的功 W_d 大于阻抗力所消耗的功 W_r。　　　　（　　）

4．简答题

（1）为何经过静平衡的转子不一定是动平衡的，而经过动平衡的转子必定是静平衡的？

（2）机械的速度为什么会产生波动？周期性速度波动和非周期性速度波动的特点各是什么？各用什么方法来调节？

（3）机械速度波动的类型有哪几种？分别用什么方法来调节？

（4）飞轮的作用有哪些？能否用飞轮来调节非周期性速度波动？

（5）机械运转的不均匀程度用什么来表示？飞轮的转动惯量与不均匀系数有何关系？

（6）机械平衡的目的是什么？

（7）机械平衡有哪几类？

（8）刚性回转件的平衡有哪几种？其平衡的实质是什么？

（9）回转件静平衡和动平衡条件各是什么？什么样的回转件需静平衡，什么样的回转件需动平衡？

附 录

附录 A 职业技能考核模拟试题 I

一、选择题（每小题 2 分，共 20 分）

1. 蜗杆传动的材料配对为钢制蜗杆（表面淬火）与青铜蜗轮，因此在动力传动中应由（　　）的强度来决定蜗杆传动的承载能力。

　　A. 蜗杆　　　　　　B. 蜗轮　　　　　　C. 蜗杆或蜗轮　　　　D. 蜗杆和蜗轮

2. 对于硬度 ≤350HBW 的齿轮传动，当采用同一钢材制造时，一般进行（　　）处理。

　　A. 小齿轮表面淬火、大齿轮调质　　　B. 小齿轮表面淬火、大齿轮正火

　　C. 小齿轮调质、大齿轮正火　　　　　D. 小齿轮正火、大齿轮调质

3. 在标准蜗杆传动中，蜗杆头数一定，加大蜗杆直径系数，将使传动效率（　　）。

　　A. 增加　　　　　B. 减小　　　　　C. 不变　　　　　　D. 增加或减小

4. 带传动在工作时产生弹性滑动是由于（　　）。

　　A. 包角 α 太小　　　　　　　　B. 初拉力 F_0 太小

　　C. 紧边拉力与松边拉力不等　　　D. 传动过载

5. 在进行滚动轴承组合设计时，对支承跨距很长、工作温度变化很大的轴，为适应轴有较大的伸缩变形，应考虑（　　）。

　　A. 将一端轴承设计成游动的　　　B. 采用内部间隙可调整的轴承

　　C. 采用内部间隙不可调整的轴承　　D. 轴颈与轴承内圈采用很松的配合

6. 能补偿两轴的相对位移以及缓冲、吸振的是（　　）。

　　A. 凸缘联轴器　　B. 齿式联轴器　　C. 万向联轴器　　　D. 弹性柱销联轴器

7. 下列滚动轴承公差等级代号中，等级最高的是（　　）。

　　A. /P4　　　　　B. /P2　　　　　C. /P5　　　　　D. /P6x

8. 对于相对滑动速度较高（$v_s > 6\text{m/s}$）的重要蜗杆传动，蜗轮材料应选取（　　）。

　　A. 铸造锡青铜　　B. 铸造铝青铜　　C. 铸铁　　　　　D. 碳素钢

9. 采用螺纹联接时，当被联接件很厚并经常拆卸时，宜采用（　　）。

　　A. 螺栓联接　　　B. 螺钉联接　　　C. 双头螺柱联接　　D. 紧定螺钉联接

10. 一减速传动装置分别由带传动、链传动、齿轮传动组成，按顺序排，以（　　）方案为好。

　　A. 带传动、链传动、齿轮传动　　　B. 链传动、齿轮传动、带传动

　　C. 带传动、齿轮传动、链传动　　　D. 链传动、带传动、齿轮传动

二、判断题（每小题 1 分，共 10 分）

1. 细牙普通螺纹，牙型不耐磨，容易滑牙，所以自锁性能不如粗牙普通螺纹。（　　）

2. 在一定转速下，要减轻链传动的运动不均匀性，设计时应选择较小节距的链。

（　　）

3. 在蜗杆传动比 $i = z_2/z_1$ 中，蜗杆头数 z_1，相当于齿轮的齿数，故传动比也可表示为 $i = d_2/d_1$。（　　）

4. 液体动压滑动轴承的承载能力与轴孔直径间隙的平方成正比。（　　）

5. 链传动设计要解决的一个主要问题是消除其运动的不均匀性。（　　）

6. 当零件的尺寸由刚度条件决定时，为了提高零件的刚度，应选用合金钢制造。

（　　）

7. 润滑油的黏度与温度和压力有关，且黏度随温度的升高或压力的增大而增大。

（　　）

8. 轴的计算弯矩最大处可能是危险截面，必须进行强度校核。（　　）

9. V 带的基准长度是指它的内周长。（　　）

10. 若将圆柱螺旋弹簧的工作圈数减少，则弹簧的刚度也减小。（　　）

三、简答题（每小题 5 分，共 40 分）

1. 什么是模数？它的大小对齿轮几何尺寸有何影响？

2. 带传动为什么要张紧？常用张紧方法有哪些？

3. 蜗杆传动有什么特点？常用于何种场合？

4. 在阶梯轴上对零件进行周向固定常用的方法有哪些？

5. 整体式滑动轴承的使用特点是什么？

6. 与平键联接相比，花键联接有哪些特点？

7. 齿轮轮齿的失效形式有哪些？齿轮常用的材料有哪些？

8. 常用的弹簧有哪些类型？

四、计算题（每小题 10 分，共 20 分）

1. 在图 A1 所示的轮系中，已知各轮齿数分别为 $z_1 = 24$，$z_2 = 28$，$z_3 = 20$，$z_4 = 60$，$z_5 = 20$，$z_6 = 20$，$z_7 = 28$，求传动比 i_{17}。若轮 1 的转向已知，试判定轮 7 的转向。

2. 根据工作条件决定在轴的两端反装两个角接触球轴承，如图 A2 所示，已知轴上齿轮

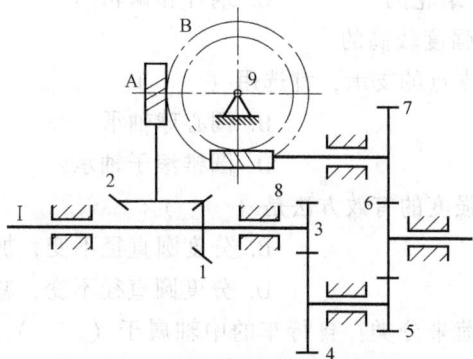

图 A1　计算题 1 图

受切向力 $F_t = 2200N$，径向力 $F_r = 900N$，轴向力 $F_a = 400N$，齿轮分度圆直径 $d = 314mm$，齿轮转速 $n = 520r/min$，运转中有中等冲击载荷，以小时计的基本额定寿命 $L_{10h} = 15000h$。设初选两个轴承型号均为7207AC，轴承能否达到以小时计的基本额定寿命的要求？

五、作图题（10分）

已知一对斜齿圆柱齿轮传动，1为主动轮，转向和旋向如图 A3 所示。试画出齿轮2的转向和旋向。

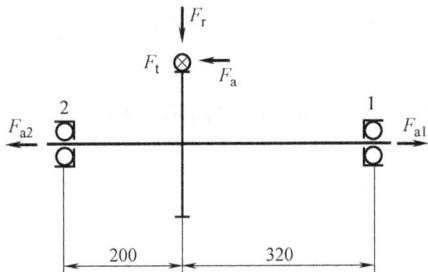

图 A2　计算题 2 图　　　　　　　图 A3　作图题图

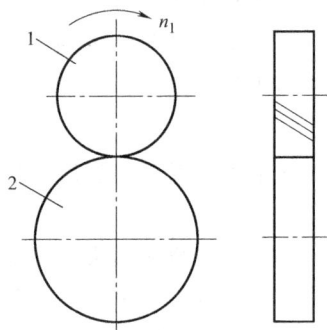

附录 B　职业技能考核模拟试题 Ⅱ

一、选择题（每小题 2 分，共 20 分）

1. 用碳素弹簧钢丝作为弹簧材料，其主要优点是（　　　）。
   A. 强度高　　　　B. 价格便宜　　　　C. 承载能力大　　　　D. 淬透性好

2. 链传动和齿轮传动相比较，其主要优点是（　　　）。
   A. 传动效率高　　　　　　　　B. 可用于两轴中心距较大的场合
   C. 工作时没有冲击和振动　　　D. 安装精度要求不高

3. 普通平键联接在选定尺寸后，主要验算其（　　　）。
   A. 挤压强度　　　B. 剪切强度　　　C. 弯曲强度　　　D. 耐磨性

4. 蜗杆传动中，强度计算主要是针对（　　　）。
   A. 蜗杆的　　　B. 蜗轮的　　　C. 蜗杆和蜗轮的　　　D. 非蜗杆和蜗轮
   D. 蜗杆和蜗轮中材料强度较高的

5. 对于载荷不大、多支点的支承，宜选用（　　　）。
   A. 深沟球轴承　　　　　　　　B. 调心球轴承
   C. 角接触球轴承　　　　　　　D. 圆锥滚子轴承

6. 提高齿轮表面疲劳强度的有效方法是（　　　）。
   A. 加大分度圆直径　　　　　　B. 分度圆直径不变，加大模数
   C. 减少分度圆直径　　　　　　D. 分度圆直径不变，减少模数

7. 根据轴所承受的载荷来分类：自行车的中轴属于（　　　）；自行车的前、后轴属于（　　　）。
   A. 心轴　　　B. 转轴　　　C. 传动轴　　　D. 中轴

8. 在普通带传动中，从动轮的圆周速度低于主动轮的圆周速度，即 $v_2 < v_1$，其速度损失常用滑动率 $\varepsilon = v_1 - v_2/v_1$ 表示，ε 值随所传递载荷的增加而（　　　）。

　　A. 增大　　　　　B. 减小　　　　　C. 不变　　　　　D. 增大或减小

9. 对于普通螺栓联接，在拧紧螺母时，螺栓所受的载荷是（　　　）。

　　A. 拉力　　　　　B. 扭矩　　　　　C. 压力和扭矩　　　D. 拉力和扭矩

10. 斜齿圆柱齿轮的当量齿数为（　　　）。

　　A. $z_v = z/\cos^3\beta$　　B. $z_v = z/\cos^2\beta$　　C. $z_v = z/\cos\beta$　　D. $z_v = z/\sin\beta$

二、判断题（每小题1分，共10分）

1. 普通螺纹比矩形螺纹的传动效率高。　　　　　　　　　　　　　　　　（　　　）

2. 采用加厚螺母是提高螺纹联接强度的有效方法。　　　　　　　　　　（　　　）

3. 直齿锥齿轮的齿形系数与模数无关。　　　　　　　　　　　　　　　（　　　）

4. 承受弯矩的转轴容易发生疲劳断裂，是由于其最大弯曲正应力超过材料的屈服强度。

　　　　　　　　　　　　　　　　　　　　　　　　　　　　　　　　（　　　）

5. 在传动系统中，带传动往往放在高速级是因为它可以传递较大的转矩。（　　　）

6. 平键联接一般应按不被剪断而进行剪切强度计算。　　　　　　　　　（　　　）

7. 为提高蜗杆的刚度，应增大蜗杆的直径系数 q。　　　　　　　　　（　　　）

8. 为减小减速器的结构尺寸，在设计齿轮传动时，应尽量采用硬齿面齿轮。（　　　）

9. 采用滚动轴承轴向预紧措施的主要目的是提高支承刚度和旋转精度。（　　　）

10. 链传动的计算链长节数最好取为偶数。　　　　　　　　　　　　　（　　　）

三、简答题（每小题5分，共40分）

1. 凸轮机构由哪些部分组成？说明凸轮机构的特点及适用场合。

2. 斜齿圆柱齿轮传动与直齿圆柱齿轮传动相比有何特点？

3. 链传动的失效形式有哪些？

4. 螺纹联接常用的防松方法有哪些？

5. 试述花键联接的组成、类型及功用。

6. 在阶梯轴上对零件进行轴向固定常用的方法有哪些？

7. 滚动轴承类型的选择取决于哪些因素？

8. 对弹簧的材料有哪些要求？

四、计算题（每小题10分，共20分）

1. 如图 B1 所示传动比 $i = 8$ 的齿轮减速器中，1 轴轴端直径 $d_1 = 20\text{mm}$，2 轴轴端直径 $d_2 = 60\text{mm}$，两轴材料相同，忽略摩擦，试分析用扭转强度条件计算时，哪根轴强度高，为什么？ $\left(d \geqslant \sqrt[3]{\dfrac{9.55 \times 10^6 P}{0.2[\tau_T] n}} = C\sqrt[3]{\dfrac{P}{n}} \right)$

2. 如图 B2 所示的轮系为一提升装置运动简图。齿轮 1 为输入轮，蜗轮 4 为输出轮，蜗杆 3' 右旋。已知 $z_1 = 20$，$z_2 = 50$，$z_{2'} = 15$，$z_3 = 30$，$z_{3'} = 1$，$z_4 = 40$，求传动比 i_{14} 并判定轮 4 的转向。

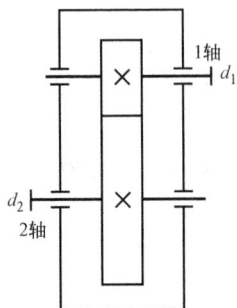

图 B1   计算题 1 图

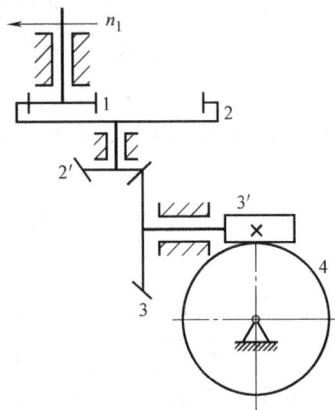

图 B2   计算题 2 图

五、结构改错题（10 分）

指出图 B3 中的结构错误（在有错处画〇编号，并分析错误原因），并在轴线下侧画出其正确结构。

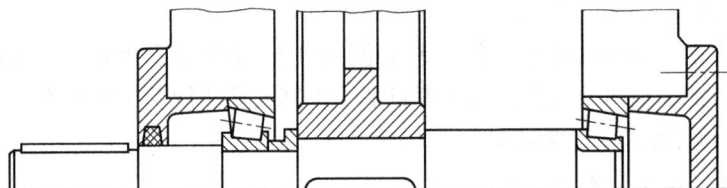

图 B3   结构改错题图

参 考 文 献

[1] 李国斌. 机械设计基础（含工程力学）[M]. 北京：机械工业出版社，2010.

[2] 杨可桢，程光蕴，李仲生，等. 机械设计基础 [M]. 6 版. 北京：高等教育出版社，2013.

[3] 孙桓，陈作模，葛文杰. 机械原理 [M]. 8 版. 北京：高等教育出版社，2013.

[4] 涂小华，刘显贵. 机械设计基础 [M]. 北京：国防工业出版社，2010.

[5] 时忠明，吴冉. 机械设计基础 [M]. 北京：北京大学出版社，2009.

[6] 郑树琴. 机械设计基础 [M]. 北京：机械工业出版社，2017.

[7] 胡家秀. 机械设计基础 [M]. 3 版. 北京：机械工业出版社，2017.

[8] 上官同英，熊娟. 机械设计基础 [M]. 上海：复旦大学出版社，2010.

[9] 李海萍. 机械设计基础 [M]. 2 版. 北京：机械工业出版社，2016.

[10] 濮良贵，陈国定，吴立言. 机械设计 [M]. 9 版. 北京：高等教育出版社，2013.

[11] 高晓丁. 机械设计基础 [M]. 2 版. 北京：中国纺织出版社，2017.

[12] 李忠刚，左云波，孟玲霞. 机械设计基础 [M]. 北京：经济科学出版社，2010.

[13] 陈晓南，杨培林. 机械设计基础 [M]. 2 版. 北京：科学出版社，2012.

[14] 周智光，王盈. 机械设计基础 [M]. 北京：化学工业出版社，2011.

[15] 陈秀宁. 机械设计基础 [M]. 4 版. 杭州：浙江大学出版社，2017.

[16] 唐林. 机械设计基础 [M]. 2 版. 北京：清华大学出版社，2013.

[17] 郑树琴，杜韧. 机械设计基础 [M]. 2 版. 北京：国防工业出版社，2012.

[18] 高世杰. 机械设计基础实验实训指导 [M]. 哈尔滨：哈尔滨工程大学出版社，2008.

[19] 孙瑛，李公法，尹强. 机械设计基础学习指导与习题集 [M]. 武汉：华中科技大学出版社，2016.

[20] 寇尊权，王多. 机械设计课程设计 [M]. 2 版. 北京：机械工业出版社，2011.

[21] 刘会英. 机械基础综合课程设计 [M]. 2 版. 北京：机械工业出版社，2011.

[22] 李育锡. 机械设计课程设计 [M]. 2 版. 北京：高等教育出版社，2014.

[23] 张玲莉. 机械设计基础课程设计指导书（一级圆柱齿轮减速器）[M]. 2 版. 武汉：华中科技大学出版社，2016.

[24] 师忠秀. 机械原理课程设计 [M]. 3 版. 北京：机械工业出版社，2016.

[25] 王旭，王秀叶，王积森. 机械设计课程设计 [M]. 3 版. 北京：机械工业出版社，2014.

[26] 吴宗泽，高志，罗圣国，等. 机械设计课程设计手册 [M]. 4 版. 北京：高等教育出版社，2012.

[27] 骆素君，朱诗顺. 机械课程设计简明手册 [M]. 2 版. 北京：化学工业出版社，2011.

[28] 向敬忠，宋欣，崔思海，等. 机械设计课程设计图册 [M]. 北京：化学工业出版社，2009.

[29] 骆素君. 机械设计课程设计实例与禁忌 [M]. 北京：化学工业出版社，2009.

[30] 王之栎，王大康. 机械设计综合课程设计 [M]. 北京：机械工业出版社，2009.

[31] 寇尊权，王多. 机械设计课程设计 [M]. 2 版. 北京：机械工业出版社，2011.

[32] 冯立艳，李建功，陆玉. 机械设计课程设计 [M]. 5 版. 北京：机械工业出版社，2016.

[33] 赵卫军. 机械设计基础课程设计 [M]. 北京：科学出版社，2010.

[34] 姜洪源，闫辉. 机械设计试题精选与答题技巧 [M]. 7 版. 哈尔滨：哈尔滨工业大学出版社，2015.

[35] 于晓文. 机械设计基础习题集 [M]. 北京：中国质检出版社，2011.

[36] 黄平. 机械设计基础习题集 [M]. 北京：清华大学出版社，2016.

[37] 李国斌，侯文峰. 机械设计基础习题集及学习指导 [M]. 北京：机械工业出版社，2015.